“十四五”普通高等教育系列教材

U0814624

工程力学（II）

主　编　郭应征
副主编　廖东斌　周秋月
参　编　陈　亮　陈素芳

中国电力出版社
CHINA ELECTRIC POWER PRESS

内 容 提 要

本书是“十四五”普通高等教育系列教材，是江苏省高等学校新编重点教材研究项目的研究成果。本书共10章，内容包括拉伸与压缩、扭转、弯曲内力、弯曲应力、弯曲变形、应力状态与强度理论、组合变形与连接件实用计算、压杆稳定、动荷载与疲劳强度和能量方法。本书为满足应用型工科院校力学教学的要求，突出了工程观念的培养和力学在工程中的应用。编入密切联系工程实际的例题与习题，以例释理，以便教师选用和学生练习之用。在编写过程中，注意通过对工程实例的简化和比较，培养学生建立力学模型和解决实际问题的能力。

本书适用于应用型大学土木类专业，也可供有关工程技术人员参考。

图书在版编目（CIP）数据

工程力学．Ⅱ/郭应征主编．—北京：中国电力出版社，2021.3（2023.1重印）
“十四五”普通高等教育系列教材
ISBN 978-7-5198-5266-5

Ⅰ.①工…　Ⅱ.①郭…　Ⅲ.①工程力学—高等学校—教材　Ⅳ.①TB12

中国版本图书馆CIP数据核字（2020）第267256号

出版发行：中国电力出版社
地　　址：北京市东城区北京站西街19号（邮政编码100005）
网　　址：http：//www.cepp.sgcc.com.cn
责任编辑：霍文婵（010－63412545）　郑晓萌
责任校对：黄　蓓　朱丽芳　常燕昆
装帧设计：张俊霞
责任印制：吴　迪

印　　刷：三河市航远印刷有限公司
版　　次：2021年3月第一版
印　　次：2023年1月北京第三次印刷
开　　本：787毫米×1092毫米　16开本
印　　张：16.25
字　　数：395千字
定　　价：50.00元

版 权 专 有　侵 权 必 究

本书如有印装质量问题，我社营销中心负责退换

扫一扫

拓展资源

前　言

本书是“十四五”普通高等教育系列教材，是江苏省高等学校新编重点教材研究项目的研究成果，可作为应用型工科大学生工程力学课程的教材。主要特色如下：

（1）切实贯彻“少而精”的原则，精选传统内容，文字精炼，删除与先修课程重复的内容，增加了反映现代工程技术的有关内容。

（2）理论阐述简明，文字简洁。在编写中，注意将难点分解，以求易教易学，便于学生真正理解和掌握。

（3）为满足应用型工科院校力学教学的要求，突出了工程观念的培养和力学在工程中的应用。编入密切联系工程实际的例题与习题，以例释理，以便教师选用和学生练习之用。在编写过程中，注意通过对工程实例的简化和比较，培养学生建立力学模型和解决实际问题的能力。

（4）为适应工程教育的快速发展，力求与工程深度结合，让学生学以致用，这是本书的重要特色。将应用力学理论和方法解决工程实际问题，作为基本内容组织教学和实训。为此，新增“工程应用实训”一节，编写与现代工程技术密切联系的实训案例和项目，提出问题，鼓励创新，讲练结合，学做合一，努力培养大学生解决工程问题的意识和创新能力。

（5）力求进行启发式教学，在正文中用楷体编入一些思考题，尝试用提问的方式进行教学，从而将对重要概念的理解引向深入，给学生留下思考的空间。

（6）本书更多拓展资源可通过扫描书中二维码获取，如全书习题参考答案、工程应用实训案例参考解答、力学竞赛训练资源库和参考答案等。

为学习贯彻落实党的二十大精神，本书根据《党的二十大报告学习辅导百问》《二十大党章修正案学习问答》，在数字资源中设置了“二十大报告及党章修正案学习辅导”栏目，以方便师生学习。

本书适用于应用型大学土木类专业，也可供有关工程技术人员参考。本书共分 10 章，主要内容有拉伸与压缩、扭转、弯曲内力、弯曲应力、弯曲变形、应力状态与强度理论、组合变形与连接件实用计算、压杆稳定、动荷载与疲劳强度、能量方法。讲授工程力学（Ⅱ）全部内容只需 64 学时，编写中考虑便于使用者取舍，采用了模块式结构，可根据需要拼装成各种学时类型的工程力学教材，可适用于工程管理、工程造价、交通工程、交通运输等专业。

本书由东南大学成贤学院、东南大学和南京工业大学浦江学院三校合作编写，东南大学成贤学院为主编单位。本书在编写过程中，主要参考了郭应征和李兆霞主编的《应用力学基础》，郭应征和周志红编写的《工程力学》，同时还参考了国内外一些优秀教材，在此也向这些教材的编著者们深表感谢。

由于编者水平有限，书中疏漏在所难免，恳请广大读者提出宝贵意见。

编　者

于东南大学成贤学院

目录

绪　论

§0.1　工程力学（Ⅱ）的任务和研究方法

在土木工程中，由土木工程材料按一定方式组成用以承受荷载并完成指定功能的构筑物，统称为**结构**，如桥梁、摩天大楼、厂房、电视塔和水坝等。按照一定方式组成复杂结构的每个基本组成部分，如杆、柱、梁和板等，通常称为**构件**。一切构件都是由固体形态的材料制成的。在外力作用下，构件的几何形状和尺寸大小都要发生一定程度的改变，这种改变称为**变形**。若所受外力不断增加，最后构件就会破坏。

工程构件在外力作用下丧失正常功能的现象称为**失效**。工程构件的失效形式很多，通常可分为三类：

强度失效，是指构件在外力作用下发生断裂或产生不可恢复的变形；

刚度失效，是指构件在外力作用下产生过大的弹性变形；

稳定性失效，是指构件在轴向压力作用下其原有平衡形态发生突然转变。

在土木工程中，为保证结构能正常工作而不失效，要求各个构件都必须具有足够的强度、刚度和稳定性。不仅要求每个构件既安全又适用，而且还是最经济的。安全、适用和经济是任何工程构件和结构必须满足的三个基本要求。

在研究构件的强度、刚度和稳定性时，还应了解材料在外力作用下的力学性能，材料的力学性能要由材料试验来测定。因此，研究材料的力学性能也是本书的重要内容。

工程力学（Ⅱ）的任务是研究各种材料及构件在外力作用下所表现出的力学性能，在满足强度、刚度和稳定性的条件下，为工程构件的力学设计提供必要的理论基础和分析计算方法，以保证设计出的构件能够满足安全、适用和经济的要求。

工程力学（Ⅱ）中所研究的问题，都是工程或生活实际中的问题。遵循认识论的规律，其研究方法首先是从生活、工程或试验中观察各种现象，从复杂的现象中抓住共性，找出反映事物本质的主要因素，略去次要因素，经过简化，把实际物体抽象为**力学模型**，建立力学模型是工程力学研究方法中很重要的一个步骤。因为实际中的力学问题往往是很复杂的，这就需要对同一个研究对象，为了不同的研究目的，进行多次试验、反复观察、仔细分析，抓住问题的本质，做出正确的假设，使问题简化，从而达到在满足一定精确度的要求下用简单的模型解决问题的目的。

工程力学（Ⅱ）的研究与数学有着密切的关系，建立了力学模型以后，还要按照力学的基本概念和定理，对力学模型进行数学描述，建立力学量之间的数量关系，得到力学方程，即**数学模型**。然后，经过逻辑推理和数学演绎进行理论分析和计算，或用计算机求数值解。最后，所得到的结果和结论是否正确，还要进一步通过试验或工程实践来检验。

§0.2 变形固体及其基本假设

工程力学（Ⅱ）研究构件的强度、刚度、稳定性等问题，物体的变形将成为主要矛盾，将物体视为**变形固体**。任何固体在外力作用下均将发生变形，若卸除外力后能完全消失的变形，称为**弹性变形**；不能消失而残留下来的那一部分变形，则称为**塑性变形**。

变形固体有多方面的属性，研究的角度不同，侧重面也不一样。本书从宏观的角度研究物体内部的受力和变形规律，为得到简化的力学模型，一般认为变形固体具有如下基本属性：

(1) 均匀、连续性。实际变形固体的材料，从微观层次看是不连续的，因为组成固体的粒子之间存在空隙。但这种空隙与构件的尺寸相比极其微小，于是可理想化地认为固体内部毫无空隙地充满了物质，这就是变形固体的**连续性假设**。另外，组成固体的粒子，彼此的物理性质并不完全相同，但因构件的任一部分都包含为数极多的微小粒子，而且无规则地排列着，从统计平均的角度看，认为由同一种材料组成的构件，各处的物理性质是相同的，这就是变形固体的**均匀性假设**。

根据变形固体的均匀、连续性假设，就可以从固体内任意截取一部分来研究，且在外力作用下引起的内力、应力、应变等力学量均可表示为坐标的连续函数，以便于进行数学分析。

同时还应指出，在正常工作条件下，变形前连续的固体，变形后仍应保持其连续性，即变形固体的相邻部分既不引起空隙也不产生重叠的现象，这种变形连续性的条件称为**几何相容条件**。

(2) 各向同性与各向异性。材料沿不同方向上的力学性能都相同，称为**各向同性**；沿不同方向的力学性能不同，称为**各向异性**。绝大多数材料，如金属、工程塑料、搅拌均匀的混凝土等，都可视作各向同性材料。例如，金属从微观上看是多晶体材料，单个晶体的力学性能是有方向性的，但由于各晶体是随机排列的，在宏观上表现为各向同性。

有些材料，如木材、纤维增强复合材料，其整体的力学性能具有明显的方向性，则应看作各向异性材料。

工程力学（Ⅱ）主要研究均匀、连续、各向同性的变形固体，且通常限于研究在弹性变形范围内和小变形条件下的问题。

§0.3 杆件变形的基本形式

若构件的长度远大于其横向尺寸，就称为**杆**。杆的各横截面形心的连线称为杆的轴线。根据杆的轴线是曲线还是直线，可将杆分为曲杆及直杆；根据各横截面完全相等或不等，又可将杆分为等截面杆及变截面杆。工程力学（Ⅱ）的主要研究对象是杆，而且多为直杆。实际构件的形状有时相当复杂，不过往往可以近似地应用杆的概念进行分析和研究。

由于外力的作用，杆件产生的变形有下列几种基本形式。

(1) 轴向拉伸，如图 0.1（a）所示；轴向压缩，如图 0.1（b）所示。

(2) 剪切，如图 0.2 所示。

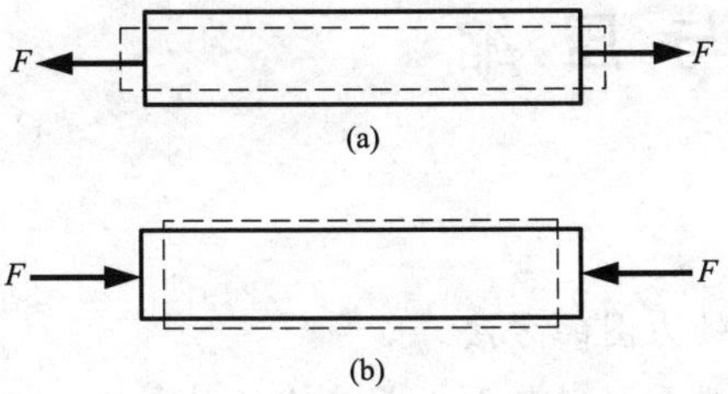

图 0.1

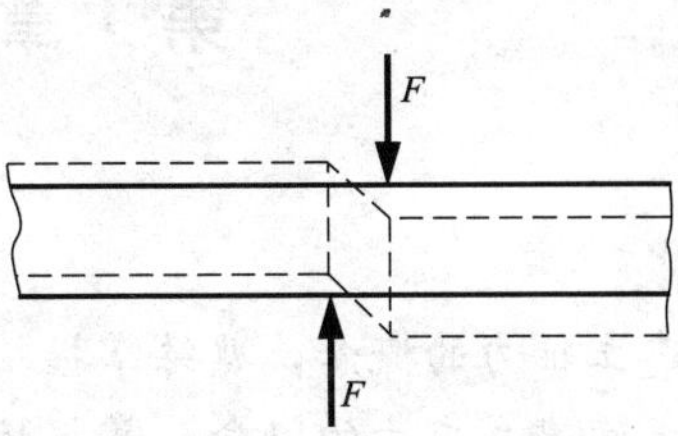

图 0.2

(3) 扭转，如图 0.3 所示。

(4) 弯曲，如图 0.4 所示。

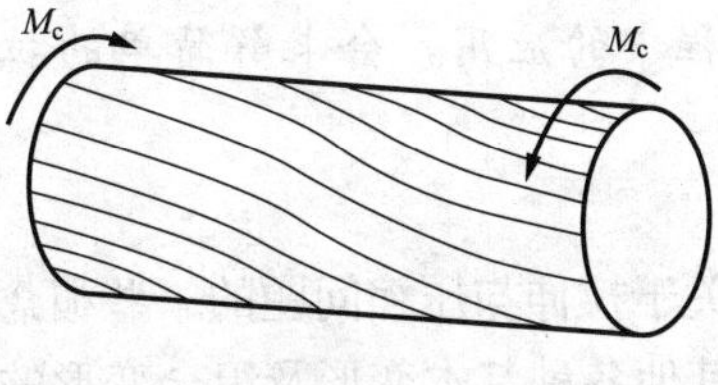

图 0.3

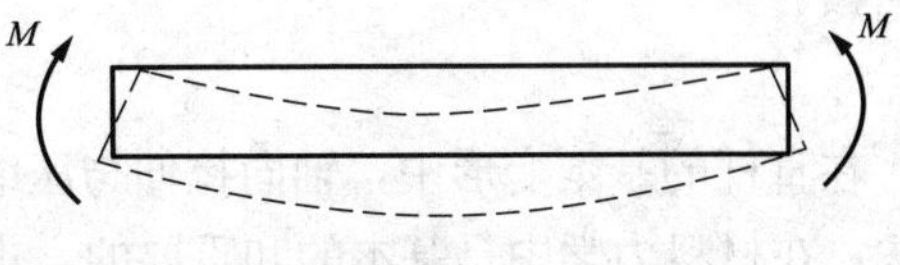

图 0.4

有时杆件的变形较为复杂，不过可以看成是由上述某几种基本变形组合而成。在工程中，通常将受拉的杆件称为**杆**；受压的杆件称为**压杆**或**柱**；主要承受扭转的杆件称为**轴**；主要承受弯曲的杆件称为**梁**。

根据几何形状和尺寸的不同，工程构件大致可分为杆件、平板、壳体和块体四大类。在研究构件的强度、刚度和稳定性问题时，工程力学（Ⅱ）主要涉及杆件。若研究平板、壳体及块体的强度、刚度和稳定性问题，可进一步学习“弹性力学”和“板壳理论”等课程。

第1章 拉伸与压缩

教学要求：

1. 建立轴力的概念，熟练掌握轴力的计算和画轴力图的方法。
2. 正确建立应力的概念，掌握拉（压）直杆横截面和斜截面上正应力的计算。
3. 了解低碳钢和铸铁在拉伸和压缩时的力学行为。了解应力集中的概念。
4. 建立安全因数的概念，熟练掌握拉（压）杆三种强度问题的计算方法。
5. 掌握用胡克定律计算拉（压）杆变形的方法，明确弹性模量、泊松比、拉压刚度的概念。
6. 理解求解超静定问题的“三关系法”及其在工程中的应用，会求解简单的拉压超静定问题。

在直杆的基本变形中，轴向拉伸与压缩较为简单。关于拉伸与压缩问题的一些概念和研究方法，在材料力学中是基本的和重要的，也是研究杆件其他各种基本变形及组合变形的基础。

本章首先介绍轴向拉伸与压缩的概念和内力计算，然后引入正应力与正应变的概念，讨论拉（压）杆的应力和变形计算，接着介绍材料在拉伸与压缩时的力学性能及拉（压）杆的强度计算，最后讨论简单的拉压超静定问题。

§1.1 轴向拉伸与压缩的概念及实例

在工程结构和机械设备中，由于外力作用产生拉伸或压缩变形的构件是很常见的。例如：起重机的吊缆、汽缸的螺栓和大型桁架的拉杆（见图1.1中的杆A）等，都是拉伸的实例；结构的支柱、桥墩、千斤顶的螺杆和桁架中的压杆（见图1.1中的杆B）等，都是压缩的实例。

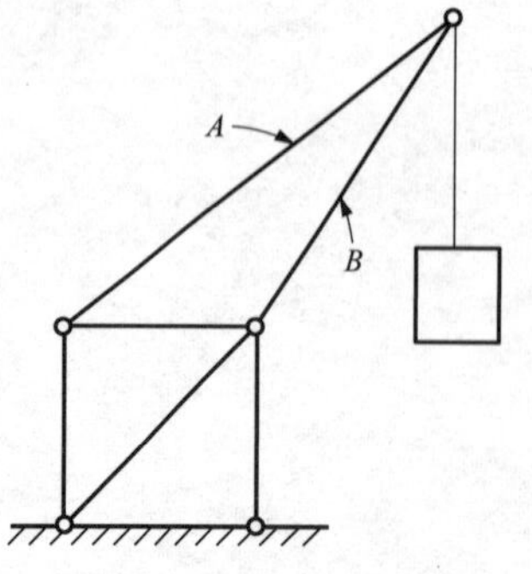

图1.1

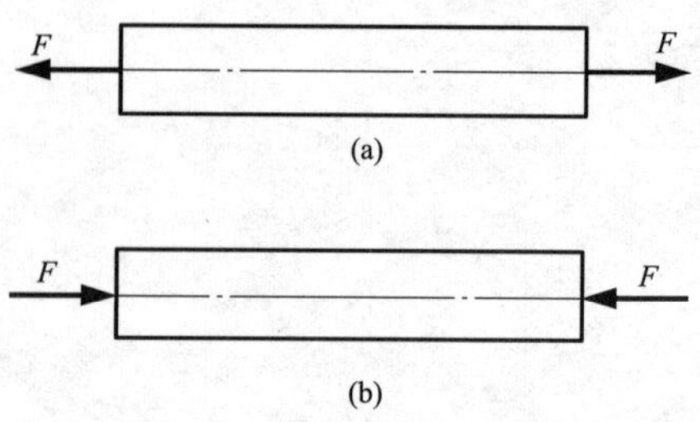

图1.2

实际拉（压）杆的端部有各种连接方式，若不考虑其端部具体连接方式的影响，将上述这些受拉及受压的构件取出，且忽略构件所受的重力，加以简化，可得计算简图，如图 1.2 所示，各为一根等截面直杆，其受力特点是：在杆两端各受到一集中力 F 的作用，这一对力 F 的大小相等、指向相反，且力作用线与杆轴线重合。等截面直杆在这种受力情况下，其主要的变形是纵向伸长或缩短。这种变形形式称为**轴向拉伸**或**轴向压缩**，这类构件称为拉杆或压杆。

§1.2 内力及轴力与轴力图

1. 内力的概念

物体内部各质点之间存在着相互作用的力，既有相互间的吸引力，也有相互间的排斥力。物体不受外力作用时，这两种力是互相平衡的，它使质点间的距离保持某一定值，从而使物体能保持一定的形状。物体在外力作用下产生变形，使内部各质点之间的距离发生了变化，其质点之间的相互作用力也随之发生改变。这种由于外力（或其他外界因素）作用引起物体内部作用力的改变量，称为**内力**。严格地说，它是由外力作用所引起的附加内力。

一般而言，截面上的内力是连续分布的内力系，应用理论力学的力系简化理论，可将分布内力系向该截面上某点简化，得到内力系的合成结果。在材料力学中，所谓构件横截面上的内力，通常是指在外力作用下，构件内部该横截面上增加的分布内力系向截面形心简化后的合成结果。

2. 轴力

为显示内力并确定其大小和方向，可采用截面法。

设一等截面直杆在两端轴向拉力的作用下处于平衡状态［见图 1.3（a)］，欲求杆件某一横截面 m-m 上的内力，可用一假想平面将横截面 m-m 截开，分成 A、B 两部分，并任取一部分（如部分 A）作为研究对象［见图 1.3（b)］，舍弃另一部分（如部分 B)，并用截开面上的内力代替舍弃部分对保留部分的作用。

对于保留部分 A 而言，横截面 m-m 上的内力 F_N 就成为外力。由于整个杆件处于平衡状态，因此杆件上的任一部分均应保持平衡，故其保留部分 A 也应保持平衡。所以，杆件横截面 m-m 上的内力一定是与其左端外力 F 共线的轴向内力 F_N，如图 1.3（b）所示。内力 F_N 的数值可由平衡方程求得，即

$$\sum F_x = 0, F_N - F = 0$$

可得

$$F_N = F$$

式中：F_N 为杆件任一横截面 m-m 上的内力，其作用线与杆的轴线重合，即垂直于横截面并通过其形心。这种内力称为**轴力**，并规定用符号 F_N 表示。

若保留部分 B 为研究对象，则由作用与反作用定律可知，部分 B 在横截面 m-m 上的轴力与部分 A 上的轴力的数值相等而指向相反［见图 1.3（c)］，显然，其数值同样可由部分 B 的平衡条件计算求得。

对于压杆，也一样可通过前述过程求得其任一横截面 m-m 上的轴力 F_N，其指向如图 1.4 所示。为了使由部分 A 和部分 B 所求得同一横截面 m-m 上的轴力具有相同的正负号，根据变形情况规定：产生纵向伸长变形的轴力为正，称为**拉力**；产生纵向缩短变形的轴力为

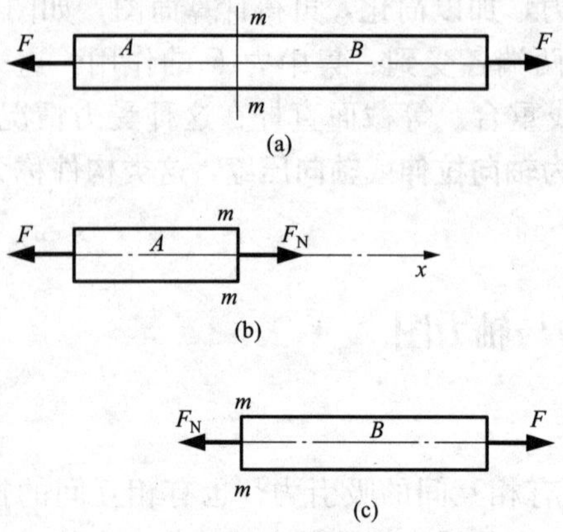

图 1.3

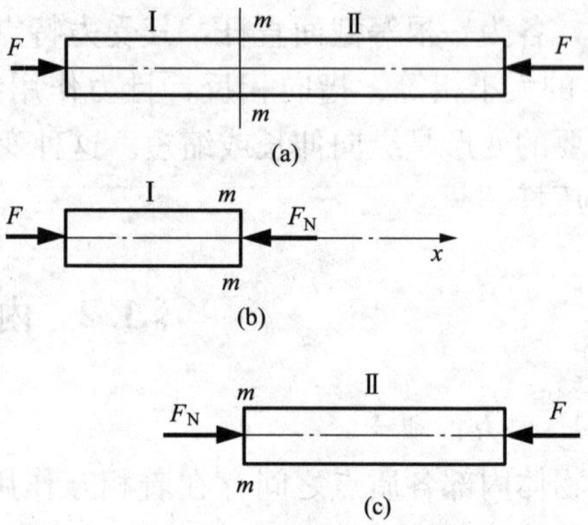

图 1.4

负，称为**压力**。按此规定，当轴力方向与杆横截面的外法线方向一致时即为正；反之，为负。由图 1.3（b）、（c）可知，拉力的方向是离开研究对象的；由图 1.4（b）、（c）可知，压力的方向是指向研究对象的。

上述分析计算内力的方法称为**截面法**，是求内力的一般方法，适用于各种变形形式的杆件。截面法有以下三个步骤：

（1）截取。在需要求内力的杆段上某处，假想用平面将杆件截成两部分，取其一部分，舍弃另一部分。

（2）代弃。在保留部分上，用截开面上的内力或内力偶，代替舍弃部分对保留部分的作用。

（3）平衡。以保留部分为研究对象，根据平衡方程，可由已知外力计算出杆在截开面上的未知内力。

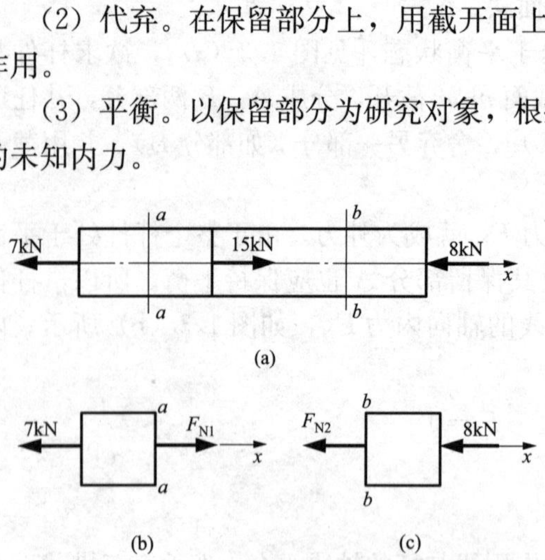

图 1.5

【例 1.1】 一等截面直杆承受轴向荷载，如图 1.5（a）所示，试求截面 *a-a*、*b-b* 上的内力分量。

解 应用截面法，将杆沿截面 *a-a* 截开，并取截面以左部分为研究对象［见图 1.5（b）］，设该截面上的轴力为 F_{N1}，假设为正，由平衡方程

$$\sum F_x = 0, \qquad F_{N1} - 7\text{kN} = 0$$

得

$$F_{N1} = 7\text{kN}$$

结果为正值，表明该力的方向与假设的方向一致，即为拉力。

同理，将杆沿截面 *b-b* 截开，并取右段为研究对象［见图 1.5（c）］，仍假设截面上的轴力 F_{N2} 为正，由平衡条件求得

$$F_{N2} = -8\text{kN}$$

结果为负值，表明该力的方向与假设的方向相反，即为压力。

在［例 1.1］中，若取截面 a-a 的右侧杆段为研究对象，由平衡方程

$$\sum F_x = 0,\qquad -F_{N1} + 15\text{kN} - 8\text{kN} = 0$$

可得

$$F_{N1} = 15\text{kN} - 8\text{kN} = 7\text{kN}$$

可见，取截面左侧部分或右侧部分，所得结果相同。

通过上述计算可知，直杆某一横截面上的轴力，其数值等于该截面任一侧杆段上所有外力沿杆轴线方向投影的代数和，若外力使力作用面和截开面之间的杆段产生拉伸变形，则该外力为正；反之，为负。这是计算轴力的简便方法。

图 1.6（a）所示总重量为 W 的直杆，上端固定，下端自由，能否如图 1.6（b）所示，以作用在重心 C 处的总重力 W 来等效代换实际作用于全杆体积内各点处的分布重力？为什么？

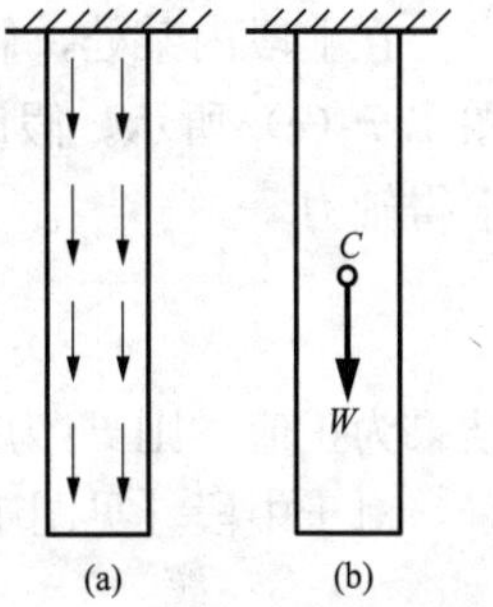

图 1.6

3. 轴力图

由以上讨论可知，当杆受到多个轴向外力作用时，在直杆的不同横截面上，轴力之值彼此不同。为了形象地表示杆横截面上的轴力随横截面位置而变化的情况，可用平行于杆轴线的坐标表示各个横截面的位置，用垂直于杆轴线的坐标表示横截面上轴力的数值，从而绘出表示轴力与截面位置关系的图线，称为**轴力图**。从轴力图上可以清楚地看到轴力沿杆轴向的变化情况，并且可确定最大轴力的大小及其所在横截面的位置。

【例 1.2】 钢杆 AD，下端固定，上端自由，受力如图 1.7（a）所示，已知：尺寸 a，试求钢杆各段的轴力，并绘制轴力图。

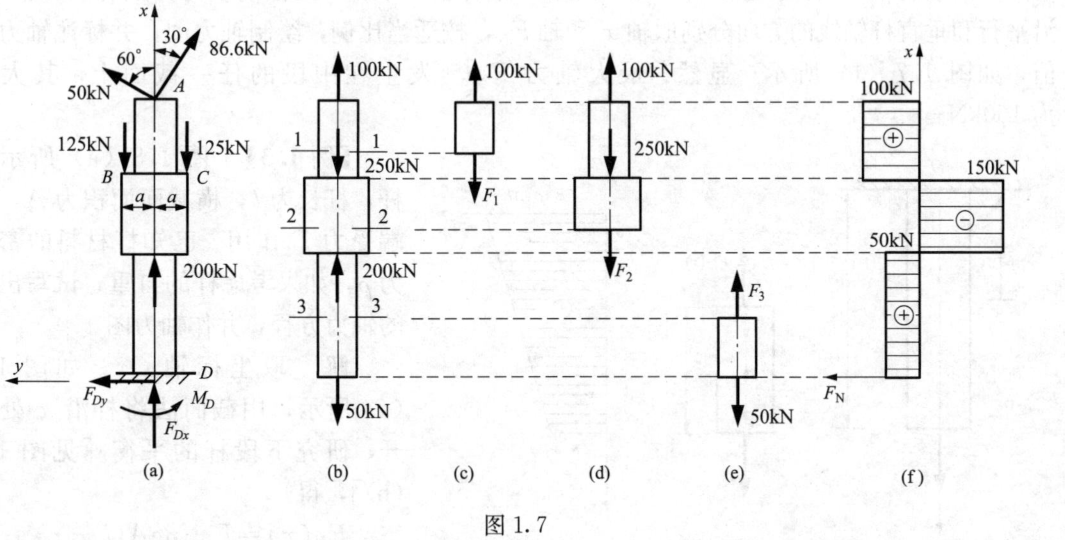

图 1.7

解 (1) 求支座反力。取钢杆为研究对象，画出其受力图，如图 1.7（a）所示，该杆所受的外力和约束力组成一个平面一般力系，建立坐标系 Dxy，由平衡方程

$$\sum F_y = 0,\qquad F_{Dy} + (50\text{kN})\sin 60^\circ - (86.6\text{kN})\cos 30^\circ = 0，可得\ F_{Dy} = 0$$

$\sum M_A = 0$，$M_D + (125\text{kN})a - (125\text{kN}) = 0$，可得 $M_D = 0$

$\sum F_x = 0$，$F_{Dx} + (50\text{kN})\cos 60° + (86.6\text{kN})\cos 30° - 125\text{kN} - 125\text{kN} + 200\text{kN} = 0$

可得

$$F_{Dx} = -50\text{kN}$$

结果为负值，表示约束力 F_{Dx} 的方向与图中假设的方向相反，实际指向铅垂向下。

(2) 求轴力。将作用于点 A 处的两个斜向外力合成，其合力作用线与杆轴线重合，由平行四边形法则可求得合力的大小为 100kN。将作用于点 B 和点 C 处的两个大小相等的平行力，向该截面形心简化，可得一个大小为 250kN、作用线与杆轴线重合、指向向下的合力。因此，可画出钢杆的计算简图，如图 1.7 (b) 所示。

在上段内某处，假想以平面 1-1 沿着垂直于杆轴的方向将杆切开，取截面上侧一段，如图 1.7 (c) 所示。假设轴力 F_1 为拉力，研究其平衡，由前述计算轴力的简便方法，可直接求得轴力

$$F_1 = 100\text{kN}$$

结果为正值，则 F_1 为拉力。

对于中段［见图 1.7 (d)］，可得

$$F_2 = 100\text{kN} - 250\text{kN} = -150\text{kN}$$

结果为负值，则 F_2 为压力。

对于下段［见图 1.7 (e)］，可得

$$F_3 = 50\text{kN}$$

结果为正值，则 F_3 为拉力。

(3) 绘制轴力图。由上述计算结果可知，钢杆上、中、下三段的轴力分别有三个常量，沿平行和垂直杆轴线的方向分别取轴 x 和轴 F_N，按适当比例，绘制轴力图，并标注轴力数值，如图 1.7 (f) 所示。显然，最大轴力 $F_{\text{N,max}}$ 发生在中段的任一截面上，其大小为 150kN。

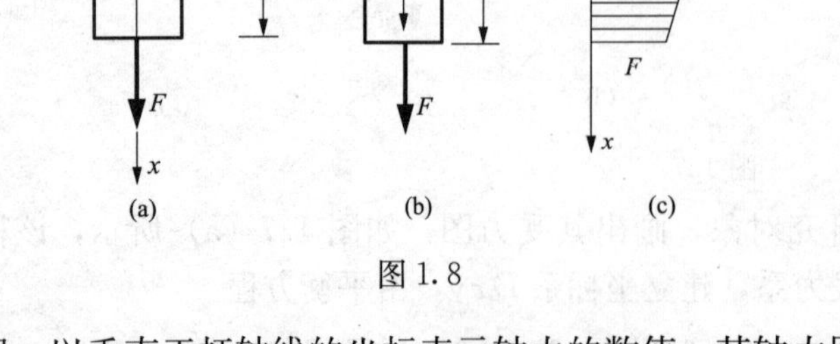

图 1.8

【例 1.3】 图 1.8 (a) 所示拉杆，杆长为 l，横截面面积为 A，下端受力 F 作用。已知杆材料的密度为 ρ，如果考虑杆的自重，试写出杆的轴力方程，并作轴力图。

解 取坐标轴 Ox，如图 1.8 (a) 所示，用截面法将杆沿 x 处截开，研究下段杆的平衡［见图 1.8 (b)］，得

$$F_\text{N}(x) = F + \rho g A(l - x)$$

此即为轴力方程。绘制轴力图时以平行于杆轴线的坐标 x 表示横截面位置，以垂直于杆轴线的坐标表示轴力的数值，其轴力图如图 1.8 (c) 所示。

§1.3 应力及拉伸或压缩杆的应力

在计算出杆件的轴力后，还无法确定杆件是否会因强度不足而失效。这是因为轴力只是杆件横截面上分布内力系向截面形心简化后得到的合力，而要判断杆件是否会因强度不足而失效，还必须知道分布内力在杆内各点处的强弱程度，这需要引入应力的概念。

1. 应力的定义

受力物体任一截面上的内力是连续分布的，为考察截面上分布内力在某一点 C 处的强弱程度，可在该截面围绕点 C 取一微面积 ΔA，设作用在该微面积上的内力为 ΔF，如图 1.9（a）所示。当微面积无限缩小趋于零时，其极限值

$$p=\lim_{\Delta A\to 0}\frac{\Delta F}{\Delta A}$$

定义为该截面上点 C 处的**总应力**，反映截面上分布内力在点 C 处的强弱程度，即**集度**。

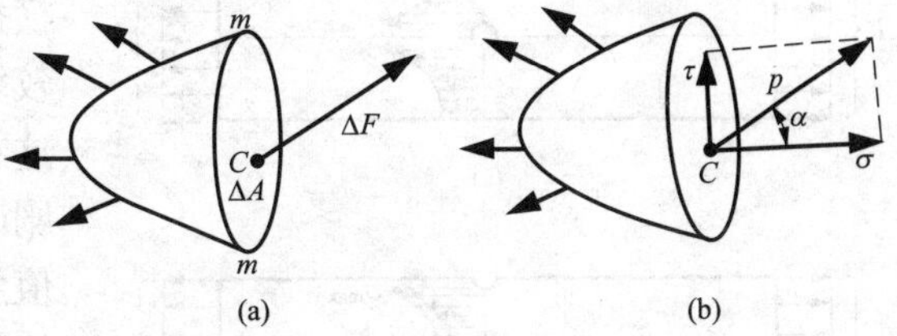

图 1.9

通常将总应力 p 分解成垂直于截面的法向分量 σ 和切于截面的切向分量 τ [见图 1.9（b）]。法向分量 σ 称为**正应力**，切向分量 τ 称为**切应力**。应力的单位是 Pa，工程中通常使用 MPa（$1\mathrm{MPa}=10^6\mathrm{Pa}$）。

由应力的定义可知，应力是在受力构件的某一截面的某一点处定义的，因此，计算应力必须明确是哪个截面上哪一点处的应力。某一截面上某一点处的应力是矢量，一般规定离开研究对象的正应力为正，指向研究对象的正应力为负，即拉应力为正，压应力为负。

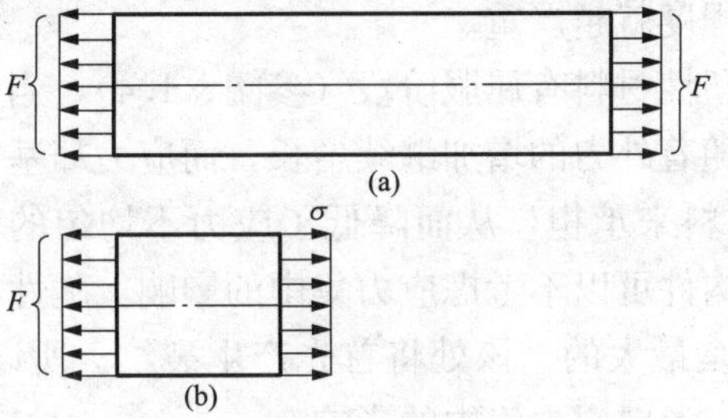

图 1.10

2. 拉伸或压缩杆横截面上的应力

一等截面直杆，两端作用有一对等值、反向的外力 F [见图 1.10（a）]，假设外力在端面上是均匀分布的，则其合力作用线与杆轴线重合，因而横截面上的内力只有轴力 F_{N}。显然，横截面上各点的切应力不可能合成为垂直于横截面的轴力，因此可以推断，横截面上只可能有垂直于横截面的正应力，而没有切应力。因为假设材料是均匀连续的，杆件在一对等值、反向，在端面均匀分布的轴向拉力的作用下，各纵向线段的伸长必然都相同，所以横截面上作用有均匀分布的正应力 [见图 1.10（b）]。再由静力关系

$$F_{\mathrm{N}}=\int_A\sigma\,\mathrm{d}A=\sigma\int_A\mathrm{d}A=\sigma A$$

求得

$$\sigma=\frac{F_{\mathrm{N}}}{A} \tag{1.1}$$

这就是拉杆横截面上正应力的计算公式。

式中：F_N 为轴力；A 为杆的横截面面积。

对于轴向压缩的杆件，式（1.1）同样适用。由于正应力的正负号与轴力的正负号相一致，故受拉时应力为正，受压时应力为负。应注意的是，细长压杆容易被压弯，这是属于稳定性问题，将在本书第8章中讨论。受压时按式（1.1）计算的压应力是指杆件并未压弯的情况。

在导出式（1.1）的过程中，曾假设直杆两端的外力分布是均匀的，在此前提下计算的应力才能严格满足两端力的边界条件。但在实际问题中，杆端外力总是通过不同的连接方式（如铆接、焊接等）传递到杆上的，在外力作用点的附近区域，应力情况比较复杂。试验结果表明：将物体局部边界上的外力用一静力等效的力系代替，则受力局部区域的应力分布将有显著改变，而稍远的应力改变甚微，其影响可忽略不计。这一论断，称为**圣维南原理**(Saint-Venant Principle)。根据圣维南原理，在距外力稍远处，可用式（1.1）计算拉（压）杆横截面上的正应力。

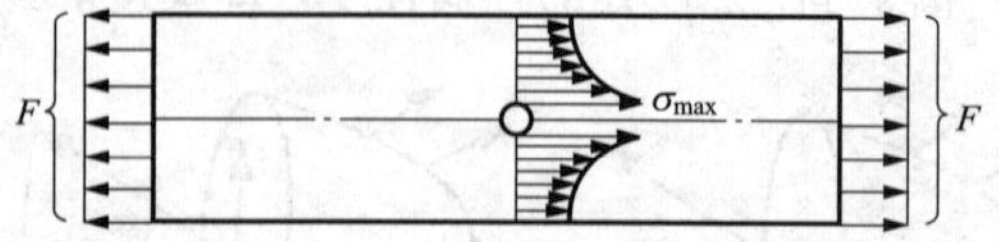

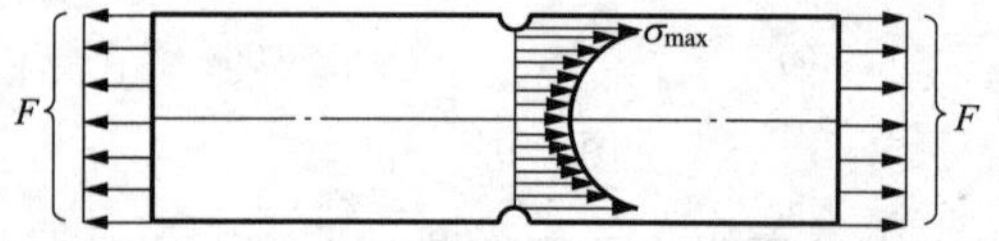

图 1.11

对于变截面直杆，由于变形的非均匀性，横截面上的应力并非均匀分布。若截面变化比较缓慢，按式（1.1）计算所引起的误差不大，这在工程中一般是允许的。但若截面尺寸有急剧改变，在截面突变处的局部范围内，应力数值急剧增加，而稍远处横截面上的应力则趋于均匀。这种由于杆件截面尺寸的突然变化而引起局部应力骤增的现象，称为**应力集中**。例如，开有圆孔和带有切口的板条（见图1.11），受轴向拉伸时，在圆孔和切口附近的局部区域内，应力将急剧增加。弹性理论或试验结果表明：截面尺寸的改变越急剧，应力集中的程度就越严重。

材料不同，对应力集中的敏感程度是不同的。塑性材料有屈服阶段（参阅§1.4），当局部的最大应力达到材料的屈服应力时，该处的变形随着外力的增加继续增长，而应力却基本上不增加。这时增加的外力由截面上尚未屈服的材料来承担，从而降低了应力不均匀的程度。因此，在静荷载的条件下，用塑性材料制成的构件可以不考虑应力集中的影响。脆性材料由于没有屈服阶段，局部应力集中处的应力始终是最大的，该处将首先产生裂纹。所以，用脆性材料制成的构件，即使在静荷载的条件下也应考虑应力集中的影响。

【例 1.4】 图 1.12（a）所示为一悬臂吊车的简图，斜杆 AB 为直径 $d=20\text{mm}$ 的钢杆，荷载 $F=15\text{kN}$。试求当 F 移到点 A 时，斜杆 AB 横截面上的应力。

解 当荷载 F 移到点 A 时，斜杆 AB 受到的拉力最大，此时斜杆 AB 和杆 BC 的轴力与荷载 F 组成一汇交力系。用截面法，将杆 BC 和杆 AC 截开，取节点 A 作为研究对象[见图 1.12（b）]。由平衡方程 $\sum F_y=0$，得

$$F_{N1}\sin\theta - F = 0$$

$$F_{N1} = \frac{F}{\sin\theta}$$

由 $\triangle ABC$ 求出

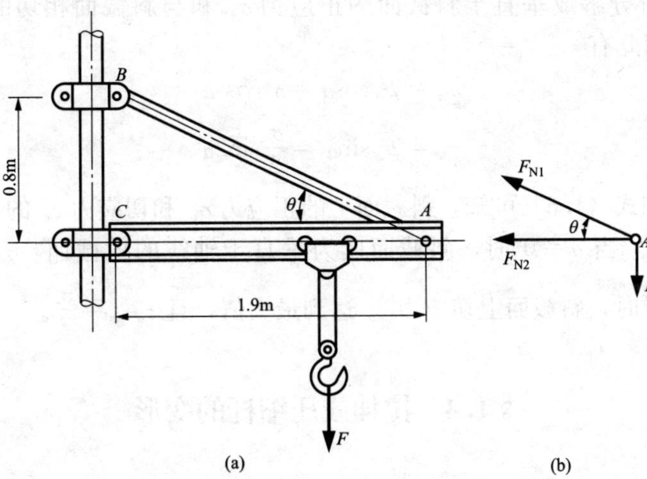

图 1.12

$$\sin\theta=\frac{0.8\text{m}}{\sqrt{(0.8\text{m})^2+(1.9\text{m})^2}}=0.388$$

则斜杆 AB 的轴力为

$$F_{N1}=\frac{15\text{kN}}{0.388}=38.7\text{kN}$$

由此求得斜杆 AB 横截面上的应力为

$$\sigma=\frac{F_{N1}}{A}=\frac{38.7\times10^3\text{N}}{\frac{\pi}{4}(20\times10^{-3}\text{m})^2}=123\times10^6\text{Pa}=123\text{MPa}$$

3. 拉伸或压缩杆斜截面上的应力

前面讨论了拉伸或压缩杆横截面上的正应力，现研究与横截面成 α 角的斜截面 k-k 上的应力［见图 1.13（a）］。假想沿斜截面 k-k 将杆件分成两部分，研究左段的平衡［见图 1.13（b）］，由平衡方程可得斜截面上的内力 F_α 为

$$F_\alpha=F \tag{1.2}$$

仿照论述横截面上正应力均匀分布的方法，可知斜截面上各点的总应力 p_α 也是均匀分布的。于是有

$$p_\alpha=\frac{F_\alpha}{A_\alpha} \tag{1.3}$$

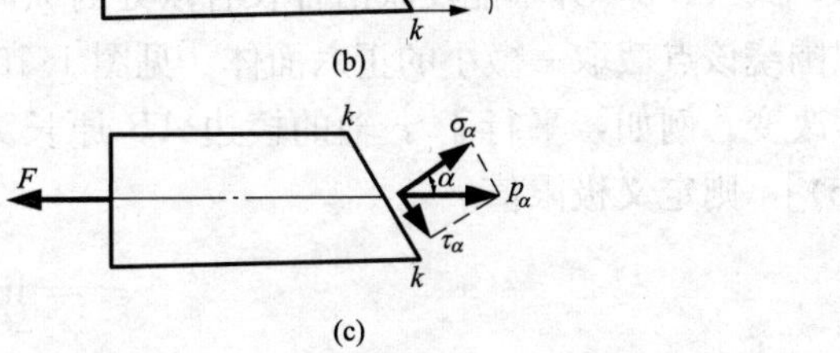

图 1.13

式中：A_α 为斜截面面积。A_α 与横截面面积 A 的关系为 $A_\alpha=A/\cos\alpha$，代入式（1.3），并由式（1.2）可得

$$p_\alpha=\frac{F}{A}\cos\alpha=\sigma\cos\alpha \tag{1.4}$$

式中：σ 为直杆横截面上的正应力。

将总应力 p_α 可分解成垂直于斜截面的正应力 σ_α 和与斜截面相切的切应力 τ_α，如图 1.13（c）所示。因此有

$$\sigma_\alpha = p_\alpha \cos\alpha = \sigma \cos^2\alpha \tag{1.5}$$

$$\tau_\alpha = p_\alpha \sin\alpha = \frac{\sigma}{2}\sin 2\alpha \tag{1.6}$$

由式（1.5）和式（1.6）可知，斜截面上的正应力 σ_α 和切应力 τ_α 的数值随着角 α 的改变做周期性的变化。当 $\alpha=0°$时，斜截面成为垂直于轴线的横截面，σ_α 达到最大值，且 $\sigma_{\alpha\max}=\sigma$。当 $\alpha=45°$时，斜截面上切应力 τ_α 达到最大值，且 $\tau_{\alpha\max}=\dfrac{\sigma}{2}$。

§1.4 拉伸或压缩杆的变形

1. 拉伸或压缩杆的线应变

直杆在轴向拉力的作用下，将产生纵向尺寸伸长和横向尺寸缩短；反之，在轴向压力的作用下，将产生纵向缩短和横向膨胀。

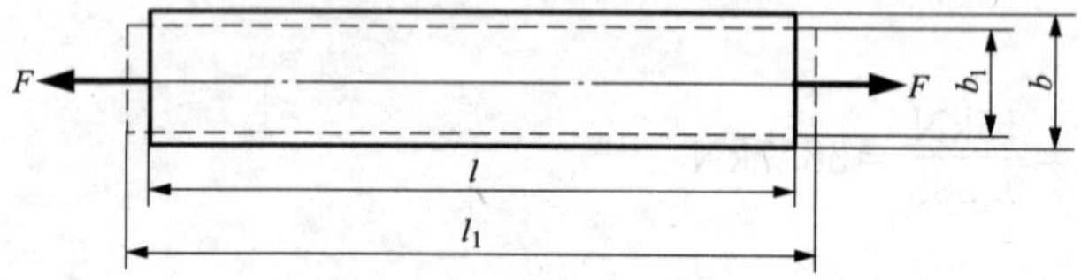

图 1.14

考察原长为 l，横截面面积为 A 的等截面直杆（见图 1.14），在轴向拉力 F 的作用下，长度由 l 伸长为 l_1，杆长的纵向改变量为

$$\Delta l = l_1 - l \tag{1.7}$$

只反映杆的总变形量，而不能说明各段杆的变形程度。可以用单位杆长上的纵向改变量来表示杆件的纵向变形程度，即定义比值

$$\varepsilon = \frac{\Delta l}{l} \tag{1.8}$$

称为直杆的纵向线应变。由式（1.7）可得，杆伸长时纵向线应变为正，杆缩短时纵向线应变为负。

应该指出，式（1.8）所计算的是杆在长度 l 内的平均线应变，若杆沿纵向为非均匀变形，式（1.8）并不能反映沿杆长各点处的纵向线应变。为研究杆件内某点处的线应变，设想围绕该点截取一微小的正六面体［见图 1.15（a）］，受力变形后，微体各棱边的长度将发生改变。例如，平行于 x 轴的棱边 AB 原长为 Δx，变形后的长度为 $\Delta x+\Delta u$［见图 1.15（b）］，则定义极限值

$$\varepsilon_x = \lim_{\Delta x \to 0}\frac{\Delta u}{\Delta x} \tag{1.9}$$

为点 A 处沿 x 方向的**线应变**，表示该点处沿 x 方向长度改变的程度。

同样，若杆件变形前的横向尺寸为 b，变形后为 b_1（见图 1.14），则横向变形量为

$$\Delta b = b_1 - b \tag{1.10}$$

则横向线应变为

$$\varepsilon' = \frac{\Delta b}{b} = \frac{b_1 - b}{b} \tag{1.11}$$

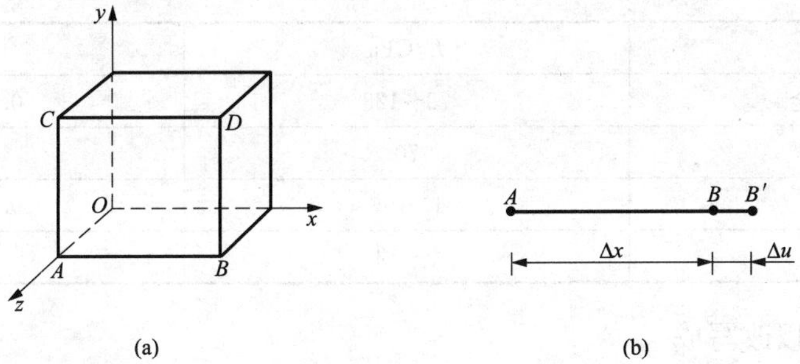

图 1.15

试验结果表明：在弹性范围内，横向线应变 ε' 与纵向线应变 ε 之比的绝对值是一个常数，即

$$\left|\frac{\varepsilon'}{\varepsilon}\right| = \nu \tag{1.12}$$

式中：ν 为泊松比，是由科学家泊松（S. D. Poisson）首先提出的。ν 是表示材料物理性质的弹性常数，是一个量纲为一的量。

因为当杆件轴向伸长时横向缩小，而轴向缩短时横向增大，所以 ε' 和 ε 的符号始终相反。因此，ε' 和 ε 的关系可以写成

$$\varepsilon' = -\nu\varepsilon \tag{1.13}$$

上述 ε' 和 ε 都是表示变形固体内沿某一方向的长度改变程度的代数量，统称为**线应变**，两者都是比值，即都是量纲为一的量。

2. 胡克定律

拉伸或压缩杆件的变形量与其所受外力之间的关系，只能通过试验来测定。通过对常用工程材料制成的杆状试件所做的大量拉伸或压缩试验表明：当杆内的应力不超过材料的某一极限值，即比例极限（见§1.6）时，杆件的伸长量 Δl 与轴向外力 F 及杆件原长 l 成正比，而与其横截面面积 A 成反比，即

$$\Delta l \propto \frac{Fl}{A}$$

引入比例常数 E，并注意到 $F = F_N$，可得

$$\Delta l = \frac{Fl}{EA} = \frac{F_N l}{EA} \tag{1.14}$$

这个关系式是由著名科学家胡克（R. Hooke）首先发现的，故称为胡克定律。式中比例常数 E 称为**弹性模量**，E 的量纲与应力的量纲相同，单位是 Pa 或GPa（$1\text{GPa}=10^9\text{Pa}$）。几种常用工程材料的 E 和 ν 的约值见表 1.1。

表 1.1　　几种常用工程材料的 E 和 ν 的约值

材料名称	E/GPa	ν
碳钢	198～210	0.24～0.28
合金钢	190～206	0.25～0.30
灰铸铁	80～162	0.23～0.27

续表

材料名称	E/GPa	ν
铜及其合金	73～128	0.31～0.42
铝合金	70	0.33
混凝土	15～36	0.16～0.18
木材（顺纹）	9～12	

式（1.14）可以改写成

$$\frac{F_{\mathrm{N}}}{A}=E\,\frac{\Delta l}{l} \tag{1.15}$$

若取杆轴线为轴 x，式中$\frac{F_{\mathrm{N}}}{A}$为杆横截面上的正应力σ_x，$\frac{\Delta l}{l}$为x 方向的线应变ε_x。在杆内截取微小的正六面体，如图 1.16 所示，称为单元体。可见该单元体只在一对面上承受 x 方向的正应力作用，而其余四个面上没有应力，这种状态称为**单向拉伸应力状态**，于是，由式（1.15）可以得到胡克定律的另一表示式

$$\sigma_x=E\varepsilon_x \tag{1.16}$$

式中：应力与应变之间呈线性关系，这种关系称为**线弹性**。胡克定律式（1.16）可以普遍地适用于所有单向拉伸或压缩的应力状态，也称为单向应力状态下的胡克定律。

3. 拉伸或压缩杆的变形计算

式（1.14）计算的是杆件在长度 l 内的平均变形量 Δl，若杆件在轴力作用下发生不均匀轴向变形（伸长或缩短），可假设从杆中任取一微段 $\mathrm{d}x$ [见图 1.17（a)]，并认为在微段内杆件的轴向变形是均匀的，在轴力 F_{N} 作用下变形后的长度为 $\mathrm{d}x+\Delta\mathrm{d}x$，则微段沿轴线方向的平均线应变为$\varepsilon=\frac{\Delta\mathrm{d}x}{\mathrm{d}x}$。在弹性范围内，由胡克定律可知

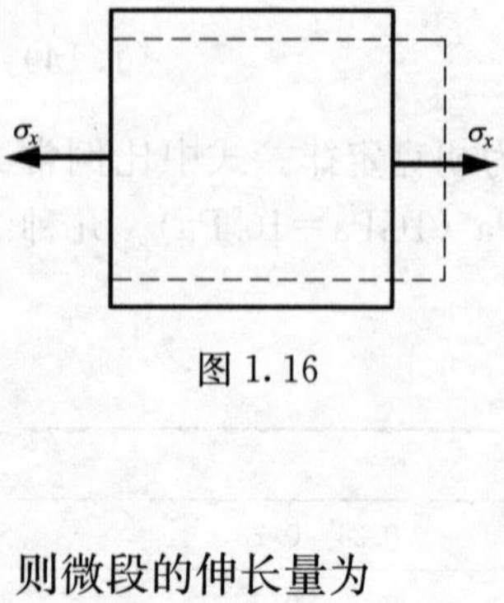

图 1.16

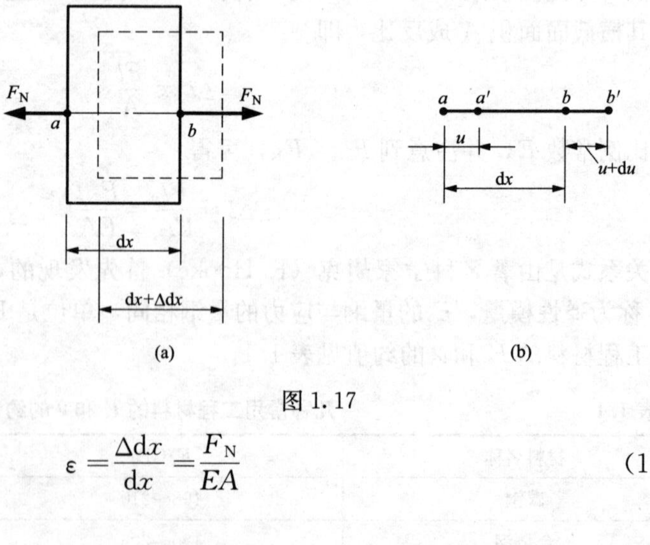

图 1.17

$$\varepsilon=\frac{\Delta\mathrm{d}x}{\mathrm{d}x}=\frac{F_{\mathrm{N}}}{EA} \tag{1.17}$$

则微段的伸长量为

$$\Delta\mathrm{d}x=\frac{F_{\mathrm{N}}\mathrm{d}x}{EA}$$

在整个杆长内积分，即可求得杆件总的伸长量为

$$\Delta l=\int_{l}\frac{F_{\mathrm{N}}\mathrm{d}x}{EA} \tag{1.18}$$

当杆件为等截面直杆，且轴力为常量时，可由式（1.18）积分得到杆的平均伸长量的计算式（1.14）。以上分析同样适用于受压杆件，当轴向受压时，F_{N} 为负值，即表示轴向变形为缩短。

现在来考察杆件横截面的位移。设微段轴线点 a 处的轴向位移为 u，点 b 处的轴向位移为 $u+\mathrm{d}u$ ［见图 1.17（b)］，则轴向的线应变可表示为 $\varepsilon=\frac{\mathrm{d}u}{\mathrm{d}x}$，式（1.17）可改写成

$$\frac{\mathrm{d}u}{\mathrm{d}x}=\frac{F_{\mathrm{N}}}{EA} \tag{1.19}$$

此即为拉（压）杆轴向位移的微分方程，EA 为**拉压刚度**。积分式（1.19），便可得到杆件任一截面的轴向位移

$$u=\int\frac{F_{\mathrm{N}}\mathrm{d}x}{EA}+C \tag{1.20}$$

其中 C 为积分常数，由杆件的约束条件确定。

轴向变形和轴向位移这两个概念有何区别和联系？

【例 1.5】 水轮发电机主轴 AB 为一空心等直圆形截面杆，受力图如图 1.18（a）所示。轴的外径 $D=500\mathrm{mm}$，内径 $d=340\mathrm{mm}$，材料为合金钢，$E=200\mathrm{GPa}$。已知 $P_1=1300\mathrm{kN}$，$P_2=700\mathrm{kN}$，不计轴的自重，试求轴 AB 的总伸长量。

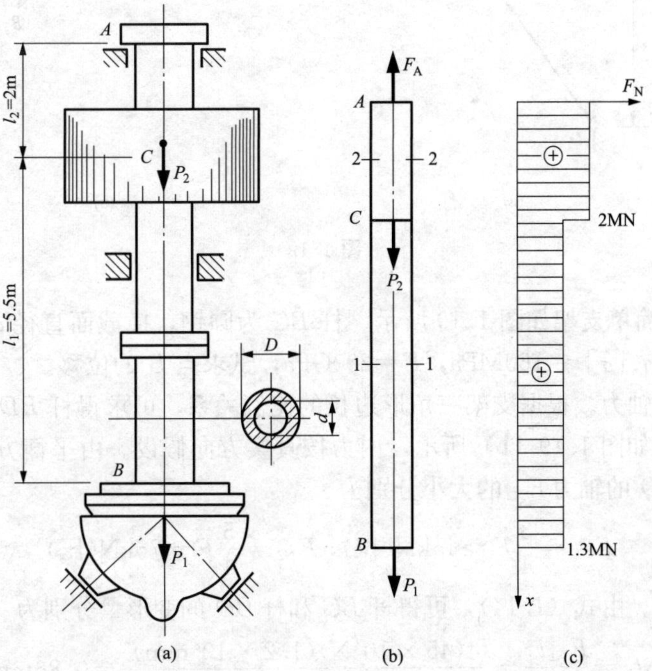

图 1.18

解 （1）外力分析。作用在轴 AB 上的外力除重力 P_1 和 P_2 外，还有截面 A 处的支座反力 F_A，主轴的受力图如图 1.18（b）所示。由平衡条件可得

$$F_A = P_1 + P_2 = 2000\text{kN}$$

（2）内力计算。由截面法可得 BC 段和 AC 段的轴力分别为

$$F_1 = 1300\text{kN}, F_2 = 2000\text{kN}$$

主轴的轴力图如图 1.18（c）所示。

（3）求总伸长量。AC 段和 BC 段的截面面积虽然相同，但轴力不等，所以不能在主轴全长上使用伸长量计算式（1.14）。而在两段内分别满足式（1.14）的应用条件，故应分段计算伸长量，即

$$\Delta l_{BC} = \frac{F_1 l_1}{EA} = \frac{4(1300 \times 10^3\text{N})(5.5 \times 10^3\text{mm})}{(200 \times 10^3\text{N/mm}^2)\pi[(500\text{mm})^2 - (340\text{mm})^2]} = 0.339\text{mm}$$

$$\Delta l_{AC} = \frac{F_2 l_2}{EA} = \frac{4(2000 \times 10^3\text{N})(2 \times 10^3\text{mm})}{(200 \times 10^3\text{N/mm}^2)\pi[(500\text{mm})^2 - (340\text{mm})^2]} = 0.189\text{mm}$$

轴 AB 的总伸长量为

$$\Delta l = \Delta l_{BC} + \Delta l_{AC} = 0.339\text{mm} + 0.189\text{mm} = 0.528\text{mm}$$

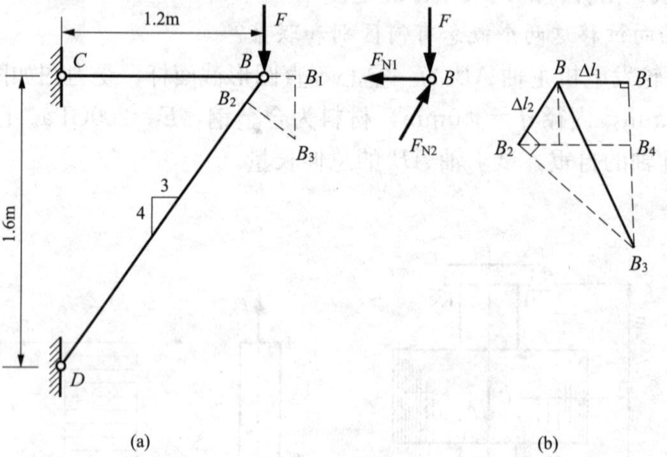

图 1.19

【例 1.6】 一简单支架如图 1.19 所示。杆 BC 为圆钢，横截面直径 $d = 20\text{mm}$。杆 BD 为 8 号槽钢，已知：$[\sigma] = 160\text{MPa}$，$E = 200\text{GPa}$，试求点 B 的位移。

解 （1）求杆轴力。根据支架三角形边长的比例关系，可求得杆 BD 的长度为 2m。研究点 B，其受力图如图 1.19（b）所示，内力按真实方向假设。由平衡方程，可求得杆 BC 的轴力 F_{N1} 和杆 BD 的轴力 F_{N2} 的大小分别为

$$F_{N1} = \frac{3}{4}F = 45\text{kN}(\text{拉}), F_{N2} = \frac{5}{4}F = 75\text{kN}(\text{压})$$

（2）求杆变形。由式（1.14），可得杆 BC 和杆 BD 的变形量分别为

$$BB_1 = \Delta l_1 = \frac{F_{N1} l_1}{EA_1} = \frac{4(45 \times 10^3\text{N})(1.2 \times 10^3\text{mm})}{(200 \times 10^3\text{N/mm}^2)\pi(20\text{mm})^2} = 0.86\text{mm}(\text{伸长})$$

$$BB_2=\Delta l_2=\frac{F_{N2}l_2}{EA_2}=\frac{(75\times10^3\text{N})(2\times10^3\text{mm})}{(200\times10^3\text{N/mm}^2)(1024.8\text{mm}^2)}=0.73\text{mm}(缩短)$$

(3) 求点 B 位移。假想将支架在点 B 处拆开，杆 BC 伸长后的长度为 B_1C，杆 BD 缩短后的长度为 B_2D，若分别以点 C 和点 D 为圆心，以长度 B_1C 和 B_2D 为半径，画弧相交于点 B' [图 1.19 (b) 中没有画出]，点 B'就是点 B 变形后的真实位置。因为变形很小，所以可分别用垂直于 BC 和 BD 的切线代替圆弧线，这两段直线的交点 B_3是点 B 变形后的近似位置 [见图 1.19 (b)]。实际计算表明，在小变形条件下，点 B_3与点 B'的位置误差很小可以忽略，而经过以切线代替弧线的近似处理后，可简化计算。因此可以认为，BB_3就是点 B 的位移 [见图 1.19 (b)]。

将点 B 的位移图放大画出，如图 1.19 (b) 所示。由几何关系可求出

$$B_2B_4=\Delta l_2\times\frac{3}{5}+\Delta l_1$$

点 B 的铅垂位移为

$$B_1B_3=B_1B_4+B_4B_3=BB_2\times\frac{4}{5}+B_2B_4\times\frac{3}{4}=\Delta l_2\times\frac{4}{5}+\left(\Delta l_2\times\frac{3}{5}+\Delta l_1\right)\frac{3}{4}=1.56\text{mm}$$

点 B 的水平位移为

$$BB_1=\Delta l_1=0.86\text{mm}$$

点 B 的总位移为

$$BB_3=\sqrt{(B_1B_3)^2+(BB_1)^2}=\sqrt{(1.56\text{mm})^2+(0.86\text{mm})^2}=1.78\text{mm}$$

【例 1.7】 一线弹性等截面直杆受自重和集中力作用，如图 1.20 所示。杆的长度为 l；抗拉刚度为 EA，材料的密度为 ρ，试求：

(1) 杆中间截面 C 及自由端截面 B 的位移；

(2) 杆 CB 段的伸长量。

解 首先求任一横截面的轴力。取坐标如图 1.20 (a) 所示，将杆沿截面 x 处截开，并研究下半部分 [见图 1.20 (b)] 的平衡，求得

$$F_N(x)=F+\rho gA(l-x) \qquad (a)$$

应用式 (1.20)，求得杆沿轴线方向的位移为

$$u=\int\frac{F_N\mathrm{d}x}{EA}+C=\frac{1}{EA}\left[Fx+\rho gA\left(lx-\frac{x^2}{2}\right)\right]+C \qquad (b)$$

积分常数 C 由边界条件决定。因为固定端处的位移等于零，将 $x=0$ 代入式 (b)，求得 $C=0$，于是

$$u=\frac{Fx}{EA}+\frac{\rho g(2lx-x^2)}{2E} \qquad (c)$$

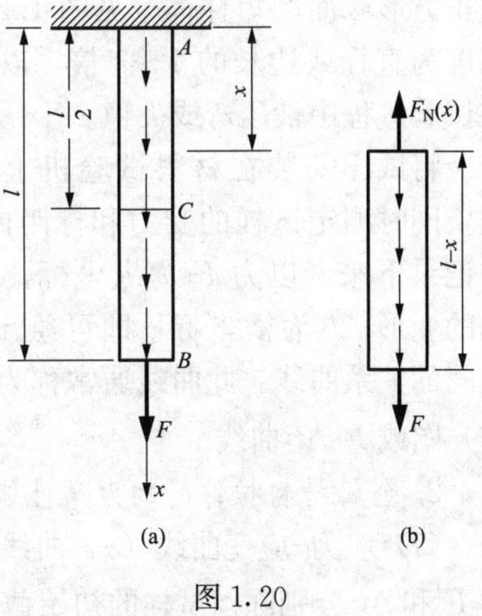

图 1.20

分别令 $x=l/2$ 和 $x=l$，即可求得截面 C 和截面 B 的位移

$$u_C=\frac{Fl}{2EA}+\frac{3\rho gl^2}{8E} \qquad (d)$$

$$u_B = \frac{Fl}{EA} + \frac{\rho g l^2}{2E} \tag{e}$$

杆 CB 段的伸长量为截面 C 和截面 B 两截面间的相对位移，故

$$\Delta l_{CB} = u_B - u_C = \frac{Fl}{2EA} + \frac{\rho g l^2}{8E} \tag{f}$$

若采用定积分计算杆 CB 段的伸长量，积分上下限应如何选取？

§1.5 拉伸或压缩时材料的力学性能

分析构件的强度时，除计算应力外，还应了解材料的力学性能，也称为机械性质，是指材料在外力作用下表现出的变形、失效等方面的特性。材料的力学性能由试验来测定。

1. 拉伸和压缩试验

常温静荷载**拉伸试验**，是指标准的轴向拉伸试样，在室温下以缓慢平稳加载的方式进行的拉断试验，为便于比较不同材料的试验结果，对试验条件、加载速度，以及试样的形状、加工精度等都制定了国家标准。金属材料的拉伸试验，采用的标准拉伸试样如图 1.21 所示，对于试验段直径为 d 的圆形截面试样，通常规定

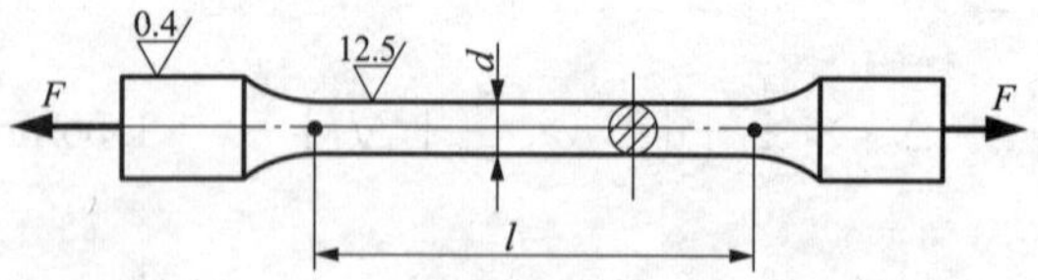

图 1.21

$$l = 10d \text{ 或 } l = 5d \tag{1.21}$$

式中：l 为试样中间等截面直杆部分的工作段，称为标距；d 为试样直径。对于试验段横截面面积为 A 的矩形截面试样，则规定

$$l = 11.3\sqrt{A} \text{ 或 } l = 5.65\sqrt{A} \tag{1.22}$$

金属材料的压缩试样通常采用圆形截面或正方形截面的短柱体（见图 1.22），圆柱高度为直径或边长的 1～3 倍，以避免试样在试验过程中被压弯或失稳。

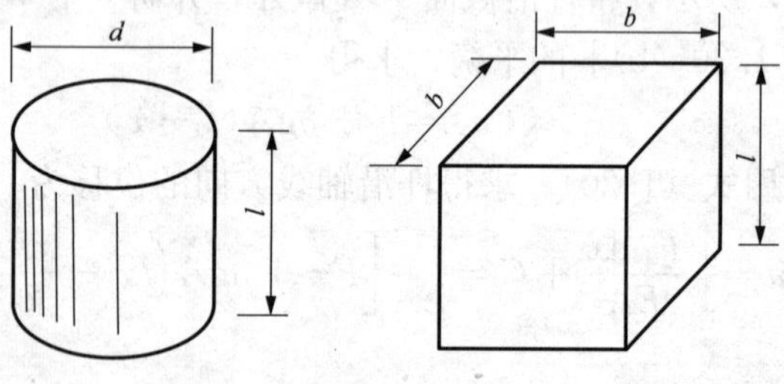

图 1.22

将试样安装在材料试验机上，缓慢加载，同时测定试样的受力和标距内的变形，并记录下来。以力 F 为纵坐标，试样标距内的变形 Δl 为横坐标，即可绘出 F 和 Δl 之间的关系曲线。此曲线通常称为拉伸（压缩）图或 F-Δl 曲线。

2. 金属材料拉伸时的力学性能

(1) 应力-应变曲线（σ-ε 曲线）。F-Δl 曲线与试样的尺寸有关。为了消除尺寸的影响，将 F 和 Δl 分别除以试样的初始截面面积 A_0 和标距 l_0，便得到材料拉伸时的**应力-应变曲线**，即 σ-ε 曲线。

图 1.23 是低碳钢拉伸时的 σ-ε 曲线。低碳钢是工程上最广泛使用的钢材，其力学性能具有典型性。

图 1.24 是灰铸铁拉伸时的 σ-ε 曲线。灰铸铁是金属中典型的脆性材料。

图 1.25 是其他常用金属材料的 σ-ε 曲线。

值得注意的是，绝大多数金属材料在拉伸过程中会发生显著的塑性变形，试样的截面面积和长度的改变是很明显的。以 F 除以初始截面面积 A_0 得到的应力 σ，已不再是试样横截面上的真实应力。同样，以 Δl 除以初始标距的长度 l_0 得到的应变，也不能代表试样的真实应变。因此，以 $\sigma=\dfrac{F}{A_0}$ 为纵坐标、$\varepsilon=\dfrac{\Delta l}{l_0}$ 为横坐标所绘的 σ-ε 曲线，仅是名义应力 σ（又称为工程应力）与名义应变 ε（又称为工程应变）之间的关系曲线，也称为工程应力-应变曲线。

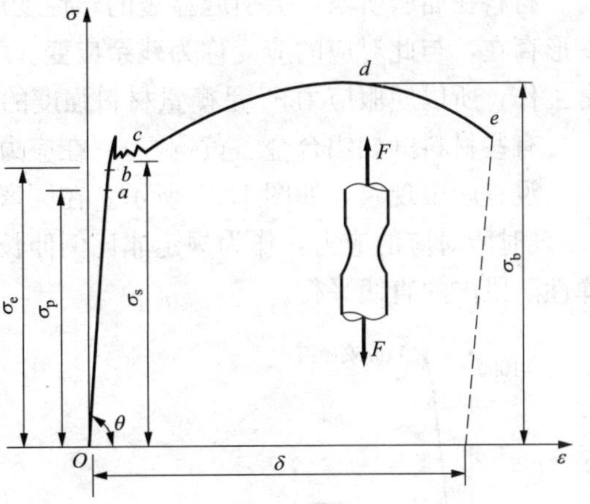

图 1.23

下面以低碳钢拉伸为主，讨论材料拉伸时的主要力学性能。

(2) 弹性、弹性模量和泊松比。低碳钢及多数金属材料的 σ-ε 曲线，在变形的初始阶段，应力与应变呈线性关系，且变形是完全弹性的，即当试样上的荷载被卸除后，变形可以完全恢复。这一区域称为线弹性区，其最高应力值称为**比例极限**，用 σ_p 表示。当 $\sigma<\sigma_p$ 时，材料服从胡克定律式（1.16），由 σ-ε 曲线的直线部分可得

$$E=\frac{\sigma}{\varepsilon}=\tan\theta \tag{1.23}$$

所以弹性模量 E 是直线 Oa 的斜率（见图 1.23）。

当应力超过比例极限后，σ 与 ε 的关系不再是直线（如图 1.23 中的 ab 段），但变形仍为弹性的。只引起弹性变形的最高应力值称为**弹性极限**，用 σ_e 表示。低碳钢的弹性极限与比例极限很接近，在实测中很难区分。但有些材料（如橡胶）的应力与应变之间虽无比例关系，但呈现出很好的弹性，这种非比例的弹性是**非线性弹性**。

灰铸铁拉伸时的应力-应变曲线没有明显的直线部分，通常以总应变为 0.1% 时所对应的割线的斜率为其弹性模量（见图 1.24），称为**割线模量**。

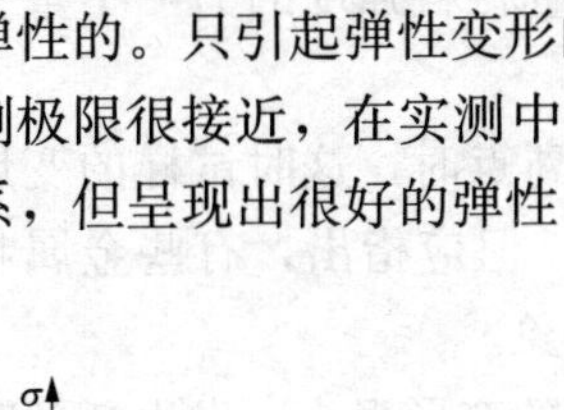

图 1.24

(3) 屈服与屈服应力。有些金属材料，如低碳钢、中碳钢和低合金钢，当应力超过弹性极限（如图 1.23 中的点 b）后，出现应力几乎不增加（事实上，应力在很小的范围内波动）的情况下应变快速增加，这种现象称为**屈服**。在屈服阶段内的最高应力和最低应力分别称为上屈服点和下屈服点。下屈服点一般比较稳定，能反映材料的性质，通常以下屈服点作为材料的**屈服应力**，用 σ_s 表示。

材料屈服时，在经磨光的试样表面可观察到与轴线大致成45°

方向的条纹，称为**滑移线**，是金属材料屈服时晶格发生错动的结果。

材料在屈服阶段，会引起显著的塑性变形，也就是说，即使卸去荷载，也有不可恢复的变形存在，与此对应的应变称为**残余应变**。材料发生显著的塑性变形，将会影响到构件的正常工作，所以屈服应力 σ_s 是衡量材料强度的重要指标。

有些材料（如铝合金、黄铜等），在应力超过比例极限后，应变将与应力成非比例地增加，没有屈服现象，如图 1.25 所示。在国家标准中，是以非比例伸长达到试样原始标距的 0.2%时所对应的应力，作为规定非比例伸长应力，记作 $\sigma_{p0.2}$，如图 1.26 所示，直线 CD 与弹性阶段内的直线平行。

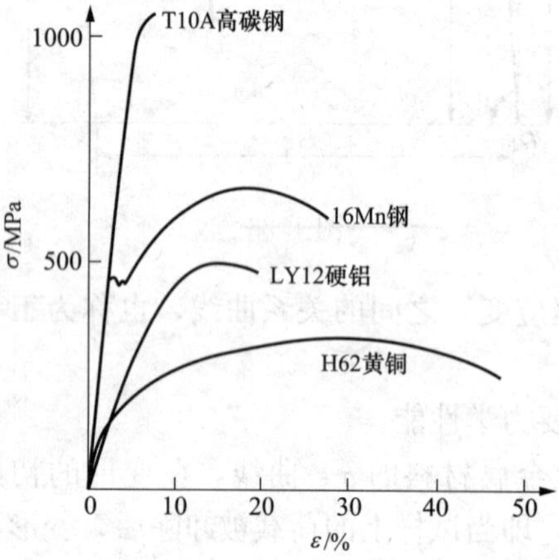

图 1.25

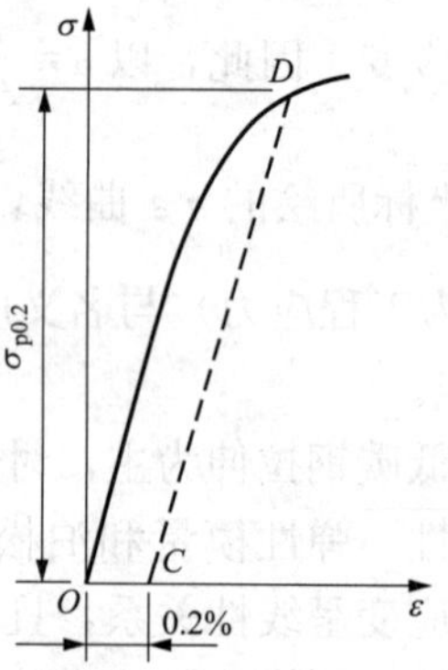

图 1.26

(4) 强化与抗拉强度。如低碳钢这类金属材料，过了屈服阶段以后，材料又恢复了抵抗变形的能力，要使它继续变形必须增大荷载，这种现象称为材料的**强化**。在强化阶段（如图 1.23 中的 cd 段），曲线上最高点（如图 1.23 中的点 d）处的应力称为**强度极限**或抗拉强度，用 σ_b 表示。σ_b 代表材料破坏以前能够承受的最大应力，是衡量材料强度的另一个重要指标。

多数塑性较好的金属材料，当应力增加到应力-应变曲线的最高点时，这时试样的变形开始集中在某一局部区域内，横向尺寸突然急剧缩小，形成**缩颈**。但应指出，有些金属材料，如高碳钢，强度很高，但塑性较差，直到断裂时仍没有缩颈现象。

灰铸铁、铸造铝合金等脆性材料没有屈服和缩颈现象，拉断前的变形很小，发生断裂时的应力达到最大，即以断裂时的应力值作为抗拉强度。

(5) 伸长率与断面收缩率。试样断裂后，弹性变形消失，塑性变形保留，试样标距内的长度由原来的 l_0 变为 l_1。定义

$$\delta = \frac{l_1 - l_0}{l_0} \times 100\% \tag{1.24}$$

为材料的**伸长率**。伸长率是衡量材料塑性的一个重要指标。低碳钢的伸长率为 $\delta = 20\% \sim 30\%$，说明低碳钢的塑性性能很好。工程上通常按伸长率的大小将材料分成两大类：$\delta \geqslant 5\%$ 的材料称为**塑性材料**，如碳钢、铝合金、黄铜等；$\delta < 5\%$ 的材料称为**脆性材料**，如灰铸铁、玻璃、陶瓷等。

表示材料塑性还有另一个指标。设试样的初始横截面面积为 A_0，拉断后颈缩处的最小横截面面积为 A_1，定义

$$\psi=\frac{A_0-A_1}{A_0}\times 100\% \tag{1.25}$$

为材料的**断面收缩率**。低碳钢的 ψ 约为 60%。

(6) 卸载规律与冷作硬化。对于低碳钢等塑性金属材料，当试样被加载至应力-应变曲线非弹性区的某一点后，然后缓慢卸载（见图 1.27），此时应力和应变不再按原来的加载路线返回坐标原点，而是沿着与弹性区直线段相平行的路径返回到应力的零点。这说明在卸载过程中，应力与应变之间按直线规律变化，这就是**卸载规律**。卸载后，弹性变形消失［图 1.27（a）中的 cb'］，而塑性变形将残留下来［见图 1.27（a）中的 Oc］。对于没有明显屈服现象的塑性材料，按照卸载规律，也可以将卸载后产生 0.2%塑性应变所对应的应力值作为屈服指标。这与前述按产生一定的非比例伸长来确定屈服应力是一致的。

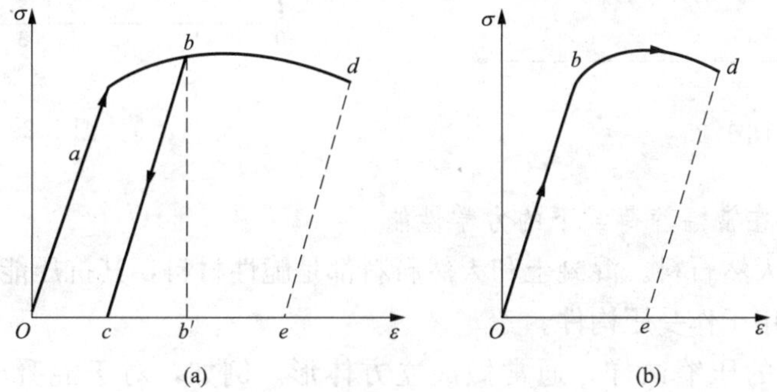

图 1.27

如果卸载后在短期内再次加载，则应力和应变基本上仍沿着卸载时的斜直线变化，直到开始卸载时的应力为止，再往后大致沿着原来的曲线变化［见图 1.27（b）］。比较图 1.27 中的 $Oabd$ 和 cbd 两条曲线可知，在非弹性区内卸载后再加载，比例极限得到了提高，但塑性却有所降低。这种现象称为**冷作硬化**。工程上常利用冷作硬化来提高钢筋和钢缆绳等构件在弹性范围内的承载能力。

3. 金属材料压缩时的力学性能

大多数塑性金属材料在静荷载**压缩试验**中，当应力未超过比例极限或屈服应力时，其应力-应变曲线与受拉时的曲线基本上是重合的，表明塑性材料受压时的弹性性能和屈服应力与受拉时的大致相同。但当进入屈服阶段后，塑性材料发生明显的塑性变形，受压试样的横截面面积不断增加，且由于试验机平台与试样两端面之间有摩擦作用，使试样两端的横向变形受到阻碍，以致被压成鼓形。随着荷载的增加，试样被压成饼状，所以无法测定受压时的强度极限。图 1.28 所示为低碳钢拉伸与压缩时应力-应变曲线的比较，不难看出，屈服以后两者有很大的差异。

脆性材料在拉伸和压缩时的力学性能有较大的区别。图 1.29 所示为灰铸铁在拉伸和压缩时的应力-应变曲线，比较两条曲线可以看出：①抗压强度要比抗拉强度大得多，为拉伸时的 4～5 倍；②虽然压缩破坏时的变形较小，但比拉伸破坏时的变形要大得多。可见，铸铁这类脆性材料，适宜于作受压构件。因此，压缩试验比拉伸试验更为重要。

脆性材料受拉和受压时的破坏形式也是不同的。例如，铸铁拉伸时沿横截面发生断裂，而压缩时的破坏断面与横截面大致成45°～50°的倾角。

表 1.2 列出了几种金属材料在常温和静荷载下的力学性能。

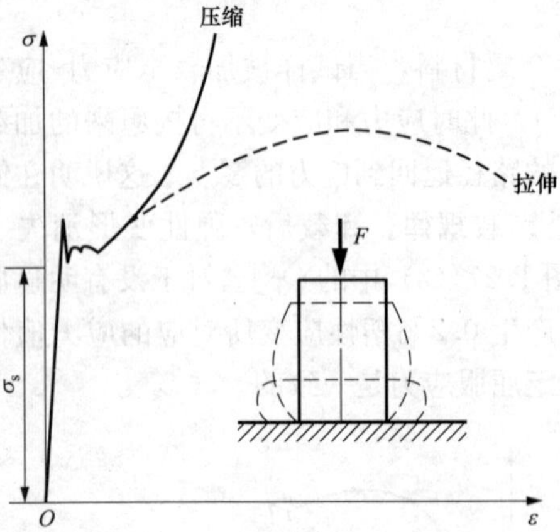

图 1.28

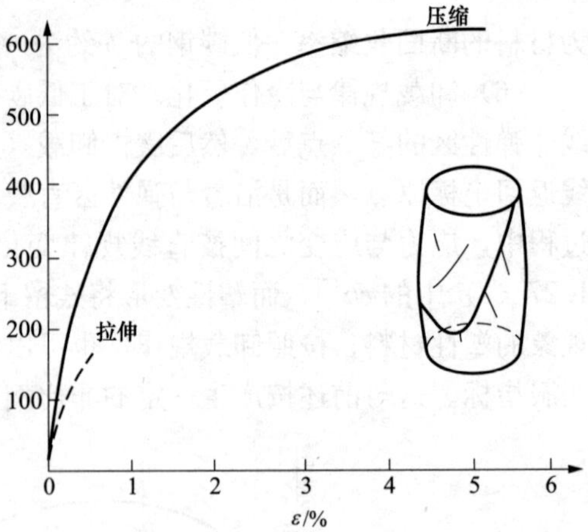

图 1.29

4. 非金属材料在常温静荷载下的力学性能

(1) 混凝土和天然石料。混凝土和天然石料都是脆性材料，其抗压能力比抗拉能力要大得多，故一般只适用于作受压构件。

混凝土和石料的压缩试样，通常做成立方体形。例如，对于混凝土，规定用边长为 0.2m 的正立方体作为标准试块，在标准养护条件下经过 28 天后，进行压缩试验。

表 1.2　　几种常用金属材料在常温和静荷载下的力学性能

材料名称	牌号	σ_s/MPa	σ_b/MPa	δ_5/%
碳素结构钢（见 GB/T 700—2006《碳素结构钢》）	Q215	185～215	335～410	28～31
	Q235	205～235	375～460	23～26
	Q275	245～275	490～610	17～20
优质碳素结构钢（见 GB/T 699—2015《优质碳结构钢》）	40	335	570	19
	45	355	600	16
普通低合金结构钢（见 GB/T 1591—2018《低合金高强度结构钢》）	Q295	235～295	390～570	23
	Q345	275～345	470～630	21～22
合金结构钢（见 GB/T 3077—2015《合金结构钢》）	20Cr	540	835	10
	40Cr	785	980	9
球墨铸铁（见 GB/T 1348—2019《球墨铸铁件》）	QT450-10	310	450	10
	QT600-3	370	600	3

续表

材料名称	牌号	σ_s/MPa	σ_b/MPa	δ_5/%
灰铸铁 （见 GB/T 9439—2010 《灰铸铁件》）	HT150		120～175（拉）	—
	HT300		230～290（拉）	—
铝合金（挤压棒） （见 GB/T 3191—2019 《铝及铝合金挤压棒材》）	LF12	190	380	15
	LY12	260	400	12

注 表中 δ_5 是指 $l=5d$ 的标准试样的伸长率。

混凝土压缩时的 σ-ε 曲线如图 1.30（a）所示。在加载初期有一段很短的直线段，以后明显弯曲，在变形不大的情况下发生破坏。破坏形式与试块两端面的润滑条件有关。一种是两端面不加润滑剂，由于摩擦阻力大，压坏时是靠近中间剥落而形成两个对接的截锥体［见图 1.30（b）］；另一种是加润滑剂，因摩擦阻力小，破坏时是沿纵向开裂［见图 1.30（c）］。这两种破坏形式所对应的抗压强度有差异，因此在压缩试验中应规定其端部条件，以使所得压缩强度作为材料强度的一种比较性指标。由于混凝土应力与应变的非线性，通常规范以 $\sigma=0.4\sigma_b$ 时的割线斜率确定混凝土的弹性模量。

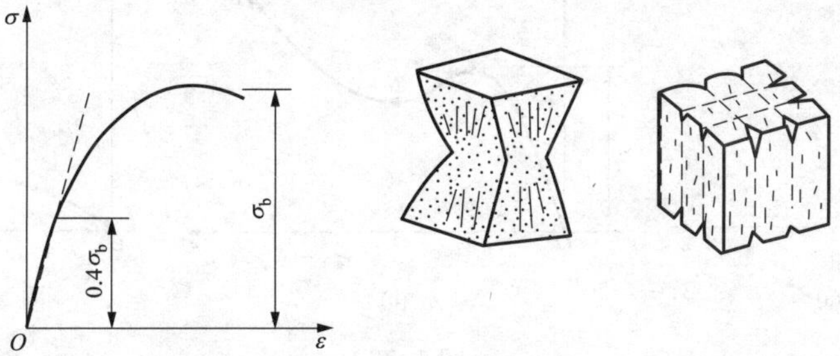

(a) (b) (c)

图 1.30

天然石料的力学性能与混凝土相似，但石料具有一定的各向异性力学性能，即沿着岩层方向及垂直于岩层方向的强度和弹性模量有一定的差异。

混凝土和石料的抗拉强度很小，为抗压强度的 1/10～1/20。故混凝土作为梁、板等结构的材料时，常在其受拉部位用钢筋来加强，称为钢筋混凝土结构。

（2）木材。木材是一种由许多管状细胞组成的纤维状天然材料，其力学性能具有方向性，平行于木纹（称为顺纹）和垂直于木纹（称为横纹）有明显的不同，属于各向异性材料。

木材的力学性能因树种、产地、生长条件等不同而有很大的差异。图 1.31 所示为松木在顺纹拉伸、压缩和横纹压缩时的 σ-ε 曲线。由图 1.31 可知，木材顺纹方向的抗拉强度大于抗压强度，而顺纹方向的抗压强度又大于横纹方向的抗压强度。木材顺纹方向的抗拉强度虽然很高，但因受木节等缺陷的影响，其数值波动较大，而抗压强度受其影响较小。因此，在工程中被广泛用作柱、斜撑等承压构件。木材横纹方向的抗拉强度很低，在工程中应避免横纹受拉。另外，顺纹方向的弹性模量远大于横纹方向的。至于与木纹成斜向拉伸或压缩时

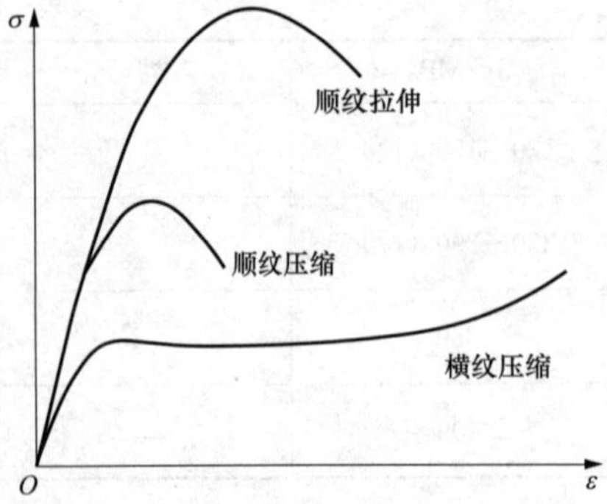

图 1.31

的强度和弹性模量，都将随应力方向与木纹方向间的倾角不同而变化，见《木结构设计规范》（GB 50005—2017）。

（3）高分子材料。高分子材料是以高分子化合物为主要组成部分的材料。所谓“高分子化合物”是指分子量很大的有机化合物，也常称为聚合物。自 20 世纪 70 年代开始，高分子材料的发展非常迅速，在三大高分子材料（塑料、橡胶和纤维）中，尤其以塑料的增长最快。

高分子材料的种类很多，它们的力学性能有很大的差异。图 1.32 所示为几种典型高分子材料的应力-应变曲线。图 1.32（a）所示为硬而脆的高分子材料的 σ-ε 曲线，如聚苯乙烯、聚甲基丙烯酸甲酯（有机玻璃）。具有一定强度和韧性的结晶态高分子材料，通常表现出如图 1.32（b）所示的变形行为，如聚酰胺（尼龙）、聚碳酸酯等，具有这种性能的塑料，被广泛地用于工程结构中。图 1.32（c）所示为典型的高弹性材料的 σ-ε 曲线，如合成橡胶。

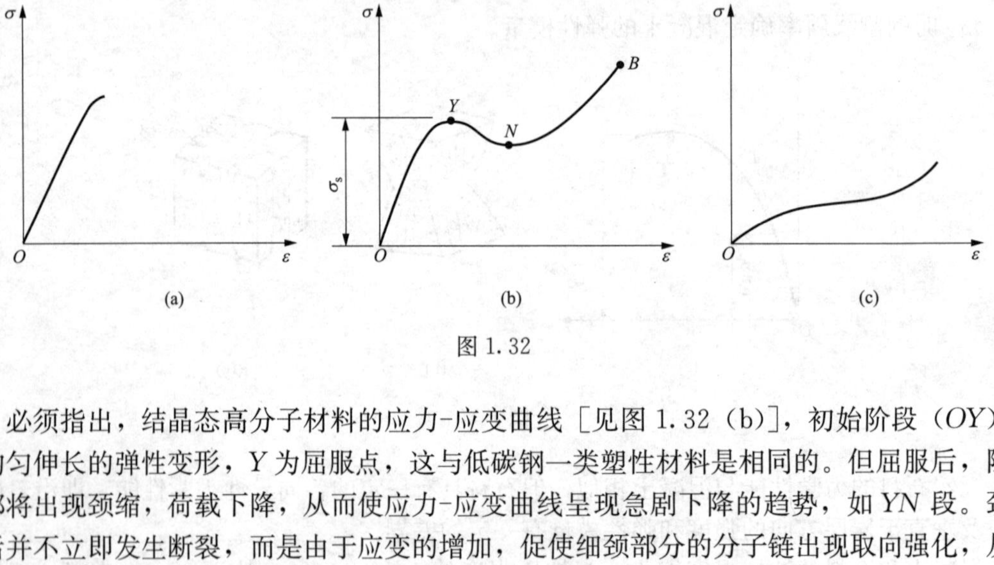

图 1.32

必须指出，结晶态高分子材料的应力-应变曲线［见图 1.32（b）］，初始阶段（OY）发生均匀伸长的弹性变形，Y 为屈服点，这与低碳钢一类塑性材料是相同的。但屈服后，随之局部将出现颈缩，荷载下降，从而使应力-应变曲线呈现急剧下降的趋势，如 YN 段。颈缩以后并不立即发生断裂，而是由于应变的增加，促使细颈部分的分子链出现取向强化，从而应力-应变曲线再次上升，直到点 B 断裂。

§1.6 拉伸或压缩杆的强度计算

由脆性材料制成的构件，在拉力作用下，当变形很小时就会突然断裂。由塑性材料制成的构件，在拉断之前已出现显著的塑性变形，由于不能保持原有的形状和尺寸，已不能正常工作。构件在外力作用下产生断裂或产生不可恢复的塑性变形，称为**强度失效**。脆性材料断裂时应力是强度极限 σ_b，塑性材料屈服时的应力是屈服极限 σ_s，两者均为构件失效时的极限应力。为保证构件有足够的强度，在外荷载作用下构件内最大的工作应力，显然应低于极限应力。因此，必须为各种材料确定构件能正常工作时所能允许的应力最高值。

这个最大的允许应力称为**许用应力**，用 $[\sigma]$ 表示。对塑性材料

$$[\sigma]=\frac{\sigma_s}{n_s} \tag{1.26}$$

对脆性材料

$$[\sigma]=\frac{\sigma_b}{n_b} \tag{1.27}$$

式中：大于 1 的因数 n_s 或 n_b 分别为塑性材料和脆性材料的**安全因数**。显然，安全因数越大，构件的安全性越高，但材料的消耗增加而不够经济。所以，应权衡安全与经济两方面的要求，恰当地选取安全因数。在静荷载情况下，塑性材料可取 $n_s=1.2\sim2.5$；脆性材料通常以断裂的形式失效，一般取 $n_b=2.5\sim3.0$。

将杆件中最大应力限制在允许的范围内，以保证杆件能正常工作，不发生强度失效，称为**强度设计**。对于轴向拉伸或压缩的杆件，其**强度条件**为

$$\sigma=\frac{F_N}{A}\leqslant[\sigma] \tag{1.28}$$

根据强度条件，可以解决三类强度问题：

(1) 强度校核。已知杆件的轴力、横截面积及许用应力，计算出最大工作应力，看其是否满足式 (1.28)。若满足，则杆件强度足够；否则，杆件强度不足。

(2) 截面设计。已知杆件所受的轴力及许用应力，根据式 (1.28)，可设计出杆件的横截面面积为

$$A\geqslant\frac{F_N}{[\sigma]} \tag{1.29}$$

(3) 确定许可荷载。由式 (1.28)，根据杆件的横截面面积及许用应力，可确定杆件能承受的最大轴力，即杆件能承受的最大荷载为

$$[F_N]\leqslant[\sigma]A \tag{1.30}$$

下面用例题来说明拉（压）杆的强度设计方法。

【例 1.8】 图 1.33 所示蒸汽机汽缸的内径 $D=400\text{mm}$，汽缸内的工作压力 $p=1.2\text{MPa}$，汽缸盖和汽缸用螺纹根部直径为 $d_2=18\text{mm}$ 的螺栓来连接。已知活塞杆材料的许用应力 $[\sigma_1]=50\text{MPa}$，螺栓材料的许用应力 $[\sigma_2]=40\text{MPa}$。试求活塞杆的直径及所需螺栓的个数。

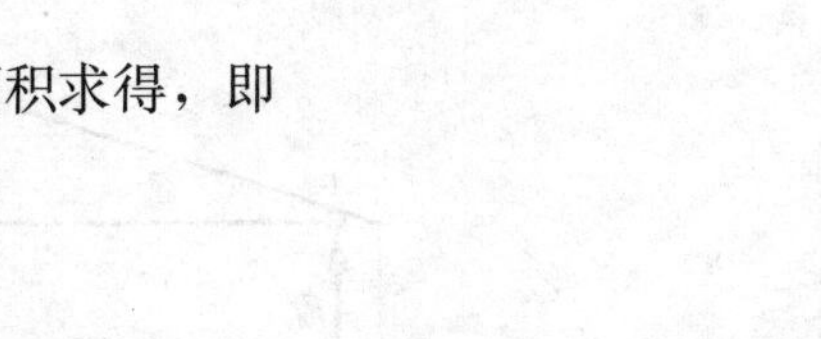

图 1.33

解 (1) 设计活塞杆直径。活塞杆因作用于活塞上的蒸汽压力而受拉，所受拉力可由蒸汽压力及活塞面积求得，即

$$F_N=pA=p\,\frac{\pi}{4}D^2$$

设活塞杆直径为 d_1，由式 (1.29) 可得

$$A_1=\frac{\pi}{4}d_1^2\geqslant\frac{F_N}{[\sigma_1]}=\frac{\pi pD^2}{4[\sigma_1]}$$

计算可得活塞杆直径为

$$d_1 \geqslant D\sqrt{\frac{p}{[\sigma_1]}}=(400\text{mm})\sqrt{\frac{1.2\text{MPa}}{50\text{MPa}}}=62\text{mm}$$

(2) 确定螺栓个数。设所需螺栓个数为 n，汽缸盖所受的压力应与 n 个螺栓所受的总拉力相等，由式 (1.29)，有

$$A_2=n\frac{\pi}{4}d_2^2 \geqslant \frac{F_{\mathrm{N}}}{[\sigma_2]}=\frac{\pi p D^2}{4[\sigma_2]}$$

可得螺栓个数为

$$n \geqslant \frac{pD^2}{[\sigma_2]d_2^2}=\frac{(1.2\text{MPa})(400\text{mm})^2}{(40\text{MPa})(18\text{mm})^2}=14.8$$

因此，至少需用 15 个螺栓。

【例 1.9】 三铰屋架的结构简图及主要尺寸如图 1.34 (a) 所示。屋架承受长度 $l=10$m

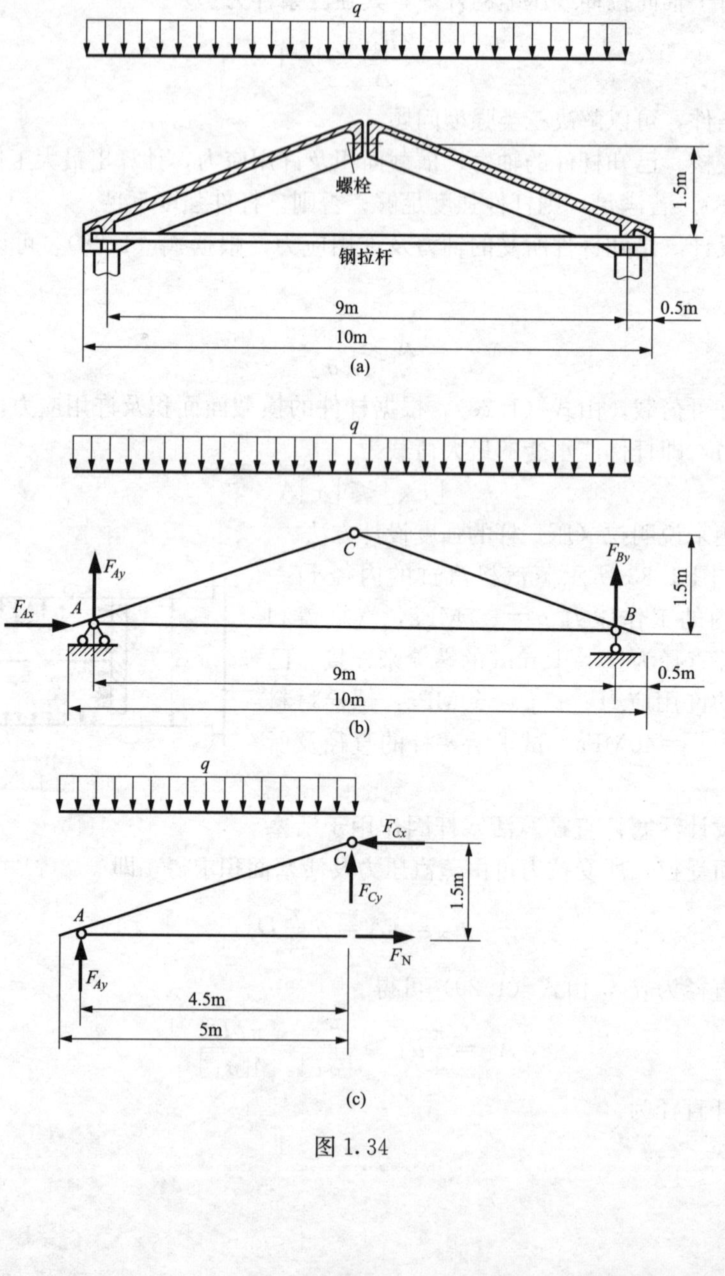

图 1.34

的铅垂均布荷载作用，沿水平方向的集度为 $q=5\text{kN/m}$。屋架中的下弦钢拉杆的直径 $d=20\text{mm}$，许用应力 $[\sigma]=170\text{MPa}$。试校核拉杆的强度。

解 (1) 外力分析。由于人字梁之间及人字梁与拉杆之间的接头不能阻止微小的相对转动，可将接头近似看作铰接，画出屋架的计算简图，如图 1.34（b）所示 。由屋架整体的平衡并利用对称性，可求得支座反力分别为

$$\sum F_x=0,\qquad F_{Ax}=0$$

$$\sum F_y=0,\qquad F_{Ay}=F_{By}=\frac{1}{2}ql=\frac{1}{2}(5\times10^3\text{N/m})(10\text{m})=25\text{kN}$$

(2) 内力计算。取左半屋架为研究对象［见图 1.34（c）］，由平衡方程，有

$$\sum M_C=0,\qquad (1.5\text{m})F_\text{N}-(4.5\text{m})F_{Ay}+\frac{(5\text{m})^2}{2}q=0 \tag{a}$$

将 $F_{Ay}=25\text{kN}$ 和 $q=5\text{kN/m}$ 代入式（a），可得

$$F_\text{N}=33.3\text{kN}$$

(3) 强度校核。由拉杆的轴力 F_N 和直径 $d=20\text{mm}$，可求得拉杆横截面上最大的工作应力为

$$\sigma=\frac{F_\text{N}}{A}=\frac{4F_\text{N}}{\pi d^2}=\frac{4(33.3\times10^3\text{N})}{\pi\,(20\text{mm})^2}=106\text{N/mm}^2=106\text{MPa}<[\sigma]$$

因此，拉杆的强度足够。

【例 1.10】 简易吊车由工字钢梁 AB 和拉杆 BC 组成，如图 1.35（a）所示。工字钢梁为 16 号型钢，长 $l=2\text{m}$，拉杆直径 $d=25\text{mm}$。梁 AB 和杆 BC 的材料均为 Q235 钢，许用应力 $[\sigma]=120\text{MPa}$。当荷载 F 沿水平梁移动到点 B 时，试求吊车的许可荷载。不计梁和杆的自重。

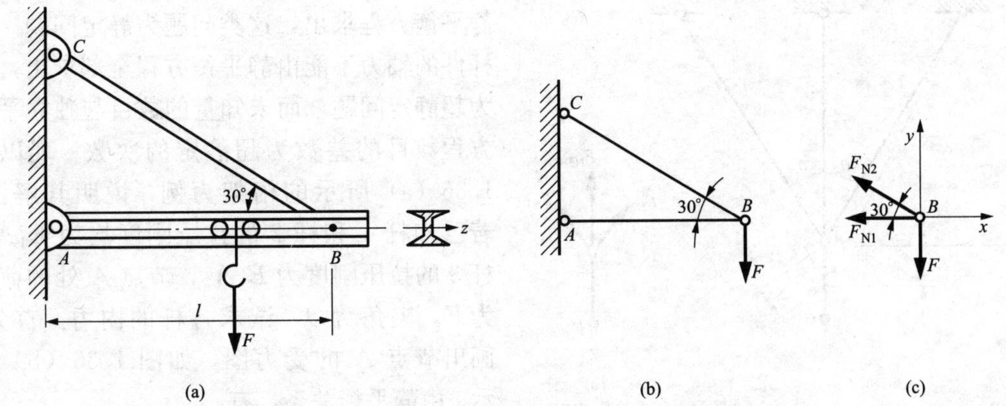

图 1.35

解 (1) 外力分析。该题只要求荷载移动到点 B 时吊车的许可荷载，因此，梁 AB 和杆 BC 的两端均可简化为铰接，荷载作用在铰链 B 上，计算简图如图 1.35（b）所示。不考虑结构的自重，因此梁 AB 和杆 BC 均为二力杆。

(2) 内力计算。以点 B 为研究对象，轴力均正向假设，设梁 AB 和杆 BC 的轴力分别为 F_{N1} 和 F_{N2}，受力图如图 1.35（c）所示。由平衡方程，有

$$\sum F_y = 0,\quad F_{N2}\sin 30° - F = 0, F_{N2} = 2F$$

$$\sum F_x = 0,\quad -F_{N1} - F_{N2}\cos 30° = 0, F_{N1} = -\sqrt{3}F$$

(3) 确定吊车的许可荷载。对于梁 AB，由附录查得 16 号工字钢的横截面面积 $A_1 = 26.1\ \text{cm}^2$，由强度条件有

$$\sigma_{AB} = \frac{|F_{N1}|}{A_1} = \frac{\sqrt{3}F}{26.1\ \text{cm}^2} \leqslant [\sigma]$$

可解出保证梁 AB 强度足够时，吊车的许可荷载为

$$[F_1] \leqslant \frac{[\sigma](26.1\ \text{cm}^2)}{\sqrt{3}} = \frac{(120\times10^6\text{Pa})(26.1\times10^{-4}\text{m}^2)}{\sqrt{3}} = 181\times10^3\text{N} = 181\text{kN}$$

对于杆 BC，由强度条件，有

$$\sigma_{BC} = \frac{F_{N2}}{A_2} = \frac{4(2F)}{\pi d^2} \leqslant [\sigma]$$

可解出保证杆 BC 强度足够时，吊车的许可荷载为

$$[F_2] = \frac{\pi d^2}{8}[\sigma] = \frac{\pi\,(25\text{mm})^2(120\text{N/mm}^2)}{8} = 29.5\times10^3\text{N} = 29.5\text{kN}$$

为保证吊车各杆件的强度均满足要求，其许可荷载应取上述两个许可荷载中的最小者。因此，吊车的许可荷载为

$$[F] = \min\{[F_1], [F_2]\} = 29.5\text{kN}$$

§1.7 拉压超静定问题

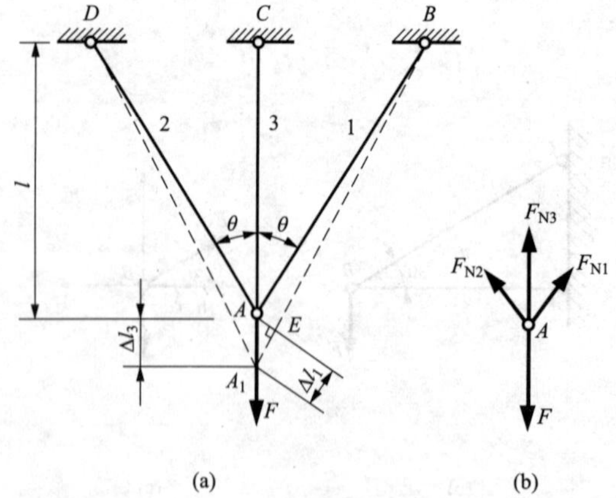

图 1.36

在前面讨论的问题中，杆件的轴力可由静平衡方程求出，这类问题为静定问题。若杆件的轴力不能由静平衡方程全部求出，则为超静定问题。而未知量的数目与独立平衡方程数目的差数为超静定的次数。现以图 1.36 (a) 所示的桁架为例，说明其解法。若已知杆 1 和杆 2 的拉压刚度均为 E_1A_1，杆 3 的拉压刚度为 E_3A_3，节点 A 处的荷载为 F，夹角为 θ，试求各杆的内力。首先，画出节点 A 的受力图，如图 1.36 (b) 所示。由静平衡关系，有

$$\sum F_x = 0,\quad F_{N1} = F_{N2}$$

$$\sum F_y = 0,\quad F_{N3} + 2F_{N1}\cos\theta - F = 0 \tag{1.31}$$

有 2 个平衡方程，但未知力有 3 个，无法用平衡方程全部求出，为一次超静定问题。必须设法再建立 1 个关于未知力的补充方程，方可求解上述超静定问题。

为此，必须研究变形几何关系。由于结构及荷载均关于杆 3 对称，桁架的变形也必然是

对称的。由于变形很小，可用垂直于 A_1B 的直线 AE 代替上述弧线，由图 1.36（a）中直角三角形 $\triangle AA_1B$ 可得变形几何关系为

$$\Delta l_1 = \Delta l_3 \cos\theta \tag{1.32}$$

三根杆的变形只有满足式（1.32），才可能在变形后仍然在节点 A_1 处相连接，三杆变形才是相互协调的。

由胡克定律可得各杆轴力与变形的物理关系分别为

$$\Delta l_1 = \frac{F_{N1} l}{E_1 A_1 \cos\theta},\ \Delta l_3 = \frac{F_{N3} l}{E_3 A_3} \tag{1.33}$$

将式（1.33）代入式（1.32），得

$$\frac{F_{N1} l}{E_1 A_1 \cos\theta} = \frac{F_{N3} l}{E_3 A_3} \cos\theta \tag{1.34}$$

这就是研究变形得到的补充方程。联立求解式（1.31）、式（1.34），可得

$$F_{N1} = F_{N2} = \frac{F \cos^2\theta}{2\cos^3\theta + \dfrac{E_3 A_3}{E_1 A_1}},\ F_{N3} = \frac{F}{1 + 2\dfrac{E_1 A_1}{E_3 A_3}\cos^3\theta}$$

以上例题表明，综合静力关系、几何关系和物理关系，可求解超静定问题，这种方法简称为**三关系法**。

【例 1.11】 等截面热力管道 AB 的两端与刚性墙壁连接，如图 1.37（a）所示。设管道长为 l，横截面面积为 A，材料的弹性模量为 E，线膨胀系数为 α，试求温度升高 Δt 时，管道内由于温度上升而产生的应力。

解 对于两端固定的直管道 AB［见图 1.37（c）］，由平衡关系只能得出

$$F_A = F_B \tag{a}$$

有 1 个平衡方程，2 个未知力，为一次超静定问题。必须再建立 1 个补充方程。设想解除右端支座 B，管道可自由膨胀，当温度升高 Δt 时，膨胀量为

$$\Delta l_t = \alpha \Delta t l \tag{b}$$

实际上，温度升高后支座 B 对管道施加轴向压力 F_B，产生的缩短量为

$$\Delta l_F = \frac{F_B l}{EA} \tag{c}$$

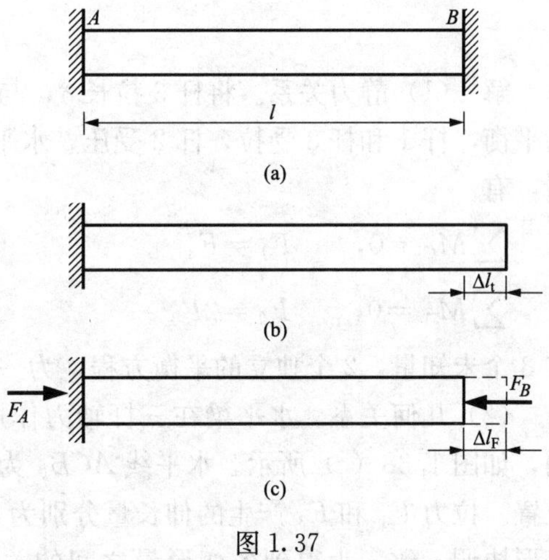

图 1.37

注意到温度升高后，管道 AB 总长度不变，其变形几何关系为

$$\Delta l_{AB} = \Delta l_t - \Delta l_F = 0 \tag{d}$$

将式（b）和式（c）代入式（d），得

$$\alpha \Delta t l - \frac{F_B l}{EA} = 0$$

这就是补充方程，由此可求出轴力为

$$F_B = F_A = EA\alpha\Delta t$$

应力为

$$\sigma=\frac{F_B}{A}=\alpha E\Delta t$$

碳钢的 $\alpha=12.5\times10^{-6}℃^{-1}$，$E=200\text{GPa}$，若 $\Delta t=50℃$，则管壁应力为

$$\sigma=\alpha E\Delta t=(12.5\times10^{-6}℃^{-1})(200\times10^{3}\text{MPa})(50℃)=125\text{MPa}$$

可见，当 Δt 较大时，应力的数值相当可观，可造成管道破坏。在超静定结构中，这种由于温度变化引起的变形受到限制而在构件中产生的应力称为**温度应力**。为避免产生过高的温度应力，在热力管道中常设置弯道伸缩节，削弱约束的影响，在铁路钢轨接头处及混凝土路面中，通常留有伸缩缝，以降低温度应力。

【例 1.12】 刚性梁 AB 由三根钢杆支承，如图 1.38（a）所示。由于制造误差，杆 3 比其他两杆短微小量 δ。已知：三杆截面面积均为 A，杆长为 l，弹性模量为 E。将三杆与水平梁装配好后，试求各杆的内力。

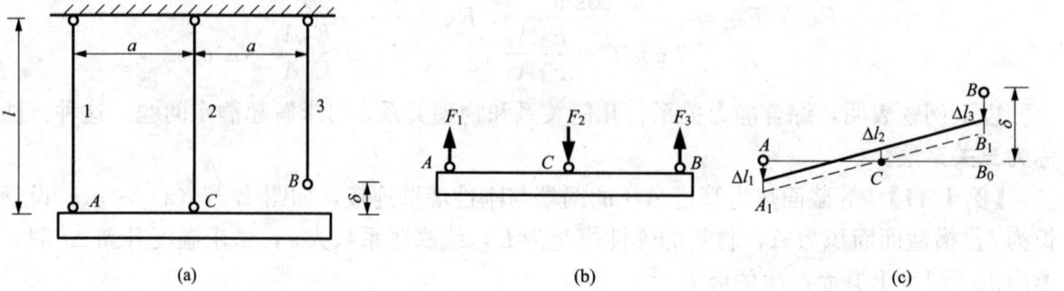

图 1.38

解 （1）静力关系。将杆 3 拉长 δ，与水平梁装配好以后，将外力去除，为维持水平梁的平衡，杆 1 和杆 3 受拉，杆 2 受压，水平梁的受力图如图 1.38（b）所示。由静力平衡关系，有

$$\sum M_C=0,\qquad F_1=F_3 \tag{a}$$

$$\sum M_A=0,\qquad F_2=2F_3 \tag{b}$$

有 3 个未知量，2 个独立的平衡方程，为一次超静定问题。

（2）几何关系。水平梁在三杆轴力作用下平衡，拉杆伸长，压杆缩短，据此画出变形图，如图 1.38（c）所示。水平线 ACB_0 为装配前水平梁的位置，斜直线为装配后水平梁的位置。拉力 F_1 和 F_3 产生的伸长量分别为 Δl_1 和 Δl_3，压力 F_2 产生的缩短量为 Δl_2，力与变形协调一致。为得到各变形量之间的关系，可过中点 C 作斜直线的平行线，如图 1.38（c）中虚线所示，由长度 AA_1 等于长度 B_1B_0，可得几何方程

$$\Delta l_1+\Delta l_2=\delta-(\Delta l_3+\Delta l_2)$$

整理后，有

$$\Delta l_1+2\Delta l_2+\Delta l_3=\delta \tag{c}$$

（3）物理关系。由胡克定律，可得

$$\Delta l_1=\frac{F_1 l}{EA},\ \Delta l_2=\frac{F_2 l}{EA},\ \Delta l_3=\frac{F_3 l}{EA}$$

代入式（c），整理后，得

$$F_1+2F_2+F_3=\frac{EA}{l}\delta \tag{d}$$

式（d）就是补充方程，联立求解式（a）、式（b）和式（d），可得各杆轴力分别为

$$F_1=F_3=\frac{EA}{6l}\delta(\text{拉}),\ F_2=\frac{EA}{3l}\delta(\text{压})$$

若事先假设三杆均受拉力，能否求出正确结果？若能，请求出各杆内力，并与上述解法作比较。

由［例1.12］可知，对超静定结构，加工误差会使结构在没有外荷载作用的情况下，产生内力和应力，称为**装配内力**和**装配应力**。这种装配应力的存在，有时是不利的，但有时也可以带来有利的结果。例如，在机械制造工程中利用装配应力使套与轴紧密配合，连接成一体。土木工程中的预应力钢筋混凝土构件，利用装配应力来提高构件的承载能力。

在静定结构中，会不会产生温度应力和装配应力？为什么？

§1.8　工程应用实训

1.1　三种材料的拉伸应力-应变曲线如图1.39所示，试比较三种材料的强度、刚度和塑性。

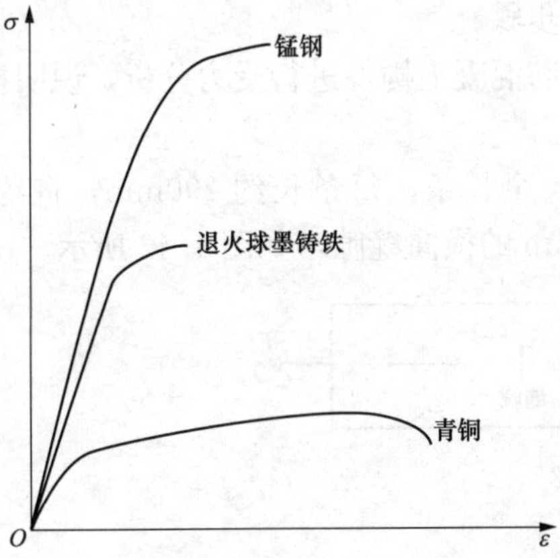

图1.39

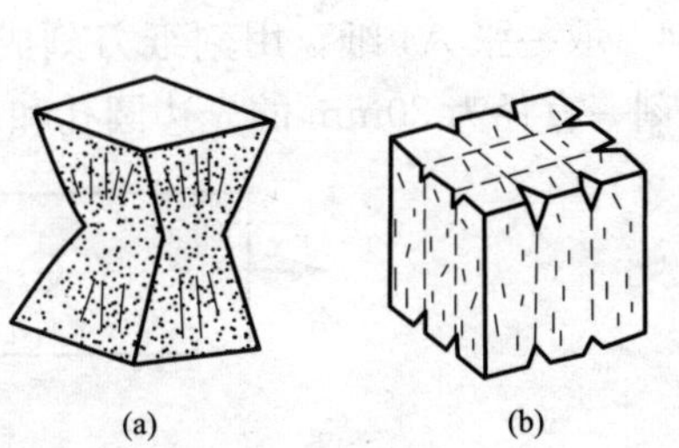

图1.40

1.2　边长为0.2m的正立方体作为混凝土标准试块，在标准养护条件下经过28天后，进行压缩试验。压缩破坏形式与试块两端面的润滑条件有关。一种是两端面不加润滑剂，压坏时是靠近中间剥落而形成两个对接的截锥体［见图1.40（a）］；另一种是加润滑剂，破坏时是沿纵向开裂［见图1.40（b）］。

（1）对上述两种试验条件下的混凝土试块进行受力分析，分别画出其受力图。

（2）通过试块的变形分析，说明加润滑剂时试块沿纵向开裂［见图1.40（b）］破坏的原因。

（3）同样的混凝土试块在哪种试验条件下测得的抗压强度偏小？说明理由。

1.3　土木工程中的预应力钢筋混凝土构件，利用装配应力来提高构件的承载能力。施

加预应力的方法主要有先张法［见图 1.41 (a)］和后张法［见图 1.41 (b)］。

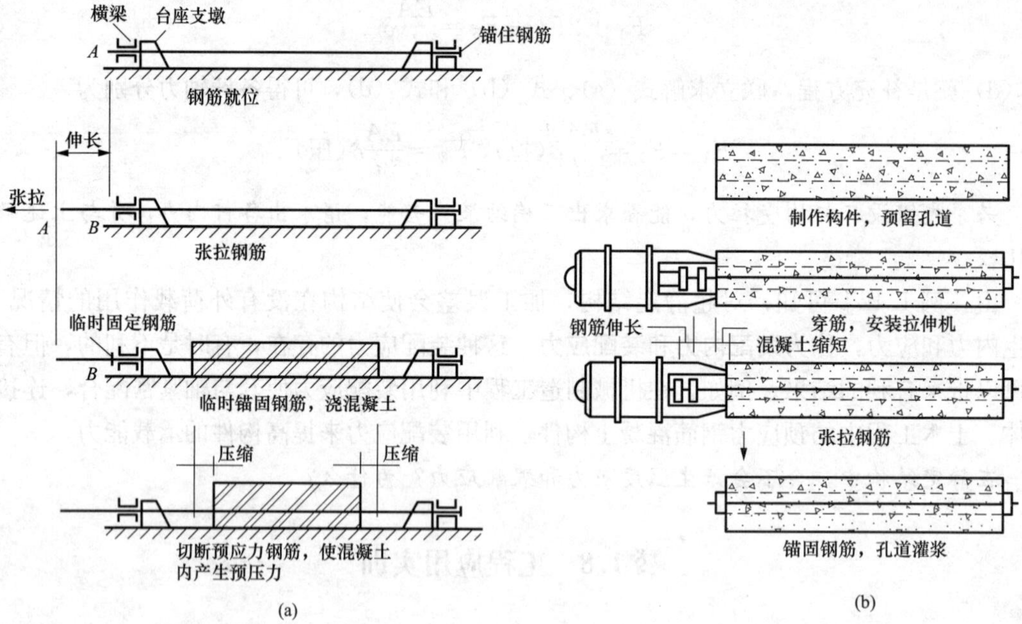

图 1.41

(1) 试对照插图分别说明这两种方法的工序步骤。

(2) 试运用拉压超静定的概念，对预应力钢筋混凝土构件进行受力分析，说明提高其承载能力的原理。

1.4 取一张 A4 纸，用刻纸刀刻成等宽的 4 个长条，每条长约 290mm，宽约 52mm，在其中刻一直径为 20mm 的光边圆孔和长为 20mm 的横向缝隙，如图 1.42 所示。

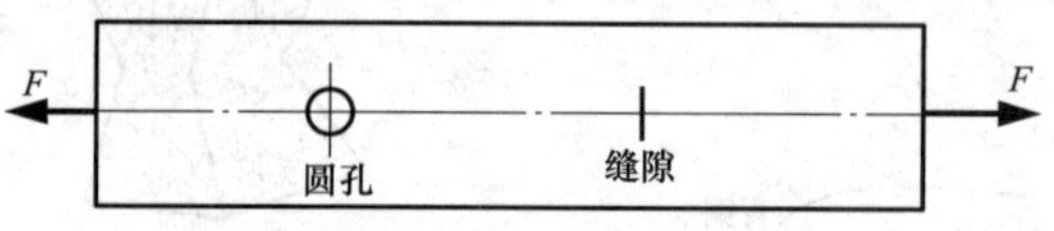

图 1.42

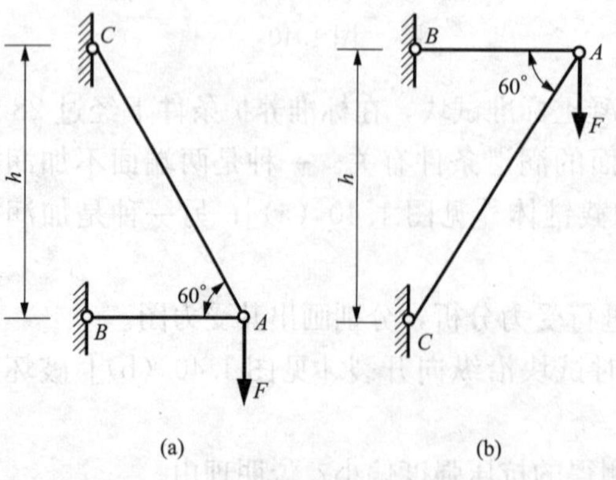

图 1.43

(1) 用手拉纸条的两端加载，观察破坏现象，并分析原因。

(2) 若要求每位同学在同样的纸条上必须横向切开尺寸为 20mm，开口形式不限。试设计并制作开口，将纸条两端用胶水分别固定在筷子上，晾干后将上端支撑或悬挂，下端用弹簧秤及塑料袋盛黄沙加载，记录破坏荷载，看谁的纸条承载能力最大。

(3) 对各种形式的开口进行力学分析，阐述纸条承载能力不同的原因。说明这个制作试验所涉及的概念在工程中有哪些应用。

1.5 直径相同的铸铁圆形截面杆，设计成图1.43（a）和图1.43（b）所示的两种结构形式。已知铸铁的许用拉应力约为50MPa，许用压应力约为180MPa。

（1）分别对两种结构进行力学分析，试说明哪种结构所承受的荷载大？大多少倍？

（2）上述分析和结果对工程结构设计及材料的选择有哪些启示？

习 题

1.1 试求题1.1图中所示直杆各段内任一横截面上的轴力，并绘出全杆的轴力图。

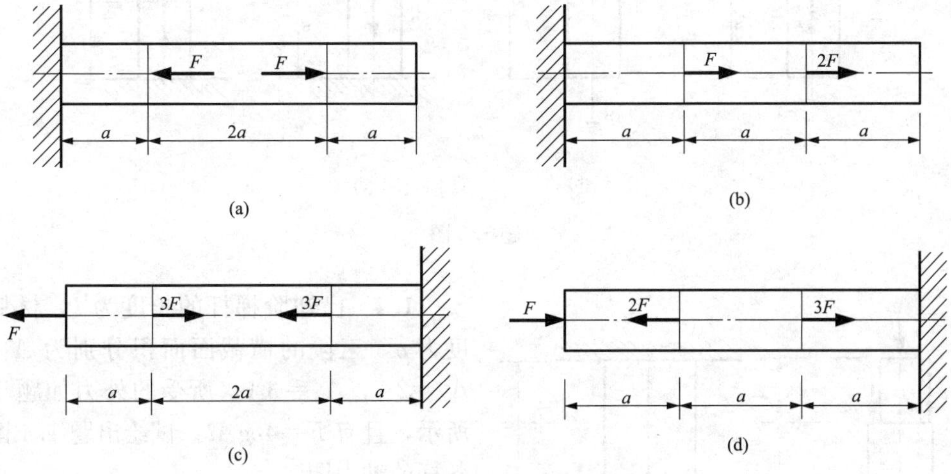

题1.1图

1.2 试绘出题1.2图中所示直杆的轴力图。

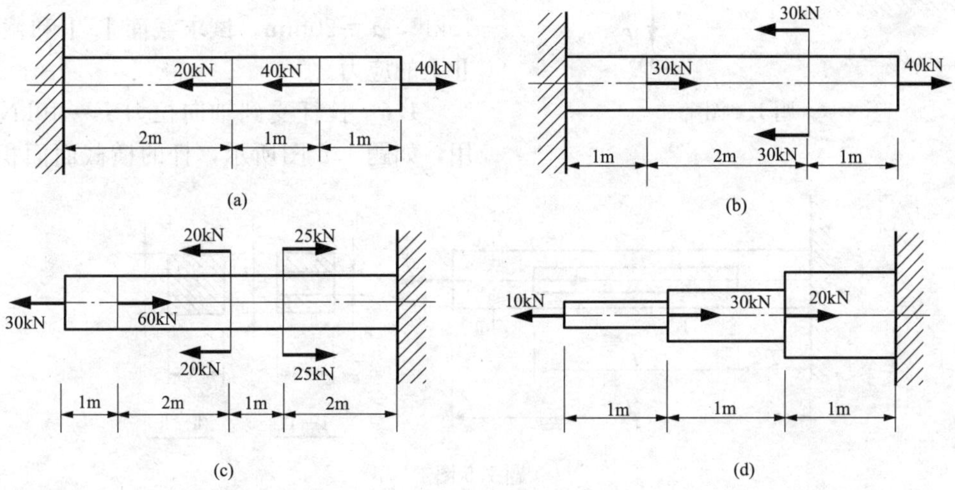

题1.2图

1.3 已知直杆的横截面面积为A，尺寸为a，材料的密度为ρ，所受的外力如题1.3图所示，且有$F=10\rho gAa$。若①略去杆的自重；②考虑杆的自重，试求各杆段内的轴力，并绘出题 1.3 图所示各杆的轴力图。

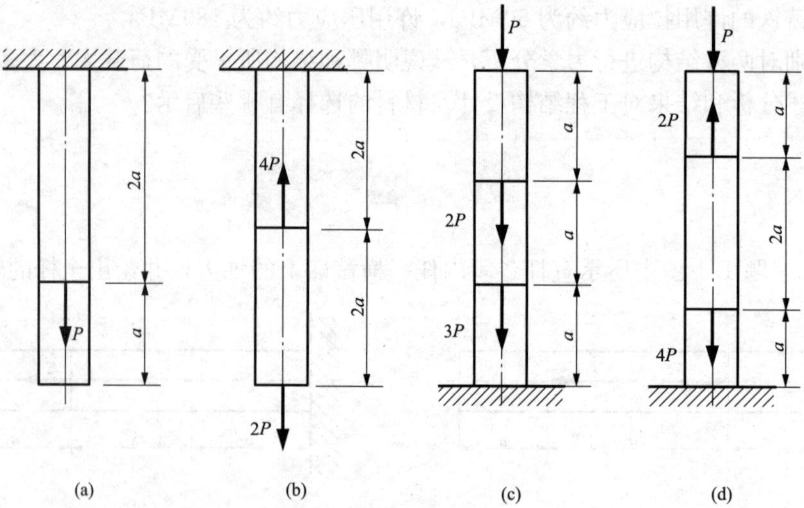

题 1.3 图

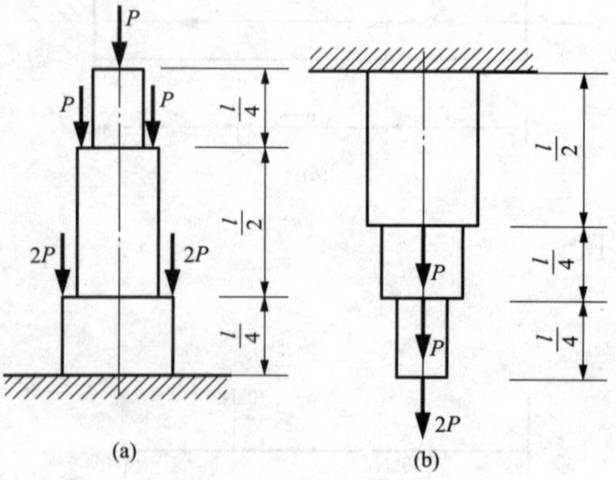

题 1.4 图

1.4 已知阶梯杆的长度为 l，材料的密度为 ρ，三段的横截面面积分别为 $A_1=A$，$A_2=2A$，$A_3=3A$，所受的外力如题 1.4 图所示，且有 $F=4\rho gAl$。试绘出题 1.4 图所示各杆的轴力图。

1.5 横截面为正方形的钢质杆，截面边长为 a，杆长为 $2l$，中段铣去长为 l、宽为 $a/2$ 的槽，受力如题 1.5 图所示。若 $F=15\text{kN}$，$a=20\text{mm}$，试求截面Ⅰ-Ⅰ和截面Ⅱ-Ⅱ上的应力。

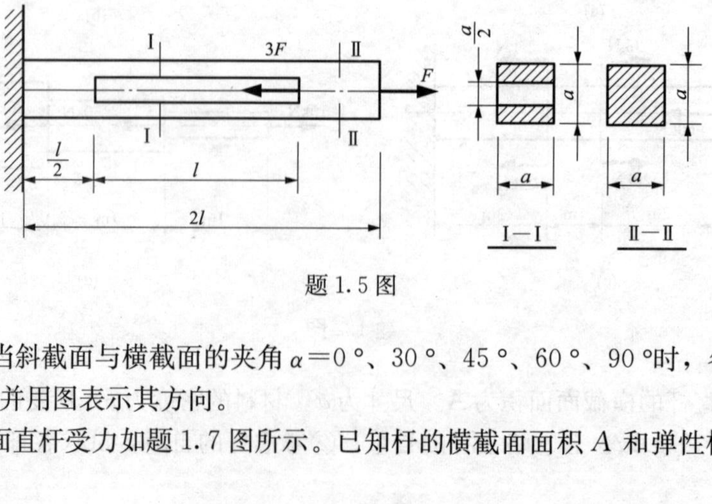

题 1.5 图

1.6 拉杆受到轴向拉力 $F=10\text{kN}$ 的作用，如题 1.6 图所示，杆的横截面面积 $A=100\text{mm}^2$。试求当斜截面与横截面的夹角 $\alpha=0°$、$30°$、$45°$、$60°$、$90°$时，各斜截面上的正应力和切应力，并用图表示其方向。

1.7 等截面直杆受力如题 1.7 图所示。已知杆的横截面面积 A 和弹性模量 E。试作轴力图，并求杆端面 D 的水平位移。

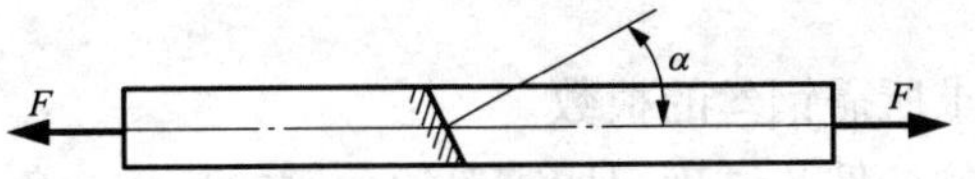

题 1.6 图

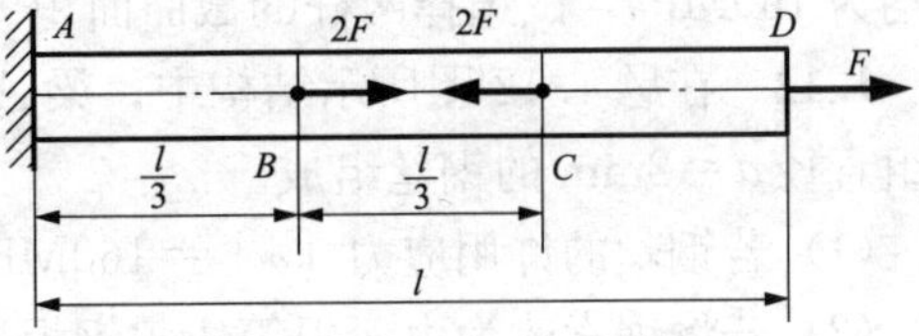

题 1.7 图

1.8 题 1.8 图所示结构，A 处为铰链支承，C 处为滑轮，梁 AB 通过钢丝绳悬挂在滑轮上。已知 $F=70\text{kN}$，钢丝绳的横截面面积 $A=500\text{mm}^2$。试求钢丝绳中的应力。

1.9 钢杆 CD，直径为 20mm，用来拉住刚性杆 AB，如题 1.9 图所示。若杆 CD 的许用应力 $[\sigma]=160\text{MPa}$，试求点 B 处所能承受的许可荷载。

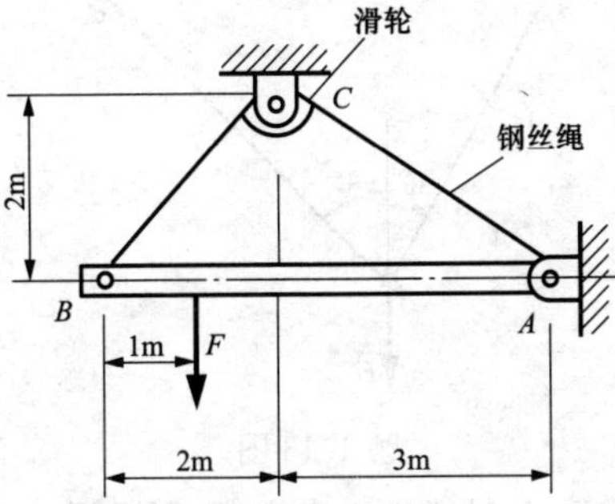

题 1.8 图

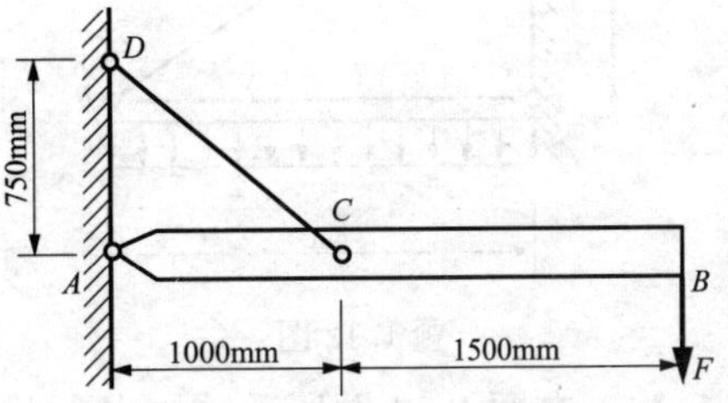

题 1.9 图

1.10 题 1.10 图所示一压力机，在物体 C 上所受最大压力为 150kN，已知压力机立柱 A 和螺杆 BB 所用材料为 Q235 钢，其许用应力 $[\sigma]=160\text{MPa}$。

(1) 试按强度要求设计立柱 A 的直径 D。

(2) 若螺杆 BB 的螺纹内径 $d=40\text{mm}$，试校核其强度。

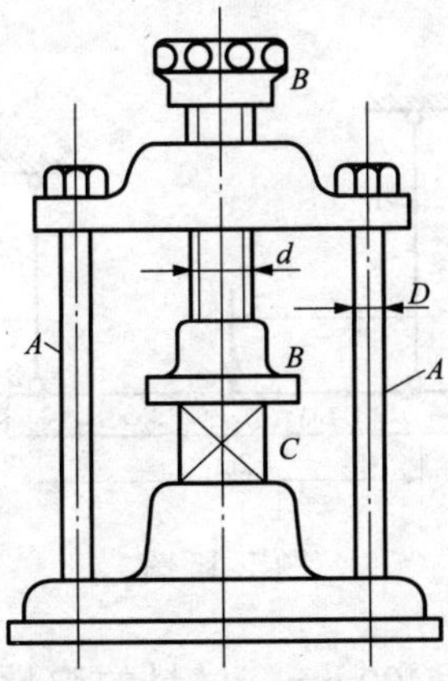

题 1.10 图

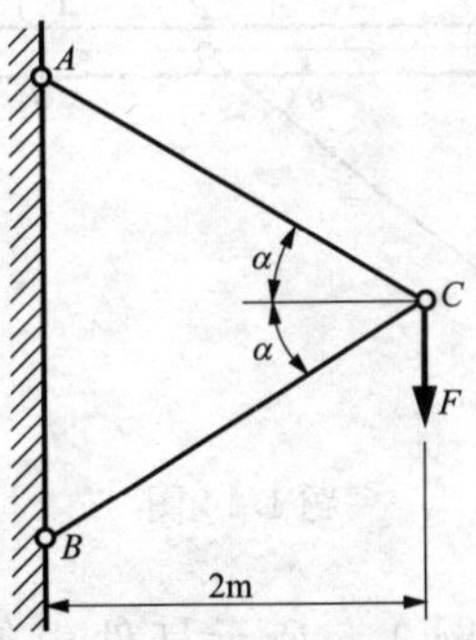

题 1.11 图

1.11 题 1.11 图所示三角架 ABC 由杆 AC 及杆 BC 组成，$\alpha=30°$，在节点 C 受有荷载

$F=350\text{kN}$。杆 AC 由两根槽钢构成，杆 BC 由一根工字钢构成。若许用拉应力和许用压应力均为 160MPa，试选择两杆的截面面积。

1.12 在题 1.12 图所示结构中，梁 AB 上受有均布荷载集度 $q=30\text{kN/m}$，钢索 BC 由一组直径 $d=2\text{mm}$ 的钢丝组成。

（1）若钢丝的许用应力 $[\sigma]=160\text{MPa}$，试求所需钢丝的根数。

（2）若将钢索改为由两根等边角钢焊接而成的杆件，试确定所需等边角钢的号数。角钢的许用应力 $[\sigma]=160\text{MPa}$。

1.13 题 1.13 图所示构架，杆 1、2 的横截面均为圆形，直径分别为 $d_1=30\text{mm}$ 和 $d_2=20\text{mm}$，两杆材料相同，许用应力 $[\sigma]=160\text{MPa}$，该构架在节点 A 处受铅垂方向的荷载 F 作用，试确定荷载 F 的最大允许值。

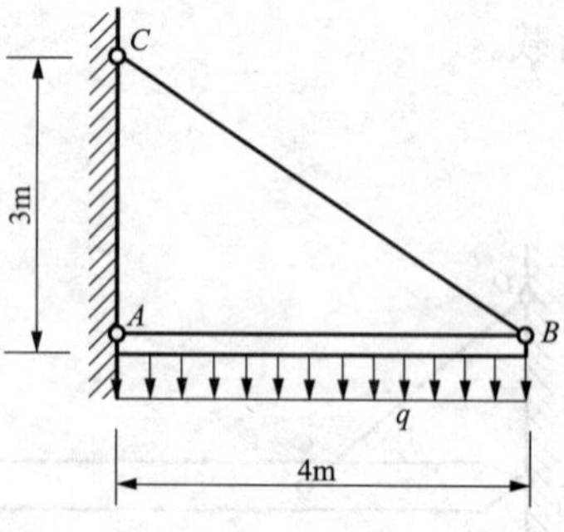

题 1.12 图

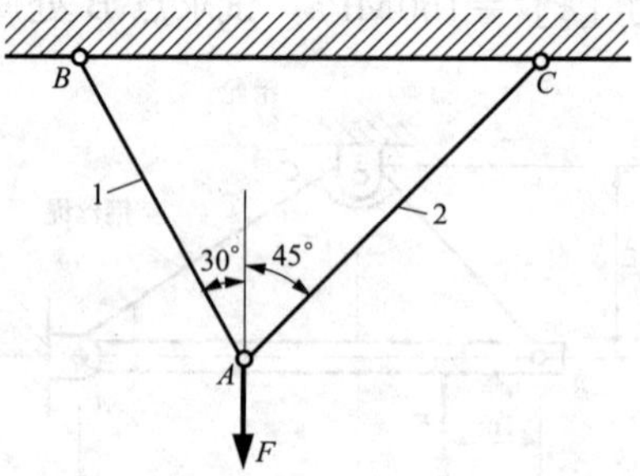

题 1.13 图

1.14 在题 1.14 图所示结构中，AC 为刚性梁，BD 为斜撑杆，荷载 F 可沿梁 AC 水平移动。试问：为使斜撑杆具有最小重量，斜撑杆与梁之间的夹角 θ 应取何值？

1.15 在题 1.15 图所示结构中，梁 AB 的变形及重量可忽略不计。杆 1 为钢质圆形截面杆，直径 $d_1=20\text{mm}$，$E_1=200\text{GPa}$；杆 2 为铜质圆形截面杆，直径 $d_2=25\text{mm}$，$E_2=100\text{GPa}$。试问：

（1）荷载 F 加在何处，才能使加力后梁 AB 仍保持水平？

（2）若此时 $F=30\text{kN}$，则两杆的正应力各为多少？

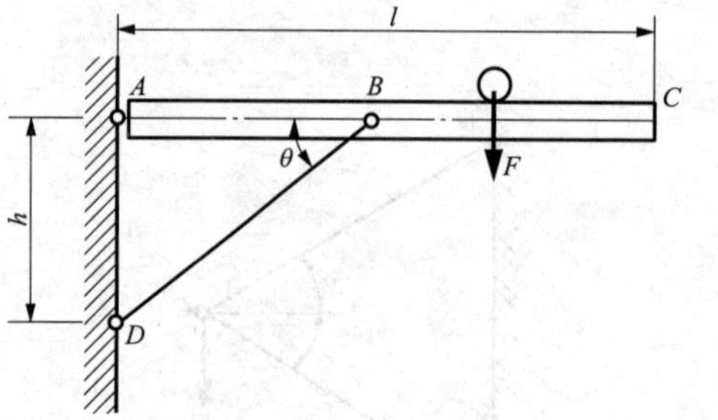

题 1.14 图

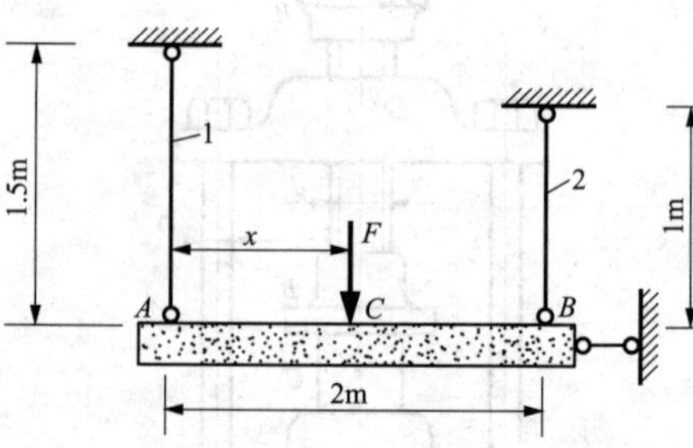

题 1.15 图

1.16 题 1.5 所示杆件由低碳钢制成，若长度 $l=400\text{mm}$，材料的弹性模量 $E=200\text{GPa}$。试求杆的总伸长量。

1.17 长 $l=320\text{mm}$，直径 $d=32\text{mm}$ 的圆形截面钢杆，在试验机上受到 135kN 的力而

拉伸，测得直径减缩 6.2×10^{-3}mm，以及在 50mm 长度内伸长 4×10^{-2}mm。试求弹性模量 E 和泊松比 ν。

1.18 刚性梁 $ABCD$ 在 B、D 两点用一根钢丝绳悬挂，如题 1.18 图所示；G、H 两处均为无摩擦滑轮。若已知钢丝绳截面面积 $A=100\text{mm}^2$，材料的弹性模量 $E=200\text{GPa}$，$F=20\text{kN}$。试求加力点 C 的铅垂位移。

1.19 阶梯状杆受力如题 1.19 图所示。横截面面积分别为 $A_1=200\text{mm}^2$ 和 $A_2=100\text{mm}^2$，材料的弹性模量 $E=200\text{GPa}$。试求横截面 B 和 C 的位移及位移为零的横截面位置。

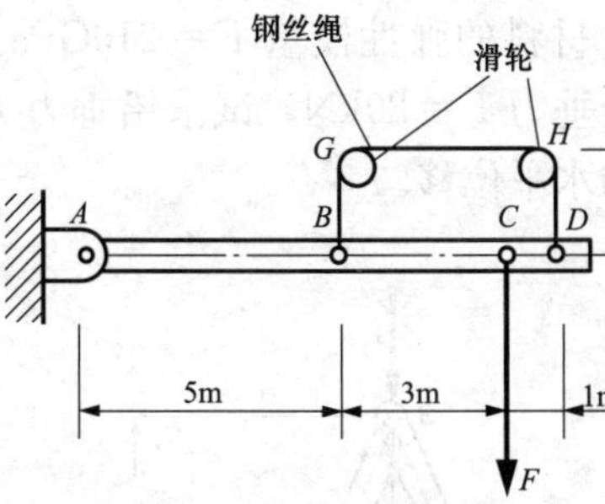

题 1.18 图

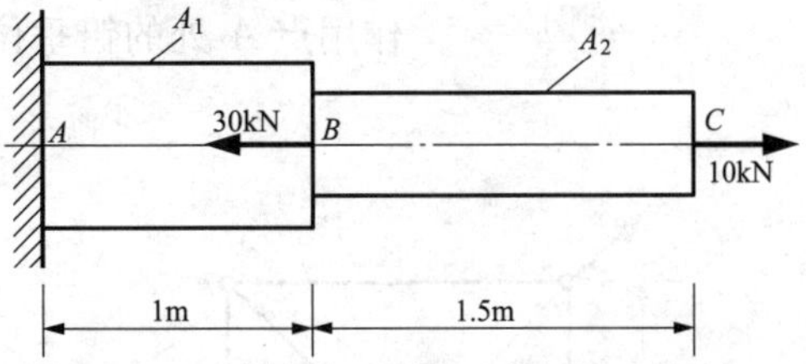

题 1.19 图

1.20 已知矿山升降机钢缆材料的密度 ρ、许用应力 $[\sigma]$。若钢缆下端所受的拉力为 F，钢缆截面面积不变。若考虑自重，试求钢缆的允许长度及其总伸长量。

1.21 铸铁柱的尺寸如题 1.21 图所示，其弹性模量 $E=120\text{GPa}$，轴向压力 $F=30\text{kN}$，若不计自重，试求柱的变形。

1.22 题 1.22 图所示两根铸铁柱 AD 和 BE 的尺寸与题 1.21 中的铸铁柱相同。若横梁 AB 可视为刚体，$F=50\text{kN}$，试求外力 F 的作用点 C 处的位移。

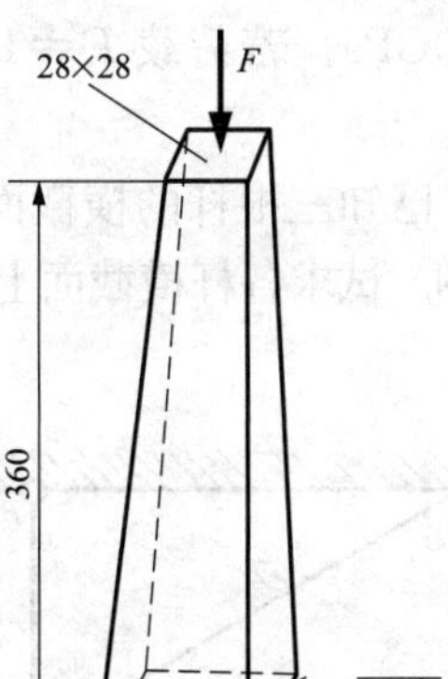

题 1.21 图

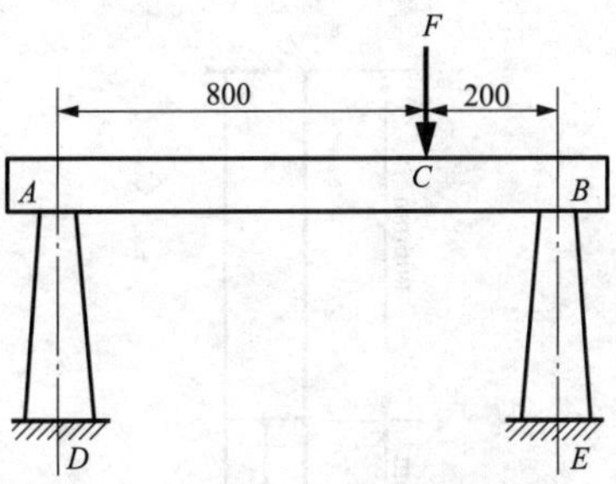

题 1.22 图

1.23 在题 1.23 图所示简单杆件系统中，已知杆 AB 是直径为 20mm 的圆形截面直杆，杆 AC 是直径为 24mm 的圆形截面直杆，材料的弹性模量 $E=200\text{GPa}$，铅垂作用的外荷载

$F=50\text{kN}$，试求该杆件系统节点 A 处的铅垂位移。

1.24 由五根钢杆组成的简单杆件系统如题 1.24 图所示。已知：尺寸 a，各杆的横截面面积均为 $A=500\text{mm}^2$，材料的弹性模量 $E=200\text{GPa}$，若沿对角线 AC 方向作用一对 $F=20\text{kN}$ 的拉力，试求点 A 和点 C 之间距离的改变量。

1.25 在题 1.23 中，若杆 AB 和杆 AC 的直径并未给出，但要求铅垂力 F 的作用点 A 无水平位移，试求两杆的直径之比。

1.26 在题 1.26 图所示支架中，已知拉杆 DE 的长度为 2m，横截面为直径为 15mm 的圆形截面，材料的弹性模量 $E=210\text{GPa}$。若杆 ADB 和杆 AEC 可视作刚体，铅垂力 $F=20\text{kN}$，试求铅垂力 F 的作用点 A 处的铅垂位移和点 C 处的水平位移。

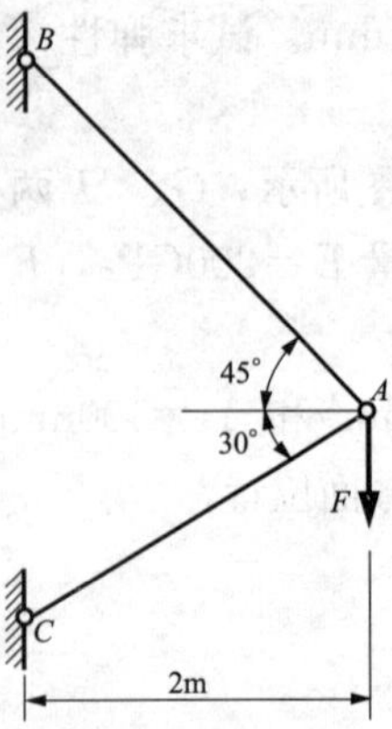

题 1.23 图

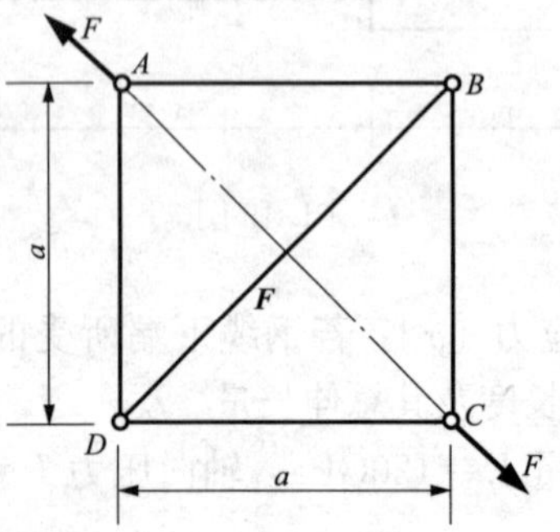

题 1.24 图

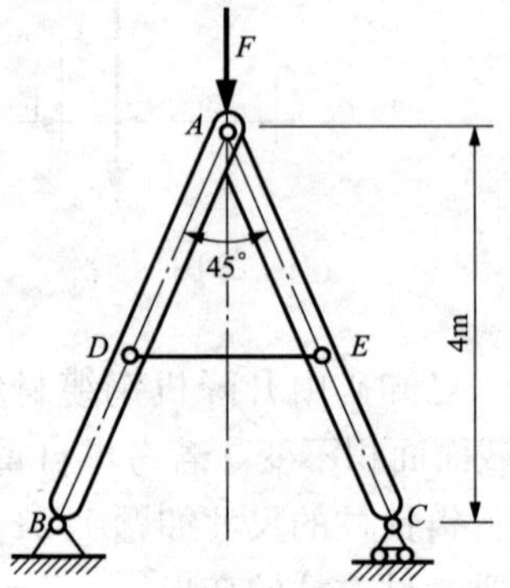

题 1.26 图

1.27 题 1.27 图所示等截面直杆两端固定，横截面面积为 $2\times10^3\text{mm}^3$。杆的上段为铜，弹性模量 $E_1=100\text{GPa}$；下段为钢，弹性模量 $E_2=200\text{GPa}$。若荷载 $F=100\text{kN}$，试求各杆段内横截面上的应力。

1.28 题 1.28 图所示结构的三根杆用同一种材料制成。已知三根杆的横截面面积分别为 $A_1=200\text{mm}^2$、$A_2=300\text{mm}^2$ 和 $A_3=400\text{mm}^2$，荷载 $F=40\text{kN}$。试求各杆横截面上的应力。

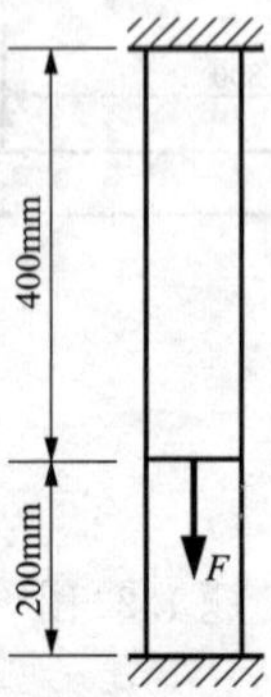

题 1.27 图

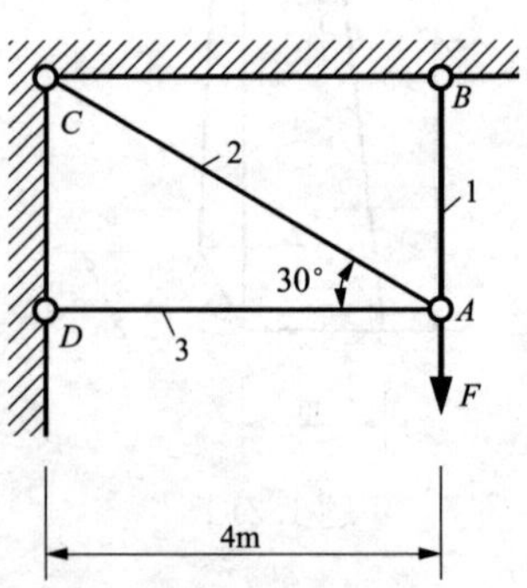

题 1.28 图

1.29　在题1.29图所示结构中，荷载 $F=1\text{kN}$ 作用于刚性杆 AD 的顶端，钢丝 BE 及 CF 的截面面积都是 6mm^2，在荷载未加上时都无应力。试求荷载加上后钢丝 *BE* 及 *CF* 中的应力。

1.30　一刚性梁，放在三根混凝土支柱上（见题1.30图），承受荷载 $F=720\text{kN}$，各支柱的横截面面积都是 $4\times10^4\text{mm}^2$。当未加载时，中间支柱与刚性梁之间有 $\Delta=1.5\text{mm}$ 的空隙，试求加载后各支柱内的应力。已知混凝土的弹性模量 $E=15\text{GPa}$。

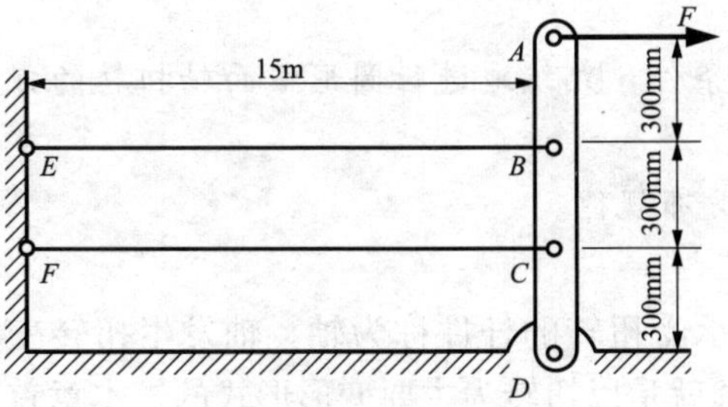

题1.29图

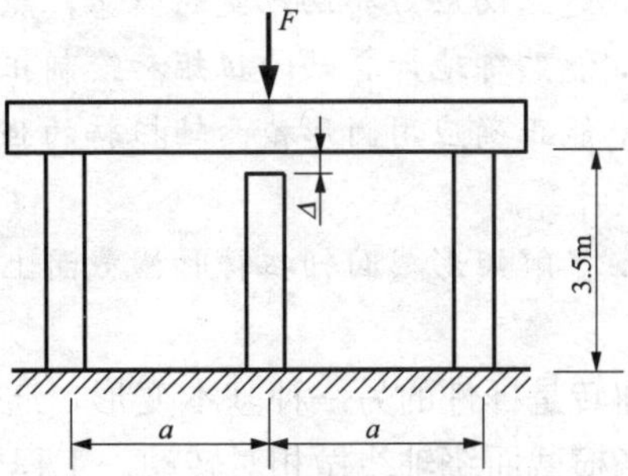

题1.30图

第2章　扭　　转

教学要求：

1. 建立切应力和切应变的概念，能正确理解切应力互等定理和剪切胡克定律。

2. 能熟练地计算轴的扭矩和绘制扭矩图。

3. 能正确应用圆形截面轴扭转的强度和刚度条件，熟练地进行圆形截面轴扭转的强度和刚度计算。

4. 了解矩形截面轴扭转时横截面上切应力的分布规律。

扭转是杆件的另一种基本变形，通常将主要承受扭转的杆件称为**轴**。轴发生扭转变形时，各横截面绕轴线做相对转动。工程中的传动轴就是以扭转为主要变形形式的。本章首先引入扭转的概念，然后介绍扭转内力的计算。接着讨论圆形截面轴的强度计算和刚度计算，在工程中常用圆形截面轴来承受扭转，其分析计算也比较简单，因此，这部分内容是本章的重点。在本章的最后介绍非圆形截面轴扭转的概念。

§2.1　扭转的概念及工程实例

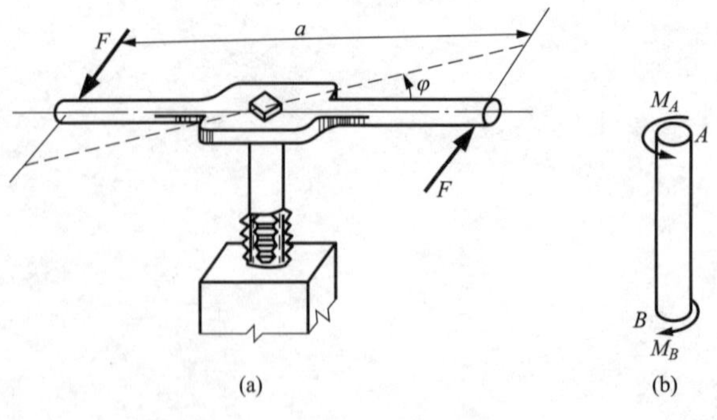

图2.1

在工程实际中，常见到承受扭转的构件。例如，图2.1（a）所示的丝攻，在使用该工具攻丝时，丝攻的绞杠受到双手施加在杠两端，其作用线相距为a的一对平行力F，使丝锥在顶端受到一个力偶作用而产生绕丝锥轴线的转动。丝锥杆的下端受到一个大小相等、转向相反的阻力偶，丝锥杆的受力图如图2.1（b）所示。可见，受扭杆件的受力特点是：在杆件的两端作用两个大小相等、方向相反，且作用平面垂直于杆件轴线的力偶作用。杆件在外力偶作用下产生扭转变形的特点是：杆件的各横截面绕杆轴线发生了相对的转动。由于扭转变形，杆端横截面A相对杆端横截面B转了一个角度φ［见图2.1（b）］，这个角度称为截面A相对截面B的**扭转角**。

在工程中，有很多构件，如车床的光杆、搅拌机轴、汽车传动轴等，都是受扭杆件。工程中还有许多轴类零件，如电动机的主轴、变速箱传动轴、水轮机主轴、内燃机曲轴等，这些轴除有扭转变形以外，往往还伴有其他形式的变形，如弯曲变形，属于组合变形的范畴，这类问题将在本书第7章组合变形的内容中讨论。本章只讨论与扭转有关的问题。

§2.2　外力偶矩及扭矩与扭矩图

1. 外力偶矩的计算

在研究扭转的应力和变形之前，首先需要讨论作用于轴上的外力偶矩及其横截面上的内力。

在工程计算中，作用于轴上的外力偶矩往往事先并不知道，而常常可以从电动机铭牌上知道电动机所传递的额定功率及转速。例如，在图 2.2 中，根据电动机的转速和功率，可以计算出传动轴 AB 的转速及通过皮带轮输入的功率。功率输入到轴 AB 上，然后经过右端的齿轮输送出去。若通过皮带轮输入给轴 AB 的功率为 P(kW)，因为 1kW＝1000N・m/s，所以输入功率 P，就相当于在每秒钟内输入 $P \times 1000$(N・m) 的功。电动机是通过皮带轮以施加力偶矩 M_e的方式作用于轴 AB 上的，若轴的

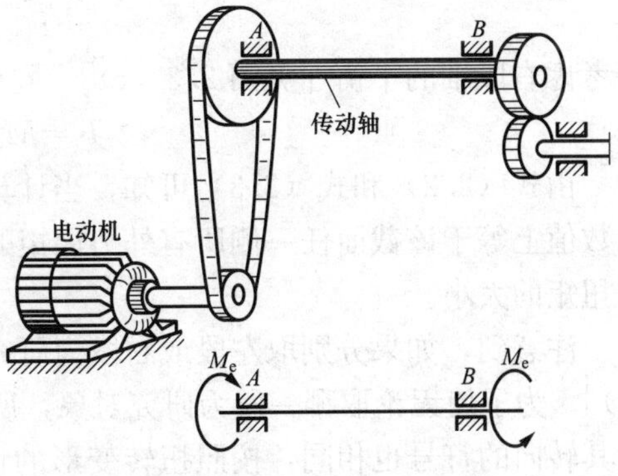

图 2.2

转速为 n(r/min)，则力偶矩 M_e在每秒钟内所做的功应为 $2\pi\times\frac{n}{60}\times M_e$(N・m)。因为力偶矩 M_e所做的功也就是输入给轴 AB 的功，因此有

$$2\pi\times\frac{n}{60}\times M_e(\text{N}\cdot\text{m/s})=P\times1000(\text{W})$$

可得计算外力偶矩 M_e的公式为

$$\{M_e\}_{\text{N}\cdot\text{m}}=9549\ \frac{\{P\}_{\text{kW}}}{\{n\}_{\text{r/min}}} \tag{2.1}$$

2. 扭矩

求出作用在轴上的所有外力偶矩后，就可以计算轴各个横截面上所受的内力。下面研究扭转轴的内力和内力计算方法。

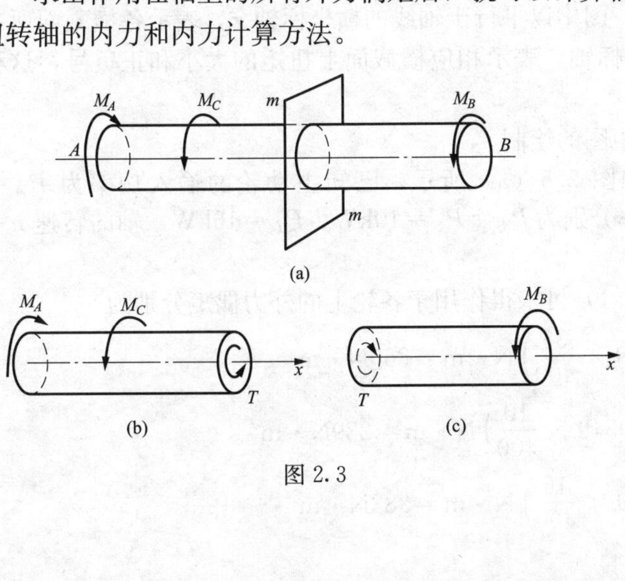

图 2.3

图 2.3 (a) 所示的圆形截面轴 AB，在垂直于轴线的几个平面内分别受到外力偶矩 M_A、M_B及 M_C的作用而处于平衡状态。现在仍然应用截面法计算任一横截面上的内力。假想将扭转轴沿截面 m-m 切为两段，并任取左段为研究对象［见图 2.3 (b)］，由于整个轴原来是平衡的，因此所取出的左段也必然处于平衡状态。作用在左段上的力，除已知的外力偶矩 M_A和 M_C外，还有

作用在截面 m-m 上的未知内力。因为作用在左段轴上的外力全是力偶，由平衡条件可知，在截开面上的未知内力必然也是一个力偶，这个内力偶矩称为**扭矩**，用符号 T 表示。

图 2.3（b）所示的内力偶矩 T 就是轴的右段作用于左段上的力偶。取轴线为坐标轴 x，由左段的平衡条件，有

$$\sum M_x = 0,\quad T - M_A + M_C = 0$$

可得

$$T = M_A - M_C \tag{2.2}$$

若考虑右段轴的平衡［见图 2.3（c）］，同样可得

$$T = M_B = M_A - M_C \tag{2.3}$$

由式（2.2）和式（2.3）可知，当计算轴横截面上的扭矩时，轴任一横截面上的扭矩，在数值上等于该截面任一侧所有外力偶矩的代数和。按照这一法则，可方便地求出轴横截面上扭矩的大小。

注意到，如果分别取左段或右段为研究对象，求出的扭矩 T 转向相反［见图 2.3（b）、（c）］。为了使无论取哪一段为研究对象，所求出的同一截面上的扭矩不仅数值相等，而且表示其转向的符号也相同，按照扭转变形的情形，对扭矩 T 的符号作如下规定：按照右手螺旋法则，若将右手拇指指向截面的外法线方向，如果内力偶的转向与其余四个指头转向一致，扭矩为正；反之，为负。按此符号规则可以判定，图 2.4（a）所示左右横截面上的扭矩均为正，而图 2.4（b）所示左右横截面上的扭矩均为负。

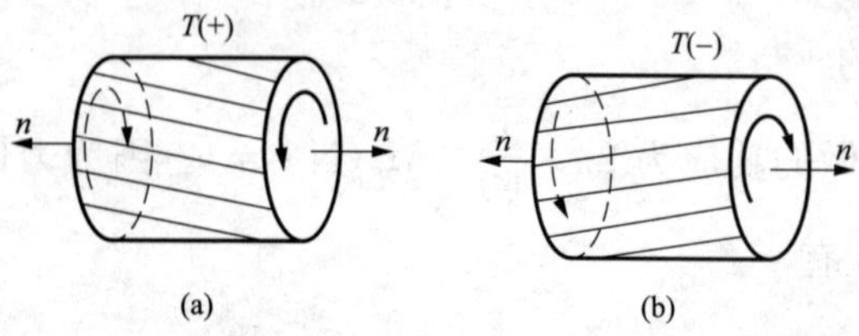

图 2.4

实际计算扭矩时，可直接写出截开面任一侧轴上所有外力偶矩各项的大小，根据上述符号规则，由各外力偶矩的转向确定每项的正负号，通过计算可得该截面上待求扭矩的大小和转向。

3. 扭矩图

当作用在轴上的外力偶较多时，与在拉伸或压缩问题中作轴力图一样，可以用图线来表示轴在各个横截面上扭矩的变化情况。图中以平行于轴线的横坐标轴 x，表示各横截面所在的位置，以垂直于轴 x 的轴 T 为纵坐标轴，表示相应横截面上扭矩的大小和正负号，这种图线称为**扭矩图**。

下面用例题说明扭矩的计算和扭矩图的绘制。

【例 2.1】 传动轴的计算简图如图 2.5（a）所示，已知主动轮的输入功率为 $P_A=36\text{kW}$，从动轮 B、C 和 D 的输出功率分别为 $P_B=P_C=10\text{kW}$、$P_D=16\text{kW}$，轴的转速 $n=400\text{r/min}$，试画出轴的扭矩图。

解 （1）求外力偶矩。根据式（2.1）可求得作用于各轮上的外力偶矩分别为

$$M_{eA}=\left(9549\times\frac{36}{400}\right)\text{N}\cdot\text{m}=860\text{N}\cdot\text{m}$$

$$M_{eB}=M_{eC}=\left(9549\times\frac{10}{400}\right)\text{N}\cdot\text{m}=239\text{N}\cdot\text{m}$$

$$M_{eD}=\left(9549\times\frac{16}{400}\right)\text{N}\cdot\text{m}=382\text{N}\cdot\text{m}$$

(2) 求扭矩。由受力情况可知，轴在 BC、CA、AD 三段内，各截面上的扭矩是不相等的。可用截面法，分别用截面 1-1、截面 2-2 和截面 3-3 将轴切开，取左段或右段[见图 2.5 (b)、(c)、(d)]为研究对象，再根据平衡方程，可分别计算出各段内的扭矩 T_1、T_2 和 T_3。

下面用前述简便方法直接求扭矩。

用假想平面 1-1 将图 2.5 (a) 中的轴一分为二，取左段，观察到该段上只有一个外力偶矩 M_{eB}，根据扭矩的符号规则，用右手沿外力偶矩 M_{eB} 的转向抓住轴线，大拇指的方向与研究对象（即外力偶矩 M_{eB} 和扭矩 T_1 作用面之间的这一段轴）上截面 B 的外法线方向相反，因此外力偶矩 M_{eB} 为负，可直接写出

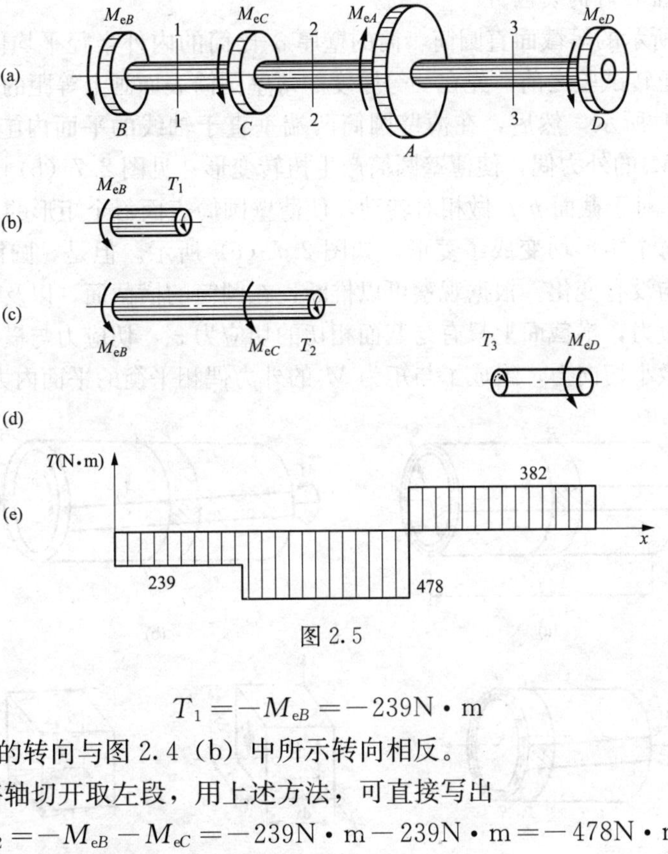

图 2.5

$$T_1 = -M_{eB} = -239\text{N}\cdot\text{m}$$

负号说明扭矩 T_1 的转向与图 2.4 (b) 中所示转向相反。

用平面 2-2 将轴切开取左段，用上述方法，可直接写出

$$T_2 = -M_{eB} - M_{eC} = -239\text{N}\cdot\text{m} - 239\text{N}\cdot\text{m} = -478\text{N}\cdot\text{m}$$

用平面 3-3 将轴切开取右段，可直接写出

$$T_3 = +M_{eD} = 382\text{N}\cdot\text{m}$$

根据所求得的结果，按照各横截面上的扭矩沿轴线变化情况，画出扭矩图，如图 2.5 (e) 所示，最大扭矩 T_{max} 发生在 CA 段内，其大小为 478N·m。

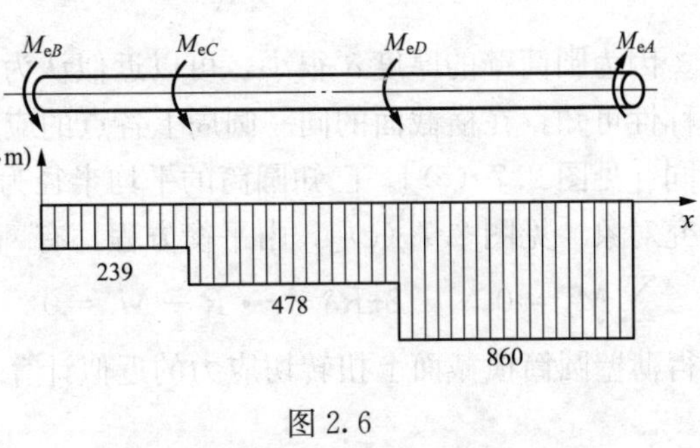

图 2.6

在［例 2.1］中，若把主动轮 A 安装在轴的右端，则轴的扭矩图如图 2.6 所示。在这种情况下，轴的最大扭矩 T_{max}＝860N·m。可见，在传递相同功

率的情况下，当传动轴上主动轮和从动轮安装的位置不同时，轴所承受的最大扭矩一般是不同的。从安全和经济方面考虑，当然希望轴所承受的最大扭矩最小。通过比较上述两种布置方案，显然，图 2.5 所示布局设计更合理。

§2.3 薄壁圆筒的扭转

在讨论扭转的应力和变形之前，为了研究切应力和切应变的规律，以及两者之间的关系，先考察薄壁圆筒的扭转。

1. 薄壁圆筒扭转时的切应力

图 2.7 (a) 所示的等截面直圆筒，筒的壁厚 δ 比筒的内外半径平均值 R 小很多，即筒是薄壁的。进行扭转试验之前，先在一等厚度的薄壁圆筒表面画上等距的纵向平行线和圆周线，如图 2.7 (a) 所示。然后，在薄壁圆筒两端垂直于轴线的平面内施加一对大小相等、转向相反，矩为 M_e 的外力偶，使薄壁圆筒产生扭转变形［见图 2.7 (b)］。通过观察可以看到，由于截面 q-q 对于截面 p-p 做相对转动，使薄壁圆筒表面每个矩形的左右两边产生了相对错动，从而使每个矩形均变成了菱形，如图 2.7 (c) 所示。但是，圆筒沿轴线的长度及各圆周线的长度均没有变化。根据观察可以推断，在圆筒的横截面，以及与轴线平行的纵向截面上都没有正应力，横截面上只有与截面相切的切应力 τ ，切应力与横截面上各点微面积相乘所得的无数微小切向力，组成了与矩为 M_e 的外力偶相平衡的平面内力系。

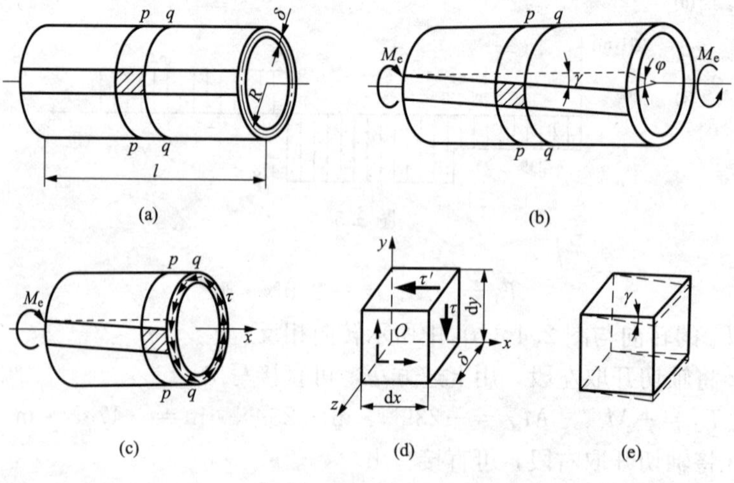

图 2.7

因为圆筒壁的厚度 δ 很小，可以近似认为：沿圆筒壁的厚度方向各点的切应力相同。由对称性可知，在横截面的同一圆周上各点的应力相同，因此可以推断，横截面上各点的应力相同［见图 2.7 (c)］。已知圆筒的平均半径为 R，取轴线为坐标轴 x，取截面 q-q 的左段为研究对象［见图 2.7 (c)］，由平衡方程，有

$$\sum M_x = 0, \quad 2\pi R\delta \cdot \tau \cdot R - M_e = 0$$

可得薄壁圆筒横截面上扭转切应力的近似计算公式为

$$\tau=\frac{M_e}{2\pi R^2\delta} \tag{2.4}$$

2. 切应力互等定理

用相距很近的一对横截面和两个纵向截面，从受扭圆筒上截取一边长分别为 dx、dy 和 δ 的单元体，并放大画出，如图 2.7（d）所示。单元体的左、右两侧面是圆筒横截面的一部分，所以面内只有切应力没有正应力，这两个面上的切应力 τ 的大小相等，均可由式（2.4）计算求得，而它们的方向由外力偶矩 M_e的转向确定，显然这两个面上的切应力方向相反，组成一个力偶矩为$(\tau\delta dy)dx$ 的顺时针转向的力偶。为保持单元体的平衡，单元体的上下两个侧面上必须有切应力，并组成力偶与力偶$(\tau\delta dy)dx$ 相平衡。由平衡方程 $\sum F_x=0$ 可知，上下两个面上存在大小相等、方向相反的切应力 τ'，组成力偶矩为$(\tau'\delta dx)dy$ 的逆时针转向的力偶。

由单元体的平衡方程，有

$$\sum M_z=0,\qquad (\tau'\delta dx)dy-(\tau\delta dy)dx=0$$

可得

$$\tau=\tau' \tag{2.5}$$

式（2.5）表明：作用在相互垂直平面上的切应力必然成对出现，且大小相等，两者都垂直于两个相互垂直平面的交线，方向则均指向或均背离该交线。这一规律称为**切应力互等定理**。由单元体的平衡条件可知，该定理在单元体上同时有正应力存在的情况下仍然成立。利用切应力互等定理，只须已知单元体某一个面上的切应力，就可知道与其相邻的其他三个互相垂直平面上切应力的大小和方向。单元体在其两对互相垂直的平面上只有切应力而没有正应力，在另一对表面上没有应力的状态［见图 2.7（d)］，称为**纯切应力状态**。薄壁圆筒产生扭转变形时，筒壁内的所有单元体均处于纯切应力状态。

能将切应力互等定理推广为剪力互等定理吗？为什么？

3. 切应变

薄壁圆筒产生扭转变形后，纯剪切单元体的左右两侧面将发生微小的相对错动，如图 2.7（e）所示，使原来圆筒表面上每个矩形的直角均产生变化，改变了一个微量 γ，这种直角的改变量是微体剪切变形的度量，称为**切应变**，用 γ 表示。切应变的单位是 rad，是量纲为一的量。

由图 2.7（b）可知，薄壁圆筒表面的纵向线段在扭转变形后的倾角就是 γ，若圆筒两端的相对扭转角为 φ，长度为 l，则薄壁圆筒上微体的切应变与扭转角的关系为

$$\gamma=\frac{R}{l}\varphi \tag{2.6}$$

在平板表面点 A 处画有夹角 120°的两条直线，变形后此夹角为 119.5°，点 A 处切应变是否等于 0.5°？为什么？点 A 处切应变等于多少？

4. 剪切胡克定律

可以通过上述薄壁圆筒的扭转试验，得到材料在纯切应力状态下切应力 τ 和切应变 γ 之间的关系。

进行试验时，可将薄壁圆筒的一端固定，对另一端施加自零缓慢增加的外力偶，使圆筒产生扭转变形。记录分级施加的外力偶矩 M_e和相应的扭转角 φ 的数值，可绘出 M_e-φ 曲线

[见图 2.8 (a)]。为消除薄壁圆筒试件尺寸的影响，可由式（2.4）计算出对应各 M_e 的切应力 τ 的数值，并由式（2.6）计算出对应各 φ 的切应变 γ 的数值。根据这一系列 τ 与 γ 的对应值，可绘出 τ-γ 曲线，称为**切应力-切应变图** [见图 2.8 (b)]。大量的工程材料扭转试验结果表明：当切应力未超过剪切比例极限时，切应力 τ 与切应变 γ 成正比，即

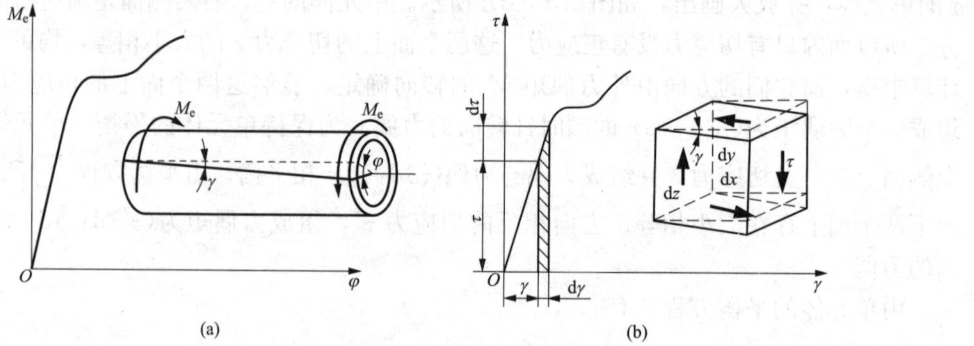

图 2.8

$$\tau = G\gamma \tag{2.7}$$

式中：G 为比例常数，称为**切变模量**，是材料的另一个弹性常数。式（2.7）称为**剪切胡克定律**。因为 γ 的量纲为一，所以 G 的量纲与 τ 相同。钢材的 G 值约为 80GPa。表 2.1 中列出了几种常用工程材料切变模量 G 的约值。

表 2.1　几种常用工程材料切变模量 G 的约值

材料名称	G/GPa	材料名称	G/GPa
钢	75～82	铜	41
灰铸铁	41	黄铜	39
球墨铸铁	62	铝及铝合金	28

至此，已介绍了表示材料弹性性质的三个常数，即弹性模量 E、泊松比 ν 和切变模量 G。对于各向同性材料，存在下列关系

$$G = \frac{E}{2(1+\nu)} \tag{2.8}$$

即各向同性材料只有 2 个独立的弹性常数。

剪切胡克定律的适用条件是什么？

§2.4 扭转圆形截面轴的应力与强度计算

1. 圆形截面轴扭转时的切应力

下面研究实心圆形截面轴扭转时横截面上的应力。

图 2.9 所示实心圆形截面轴，半径为 R，直径为 D，在圆形截面轴两端垂直于轴线的平面内施加一对大小相等、转向相反，矩为 M_e 的外力偶，使圆形截面轴产生扭转变形。与上节研究薄壁圆筒的扭转变形类似，首先进行扭转变形的试验观察，然后做出一些简化假设，

最后通过分析推导，得到受扭圆形截面轴横截面上的应力分布及其计算公式。由于圆形截面轴受扭时，横截面上各点应力均为未知量，是超静定问题。因此，研究受扭圆形截面轴横截面上的应力，必须采用三关系法。

(1) 几何关系。先在圆形截面轴表面画上一些横向圆周线和纵向线，如图 2.9 所示。扭转变形后，可观察到：各圆周线绕轴线相对转过一个角度，但其大小、形状和间距不变。在小变形情况下，纵向线仍近似为一条直线，只不过倾斜了一个微小角度 γ。变形前表面上为矩形格，变形后成为菱形。由于试验观察到的只是圆形截面轴表面在扭转时的变形情况，而观察不到圆形截面轴内部的变形情况，这就需要对圆形截面轴内部的变形做出一些假设。因此，做出圆形截面轴扭转的平面假设：圆形截面轴扭转变形前的横截面，变形后仍保持为平面，形状大小不变，半径仍保持为直线，且相邻两截面间的距离不变。由于相邻横截面的间距不变，圆形截面轴受扭时没有轴向伸长和缩短变形，因此可以推断横截面上没有正应力，只可能有切应力。按照上述假设，圆形截面轴扭转变形时，横截面如刚性平面一样，绕轴线转过一角度。现截取长为 dx 的一段进行分析［见图 2.10 (a)］，两侧截面上有扭矩 T。可将实心圆形截面轴想象成由许多套在一起的薄壁圆筒所组成，扭转时各个圆筒的扭转角相同，相邻套筒的内外表面之间没有相互作用力。现研究图 2.10 (a) 所示微段轴中半径为 ρ 的薄壁套筒，套筒的厚度为 $d\rho$。设 $d\varphi$ 代表微段 dx 的相对扭转角，由薄壁圆筒切应变式 (2.6) 可知，半径为 R 的薄壁圆筒，筒壁上的切应变（即剪切变形角）为

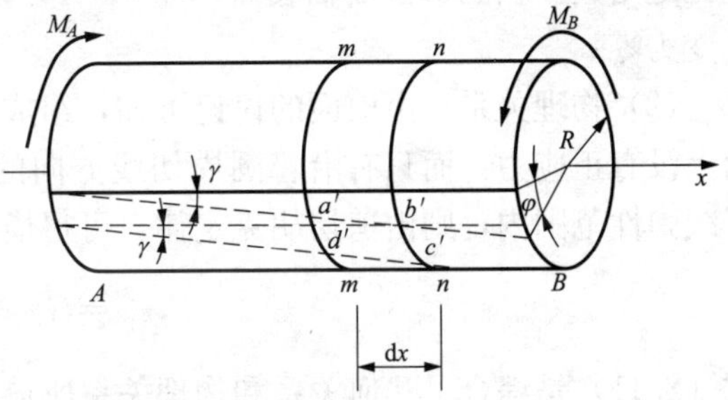

图 2.9

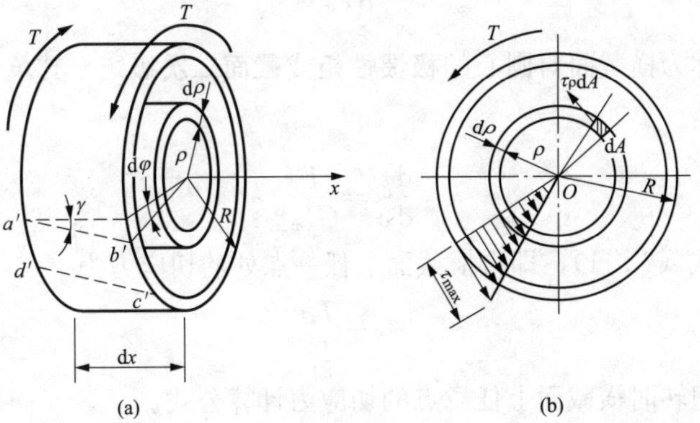

图 2.10

$$\gamma = \frac{R\,d\varphi}{dx} \tag{2.9}$$

对照式 (2.9)，对于半径为 ρ 的薄壁套筒，筒壁上的切应变为

$$\gamma_\rho = \frac{\rho\,d\varphi}{dx} \tag{2.10}$$

式中：$\frac{d\varphi}{dx}$表示相对扭转角沿轴线长度的变化率。对于给定的横截面，$\frac{d\varphi}{dx}$为常量。式（2.10）就是圆形截面轴扭转变形的几何方程。由式（2.10）可知，切应变γ_ρ随着半径ρ成正比地增大。在圆形截面轴表面，即$\rho=R$，切应变最大；而在圆形截面轴中心，$\rho=0$，切应变为零。

（2）物理关系。由前面的讨论可知，组成实心圆形截面轴的每一个薄壁圆筒，在其横截面上没有正应力，而只有沿着圆周切线方向的切应力τ_ρ。若圆形截面轴扭转后，材料仍处于线弹性范围内，则由剪切胡克定律，可得横截面上距圆心为ρ处的切应力为

$$\tau_\rho=G\gamma_\rho=G\rho\frac{d\varphi}{dx} \tag{2.11}$$

式（2.11）是综合了几何关系和物理关系所得的结果，表明：扭转圆形截面轴横截面上一点处的切应力与该点距圆心的距离成正比，方向与半径垂直，且与扭矩转向一致。在圆形截面边缘处切应力最大，在圆心处切应力为零。切应力沿半径的分布如图2.10（b）所示。

（3）静力关系。因为式（2.11）中的$\frac{d\varphi}{dx}$未知，仍不能用该式计算切应力。考虑横截面上分布内力合成为扭矩的静力条件还没有用到，因此需要研究静力关系。

根据静力关系，在横截面上任取一微面积dA［见图2.10（b）］，作用在微面积上的微小剪力为$\tau_\rho dA$，该力的作用线与半径为ρ的圆周相切。这个力对圆心的力矩为$\rho\tau_\rho dA$，在整个截面上所有这些力矩的总和应等于截面上的扭矩T，即

$$T=\int_A\tau_\rho\rho\, dA \tag{2.12}$$

将式（2.11）代入式（2.12），得

$$T=G\frac{d\varphi}{dx}\int_A\rho^2 dA \tag{2.13}$$

令$I_p=\int_A\rho^2 dA$，称为横截面对圆心的**极惯性矩**或**截面二次极矩**，其单位为mm^4或m^4。由式（2.13）可求得

$$\frac{d\varphi}{dx}=\frac{T}{GI_p} \tag{2.14}$$

将式（2.14）代入式（2.11），即得横截面上任一点处的切应力为

$$\tau_\rho=\frac{T\rho}{I_p} \tag{2.15}$$

这就是圆形截面轴扭转时横截面上任意点的切应力计算公式。

在横截面周边各点处，切应力达到最大值。将$\rho=\frac{D}{2}$代入式（2.15），即得

$$\tau_{max}=\frac{T}{I_p}\cdot\frac{D}{2}=\frac{T}{W_p} \tag{2.16}$$

式中：$W_p=\frac{I_p}{D/2}$称为**扭转截面系数**，单位为mm^3或m^3。

在式（2.14）～式（2.16）中，引进了截面的极惯性矩I_p和扭转截面系数W_p，它们仅与截面的形状和尺寸有关。在实心轴的情况下，可取半径为ρ、宽度为$d\rho$的圆环形微面积

[见图 2.10 (b)]，其面积为 $dA=2\pi\rho d\rho$，代入 I_p 的积分式中，得到

$$I_p=\int_A \rho^2 dA=2\pi\int_0^{D/2}\rho^3 d\rho=\frac{\pi D^4}{32} \tag{2.17}$$

而

$$W_p=\frac{I_p}{D/2}=\frac{\pi D^3}{16} \tag{2.18}$$

式 (2.17) 和式 (2.18) 中：D 为圆形截面的直径。在空心圆形截面轴的情况下，采用与上述类似的计算方法可得 I_p 和 W_p 分别为

$$I_p=\frac{\pi}{32}(D^4-d^4)=\frac{\pi D^4}{32}(1-\alpha^4) \tag{2.19}$$

$$W_p=\frac{I_p}{D/2}=\frac{\pi D^3}{16}(1-\alpha^4) \tag{2.20}$$

式中：D 和 d 分别为空心圆形截面轴的外径和内径；α 为内、外径的比值，即 $\alpha=\frac{d}{D}$。

最后必须指出，在推导扭转切应力和变形公式的过程中，应用了剪切胡克定律，故要求最大切应力 τ_{max} 不应超过材料的剪切比例极限。同时还需强调，以上公式只适用于圆形截面杆。弹性理论分析表明，扭转轴横截面变形后仍保持平面，只有对于等圆形截面直轴才成立；对于非圆形截面轴，横截面将发生翘曲，以上公式不适用。对于圆形截面大小沿轴线改变的变截面圆形截面轴，在沿轴线截面变化缓和的情况下，用上述公式计算扭转切应力的误差不大。

2. 扭转圆形截面轴的强度计算

对扭转圆形截面轴进行强度计算，要求轴的最大工作切应力不超过材料的许用切应力 [τ]，等截面圆形截面轴的强度条件为

$$\tau_{max}=\frac{T_{max}}{W_p}\leqslant[\tau] \tag{2.21}$$

对于变截面圆形截面轴，W_p 不是常量，最大切应力不一定发生在扭矩最大的截面上，需要综合考虑 T 和 W_p 这两个因素。

圆形截面轴扭转时，许用切应力值应根据扭转试验测得的屈服极限 τ_s 或强度极限 τ_b 的数值，再考虑轴的实际工作情况，除以适当的安全因数来确定。对于一般工程材料的 [τ] 值，可在有关的设计规范或手册中查得。在静荷载情况下，许用切应力 [τ] 值和许用正应力 [σ] 值之间存在着一定的关系，例如

钢 $[\tau]=(0.5\sim0.6)[\sigma]$

铸铁 $[\tau]=(0.8\sim1.0)[\sigma]$

【例 2.2】 卡车的传动轴 AB 由无缝钢管制成，如图 2.11 所示。钢管外径 $D=90$mm，壁厚 $\delta=3$mm，材料为 45 号钢，许用切应力 [τ] $=60$MPa。若传动轴最大的工作扭矩 $T=1.8$kN·m，试校核轴 AB 的扭转强度。

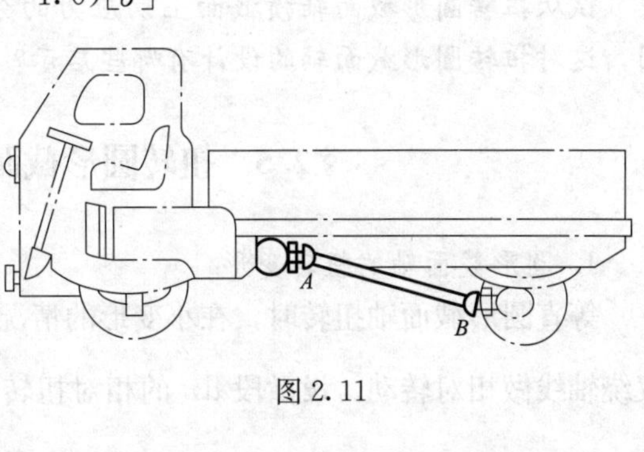

图 2.11

解 (1) 计算截面几何量。传动轴内外径之比为

$$\alpha=\frac{d}{D}=\frac{90\text{mm}-2\times3\text{mm}}{90\text{mm}}=0.933$$

扭转截面系数为

$$W_{\text{p}}=\frac{\pi D^{3}}{16}(1-\alpha^{4})=\frac{\pi\ (90\text{mm})^{3}}{16}(1-0.933^{4})=34500\text{mm}^{3}$$

(2) 校核强度。传动轴最大切应力为

$$\tau_{\max}=\frac{T}{W_{\text{p}}}=\frac{1.8\times10^{6}\text{N}\cdot\text{mm}}{34500\ \text{mm}^{3}}=52\text{N/ mm}^{2}=52\text{MPa}<[\tau]$$

因此，传动轴满足扭转强度条件。

【例 2.3】 若将［例 2.2］中传动轴设计成实心圆形截面轴，其强度与空心圆形截面轴相同，试计算实心圆形截面轴直径，并比较空心圆形截面轴与实心圆形截面轴的重量。

解 当空心圆形截面轴和实心圆形截面轴的最大应力均为许用切应力时，两轴的许可扭矩分别为

$$T_{1}=\frac{\pi D_{1}^{3}}{16}(1-\alpha^{4})[\tau]=\frac{\pi\ (90\text{mm})^{3}}{16}(1-0.933^{4})[\tau]$$

$$T_{2}=\frac{\pi}{16}D_{2}^{3}[\tau]$$

式中：D_1 为空心圆形截面轴的外径；D_2 为实心圆形截面轴的直径。若两轴强度相同，则许可扭矩 T_1 与 T_2 应相等，有

$$(90\text{mm})^{3}(1-0.933^{4})=D_{2}^{3}$$

$$D_{2}=56\text{mm}$$

实心圆形截面轴的横截面面积为

$$A_{2}=\frac{\pi D_{2}^{2}}{4}=\frac{\pi\ (56\text{mm})^{2}}{4}=2460\text{mm}^{2}$$

空心圆形截面轴的横截面面积为

$$A_{1}=\frac{\pi}{4}(D_{1}^{2}-d_{1}^{2})=\frac{\pi}{4}[(90\text{mm})^{2}-(84\text{mm})^{2}]=820\text{mm}^{2}$$

在两轴材料相同、长度相等的情况下，两轴的重量之比就等于横截面面积之比

$$\frac{A_{1}}{A_{2}}=\frac{820\text{mm}^{2}}{2460\text{mm}^{2}}=0.33$$

可见，在荷载相同的情况下，空心圆形截面轴的重量只有实心圆形截面轴的 1/3，可以大大节约材料，减轻重量。

试从扭转圆形截面轴横截面上切应力的分布规律，说明空心圆形截面轴节省材料的原因，这对扭转圆形截面轴的设计有哪些启示?

§2.5 扭转圆形截面轴的变形与刚度计算

1. 圆形截面轴的扭转变形

等直圆形截面轴扭转时，在小变形的情况下，可以认为各横截面之间的距离保持不变，仅绕轴线做相对转动。设微段 $\mathrm{d}x$ 的相对扭转角为 $\mathrm{d}\varphi$，沿轴线方向的变化率为$\frac{\mathrm{d}\varphi}{\mathrm{d}x}$，在线弹

性范围内$\frac{d\varphi}{dx}$与扭矩 T 成正比，由式（2.14）可知，相距为 dx 的两相邻截面之间的相对扭转角为

$$d\varphi=\frac{T}{GI_p}dx$$

此式即为圆形截面轴扭转时的位移微分方程。式中：GI_p 称为圆形截面轴的**扭转刚度**，反映了圆形截面轴材料的切变模量和截面尺寸的分布，在抵抗圆形截面轴扭转变形中的能力。在同样的外力偶作用下，GI_p 值越大，则扭转角 φ 越小。

任意两截面 a、b 之间的相对扭转角为

$$\varphi_{ab}=\int_{x_a}^{x_b}\frac{T\,dx}{GI_p} \tag{2.22}$$

整个轴的总扭转角则为

$$\varphi=\int_l\frac{T\,dx}{GI_p} \tag{2.23}$$

同样，对于长度为 l，两端仅受外力偶作用的等直圆形截面轴，各横截面的扭矩 T 不变，即 T 和 GI_p 为常量，由式（2.23）积分可得圆形截面轴两端的相对扭转角为

$$\varphi=\frac{Tl}{GI_p} \tag{2.24}$$

式（2.24）表明，相对扭转角与扭矩和轴的长度成正比，与扭转刚度成反比。相对扭转角 φ 的单位为 rad。φ 的正、负号与扭矩的正、负号相一致，分别如图 2.12（a）、（b）所示。

【例 2.4】 图 2.13 所示钻杆横截面直径为 20mm，在旋转时 BC 段受均匀分布的扭矩 m_e 的作用。已知使其转动的外力偶矩 $M_e=120\text{N}\cdot\text{m}$，材料的切变模量 $G=80\text{GPa}$，试求钻杆两端的相对扭转角。

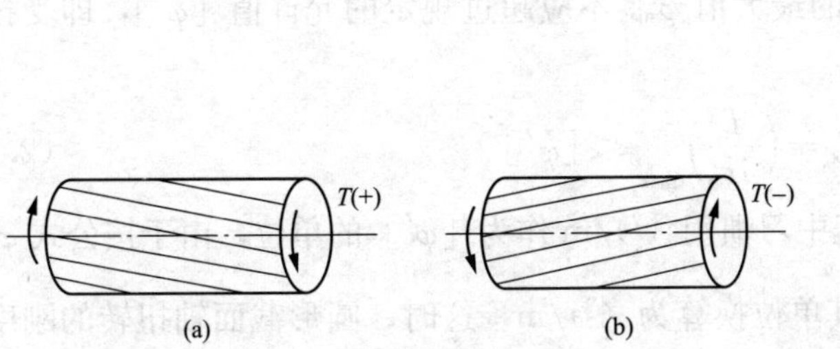

图 2.12

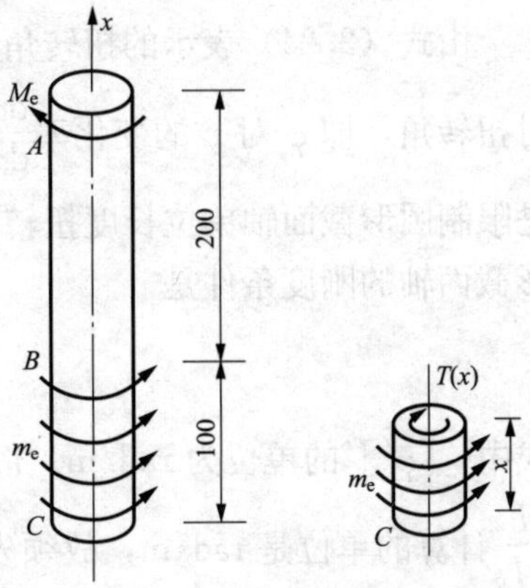

图 2.13

解 由钻杆的平衡方程

$$\sum M_x=0,\qquad M_e-m_el_{BC}=0$$

得

$$m_e=\frac{M_e}{l_{BC}}$$

截面 A 和截面 C 之间的相对扭转角为

$$\varphi_{AC}=\varphi_{AB}+\varphi_{BC}$$

由截面法，BC 段任一截面的扭矩为

$$T(x)=-m_e x \quad (0\text{m}<x<0.1\text{m})$$

AB 段任一截面上的扭矩 $T=-M_e$，所以

$$\varphi_{AB}=\frac{Tl_{AB}}{GI_p}=-\frac{M_e l_{AB}}{GI_p}$$

$$\varphi_{BC}=\int_0^{l_{BC}}\frac{T(x)\mathrm{d}x}{GI_p}=-\frac{m_e l_{BC}^2}{2GI_p}=-\frac{M_e l_{BC}}{2GI_p}$$

则

$$\varphi_{AC}=-\frac{M_e l_{AB}}{GI_p}-\frac{M_e l_{BC}}{2GI_p}=-\frac{M_e}{GI_p}(l_{AB}+0.5l_{BC})$$

将已知数据代入，求得

$$\varphi_{AC}=-\frac{120\text{N}\cdot\text{m}}{(80\times10^9\text{Pa})\times\frac{\pi}{32}(0.02\text{m})^4}(0.2\text{m}+0.5\times0.1\text{m})$$

$$=-0.0239\text{rad}=-1.37°$$

2. 扭转圆形截面轴的刚度计算

受扭转的圆形截面轴除应满足强度条件外，往往还要满足刚度要求，因为过大的扭转变形会影响轴类零件的正常工作。例如，若机器的传动轴扭转变形过大，在运转时会产生较大的扭转振动；机床主轴若扭转变形较大，会影响加工精度。因此，对某些轴的扭转变形常有一定的限制。

由式（2.24）表示的扭转角与轴的长度有关，为消除长度的影响，可用单位长度轴的相对扭转角，即 φ 对 x 的变化率$\frac{\mathrm{d}\varphi}{\mathrm{d}x}$，来表示扭转变形程度。受扭圆形截面轴的刚度要求，就是限制圆形截面轴单位长度扭转角中的最大值 φ'_{max}不应超过规定的允许值［φ'］，即受扭圆形截面轴的刚度条件是

$$\varphi'_{max}=\left(\frac{T}{GI_p}\right)_{max}\leqslant[\varphi'] \tag{2.25}$$

式中：［φ'］的单位为 rad/m。但工程中习惯用（°）/m 作为［φ'］的单位，由于按公式 $\varphi'=\frac{T}{GI_p}$计算的单位是 rad/m，故须先将其单位换算为（°）/m。这时，圆形截面轴扭转的刚度条件可写成

$$\varphi'_{max}=\left(\frac{T}{GI_p}\right)_{max}\times\frac{180}{\pi}\leqslant[\varphi'] \quad [(°)/\text{m}] \tag{2.26}$$

应该注意，式（2.26）中 T、G 和 I_p 的单位分别是 N·m、Pa 和 m^4。许可单位长度扭转角［φ'］，通常按具体工作条件和要求确定。例如，对于精密机械中的轴，［φ'］=0.15～0.5(°)/m；对一般传动轴，［φ'］=0.5～1(°)/m，具体数值可查阅有关设计手册或规范。

【例 2.5】 图 2.14（a）所示传转轴，转速 $n=300\mathrm{r/min}$，已知主动轮 A 的输入功率为 50kW，从动轮 B、C、D 的输出功率分别为 10、20、20kW。轴材料的 $[\tau]=40\mathrm{MPa}$，$[\varphi']=0.5(°)/\mathrm{m}$，$G=80\mathrm{GPa}$。试：

（1）合理地布置各轮的位置；

（2）设计轴的直径。

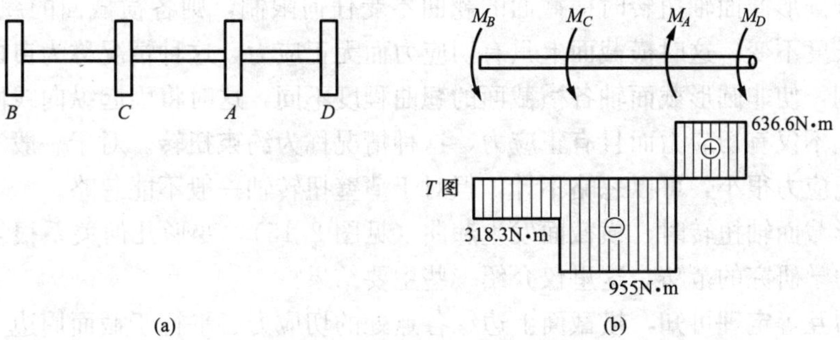

图 2.14

解 （1）外力偶矩。按公式 $M_e=9549\dfrac{P}{n}$，计算作用于各轮的外力偶矩

$$M_A=\left(9549\times\frac{50}{300}\right)\mathrm{N\cdot m}=1592\mathrm{N\cdot m}$$

$$M_B=\left(9549\times\frac{10}{300}\right)\mathrm{N\cdot m}=318.3\mathrm{N\cdot m}$$

$$M_C=M_D=\left(9549\times\frac{20}{300}\right)\mathrm{N\cdot m}=636.6\mathrm{N\cdot m}$$

（2）布置各轮的位置，并作扭矩图。因为从动轮与主动轮的转向相反，若将主动轮放置于轴的左端（或右端），则最大扭矩为 1592N·m；若将主动轮放置于轮 B 和轮 C 之间，最大扭矩为 1273N·m；而将主动轮放置于轮 C 和轮 D 之间，最大扭矩为 955N·m。可见，后一种是最合理的布置方式，其扭矩图如图 2.14（b）所示。

（3）设计轴的直径。由强度条件

$$\tau_{\max}=\frac{T_{\max}}{W_p}=\frac{16T_{\max}}{\pi D^3}\leqslant[\tau]$$

得

$$D\geqslant\sqrt[3]{\frac{16T_{\max}}{\pi[\tau]}}=\sqrt[3]{\frac{16(955\mathrm{N\cdot m})}{\pi(40\times10^6\mathrm{Pa})}}=0.0495\mathrm{m}=49.5\mathrm{mm}$$

由刚度条件

$$\varphi'_{\max}=\frac{T_{\max}}{GI_p}\times\frac{180}{\pi}=\frac{32T_{\max}}{G\times\pi D^4}\times\frac{180}{\pi}\leqslant[\varphi']$$

得

$$D\geqslant\sqrt[4]{\frac{32T_{\max}\times180}{G\pi^2[\varphi']}}=\sqrt[4]{\frac{32\times180(955\mathrm{N\cdot m})}{(80\times10^9\mathrm{Pa})\pi^2[0.5(°)/\mathrm{m}]}}=0.061\mathrm{m}=61\mathrm{mm}$$

根据以上计算结果，为同时满足强度和刚度要求，应取 $D=61\mathrm{mm}$。

§2.6　矩形截面轴扭转的概念

非圆形截面轴由于不存在几何形状的轴对称性，扭转后横截面将不再保持平面而要发生翘曲。因此，等直圆形截面轴扭转时的计算公式就不能应用到非圆形截面轴的扭转问题中。

若等直非圆形截面轴扭转时横截面的翘曲不受任何限制，则各横截面的翘曲程度相同，纵向线段的长度不变，这时横截面上只有切应力而无正应力，这种情况称为**自由扭转**。若受到约束的限制，使非圆形截面轴各横截面的翘曲程度不同，这时将引起纵向线段的伸长或缩短，横截面上不仅有切应力而且有正应力，这种情况称为**约束扭转**。对于一般实心轴，约束扭转引起的正应力很小，可以忽略不计，但对于薄壁扭转轴一般不能忽略。

由于矩形截面轴扭转时，横截面发生翘曲（见图 2.15），变形几何关系很复杂。这类问题属于弹性力学研究的范畴，这里仅介绍一些主要结果。

由切应力互等定理可知，横截面上边缘各点处的切应力必平行于截面周边，且截面角点处的切应力一定为零；横截面上的切应力分布，按弹性力学的研究表明为非线性分布［见图 2.15（b）］；最大切应力发生在长边的中点。最大切应力和单位长度的扭转角可按下列公式计算，即

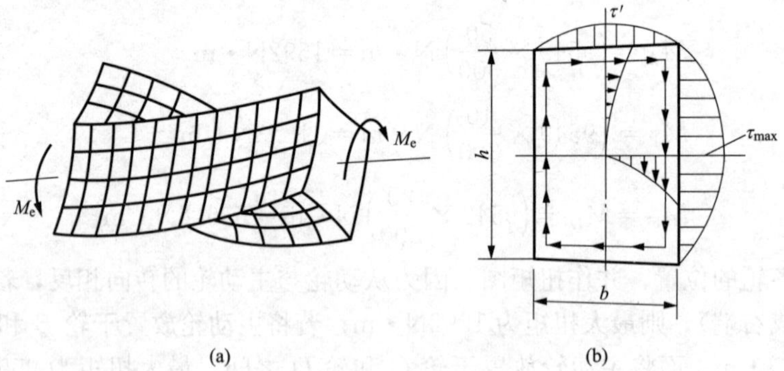

图 2.15

$$\tau_{max}=\frac{T}{\alpha hb^2}=\frac{T}{W_t} \tag{2.27}$$

$$\varphi'=\frac{T}{G\beta hb^3}=\frac{T}{GI_t} \tag{2.28}$$

式中：$W_t=\alpha hb^2$ 也称为扭转截面系数，而 $I_t=\beta hb^3$ 称为截面的相当极惯性矩；α、β 两系数可从表 2.2 中查出，均随截面的长、短边尺寸 h 和 b 的比值而变化。

表 2.2　　矩形截面轴扭转时的系数

h/b	1	1.2	1.5	2.0	2.5	3.0	4.0	6.0	8.0	10.0	∞
α	0.208	0.219	0.231	0.246	0.258	0.267	0.282	0.299	0.307	0.313	0.333
β	0.141	0.166	0.196	0.229	0.249	0.263	0.281	0.299	0.307	0.313	0.333

由表 2.2 可知，对于 $h/b>10$ 的狭长矩形截面，$\alpha=\beta\approx\frac{1}{3}$。若将狭长矩形截面的短边

尺寸 b 改为 δ，则

$$I_t = \frac{1}{3}h\delta^3 \tag{2.29}$$

$$W_t = \frac{1}{3}h\delta^2 = \frac{I_t}{\delta} \tag{2.30}$$

这时，式（2.27）与式（2.28）成为

$$\tau_{max} = \frac{T\delta}{I_t} = \frac{3T}{h\delta^2} \tag{2.31}$$

$$\varphi' = \frac{T}{GI_t} = \frac{3T}{Gh\delta^3} \tag{2.32}$$

狭长矩形截面上的切应力分布如图 2.16 所示。沿长边各点的切应力基本相等，仅在角点处迅速变为零；切应力沿厚度方向近似线性分布。

狭长矩形截面轴受扭时的切应力和变形公式也可用于等厚度的开口薄壁截面轴的扭转，如图 2.17 所示。在计算时，可将截面展直为狭长矩形截面来处理。与闭口薄壁截面轴相比，开口薄壁截面的抗扭性能要差很多。因此，工程上的扭转轴应尽量避免采用开口薄壁截面。

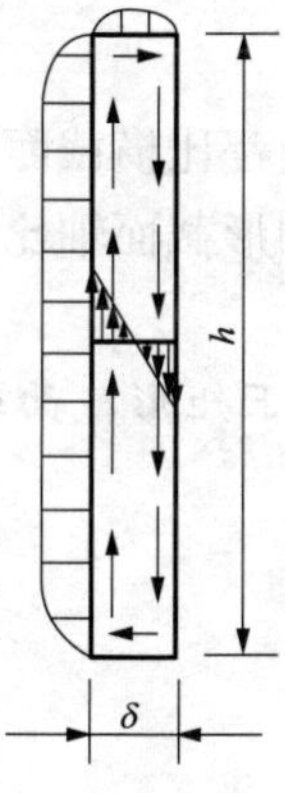

图 2.16

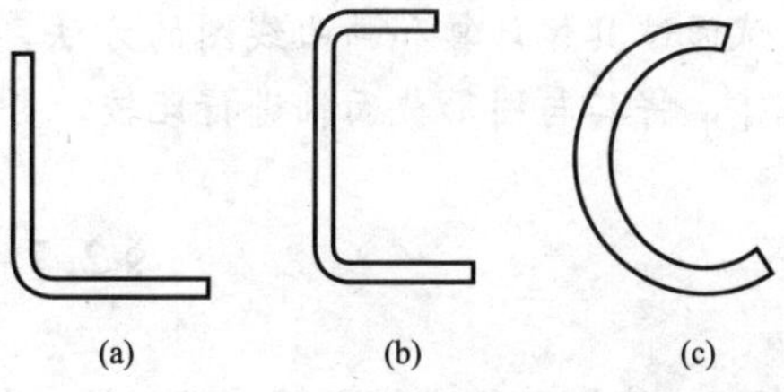

图 2.17

【例 2.6】　两根材料相同、横截面面积相等、长度相同的等截面轴，一根轴的横截面为矩形，矩形的长边与短边之比 $h/b=1.5$。另一根轴的横截面为圆形。若两轴截面上的扭矩相等，试求两轴横截面上的最大切应力之比和单位长度扭转角之比。

解　(1) 求最大切应力之比。已知矩形截面的长边 $h=1.5b$，由两杆横截面面积相等，可以建立圆形截面直径 d 与矩形短边 b 的关系为

$$\frac{\pi}{4}d^2 = bh = b(1.5b)$$

可得

$$d = \sqrt{\frac{4\times 1.5}{\pi}}b = 1.382b$$

由表 2.2 查得，当 $h/b=1.5$ 时，$\alpha=0.231$。由式（2.27）可知，矩形截面轴横截面上的最大切应力为

$$\tau_{\max,1}=\frac{T}{\alpha hb^2}=\frac{T}{0.231\times(1.5b)b^2}=2.886\frac{T}{b^3}$$

由式（2.16）可知，圆形截面轴横截面上的最大切应力为

$$\tau_{\max,2}=\frac{T}{W_p}=\frac{16T}{\pi d^3}=\frac{16T}{\pi\ (1.382b)^3}=1.930\frac{T}{b^3}$$

因此，矩形截面轴和圆形截面轴的横截面上最大切应力之比为

$$\frac{\tau_{\max,1}}{\tau_{\max,2}}=\frac{2.886}{1.930}=1.485$$

（2）求单位长度扭转角之比。由表 2.2 查得，当 $h/b=1.5$ 时，$\beta=0.196$。由式（2.28）可得矩形截面轴单位长度扭转角为

$$\varphi_1'=\frac{T}{G\beta hb^3}=\frac{T}{0.196\times(1.5b)b^3G}=3.401\frac{T}{b^4G}$$

由式（2.25）可得圆形截面轴单位长度扭转角为

$$\varphi_2'=\frac{T}{GI_p}=\frac{32T}{\pi\ d^4G}=\frac{32T}{\pi\ (1.382b)^4G}=2.792\frac{T}{b^4G}$$

因此，矩形截面轴和圆形截面轴的单位长度扭转角之比为

$$\frac{\varphi_1'}{\varphi_2'}=\frac{3.401}{2.792}=1.218$$

上述计算表明，矩形截面轴的最大切应力和单位长度扭转角都比横截面面积相等的圆形截面轴要大。因此可以得出结论，在其他条件相同的情况下，圆形截面轴比矩形截面轴抗扭强度更大，抗扭刚度更高。

试通过具体计算和画曲线图的方法，研究在不同比值 h/b 下矩形截面轴抗扭强度的变化规律，将其与圆形截面轴进行比较，并分析原因。

§2.7　工程应用实训

2.1　房屋建筑中带雨篷的门过梁，如图 2.18 所示，若考虑结构自重，试对雨篷梁进行受力分析，画出其受力图，并说明雨篷梁会产生哪些变形。

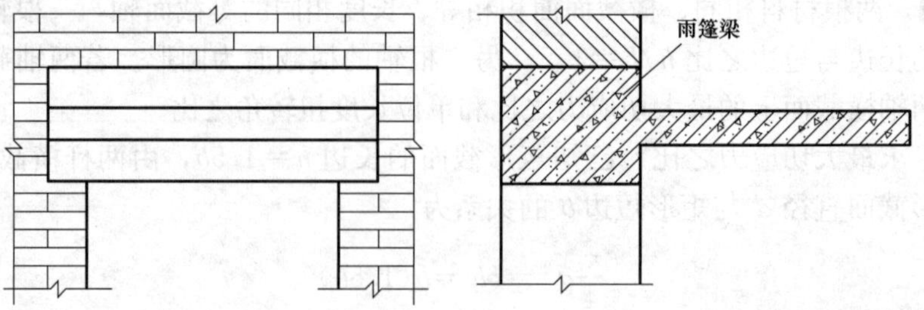

图 2.18

2.2　对细竹竿两端施加一对大小相等、转向相反的扭矩，使其产生扭转变形。当竹竿破坏时往往不是沿横截面断开，而是沿竹竿纵向裂开。试：

（1）对竹竿进行受力分析，画出竹竿横截面上的切应力分布图；

（2）根据切应力互等定理，画出竹竿纵向截面内的切应力分布图；

（3）说明竹竿沿纵向截面破坏的原因。

2.3　钢结构C型檩条在工程中有广泛使用，但在我国西北大风区，被大风毁坏的房屋建筑中，钢结构C型檩条不仅产生弯曲变形，而且扭曲变形也很严重。试：

（1）对钢结构C型檩条标注尺寸和荷载符号，进行受力分析，画出其横截面上的切应力分布图；

（2）通过力学分析，说明钢结构C型檩条产生严重扭曲变形的原因；

（3）根据力学理论分析结果，创新设计一款抗扭强度高、适合在强风区使用的新型钢结构檩条，并画出结构图。

习　题

2.1　试绘出题2.1图所示各轴的扭矩图。

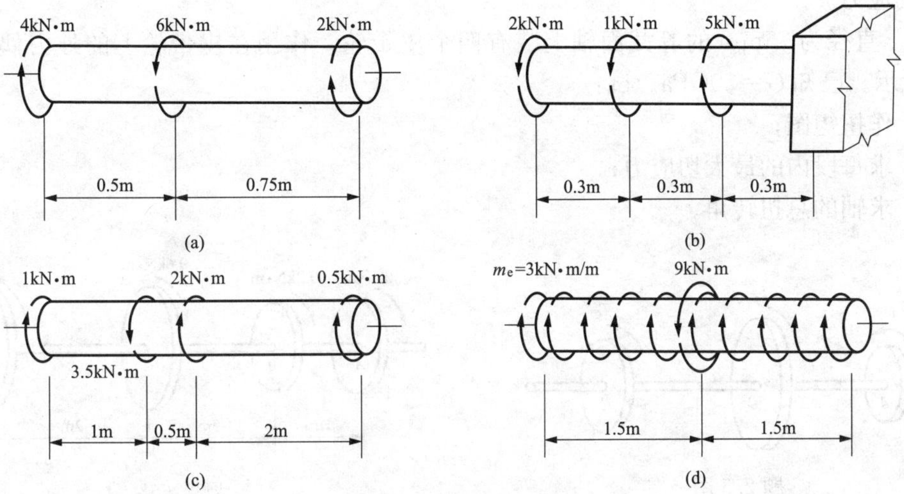

题2.1图

2.2　题2.2图所示传动轴，转速 $n=200\text{r/min}$。轮 A 为主动轮，输入功率 $P_A=60\text{kW}$，轮 B、C 和 D 均为从动轮，输出功率分别为20、15kW和25kW。

（1）试绘出该轴的扭矩图；

（2）若将轮 A 和轮 C 的位置对调，试分析对轴的强度是否有利。

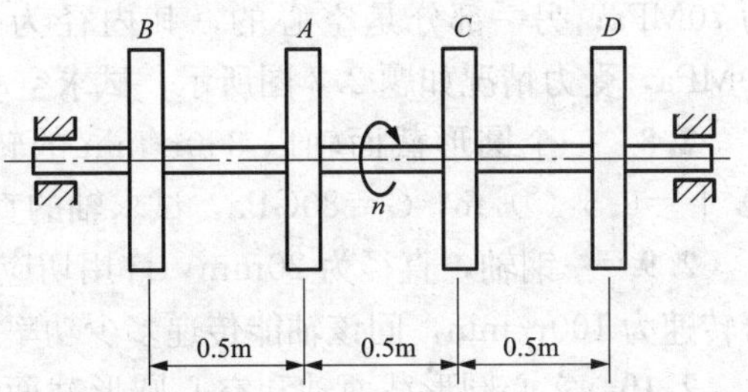

题2.2图

2.3　受扭圆形截面轴如题2.3图（a）所示。现用两个横截面 ABC 和 DEF 及一个纵向截面 $ABED$，截出轴的一部分，如题2.3图（b）所示。试绘出该隔离体各截面上的切应力分布图，并说明隔离体三个截面上的内力是如何维持平衡的。

2.4　直径为90mm的轴，以150r/min的转速传递36.8kW的功率。轴长4m，材料的

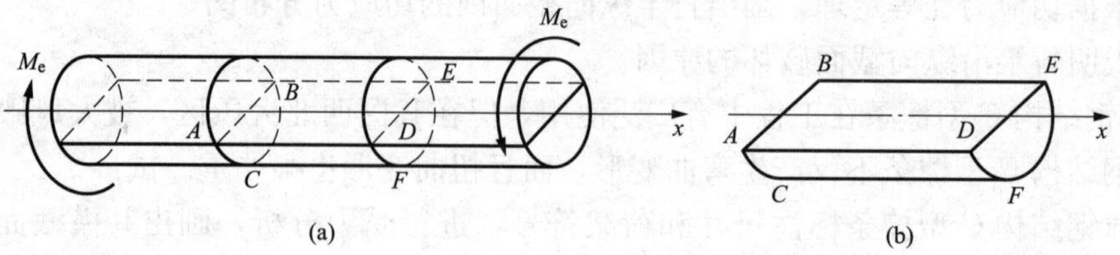

题 2.3 图

切变模量 $G=80\text{GPa}$。试求：

（1）横截面上的最大切应力及轴两端截面间的相对扭转角；

（2）横截面上半径 $\rho_A=\dfrac{d}{4}$ 处的切应力和切应变。

2.5 一个轴上有三个皮带轮，如题 2.5 图所示。AB 段轴的直径为 50mm，BC 段直径为 75mm。已知 $T_A=1.3\text{kN}\cdot\text{m}$，$T_B=3.0\text{kN}\cdot\text{m}$，$T_C=1.7\text{kN}\cdot\text{m}$，试作扭矩图并求轴的最大切应力。

2.6 直径为 75mm 的等截面轴上装有四个皮带轮，作用在皮带轮上的外力偶矩如题 2.6 图所示。已知 $G=80\text{GPa}$。试：

（1）作扭矩图；

（2）求每段内的最大切应力；

（3）求轴的总扭转角。

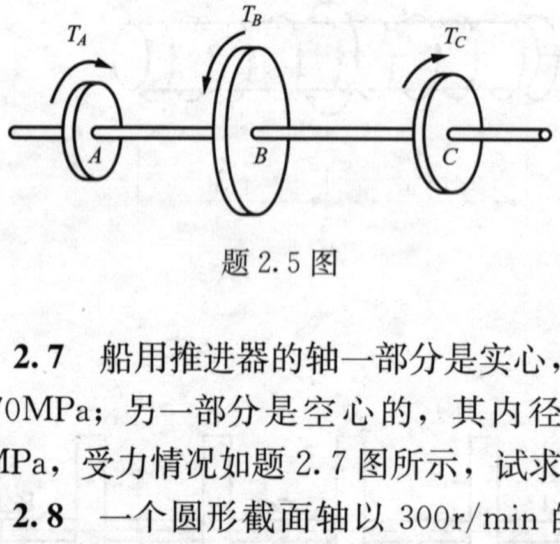

题 2.5 图

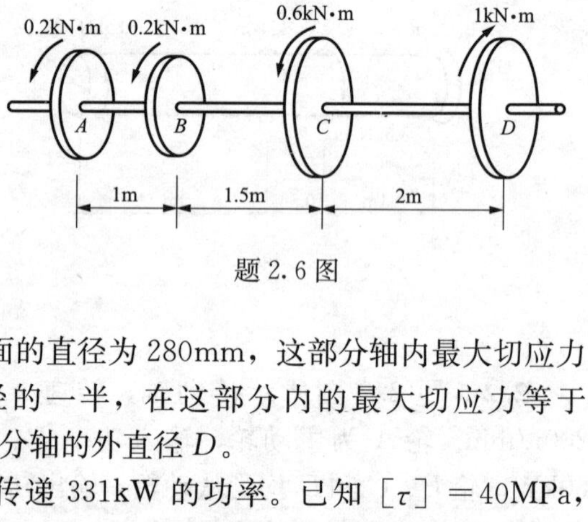

题 2.6 图

2.7 船用推进器的轴一部分是实心，其截面的直径为 280mm，这部分轴内最大切应力为 70MPa；另一部分是空心的，其内径为外径的一半，在这部分内的最大切应力等于 50MPa，受力情况如题 2.7 图所示，试求空心部分轴的外直径 D。

2.8 一个圆形截面轴以 300r/min 的转速传递 331kW 的功率。已知 $[\tau]=40\text{MPa}$，$[\varphi']=0.5\ (°)/\text{m}$，$G=80\text{GPa}$，试求轴的直径。

2.9 一钢轴，直径为 20mm，许用切应力 $[\tau]=100\text{MPa}$，试求该轴所能承受的扭矩，若转速为 100r/min，问该轴能传递多少功率？

2.10 实心圆形截面轴和空心圆形截面轴通过牙嵌离合器而连接，如题 2.10 图所示。已知轴的转速 $n=100\text{r/min}$，传递的功率 $P=7.36\text{kW}$，许用切应力 $[\tau]=20\text{MPa}$，试选择实心圆形截面轴的直径 d_1 和内外直径比值为 1/2 的空心圆形截面轴的外直径 D_2。

2.11 如题 2.11 图所示，钻探机钻杆的外直径 $D=60\text{mm}$，内直径 $d=50\text{mm}$，功率 $P=7.36\text{kW}$，转速 $n=180\text{r/min}$，钻杆钻入土层的深度 $l=40\text{m}$，材料的切变模量 $G=80\text{GPa}$，许用切应力 $[\tau]=40\text{MPa}$，假设土壤对钻杆的阻力沿长度均匀分布。

（1）试求土壤对钻杆单位长度上的阻力矩 m；

（2）试作钻杆的扭矩图，并进行强度校核；

（3）试求截面 A 和截面 B 的相对扭转角。

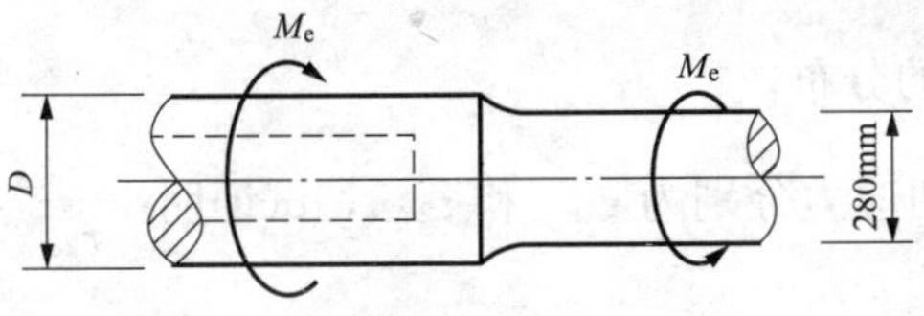

题 2.7 图

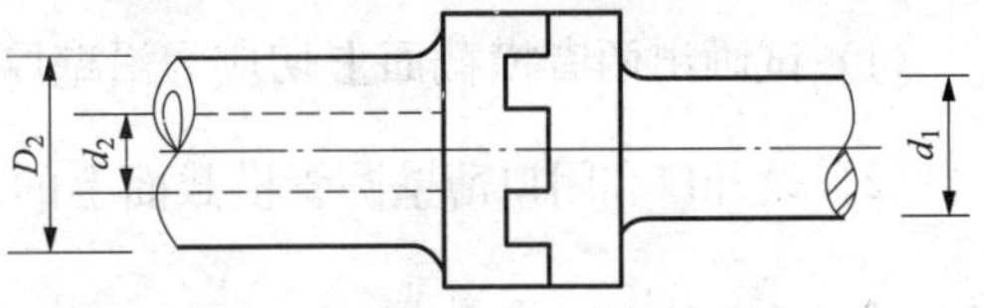

题 2.10 图

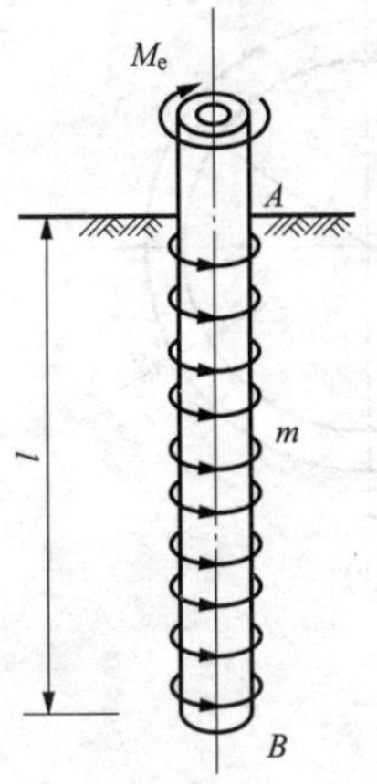

题 2.11 图

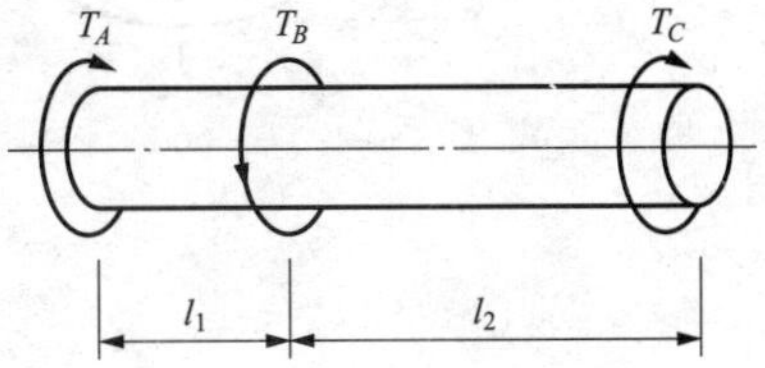

题 2.13 图

2.12　直径为 200mm 的轴，在长度 1m 内产生相对扭转角 0.3°。已知转速为 150r/min，材料的切变模量 G=80GPa，试求该轴传递的功率和最大切应力。

2.13　受扭等截面钢轴如题 2.13 图所示，已知 T_A=0.8kN·m，T_B=1.2kN·m，T_C=0.4kN·m，l_1=0.3m，l_2=0.7m；[τ]=50MPa，[φ']=0.25 (°)/m。试求轴的直径。

2.14　已知空心圆形截面轴的外径 D=140mm，内径 d=100mm，轴的转速 n=300r/min，传递的功率 P=330kW。轴材料的切变模量 G=80GPa，许用切应力 [τ]=60MPa，许可单位长度扭转角 [φ']=0.5(°)/m。试校核该轴的强度和刚度。

2.15　题 2.15 图所示传动轴的转速为 n=500r/min，主动轮 1 输入功率 P_1=368kW，从动轮 2 和 3 分别输出功率 P_2=147kW 和 P_3=221kW。已知 [τ]=70MPa，[φ']=1(°)/m，G=80GPa。

（1）试确定 AB 段的直径 d_1 和 BC 段的直径 d_2。

（2）若 AB 段和 BC 段选用同一直径，试确定直径 d。

（3）主动轮和从动轮的位置若可以重新安排，试问怎样安排才比较合理？

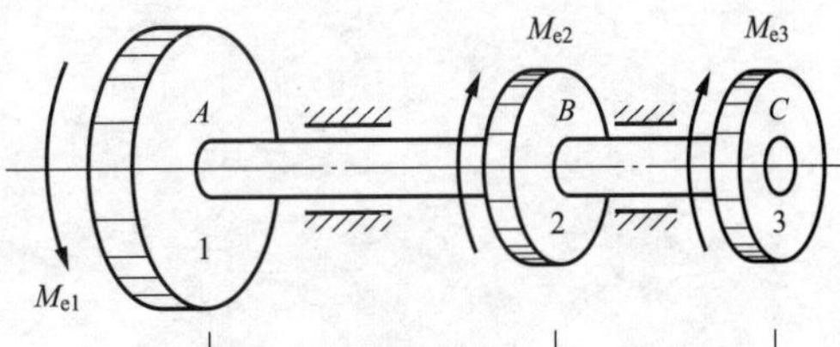

题 2.15 图

2.16 圆形截面和正方形截面的扭转轴，若截面面积和承受的扭矩均相同，试比较两轴横截面上的最大切应力。

2.17 题 2.17 图所示开口和闭口薄壁管横截面的平均值均为 d，壁厚均为 δ，承受相同的扭矩 T_e。

(1) 试画出两者横截面上切应力沿壁厚方向的分布；

(2) 设开口和闭口薄壁圆管横截面上的最大切应力分别为 $\tau_{1\max}$ 和 $\tau_{2\max}$，试证明：$\dfrac{\tau_{1\max}}{\tau_{2\max}} \approx \dfrac{3d}{2\delta}$。

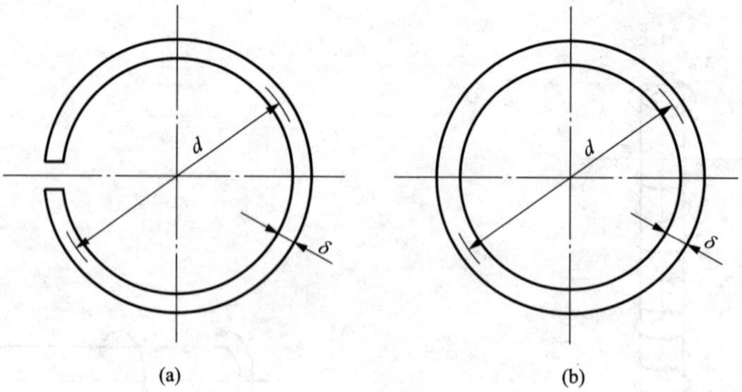

题 2.17 图

第3章 弯曲内力

教学要求:

1. 正确建立对称弯曲的概念,能将简单的受弯构件简化为力学模型并画出计算简图。
2. 熟练掌握建立受弯构件的剪力方程和弯矩方程的方法,能正确熟练地绘制剪力图和弯矩图。
3. 理解弯矩、剪力和荷载之间的微分关系,并能利用微分关系作梁的剪力图和弯矩图。
4. 能应用叠加法作梁的弯矩图。

在前几章中研究了直杆的拉伸和压缩及轴的扭转等基本变形,现在要研究直杆的另一种基本变形——弯曲。

研究弯曲问题,首先要确定杆件的外力和内力,然后研究应力和变形等问题。本章首先介绍弯曲的概念,接着重点讨论在外力作用下弯曲内力的计算和内力图的画法。

§3.1 对称弯曲的概念及工程实例

等截面直杆在包含杆轴线的纵向平面内,受到垂直于杆轴线的外力或纵向平面内的外力偶的作用,杆的轴线由直线变成为曲线,这种变形称为**弯曲**。以弯曲为主要变形的杆件,在工程中通常称为**梁**。梁是一类常见的构件,在许多工程中都有重要的应用。例如,图 3.1(a)所示为一桥梁主梁,图 3.1(b)所示为一机器主轴,在图示外力的作用下,轴线弯成了如虚线夸大所示的曲线。

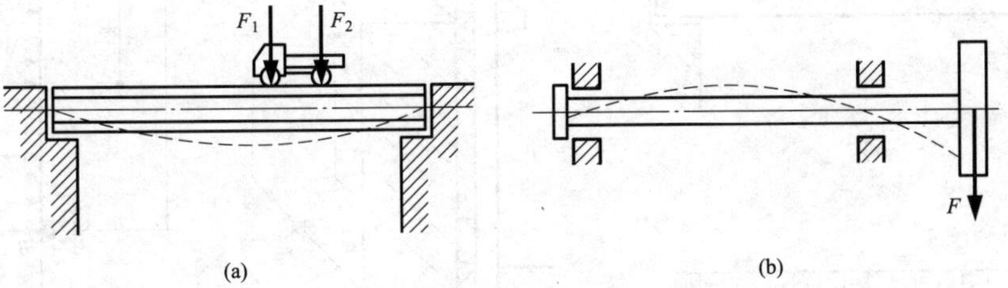

图 3.1

梁的轴线方向称为纵向,垂直于轴线的方向称为横向。图 3.1 所示的梁,受到的外荷载和支座反力都是垂直于轴线的,因此这些力称为**横向力**,梁在横向外力作用下产生的弯曲,称为**横力弯曲**。

工程中常见的梁,通常其横截面都具有对称轴,整个梁具有包含所有截面对称轴的纵向对称平面,如图 3.2 所示。若梁所受到的全部外力经等效简化后,都作用在该纵向对称面内,则由于梁的几何形状、材料性质,以及外力均对称于该纵向对称面,因此,梁弯曲变形以后其轴线弯成的曲线也一定在此纵向对称面内（见图 3.2），这种弯曲称为**对称弯曲**。对称弯曲比较简单，在工程实际中最常见，本书将以对称弯曲为主，讨论梁的应力和变形问题。

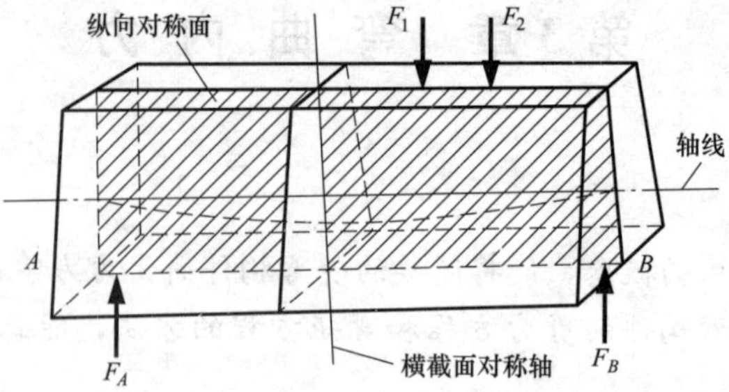

图 3.2

§ 3.2 梁的计算简图

作用在梁上的外力包括外荷载和支座反力，在进行设计计算时，首先要确定这两种外力。在工程实际中，梁的外荷载和支承情况往往是比较复杂的，为了计算梁的外力，应根据实际情况进行合理地简化，画出梁的计算简图，使其能基本反映所研究问题的主要力学本质，而又便于计算。

由于具有纵向对称面的等截面直梁，其所受外力可简化为该对称平面内的平面力系，因此，在计算简图中可对梁本身进行简化，通常是用梁的轴线来代替实际的梁，即用一根粗实线表示梁。例如，图 3.3（a）、（c）中所示的梁，在图 3.3（b）、（d）中用粗实线 AB 表示。

梁的外荷载按其作用状况，可简化为下列三种情况：

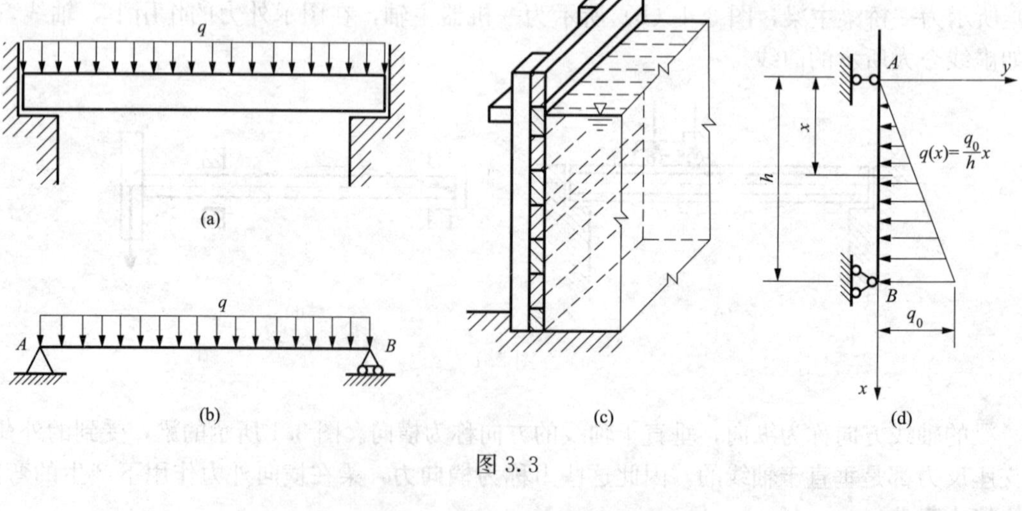

图 3.3

(1) 分布荷载。通常用沿梁轴线的荷载集度 q 来表示，其单位为 N/m 或 kN/m。分布荷载有时是均匀分布的，荷载集度为常数，称为均布荷载。例如，图 3.3（a）所示作用在等截面梁上的自重，就可简化为均布荷载，如图 3.3（b）所示。分布荷载的一般情形是非均匀分布，若取梁轴线为坐标轴 x，则荷载集度 $q(x)$ 为 x 的函数。例如，图 3.3（c）所示木挡水墙的立柱，作用在柱上的水压力$q(x)$就是一个线性变化的分布荷载，如图 3.3（d）所示。

（2）集中力。作用在梁上的横向荷载，有时只分布在梁的很短一段长度上，而集度很大，可将其简化为一个合力，称为集中力，其单位为 N 或 kN。例如，图 3.4（a）所示为一根安装有锥形齿轮的轴，作用在锥形齿轮上的力可用其互相垂直的三个分力 F_x、F_y、F_z表示。分力 F_y通过锥形齿轮以分布的形式作用在轴的一小段上，可以将其简化为一个集中力 F_y作用在轴上，如图 3.4（b）所示。

（3）集中力偶。作用在梁上的力，有时只分布在梁的很短一段长度上，合成的结果是一个力偶使梁产生弯曲变形，可将其简化为作用在梁的某一截面上的力偶，称为集中力偶，其单位为 N·m 或 kN·m。例如，图 3.4（a）所示分力 F_x通过锥形齿轮对轴的作用就可以简化为一个集中力偶，如图 3.4（c）所示。

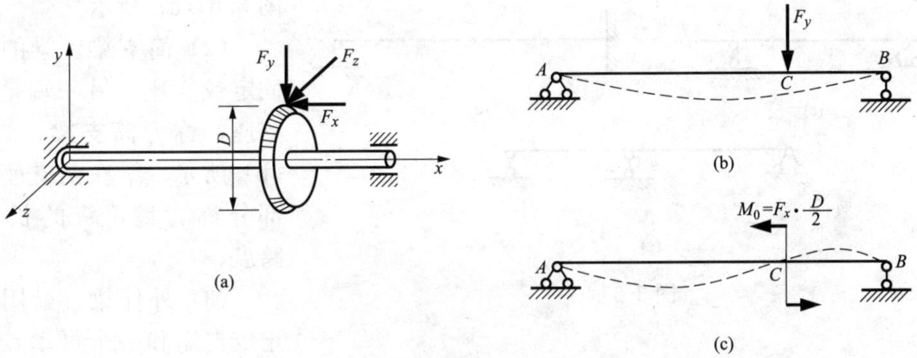

图 3.4

梁的支座按其对梁的约束情况，可简化为下面三种理想化的形式：

（1）可动铰支座。可动铰支座如图 3.5（a）所示。这种支座只限制梁在支座处沿垂直于支承面方向的移动，而不限制沿支承面方向的移动和绕支承点的转动。因此，该支座只有一个垂直于支承面的约束力 F_A，如图 3.5（b）所示。该支座处的约束力未知数只有一个。

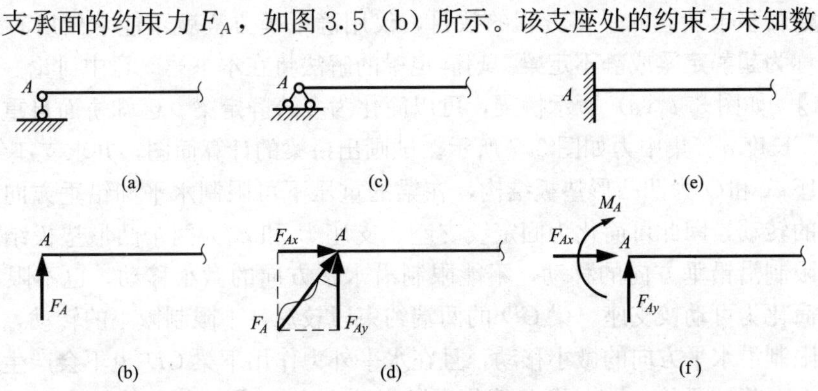

图 3.5

（2）固定铰支座。固定铰支座如图 3.5（c）所示。这种支座限制梁在支承点沿任意方向的移动，而不限制绕支承点的转动。该支座的约束力是通过支承点沿某方向的约束力，通常将其分解为水平约束力 F_{Ax}和铅垂约束力 F_{Ay}，如图 3.5（d）所示。显然，该支座处的约束力未知数有两个。

(3) 固定端。固定端如图 3.5 (e) 所示。可见，这种支座使梁的约束面既不能移动也不能转动。将约束面上的分布约束力向该截面形心进行简化，一般可得一个力和一个力偶。由于该约束力的方向未知，通常将其分解为水平约束力和铅垂约束力。因此，固定端的支座约束力通常用作用在约束面形心上的水平约束力 F_{Ax}、铅垂约束力 F_{Ay} 和约束力偶矩 M_A 来表示，如图 3.5 (f) 所示。因此，该支座处的约束力未知数有三个。

在工程中，为了使梁在工作时不致发生刚体移动或转动，必须有足够的支座约束。既有足够的约束，又没有多余约束的梁，常见的有下列三种形式：

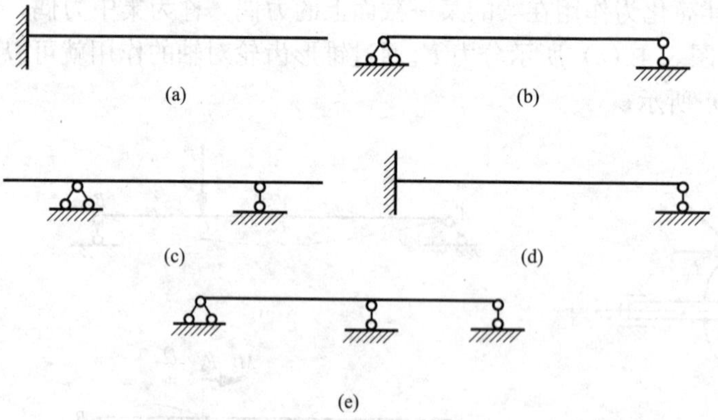

图 3.6

(1) 悬臂梁。梁的一端是固定端，另一端是自由端，中间没有约束，称为**悬臂梁**，如图 3.6 (a) 所示。

(2) 简支梁。梁的一端是固定铰支座，另一端是可动铰支座，称为**简支梁**，如图 3.6 (b) 所示。梁在两支座之间的部分称为**跨**，跨的长度称为**跨度**。

(3) 外伸梁。梁用一个固定铰支座和一个可动铰支座支承，但梁的端部伸出支座之外，称为**外伸梁**，如图 3.6 (c) 所示。

梁所受的荷载和支座约束力一般可简化为一个平衡的平面力系，上述三种形式的梁，其约束力未知数均只有三个，可由平面一般力系三个独立的平衡方程直接求出，这种梁称为**静定梁**。

有时为了工程上的需要，给梁设置了较多的支座，如图 3.6 (d)、(e) 所示，使梁的支座约束力的数目多于独立的平衡方程的数目，仅用静平衡方程就不能求出所有的支座约束力，这种梁称为**超静定梁**或**静不定梁**。超静定梁的解法将在本书第 5 章中讨论。

【例 3.1】 如图 3.7 (a) 所示桥梁，可以简化为多跨静定梁。已知桥面自重单位长度的荷载集度 q、长度 a。集中力如图 3.7 所示。试画出桥梁的计算简图，并求支座约束力。

解 支座 A 和 G 为凹凸形垫板结构，在梁的重压下可限制水平和铅垂方向的移动，但不限制微小的转动，因此可简化为固定铰支座。支座 B 和 E 为两个凸形垫板结构，在梁的重压下只能限制沿铅垂方向的移动，不能限制沿水平方向的微小移动，也不限制微小的转动，因此可简化为可动铰支座。梁 CD 的两端约束段较短，不限制微小的转动，由于结合处有间隙，不限制沿水平方向的微小移动，且在水平外力作用下梁 CD 也不会产生整体的水平移动，因此，可将该梁的一端支承 C 简化为固定铰支座，另一端 D 简化为可动铰支座。最后，可画出桥梁的计算简图，如图 3.7 (b) 所示。

在组合梁的结构中，能独立承受荷载的梁段称为基础部分，而需要依附于其他梁才能承载的梁段称为附属部分。由桥梁的计算简图可知，梁 CD 为附属部分，梁 ABC 和梁 DEG 为基础部分。对于静定组合梁的平衡问题，先研究附属部分，再研究基础部分。

(1) 研究梁 CD，其受力图如图 3.7 (d) 所示。由平衡方程，有

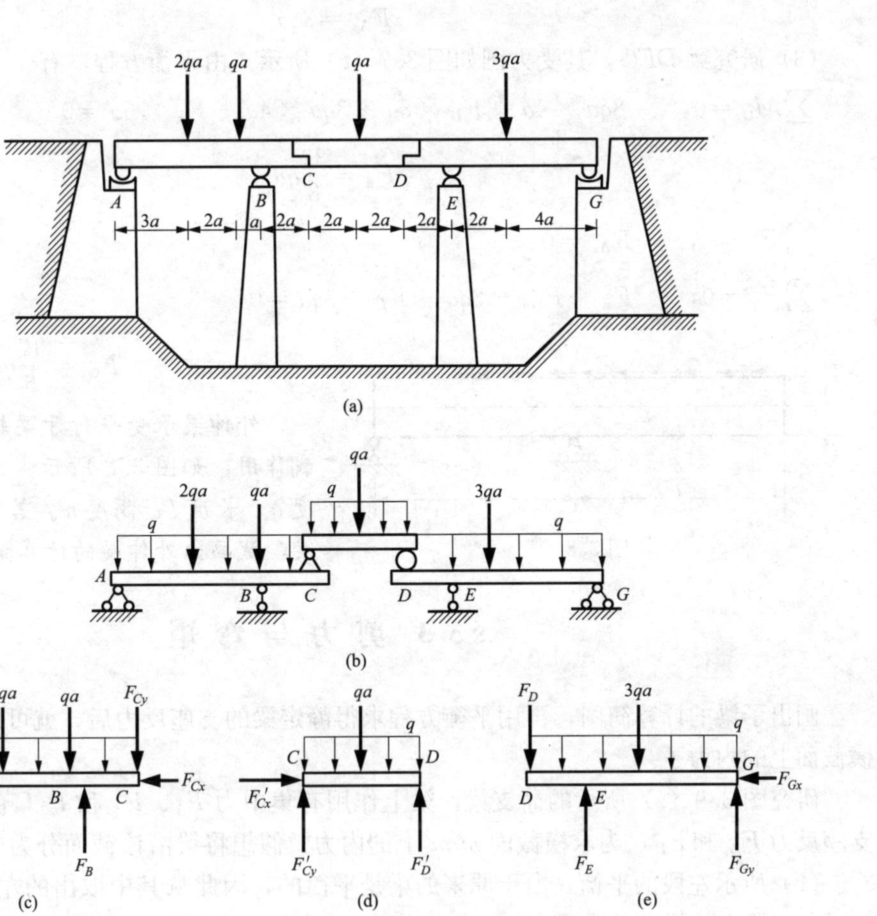

图 3.7

$$\sum M_C = 0,\qquad 4qa\times 2a + qa\times 2a - F'_D\times 4a = 0$$

$$F'_D = \frac{5}{2}qa$$

$$\sum F_x = 0,\qquad F'_{Cx} = 0$$

$$\sum F_y = 0,\qquad F'_{Cy} - 4qa - qa + F'_D = 0$$

$$F'_{Cy} = \frac{5}{2}qa$$

(2) 研究梁 ABC，其受力图如图 3.7（c）所示。由平衡方程，有

$$\sum M_A = 0,\qquad 8qa\times 4a + 2qa\times 3a + qa\times 5a + F_{Cy}\times 8a - F_B\times 6a = 0$$

$$F_B = \frac{21}{2}qa$$

$$\sum F_x = 0,\qquad F_{Ax} = 0$$

$$\sum F_y = 0,\qquad F_{Ay} - 8qa - 2qa - qa - \frac{5}{2}qa + F_B = 0$$

$$F_{Ay}=3qa$$

(3) 研究梁 DEG，其受力图如图 3.7（e）所示。由平衡方程，有

$$\sum M_G=0,\qquad 8qa\times 4a+F_D\times 8a+3qa\times 4a-F_E\times 6a=0$$

$$F_E=\frac{32}{3}qa$$

$$\sum F_x=0,\qquad F_{Ax}=0$$

$$\sum F_y=0,\qquad F_E+F_{Gy}-8qa-F_D-3qa=0$$

$$F_{Gy}=\frac{17}{6}qa$$

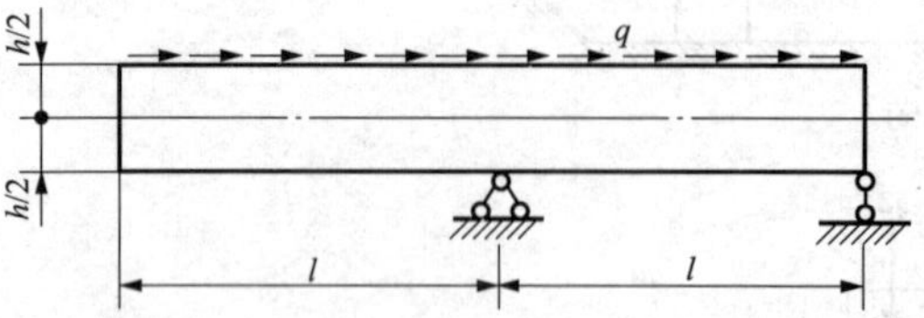

图 3.8

外伸梁承受平行于梁轴线方向的均布荷载作用，如图 3.8 所示。已知：均布荷载集度 q、长度 l、高度 h。若用梁的轴线代替该梁，试画出外伸梁的计算简图。

§3.3 剪力与弯矩

画出了梁的计算简图，再用平衡方程求得静定梁的支座反力后，就可以用截面法计算梁横截面上的内力了。

研究图 3.9（a）所示的简支梁，梁上作用有集中力 F_1、F_2 和 F_3，由平衡方程可求出支座反力 F_A 和 F_B，为求横截面 m-m 上的内力，假想将梁沿该截面分为左右两段，考察图 3.9（b）所示左段的平衡。由于原来的梁是平衡的，因此从其中取出的左段也应是平衡的。为了与左段上的横向外力 F_1 和支座反力 F_A 相平衡，这就要求横截面 m-m 上有一个与横截面相切的内力 F_S，称为**剪力**。同样，为了平衡外力 F_1 和支座反力 F_A 对横截面 m-m 上形心 C 的力矩，一般要求横截面 m-m 上还应有一个内力偶矩 M，称为**弯矩**。

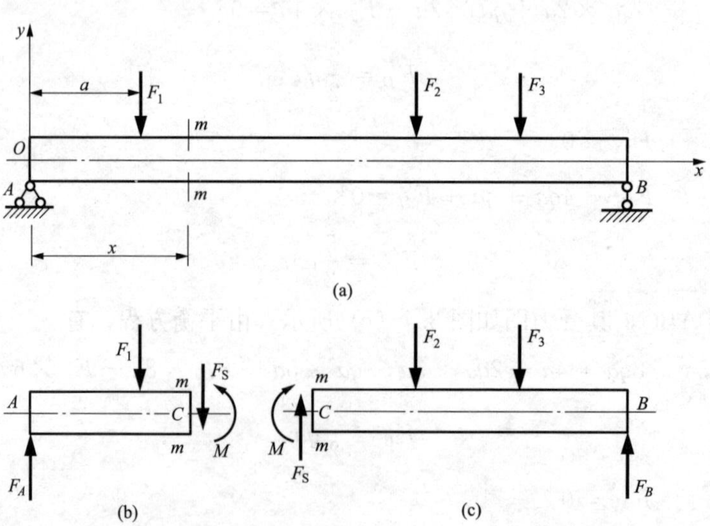

图 3.9

若考察图 3.9（c）所示横截面 m-m 右段的平衡，用相同的方法，也可以得到横截面 m-m 上的剪力 F_S 和弯矩 M，大小与上面所得的相等，但方向相反。

用相邻的两横截面截出一微段梁，在剪力 F_S 的作用下，使梁横截面处的微段产生左端向上而右端向下的相对错动时［见图 3.10（a）］，相应截面上的剪力规定为正；反之，为负［见图 3.10（b）］。按此规定，当剪力相对于微段梁的转向为顺时针时即为正；反之，为负。

用相邻的两横截面截出一微段梁，在弯矩 M 的作用下，使梁发生上凹下凸的弯曲变形时［见图 3.11（a）］，相应的截面上的弯矩规定为正；反之，为负［见图 3.11（b）］。

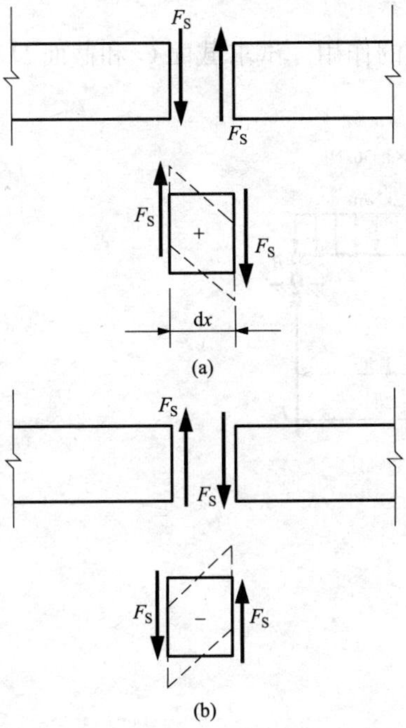

图 3.10

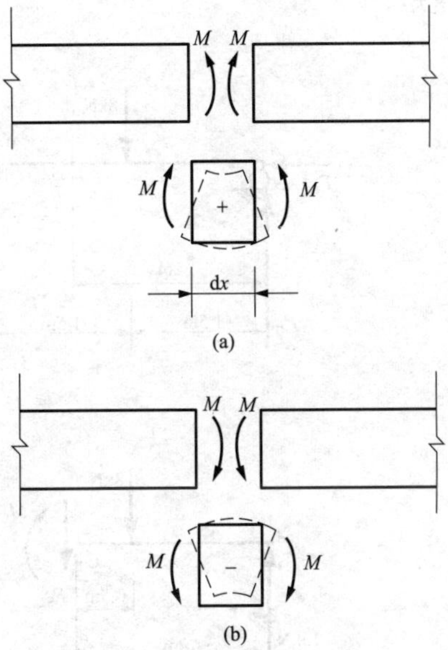

图 3.11

如果梁不是水平放置的，可沿梁轴线取坐标轴 x，垂直于梁轴线取坐标轴 y，轴 y 的正方向为梁的上侧面，然后按上述符号规定确定剪力和弯矩的正负号。

下面求解图 3.9（a）所示简支梁横截面 m-m 上的剪力和弯矩。取梁的左段为研究对象［见图 3.9（b）］，由平衡方程，有

$$\sum F_y = 0, \qquad F_A - F_1 - F_S = 0$$

$$\sum M_C = 0, \qquad M - F_A x + F_1(x - a) = 0$$

求解可得：

剪力 $$F_S = F_A - F_1$$

弯矩 $$M = F_A x - F_1(x - a)$$

通过上述计算可以看出，直梁横截面上的剪力和弯矩，与该截面一侧梁上的外力相平衡，因而可以通过一侧梁段上的外力直接求得截面上的剪力和弯矩：

（1）直梁任一横截面上的剪力，其数值等于该截面一侧梁段上所有横向外力的代数和。凡是外力使力作用面与截开面之间的梁段产生左上右下的相对错动时，该外力项取正号；反

之，取负号。

（2）直梁任一横截面上的弯矩，其数值等于该截面一侧梁段上所有外力（包括力偶）对该截面形心的力矩的代数和。凡是外力使力作用面与截开面之间的梁段产生上凹下凸的弯曲变形时，该弯矩项取正号；反之，取负号。

上述求直梁横截面上剪力和弯矩的方法可分为两个步骤：第一步，先写出所求内力截面处的内力符号和等号，然后看保留梁段上有几个横向外力（或对截开面形心有几个外力矩），就在等号后写出这几项；第二步，根据上述正负号规则确定每一项的正负号，并求出结果。因此，这种求内力的简便方法也称为**一看一定法**。

【例 3.2】 简支梁如图 3.12（a）所示，受到荷载的作用。试求截面 C 和截面 D 上的剪力和弯矩。

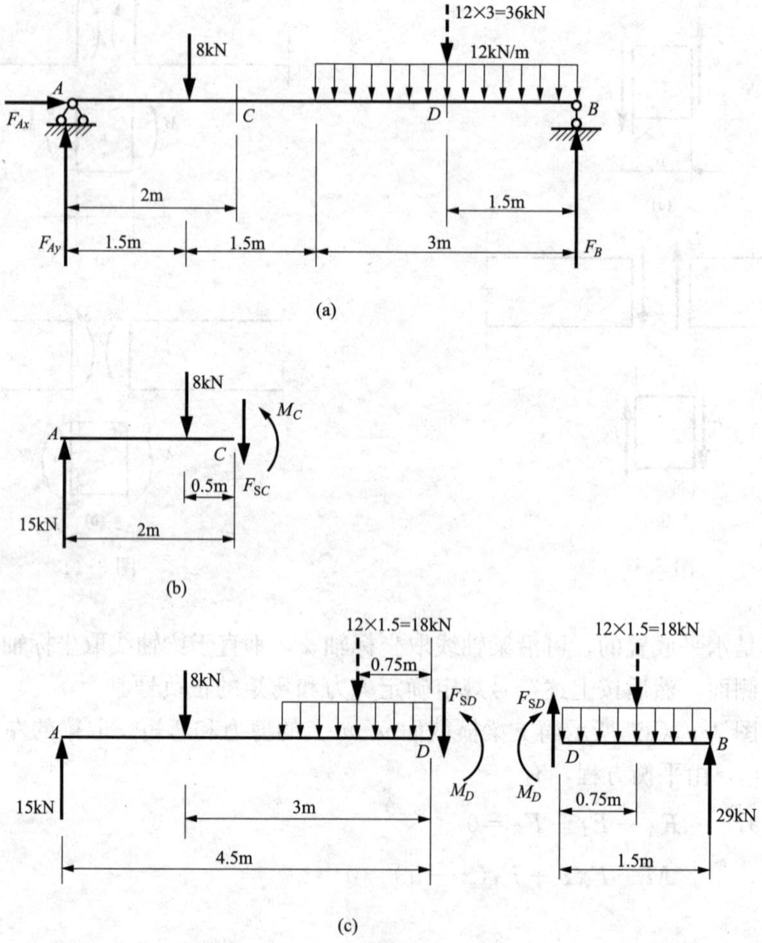

图 3.12

解 （1）求支座约束力。取简支梁整体为研究对象，其受力图如图 3.12（a）所示。由平衡方程，有

$$\sum F_x = 0, \quad F_{Ax} = 0$$

$$\sum M_B = 0, \qquad -F_{Ay}\times 6\text{m} + 8\text{kN}\times 4.5\text{m} + 12\text{kN/m}\times 3\text{m}\times 1.5\text{m} = 0$$

$$F_{Ay} = 15\text{kN}$$

$$\sum M_A = 0, \qquad F_B\times 6\text{m} - 8\text{kN}\times 1.5\text{m} - 12\text{kN/m}\times 3\text{m}\times 4.5\text{m} = 0$$

$$F_B = 29\text{kN}$$

再由平衡方程进行校核

$$\sum F_y = 15\text{kN} - 8\text{kN} - 12\text{kN/m}\times 3\text{m} + 29\text{kN} = 0$$

可知支座约束力计算无误。

(2) 求截面 C 上的剪力和弯矩。在截面 C 处将梁截开，研究左段［见图 3.12 (b)］，先写出“$F_{SC}=$”，然后，看到左段上只有两个集中力，在等号后写出这两项；最后，根据变形确定各项的正负号，求出结果。因此有

$$F_{SC} = 15\text{kN} - 8\text{kN} = 7\text{kN}$$

同样，由一看一定法可求出截面 C 处的弯矩为

$$M_C = 15\text{kN}\times 2\text{m} - 8\text{kN}\times 0.5\text{m} = 26\text{kN}\cdot\text{m}$$

(3) 求截面 D 上的剪力和弯矩。在截面 D 处将梁截开，注意到右段外力较少，计算简便。因此研究右段［见图 3.12 (c)］，均布荷载用其作用段上的合力来代替，如图 3.12 (c) 中 DB 段梁上的虚线所示。由一看一定法可求出截面 D 处的剪力和弯矩分别为

$$F_{SD} = 12\text{kN/m}\times 1.5\text{m} - 29\text{kN} = -11\text{kN}$$

$$M_D = -12\text{kN}\times 1.5\text{m}\times 0.75\text{m} + 29\text{kN}\times 1.5\text{m} = 30\text{kN}\cdot\text{m}$$

实际上，在用一看一定法求内力时，并不需要画出左段（或右段）的受力图，只需在图上确定截开面位置后，仅看保留段不看舍弃段即可。由于该方法书写量小，又不需画出保留段受力图，计算速度很快。

在［例 3.2］中，若取 AD 段求截面 D 的内力，所得内力的符号和数值应与已求出的结果一致。请读者自行计算和验证。

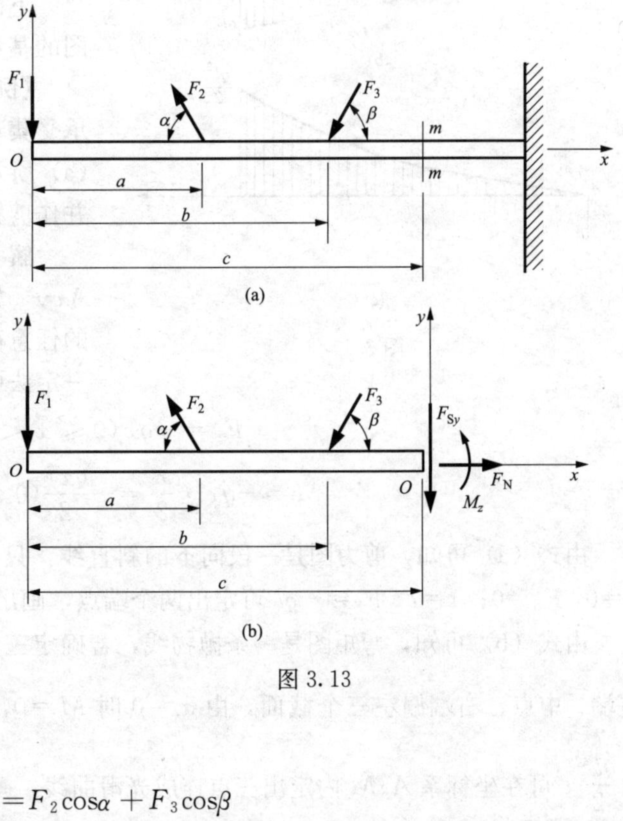

图 3.13

【例 3.3】 等截面悬臂梁受力如图 3.13 (a) 所示，已知外力和作用位置及角度，试求横截面 m-m 上的内力分量。

解 将杆沿横截面 m-m 截开，取左段为研究对象，由平衡可知截面上有内力分量 $\boldsymbol{F}_N$、$\boldsymbol{F}_{Sy}$、M_z［见图 3.13 (b)］，由一看一定法可得横截面 m-m 上的内力分量分别为：

轴力　$F_N = F_2\cos\alpha + F_3\cos\beta$

剪力 $$F_{Sy}=-F_1+F_2\sin\alpha-F_3\sin\beta$$

弯矩

$$M_z=-F_1c+F_2\sin\alpha(c-a)-F_3\sin\beta(c-b)$$

§3.4 剪力图与弯矩图

梁在外力作用下，各截面上的剪力和弯矩一般是不相同的。其中剪力和弯矩为最大的截面，相对于梁的强度来说都是可能的危险截面。要确定危险截面的位置，就必须知道剪力和弯矩沿梁轴线的变化情况。为此，可以选取梁轴线上一点为坐标原点，沿梁轴线选取坐标轴，将各截面上的剪力和弯矩表示成梁轴线坐标 x 的函数，即

$$F_S=F_S(x)$$

$$M=M(x)$$

上述方程分别称为**剪力方程**和**弯矩方程**。若以平行于梁轴线的横坐标 x 表示横截面的位置，用垂直于梁轴线的坐标分别表示相应截面上的剪力和弯矩，这样绘出的图线分别称为**剪力图**和**弯矩图**。对于土木类的工科专业，通常将正值剪力画在 x 轴的上侧；而将正值弯矩画在 x 轴的下侧，即画在梁的受拉侧。

下面通过例题来说明绘制剪力图和弯矩图的基本方法。

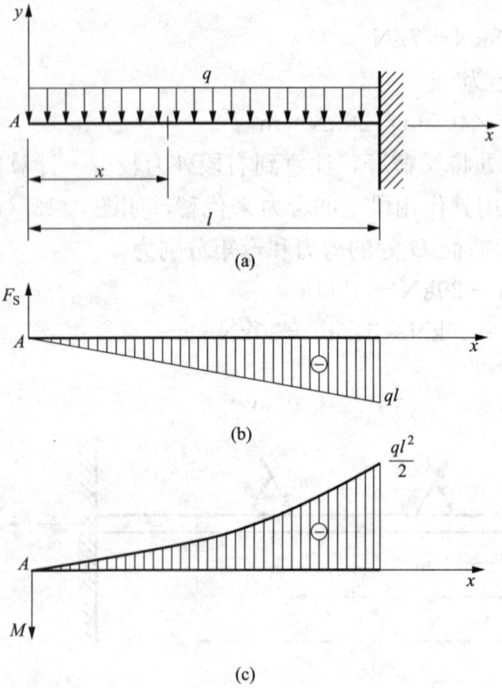

图 3.14

【例 3.4】 悬臂梁左端自由，右端固定，承受集度为 q 的均布荷载作用，如图 3.14（a）所示。试列出其剪力方程和弯矩方程，并作剪力图和弯矩图。

解 以梁左端为坐标原点，建立坐标系 Axy，如图 3.14（a）所示。取距原点为 x 的任意截面，研究截面 x 的左段梁，由一看一定法可得剪力方程和弯矩方程分别为

$$F_S=-qx\,(0\leqslant x<l) \tag{a}$$

$$M=-qx\cdot\frac{x}{2}=-\frac{qx^2}{2}(0\leqslant x<l) \tag{b}$$

由式（a）可知，剪力图是一段向下的斜直线，只要确定两点就可画出这一斜直线。由 $x=0$，$F_S=0$；$x=l$，$F_S=-ql$ 可定出两个端点，画出剪力图，如图 3.14（b）所示。

由式（b）可知，弯矩图是一条抛物线，若确定三点就可大致画出这一曲线。可取梁的左端、中点、右端偏左三个截面，由 $x=0$ 时 $M=0$，$x=\frac{l}{2}$时 $M=-\frac{ql^2}{8}$，$x=l$ 时 $M=-\frac{ql^2}{2}$，可在坐标系 AxM 内定出三点连成光滑曲线，画出弯矩图，如图 3.14（c）所示。

由图 3.14（b）可知，在固定端左侧截面上剪力的绝对值最大，$F_{S,max}=ql$；由图 3.14（c）可知，在固定端左侧截面上弯矩的绝对值最大，$M_{max}=\frac{ql^2}{2}$。

由［例 3.4］可知，绘制剪力图和弯矩图的**基本方法**是：先由一看一定法求梁的剪力方程和弯矩方程，然后用描点作图的方法画剪力图和弯矩图。

【例 3.5】 如图 3.15（a）所示的简支梁受集中力 F 作用，试列出梁的剪力方程和弯矩方程，并绘制剪力图和弯矩图。

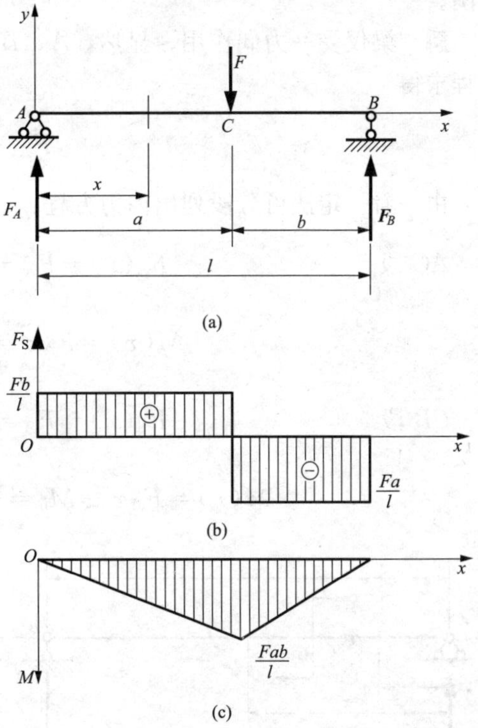

图 3.15

解 由平衡条件，求得梁的支座约束力分别为

$$F_A=\frac{Fb}{l},\ F_B=\frac{Fa}{l}$$

以梁的左端作为坐标原点，选取坐标系 Axy，如图 3.15（a）所示。由于梁 AC 段和 CB 段的内力不能用同一方程表示，应分两段考虑。在 AC 段内取距原点为 x 的任意截面，考虑截面 x 以左部分的平衡［见图 3.15（a）］，由一看一定法可得 AC 段的剪力和弯矩方程分别为

$$F_S(x)=F_A=\frac{Fb}{l}\quad(0<x<a)$$

$$M(x)=F_Ax=\frac{Fb}{l}x\quad(0\leqslant x\leqslant a)$$

同理，在 CB 段内取距 A 端为 x 的任意截面，仍考虑截面以左部分的平衡，则由一看一定法可得 CB 段的剪力和弯矩方程分别为

$$F_S(x)=F_A-F=-\frac{Fa}{l}\quad(a<x<l)$$

$$M(x)=F_Ax-F(x-a)=\frac{Fa}{l}(l-x)\qquad(a\leqslant x\leqslant l)$$

根据剪力方程和弯矩方程，采用描点作图的方法绘制梁的剪力图和弯矩图，分别如图 3.15（b）和（c）所示。可见，剪力值在集中力作用的 C 处有突然变化，即 C 处左侧截面的剪力值为$\frac{Fb}{l}$，而 C 处右侧截面的剪力值为$-\frac{Fb}{l}$，其突变量等于集中力 F 的数值；而 C 处的弯矩值并没有突然变化，但弯矩图斜率在 C 处发生了突变，形成一个尖角，故最大弯矩值就发生在截面 C 处，其值为 $M_{max}=\frac{Fab}{l}$。

【例 3.6】 图 3.16（a）所示的简支梁在 C 处受一集中力偶 M_0 作用，试作剪力图和弯

矩图。

解 梁仅受一力偶作用，显然，A、B 两支座的反力必然数值相等、方向相反，由平衡方程求得

$$F_A = F_B = \frac{M_0}{l}$$

由一看一定法可分段列出内力方程：

AC 段
$$F_S(x) = F_A = \frac{M_0}{l} \quad (0 < x \leqslant a)$$
$$M(x) = F_A x = \frac{M_0}{l}x \quad (0 \leqslant x < a)$$

CB 段
$$F_S(x) = F_A = \frac{M_0}{l} \quad (a \leqslant x < l)$$
$$M(x) = F_A x - M_0 = -\frac{M_0}{l}(l - x) \quad (a < x \leqslant l)$$

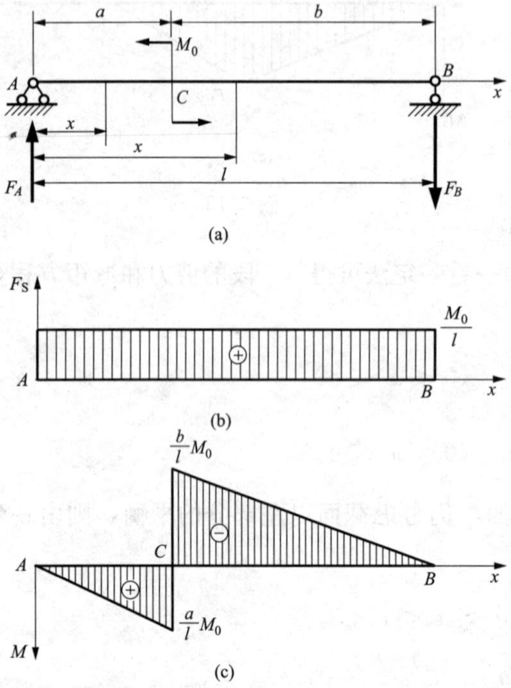

图 3.16

由以上方程可知，任一截面的剪力值均为常量，故剪力图是一条平行于 x 轴的直线［见图 3.16（b）］；左、右两段的弯矩方程均为 x 的一次函数，故左、右两段的弯矩图均为斜直线，但在集中力偶作用的截面 C 处弯矩发生突变，左侧截面的弯矩值为$\frac{a}{l}M_0$，右侧截面的弯矩值为$-\frac{b}{l}M_0$，其突变量就等于 M_0，所作的弯矩图如图 3.16（c）所示。

由以上的几个例题可知，凡是集中力作用的截面上，剪力有突变，似乎没有确定的数值，在 x 的取值范围中，也是将集中力作用点剔除的。事实上，所谓的集中力不可能只“集中”作用于一点，而是分布于某微段 Δx 内的分布力经人为简化后的结果。如果在 Δx 范围内将荷载看成均匀分布的［见图 3.17（a）］，则画出的剪力图将在 Δx 范围内连续变化，而不会产生突变［见图 3.17（b）］。同样，对于集中力偶作用的截面，也可作类似解释。

有些支架或机架的轴线是由几段直线组成的折线。这种支架在受力变形时，其折线拐角处夹角的变化很小，可忽略不计，这种连接点也称为刚接点。杆件由刚接点连接成的结构称为**刚架**。下面用例题说明静定刚架弯矩图的绘制。

【例 3.7】 刚架 ABC 在点 B 处受到一水平集中力 F 的作用，如图 3.18（a）所示。试绘制刚架 ABC 的弯矩图。

解 （1）求支座约束力。研究刚架 ABC，其受力图如图 3.18（a）所示。由平衡方

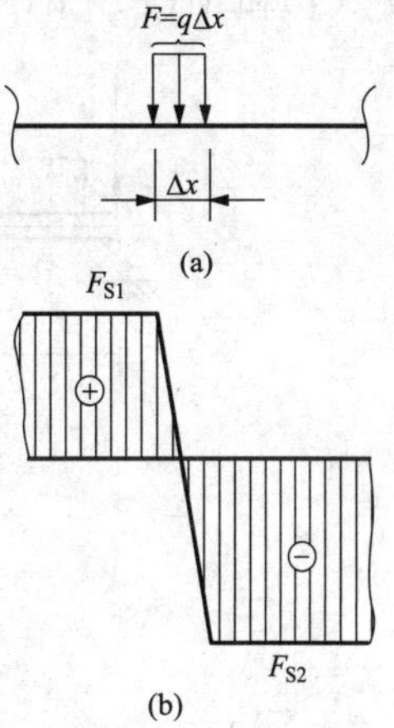

图 3.17

程，有

$$\sum M_C=0,\qquad F_Aa-Fh=0, F_A=\frac{Fh}{a}\ (\downarrow)$$

$$\sum F_x=0,\qquad F_{Cx}-F=0, F_{Cx}=F\ (\rightarrow)$$

$$\sum F_y=0,\qquad F_{Cy}-F_A=0, F_{Cy}=F_A=\frac{Fh}{a}\ (\uparrow)$$

（2）求弯矩方程。对于 AB 段，建立坐标系 Ax_1y_1，如图 3.18（a）所示。研究截面 x_1 的左段，由一看一定法可得弯矩方程为

$$M_1=-F_Ax_1=-\frac{Fh}{a}x_1\quad(0\leqslant x_1\leqslant a)$$

对于 BC 段，建立坐标系 Bx_2y_2，如图 3.18（a）所示。研究截面 x_2 的右段，由一看一定法可得弯矩方程为

$$M_2=-F_{Cx}(h-x_2)=-F(h-x_2)\quad(0\leqslant x_2\leqslant h)$$

由上述弯矩方程，在刚架 ABC 轴线上建立相同的坐标系，用描点作图的方法可绘制刚架的弯矩图，如图 3.18（b）所示。可见，刚架弯矩的最大值在拐角处，其数值为

$$M_{\max}=Fh$$

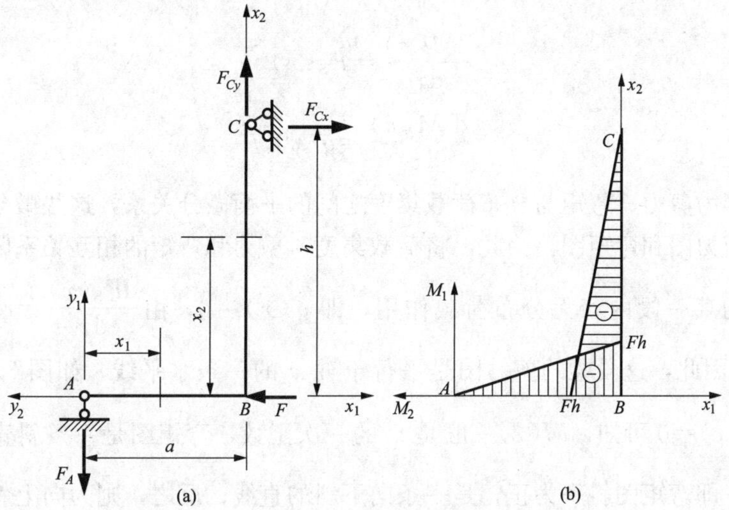

图 3.18

§3.5　荷载集度、剪力及弯矩之间的微分关系

事实上，梁的分布荷载集度、剪力及其弯矩之间存在着一定的关系，掌握了这个关系，对于作梁的剪力图和弯矩图是很有帮助的。

设在梁上作用有任意分布的荷载集度 $q(x)$，并规定分布荷载的方向向上时为正［见图 3.19（a）］。用截面法截取一微段 $\mathrm{d}x$［见图 3.19（b）］，微段左侧截面上有剪力 $F_S(x)$和弯矩 $M(x)$，微段的右侧比左侧截面增加了距离 $\mathrm{d}x$，因此右侧截面上的剪力和弯矩分别为 $F_S(x)+$

$dF_S(x)$和$M(x)+dM(x)$。设该微段两侧面上的内力均为正值，由平衡方程，有

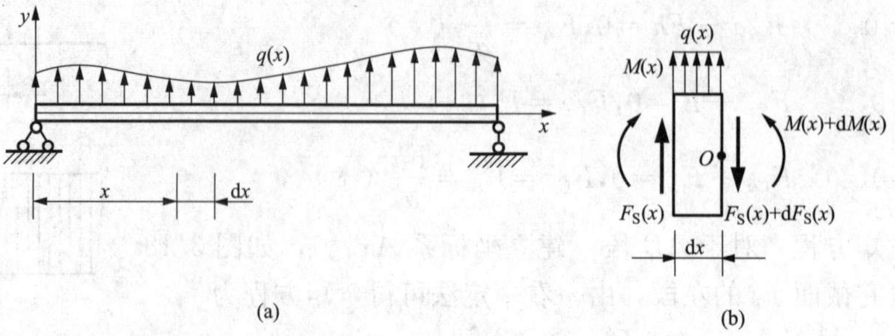

图 3.19

$$\sum F_y=0,\qquad F_S(x)+q(x)dx-F_S(x)-dF_S(x)=0$$

$$\sum M_O=0,\qquad -F_S(x)dx-M(x)-q(x)dx\cdot\frac{1}{2}dx+M(x)+dM(x)=0$$

略去高阶微量$\frac{1}{2}q(x)(dx)^2$后，得到

$$\frac{dF_S(x)}{dx}=q(x) \tag{3.1}$$

$$\frac{dM(x)}{dx}=F_S(x) \tag{3.2}$$

$$\frac{d^2M(x)}{dx^2}=q(x) \tag{3.3}$$

以上各式即为剪力、弯矩与分布荷载集度之间的平衡微分关系，这些微分关系可用来帮助绘制或校核剪力图和弯矩图。为此，将荷载集度、剪力和弯矩的相互关系归纳如下：

(1) 在梁的某一段内若无分布荷载作用，即$q(x)=0$，由$\frac{dF_S(x)}{dx}=q(x)=0$可知，$F_S(x)$=常数。因此，这段梁的剪力图是平行于轴$x$的一条水平线，如图 3.15 (b) 所示。由$\frac{d^2M(x)}{dx^2}=q(x)=0$可知，$M(x)$一般是$x$的一次函数，弯矩图是一条斜直线。若对应梁段内剪力为正，即弯矩图斜率为正，是一条向下斜的直线；反之，则为向上斜的直线，如图 3.15 (c) 所示。

(2) 在梁的某一段内若作用均布荷载，即$q(x)$=常数，由$\frac{dF_S(x)}{dx}=q(x)$=常数可知，$F_S(x)$是x的一次函数。因此，这段梁的剪力图是斜直线，若分布荷载$q(x)$向上，剪力图斜率为正，是一条向上斜的直线；反之，则为向下斜的直线，如图 3.14 (b) 所示。由$\frac{d^2M(x)}{dx^2}=q(x)$=常数可知，$M(x)$是$x$的二次函数，弯矩图是一条抛物线。若对应梁段内分布荷载$q(x)$向上作用，则$\frac{d^2M(x)}{dx^2}=q(x)>0$，弯矩图是下凹的抛物线；反之，则为上凹的抛物线，如图 3.14 (c) 所示。

(3) 在梁的某截面上若 $F_S(x)=\dfrac{\mathrm{d}M(x)}{\mathrm{d}x}=0$，可知该截面上弯矩有极值，即弯矩的极值产生于剪力为零的截面上。

(4) 在集中力作用的截面处剪力图有突变，且剪力突变的数值就等于该集中力的数值，如图 3.15（b）所示。在集中力偶作用的截面处弯矩图有突变，且弯矩突变的数值就等于该集中力偶的数值，如图 3.16（c）所示。

将荷载集度、剪力图和弯矩图的关系列入表 3.1 中，以便作剪力图和弯矩图时参考。

表 3.1　荷载集度、剪力图和弯矩图的关系

梁上外荷载	无荷载 $q=0$	均布荷载 $q>0$ 或 $q<0$	集中力 F	集中力偶 M
剪力图	水平线，通常为 + 或 −	斜直线 向上斜 或 向下斜	有突变 F	无影响
弯矩图	通常为斜直线 向下斜 或 向上斜	抛物线 下凹 或 上凹	有尖角	有突变 M

§ 3.6　用微分关系作剪力图和弯矩图

利用荷载集度与剪力图和弯矩图的关系绘制剪力图和弯矩图，不必列出剪力方程和弯矩方程，使作图过程简化，因此这种作图法也称为简便方法。下面通过例题来说明简便方法的应用。

【例 3.8】 简支梁受均布荷载的作用，如图 3.20（a）所示。已知分布荷载集度 q、梁的长度 l，试作梁的剪力图和弯矩图。

解　(1) 求支座约束力。由平衡方程可求得简支梁左右两端的支座约束力为

$$F_A=\frac{ql}{2}\ (\uparrow),\ F_B=\frac{ql}{2}\ (\uparrow)$$

(2) 作剪力图。将支座约束力 F_A 和 F_B 画在图 3.20（a）所示梁的两端，即梁在外荷载和约束力的共同作用下处于平衡状态。由表 3.1 可知，梁在向下的均布荷载下，剪力图是一条向下的斜直线。由一看一定法可求得截面 A 右侧面和截面 B 左侧面上的剪力分别为

$$F_{SA}^{R}=+F_A=\frac{ql}{2}$$

$$F_{SB}^{L}=-F_B=-\frac{ql}{2}$$

在剪力图上对应梁的截面 A，作一自下而上的铅垂线 Oa［见图 3.20（b）］，突变数值等于约束力 F_A 的大小 $ql/2$；对应梁的截面 B，作一自下而上的铅垂线 bc［见图 3.20

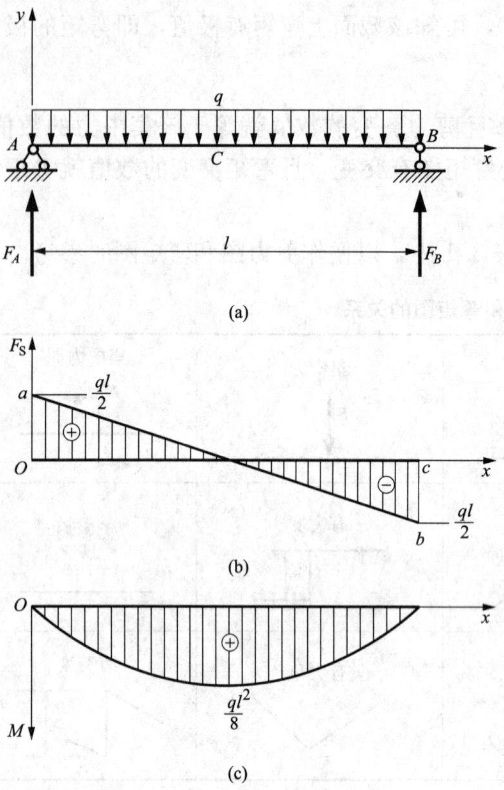

图 3.20

(b)]，突变数值等于约束力 F_B 的大小 $ql/2$。连接点 a 和点 b，作一条向下的斜直线，图形 $Oabc$ 即为剪力图。

（3）作弯矩图。由表 3.1 可知，剪力图为向下的斜直线，则对应的弯矩图为上凹的抛物线。由微分关系可知，剪力为零的截面处弯矩有极值。由一看一定法可求得梁左端和右端的弯矩为 $M_A=M_B=0$。梁中间截面 C 上的弯矩为

$$M_C=F_A\frac{l}{2}-\frac{ql}{2}\frac{l}{4}=\frac{ql^2}{8}$$

在弯矩图上对应梁的左端面、中间面和右端面定出相应弯矩数值的三个点，用一条上凹的光滑曲线连接这三点，可绘出梁的弯矩图［见图 3.20（c）］。

由剪力图和弯矩图可得，梁内剪力和弯矩的最大值分别为

$$F_{S,\max}=\frac{ql}{2},\ M_{\max}=\frac{ql^2}{8}$$

由［例 3.8］可知，作剪力图和弯矩图的**简便方法**是：

（1）根据梁上的外荷载和约束力，由一看一定法计算各段梁分界处的剪力值并在剪力图上按大致比例标出各点的位置，按照表 3.1 中线形对应关系连接各点，绘出剪力图。

（2）由一看一定法计算各段梁分界处的弯矩值和剪力为零处的弯矩极值，在弯矩图上按大致比例标出各点的位置，按照表 3.1 中线形对应关系连接各点，绘出弯矩图。

需要指出的是，由于集中力或集中力偶作用处剪力或弯矩有突变，必须用一看一定法分别求出该处左侧和右侧截面上的两个剪力或两个弯矩数值，并在相应的内力图中标出该截面左右侧上两个内力的数值。

【例 3.9】 外伸梁承受荷载如图 3.21（a）所示，已知分布荷载集度 q 和长度 a，试用简便方法作梁的剪力图和弯矩图。

解 （1）求支座约束力

$$\sum M_C=0,\qquad -F_A\times 3a+qa^2+q\times 3a\times 0.5a=0$$

$$F_A=\frac{5}{6}qa$$

$$\sum M_A=0,\qquad F_C\times 3a+qa^2-q\times 3a\times 2.5a=0$$

$$F_C=\frac{13}{6}qa$$

将求出的支座约束力 F_A 和 F_C 画在梁的受载图上，如图 3.21（a）所示。

（2）作剪力图。由于在集中力和集中力偶作用处，某些内力分量将发生突变。因此，将

整个外伸梁划分为 AB、BC 和 CD 三段。

AB 段，$q(x)=0$，剪力图为水平线，其值（截面 A 右侧）为

$$F_{SA}^{R}=F_A=\frac{5}{6}qa$$

BC 和 CD 段，$q(x)=-q$，由表 3.1 可知，剪力图均为斜率为负的斜直线。但在支座 C 处，有一集中力 F_C 作用，故剪力图在 C 处有沿 F_C 方向的突变。由一看一定法求得 BC 和 CD 段各分段截面处的剪力值分别为：

截面 B $\quad F_{SB}=F_A=\frac{5}{6}qa$

截面 C 左侧 $\quad F_{SC}^{L}=F_A-q\times 2a=-\frac{7}{6}qa$

截面 C 右侧 $\quad F_{SC}^{R}=qa$

截面 D 左侧 $\quad F_{SD}^{L}=0$

将上述计算结果按大致比例在剪力图上标出各点位置，按表 3.1 中各段线形对应关系，从左至右分别绘出各段剪力图，全梁的剪力图如图 3.21（b）所示。

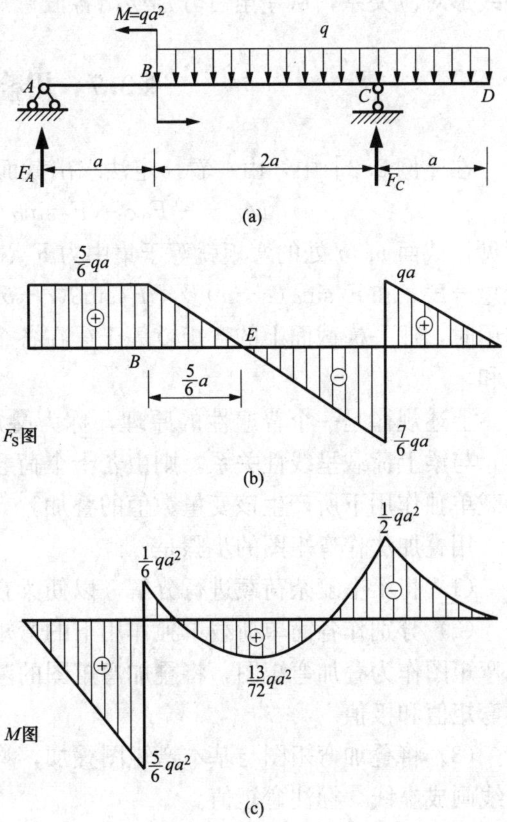

图 3.21

（3）作弯矩图。显然，由表 3.1 可知，AB 段的弯矩图为向下斜的直线，BC 和 CD 两段均为上凹的抛物线。由于截面 B 处有一集中力偶，故弯矩图在 B 处有突变。同时，在 BC 段剪力等于零的截面 E 处弯矩有极值。

首先由一看一定法计算各分段截面处的弯矩值，可得：

截面 A $\quad M_A=0$

截面 B 左侧 $\quad M_B^{L}=F_A a=\frac{5}{6}qa^2$

截面 B 右侧 $\quad M_B^{R}=F_A a-M=-\frac{1}{6}qa^2$

截面 C $\quad M_C=-\frac{1}{2}qa^2$

截面 D $\quad M_D=0$

为求 BC 段弯矩的极值，应先确定 $F_S=0$ 的截面位置。由于 BC 段的剪力图为斜直线，由剪力图三角形对应边长的比例关系可知，截面 B 至弯矩极值点 E 的距离为 $\frac{5}{6}a$。于是，由一看一定法求得弯矩的极值为

$$M_E=F_A\left(a+\frac{5}{6}a\right)-M-\frac{1}{2}q\left(\frac{5}{6}a\right)^2=\frac{13}{72}qa^2$$

将上述各截面弯矩的计算结果按大致比例在弯矩图上标出各点位置，按表 3.1 中各段梁

的线形对应关系，从左至右分别绘出各段弯矩图，全梁的弯矩图如图 3.21（c）所示。

§3.7　用叠加法作弯矩图

在［例 3.3］中，由一看一定法求出截面 m-m 处的弯矩为

$$M_C = -F_1c + F_2\sin\alpha(c-a) - F_3\sin\beta(c-b)$$

可见，截面 m-m 处的弯矩就等于集中力 F_1、F_2 和 F_3 单独作用时，在该截面上分别产生的弯矩 $-F_1c$ 和 $F_2\sin\alpha(c-a)$ 及 $-F_3\sin\beta(c-b)$ 的代数和。换句话说，当梁受到几个荷载共同作用时，任一横截面上的弯矩就等于梁在各个荷载单独作用下在同一横截面上产生弯矩的代数和。

上述规律是一个普遍性的原理，称为**叠加原理**：若所求变量（如支座反力、弯矩或应力）与梁上荷载呈线性关系，则由若干个荷载共同作用下所产生该变量的数值，就等于各个荷载单独作用下所产生该变量数值的叠加。

用叠加法作弯矩图的步骤是：

（1）将梁上复杂荷载进行分解，以使梁在各简单荷载单独作用下的弯矩图容易画出。

（2）分别作各简单荷载单独作用下的弯矩图，选择长直线弯矩图为基本弯矩图，将短曲线弯矩图作为叠加弯矩图，将叠加弯矩图的基线倾斜，使其与基本弯矩图的图线平行，并标注弯矩值和极值。

（3）将叠加弯矩图与基本弯矩图叠加，将叠加弯矩图的图线画成实线，将基本弯矩图的图线画成虚线，标注弯矩值。

为方便使用，将静定梁在简单荷载作用下的弯矩图列入表 3.2。

表 3.2　　　　　　　**静定梁在简单荷载作用下的弯矩图**

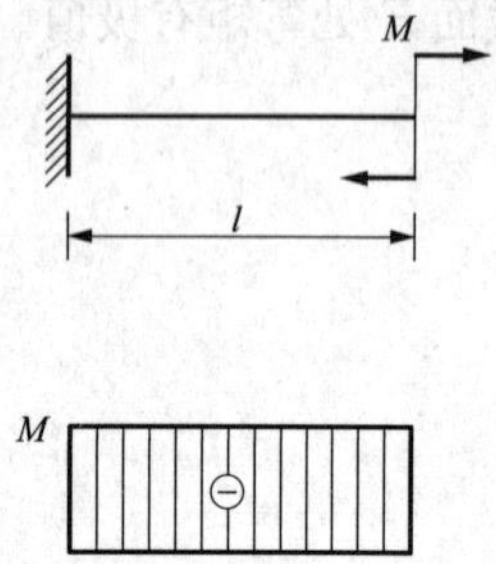	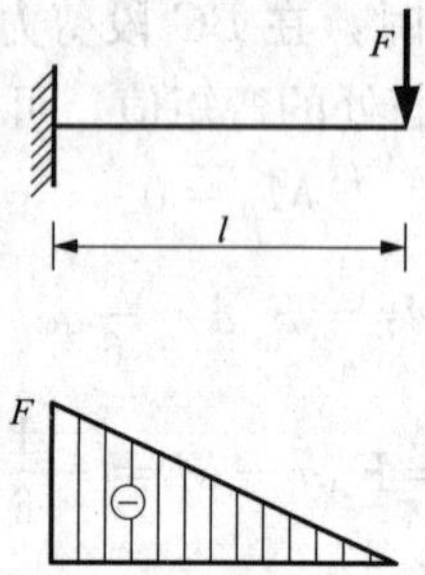	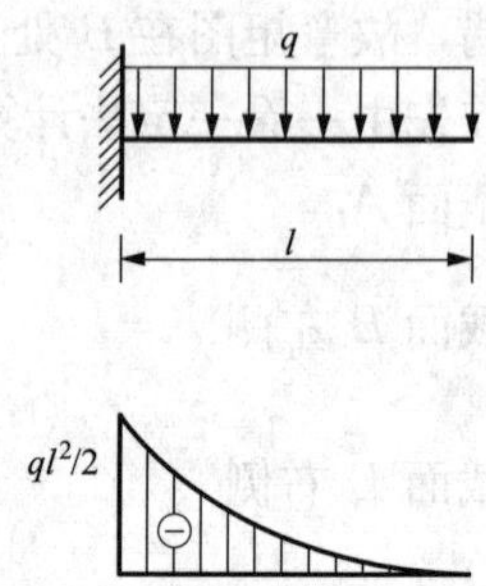
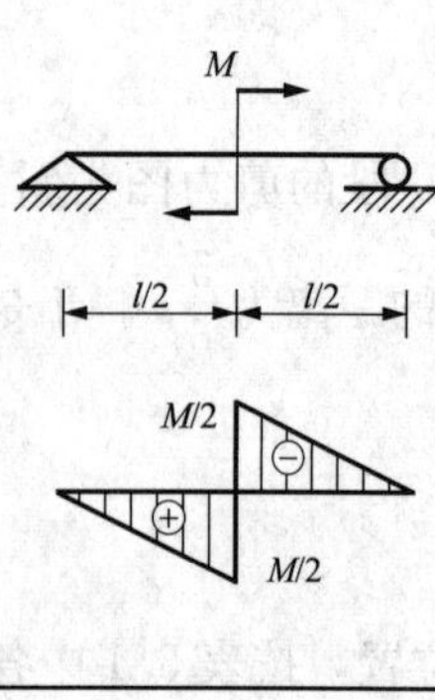	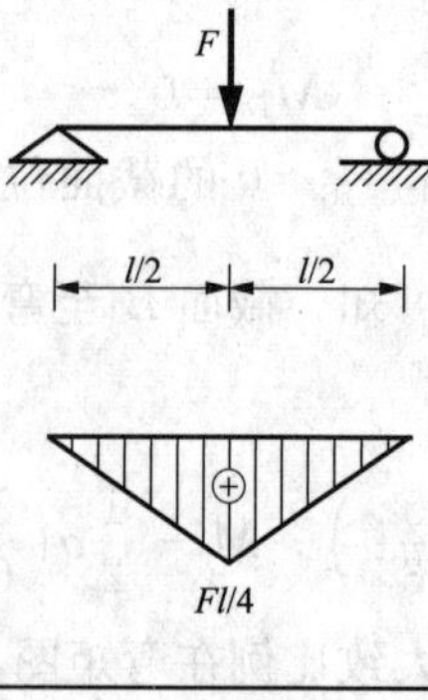	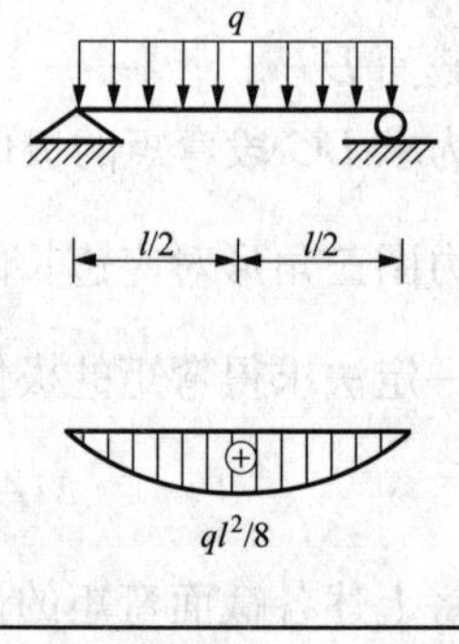

续表

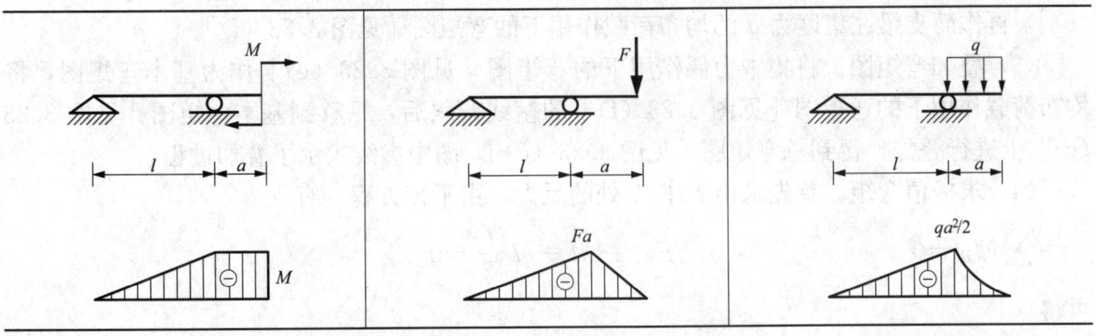

【例 3.10】 简支梁受到均布荷载和集中荷载作用，如图 3.22（a）所示，已知分布荷载集度 q 和长度 a，试用叠加法作梁的弯矩图，并求该梁的最大弯矩。

解 （1）分解复杂荷载。将简支梁受到的荷载分解为均布荷载［见图 3.22（b）］和集中力［见图 3.22（c）］这两种简单荷载单独作用的情况。

（2）画各个荷载单独作用下梁的弯矩图。先作简支梁在集度为 q 的均布荷载作用下的弯矩图［见图 3.22（e）］，再作简支梁在大小为 qa 的集中荷载作用下的弯矩图［见图 3.22（f）］。

（3）叠加弯矩图。将均布荷载下的弯矩图［见图 3.22（e）］的基线倾斜，平移到基本弯矩图［见图 3.22（f）］上进行叠加，得到在全部外荷载作用下的总弯矩图［见图 3.22（d）］，图中虚线表示了叠加过程。

（4）求最大弯矩。由总弯矩图［见图 3.22（d）］可知，最大弯矩位于梁的中间截面处，其大小为

$$M_{\max}=qa^2$$

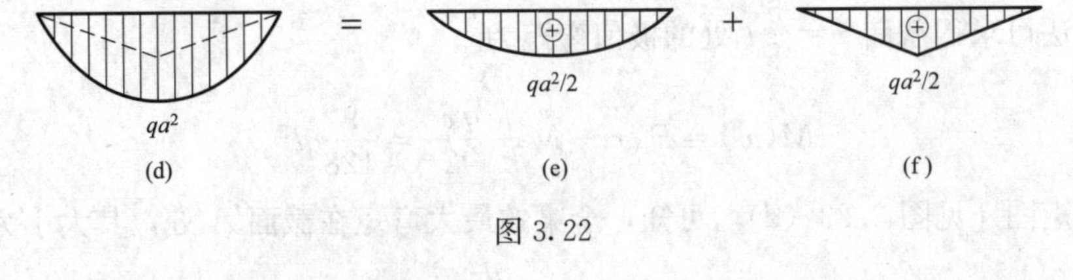

图 3.22

【例 3.11】 简支梁受到均布荷载和集中力偶作用，如图 3.23（a）所示。已知：l、q、a，且有 $M=\dfrac{ql^2}{8}$，试用叠加法作梁的弯矩图，并求该梁的极值弯矩和最大弯矩。

解 （1）分解复杂荷载。将简支梁受到的荷载分解为集中力偶［见图 3.23（b）］和均布荷载［见图 3.23（c）］这两种简单荷载单独作用的情况。

（2）作简单荷载作用下的弯矩图。先作简支梁在集中力偶作用下的弯矩图［见图 3.23（e）］，再作简支梁在集度为 q 的均布荷载作用下的弯矩图［见图 3.23（f）］。

（3）叠加弯矩图。将集中力偶作用下的弯矩图［见图 3.23（e）］作为基本弯矩图，将均布荷载作用下的弯矩图［见图 3.23（f）］的基线倾斜后，平移到基本弯矩图［见图 3.23（e）］上进行叠加，得到总弯矩图［见图 3.23（d）］，图中虚线表示了叠加过程。

（4）求极值弯矩。首先求出支座 A 处的反力，由平衡方程，有

$$\sum M_B=0,\qquad F_A l-M-ql\frac{l}{2}=0$$

可得

$$F_A=\frac{M}{l}+\frac{ql}{2}=\frac{5ql}{8}(\uparrow)$$

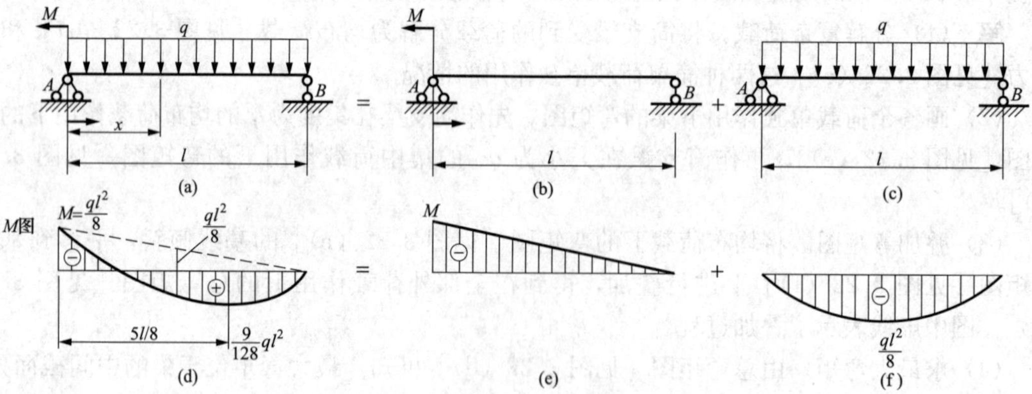

图 3.23

极值弯矩所在的截面上剪力为零，令该截面到支座 A 的距离为 x，由一看一定法有

$$F_S(x)=F_A-qx=\frac{5}{8}ql-qx=0$$

可得

$$x=\frac{5}{8}l$$

由一看一定法可求得截面 $x=\frac{5}{8}l$ 处的极值弯矩为

$$M(x)=F_A x-M-\frac{qx^2}{2}=\frac{9}{128}ql^2$$

由总弯矩图［见图 3.23（d）］可知，全梁的最大弯矩在截面 A 处，其大小为

$$M_{\max}=\frac{ql^2}{8}$$

由上述例题可知，叠加法是将熟悉的简单荷载下的弯矩图进行叠加，不需求支座反力，作图简单、迅速。

【例 3.12】 简支梁受到均布荷载和集中力的作用，如图 3.24（a）所示。已知：F、q、a，以及支座反力 F_A 和 F_E，试用叠加法作简支梁 BD 段的弯矩图。

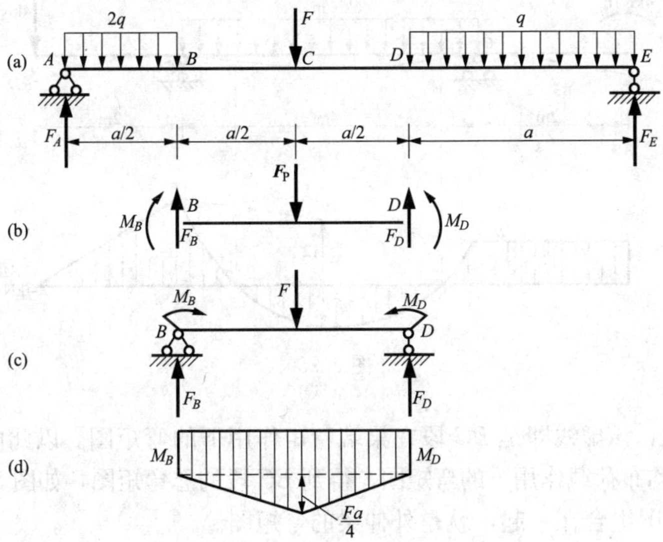

图 3.24

解 (1) 计算梁 BD 段两端截面 B 和 D 处的弯矩。因为简支梁 $ABCDE$ 的支座反力全部已知，可直接用一看一定法求梁 BD 段两端截面上的弯矩

$$M_B = F_A \frac{a}{2} - \left(2q\frac{a}{2}\right)\frac{a}{4} = \frac{F_A a}{2} - \frac{qa^2}{4}$$

$$M_D = F_E a - (qa)a = F_E a - qa^2$$

(2) 用叠加法作梁 BD 段的弯矩图。可画出梁 BD 段的受力图，如图 3.24 (b) 所示。事实上，梁 BD 段的受力情况与图 3.24 (c) 所示简支梁 BD 的受力情况完全相同，因此，将画梁 BD 段的弯矩图转换为画相应简支梁 BD 的弯矩图。

根据梁 BD 段的端截面弯矩 M_B 和 M_D 的大小和正负，在弯矩图基线上描出控制点，再用虚线连接这两点 [见图 3.24 (d)]，得到在梁端弯矩作用下的弯矩图；再作简支梁 BD 在集中力 F 作用下的弯矩图，并与梁端弯矩的弯矩图叠加，得到梁 BD 段总弯矩图，如图 3.24 (d) 所示。

[例 3.12] 就是用区段叠加法作指定梁段的弯矩图，其基本思路是：任意梁段的弯矩图就是将该梁段看成简支梁在外荷载和梁端弯矩共同作用下的弯矩图。

【例 3.13】 外伸梁承受荷载作用，如图 3.25 (a) 所示。试用区段叠加法作外伸梁的弯矩图，并画出梁的大致挠曲线。

解 (1) 计算截面 B 和 C 处的弯矩。用一看一定法直接求外伸梁在截面 B 和 C 处的弯矩

$$M_B = -4\text{kN}\cdot\text{m}$$

$$M_C = -4\text{kN}\times 2\text{m} = -8\text{kN}\cdot\text{m}$$

(2) 作外伸段 AB 和 CD 的弯矩图。作弯矩图的基准线，在截面 B 和 C 处，按 $-4\text{kN}\cdot\text{m}$ 和 $-8\text{kN}\cdot\text{m}$ 描出控制点。外伸段 AB 为纯弯曲变形，弯矩图为一条 $-4\text{kN}\cdot\text{m}$ 的水平线；截面 D 处弯矩为零，外伸段 CD 的弯矩图为一条斜直线，如图 3.25 (b) 所示。

(3) 用区段叠加法作 BC 段的弯矩图。用虚线连接截面 B 处 $-4\text{kN}\cdot\text{m}$ 和截面 C 处

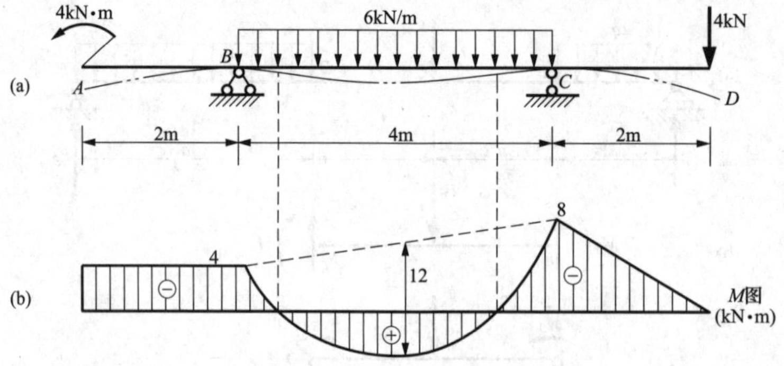

图 3.25

–8kN·m 的控制点，该虚线即是 BC 段在梁端弯矩作用下的弯矩图。以此虚线为基线，再叠加上简支梁 BC 在均布荷载作用下的弯矩图，得到 BC 段的总弯矩图，如图 3.25（b）所示。

三段梁的弯矩图组合在一起，就是外伸梁的弯矩图。

§3.8 工程应用实训

3.1 建筑工地脚手架上长度为 l 的跳板两端自由支承，可视为简支梁。其上堆放总重量为 P 的砌砖，若将砖平摊摆放或集中堆放在跨中处，如图 3.26 所示，不计跳板的重量。

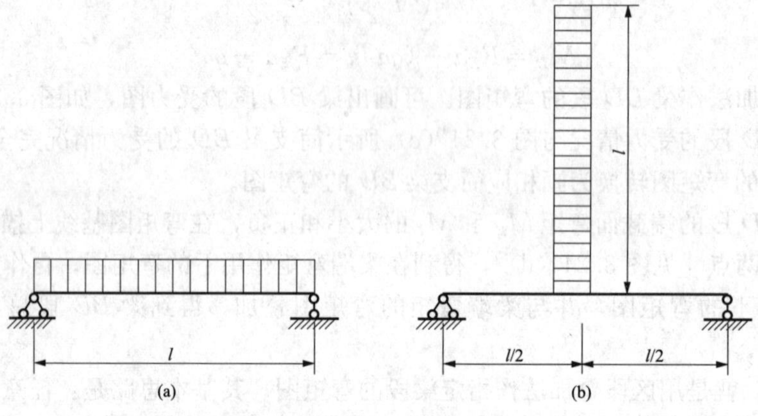

图 3.26

（1）试对两种堆砖情况下的跳板进行受力分析，分别画出其受力图。

（2）试分别作两种堆砖情况下跳板的剪力图和弯矩图，并对特殊值进行字母标注。

（3）试对两种堆砖方式的利弊进行比较分析与评价。

（4）为进一步降低跳板内的最大弯矩，试设计更好的堆砖方式，并用力学分析的方法说明理由。

3.2 有体重均为 800N 的两人，需借助跳板从小河的左端到右端去。已知跳板的许用弯矩［M］＝600N·m，其尺寸如图 3.27 所示。若忽略跳板的自重，试：

（1）建立跳板的力学模型，画出其计算简图。

（2）用绘制跳板内力图的方法，分析独自一人经跳板过河，最多能走多远？

（3）设计两人安全过河的方案，并用力学分析的方法说明其可行性。

3.3　飞机在水平匀速直线飞行时，若忽略机翼自重，可认为机翼在铅垂平面内承受发动机重力和气动浮力的作用，假设将后者简化成梯形分布荷载，如图 3.28 所示。已知：P、q_A、q_B、a、l，试：

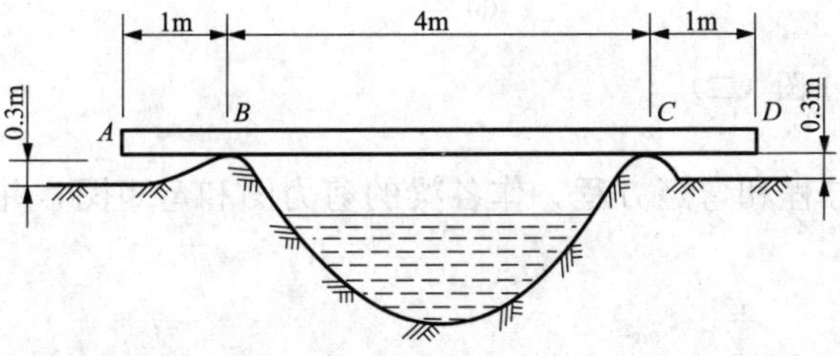

图 3.27

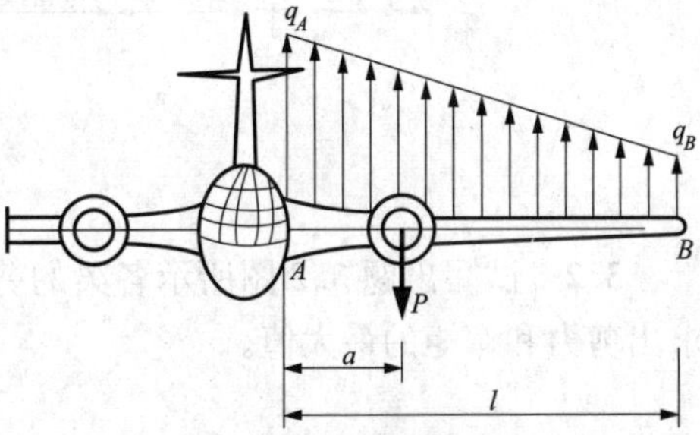

图 3.28

（1）建立机翼的简化力学模型，画出其计算简图。

（2）绘制机翼的剪力图和弯矩图。

（3）根据内力分析结果，说明机翼变截面设计的必要性和合理性。

习　题

3.1　试求题 3.1 图所示各梁在指定截面上的剪力和弯矩。图中各指定截面无限接近于截面 A、B、C、D。

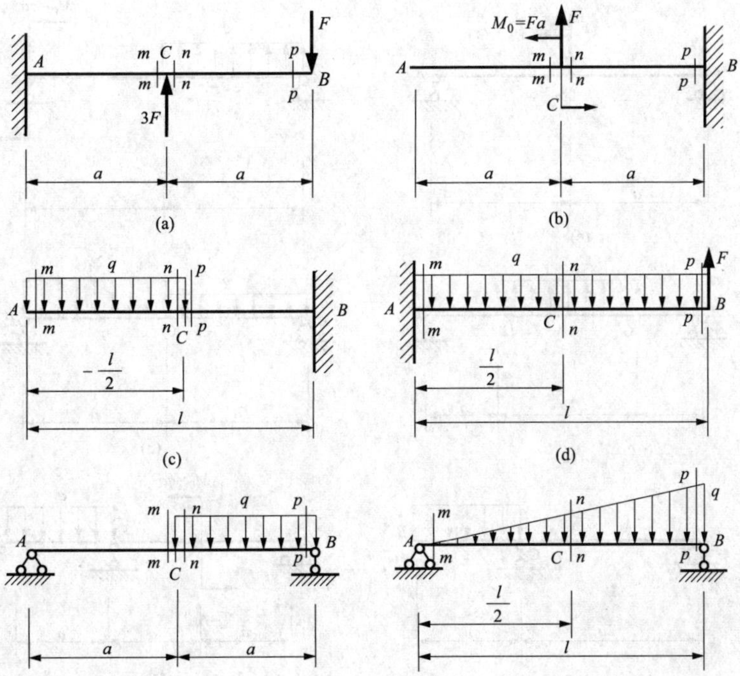

题 3.1 图（一）

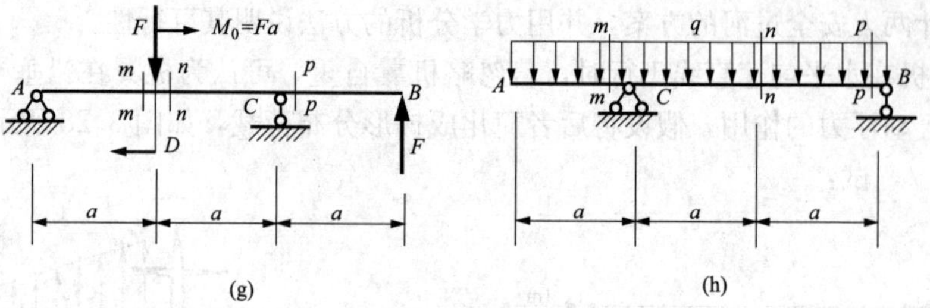

题 3.1 图（二）

3.2　试写出题 3.2 图所示各梁的剪力方程和弯矩方程，作各梁的剪力图和弯矩图，并求出剪力和弯矩的最大值。

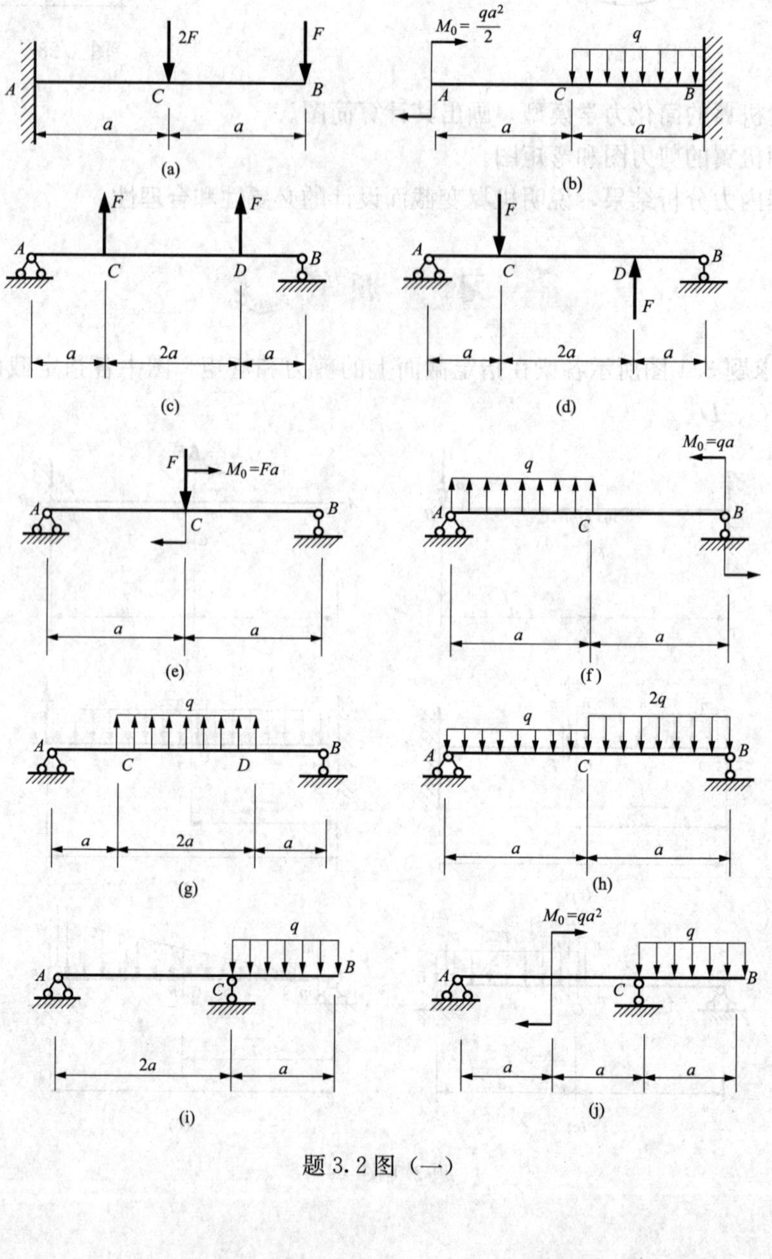

题 3.2 图（一）

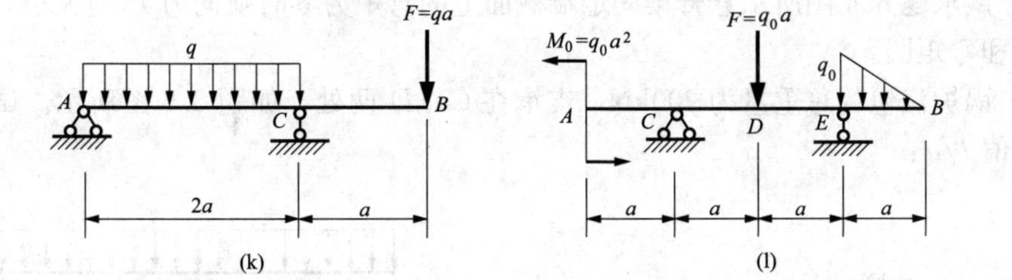

题 3.2 图（二）

3.3　试作题 3.3 图所示各梁的剪力图和弯矩图，并求出剪力和弯矩的最大值。

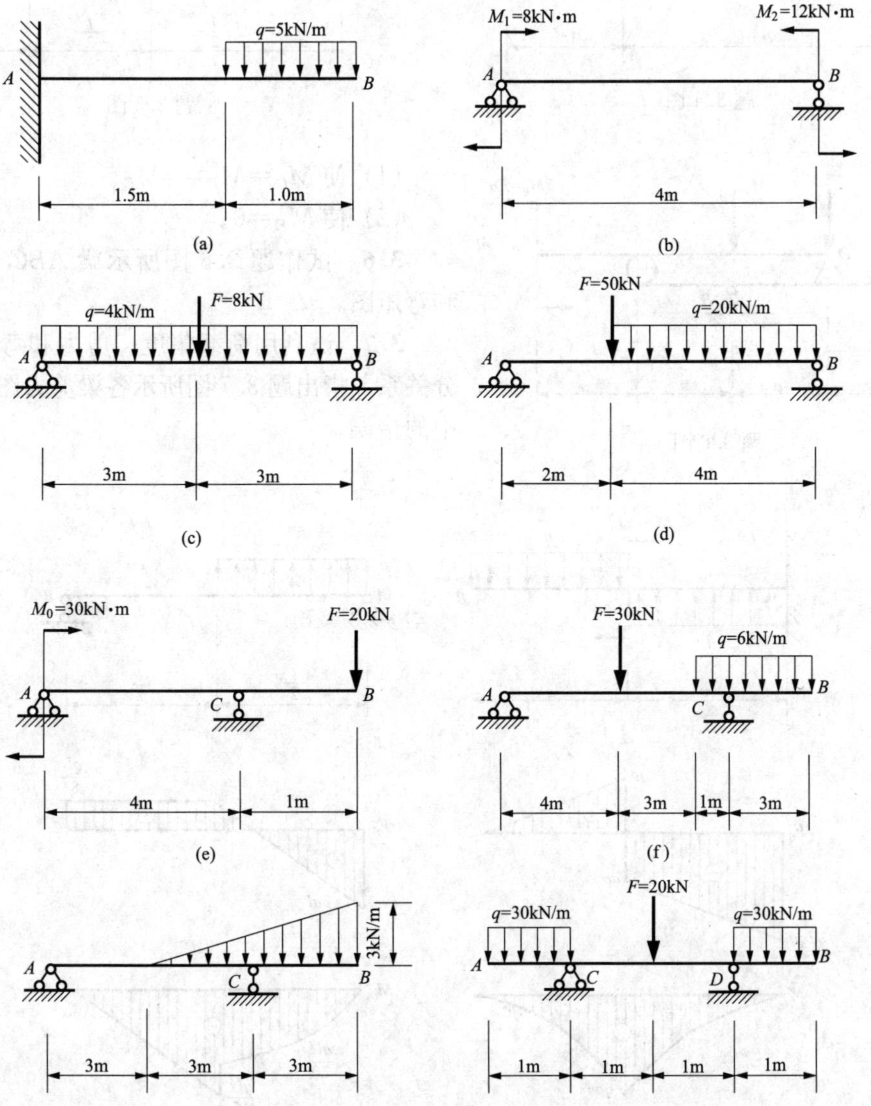

题 3.3 图

3.4 试求题 3.4 图所示悬臂梁固定端截面上的弯矩为零时横向力 F 的大小，并作该梁的剪力图和弯矩图。

3.5 锅炉汽包的总重量为 200kN，支承在 C、D 两处，如题 3.5 图所示。试在下列条件下求比值 l/a：

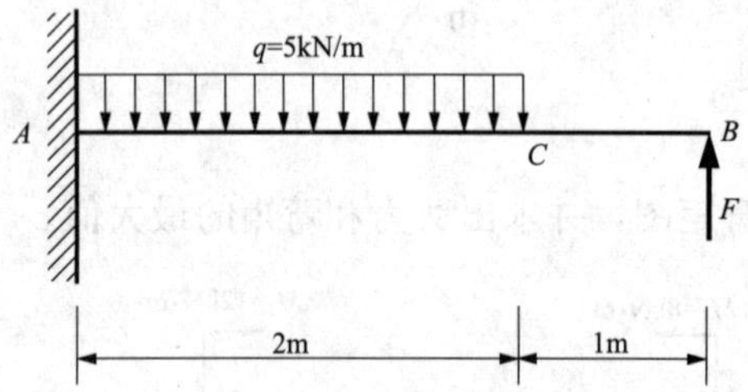

题 3.4 图

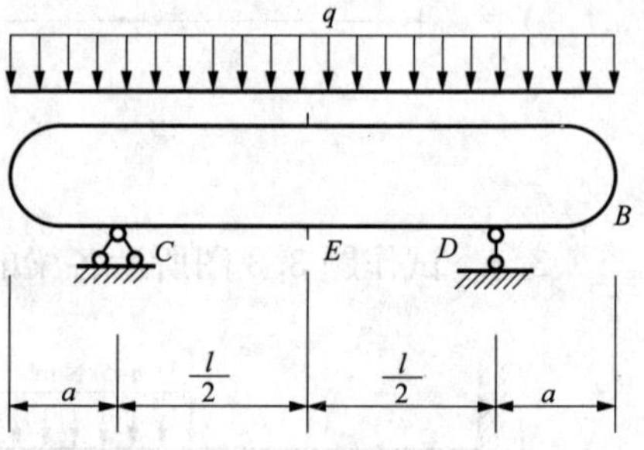

题 3.5 图

（1）使 $M_C = M_D = -M_E$。

（2）使 $M_E = 0$。

3.6 试作题 3.6 图所示梁 ABC 的剪力图和弯矩图。

3.7 试利用荷载集度、剪力和弯矩间的微分关系，指出题 3.7 图所示各梁剪力图和弯矩图中的错误。

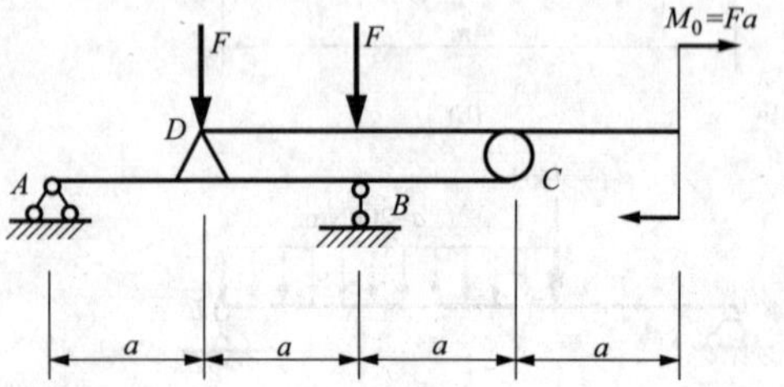

题 3.6 图

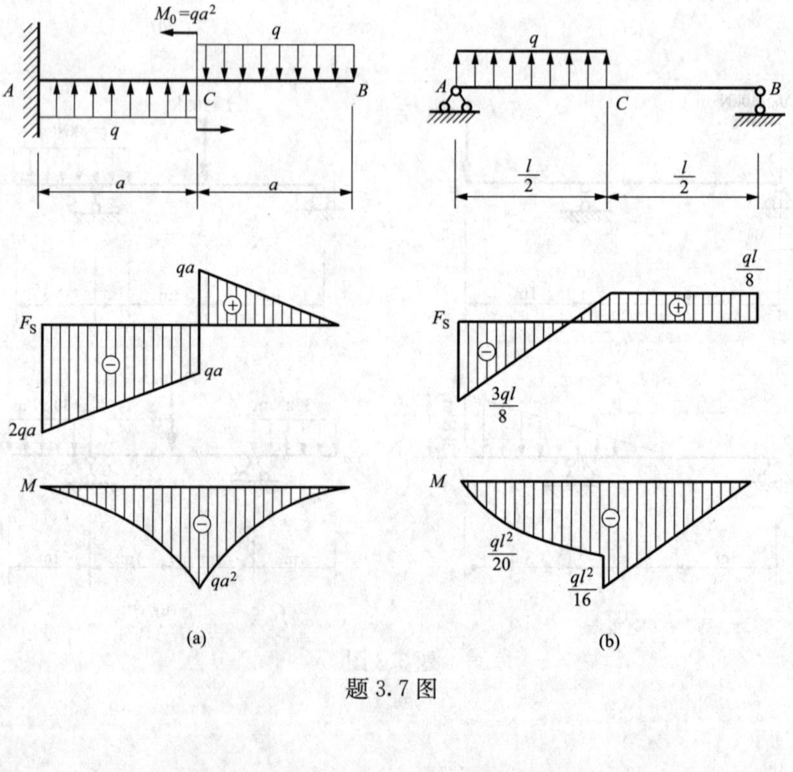

题 3.7 图

3.8　试利用荷载集度、剪力和弯矩间的微分关系，作题 3.8 图所示各梁的剪力图和弯矩图。

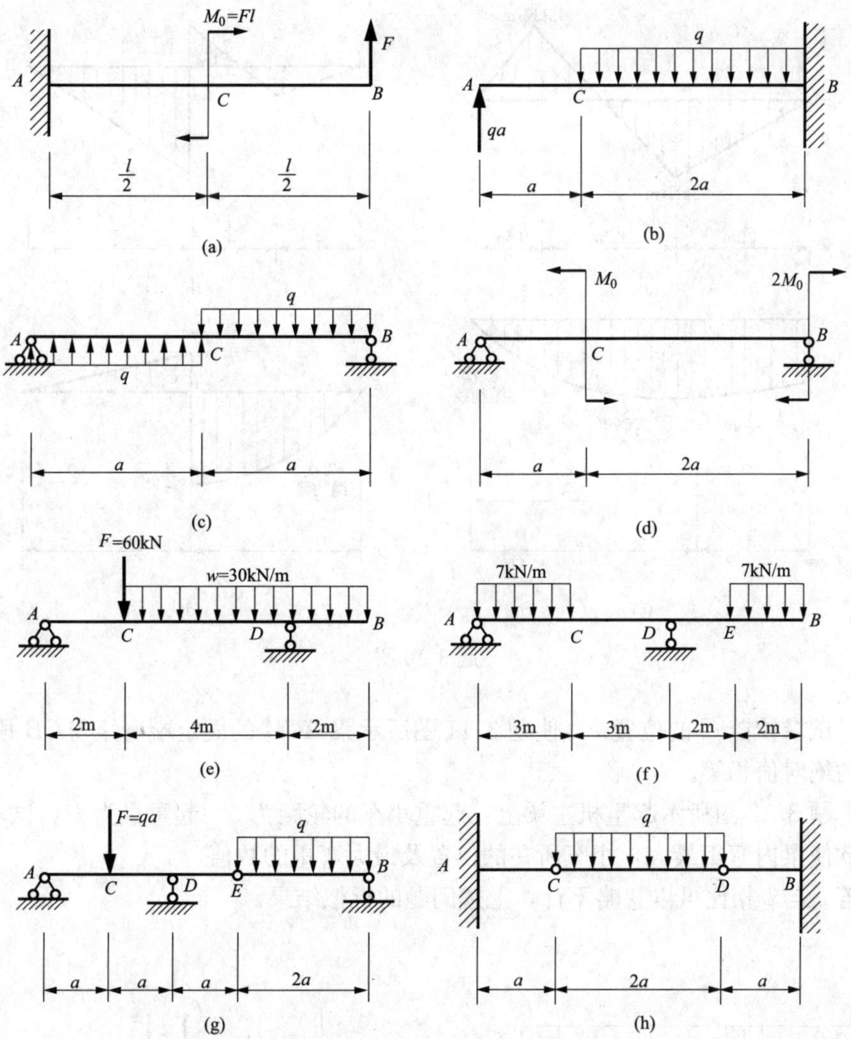

题 3.8 图

3.9　简支梁的剪力图如题 3.9 图所示。已知梁上没有集中力偶作用，试作该梁的剪力图和弯矩图。

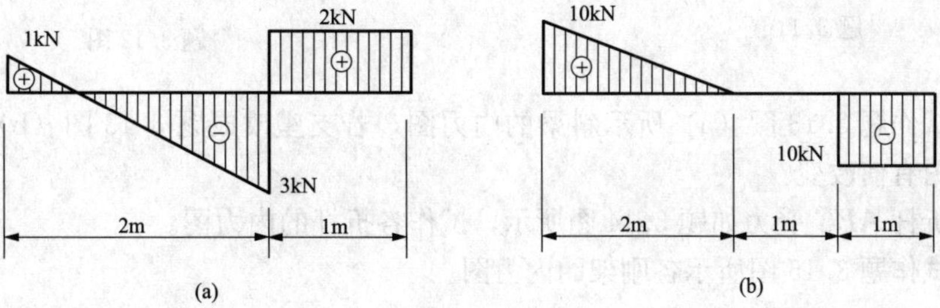

题 3.9 图

3.10 已知简支梁的弯矩图如题 3.10 图所示，试作该梁的剪力图和弯矩图。

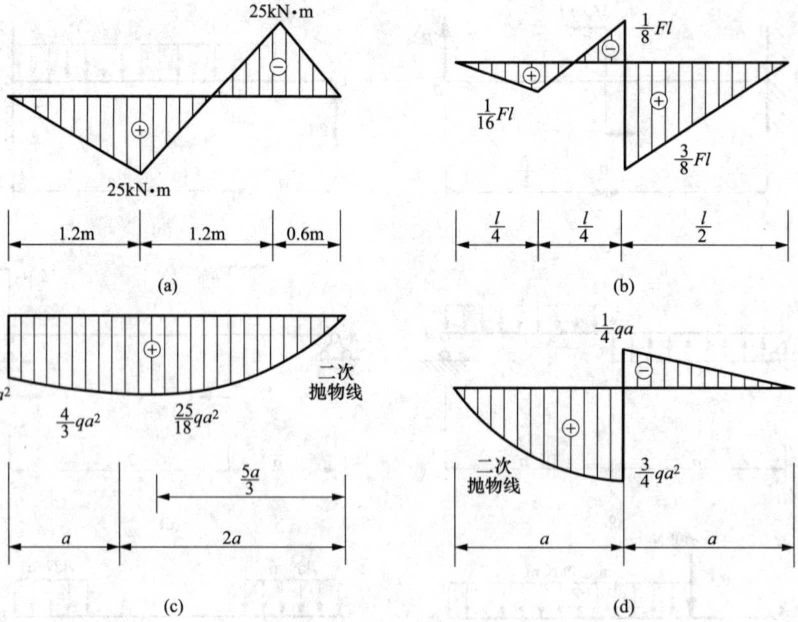

题 3.10 图

3.11 试求铰链 C 的位置 x，使题 3.11 图所示梁 ACB 的固定端弯矩与 CB 段内的最大弯矩两者的绝对值相等。

3.12 题 3.12 图所示起重机主梁上，起重小车的轮距为 c，起重量为 P，试求：

（1）欲使梁内弯矩最大，小车所在的位置及最大弯矩的数值。

（2）若 c 与 l 相比可以忽略不计，上述问题的近似结果。

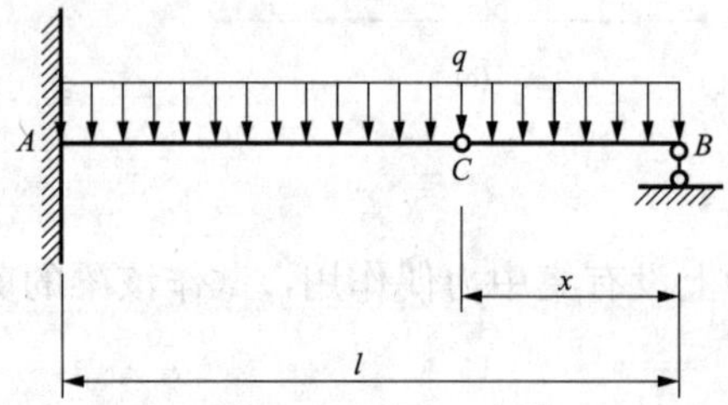

题 3.11 图

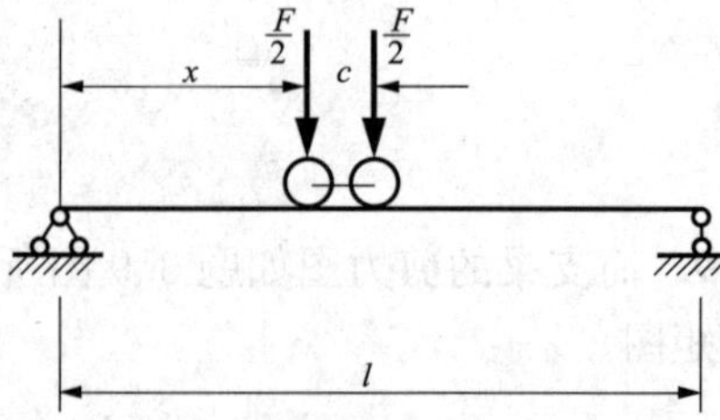

题 3.12 图

3.13 试作题 3.13 图（a）所示斜梁的内力图，若支座改成题 3.13 图（b）和（c）的情况，内力图有何改变？

3.14 折杆 ABC 受力如题 3.14 图所示，试作各折杆的内力图。

3.15 试作题 3.15 图所示各刚架的内力图。

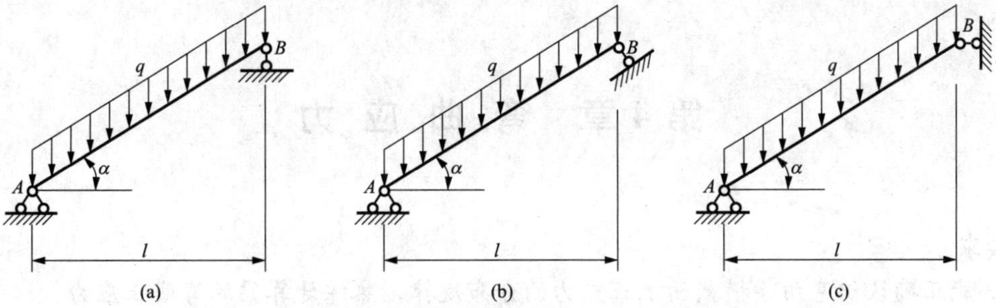

题 3.13 图

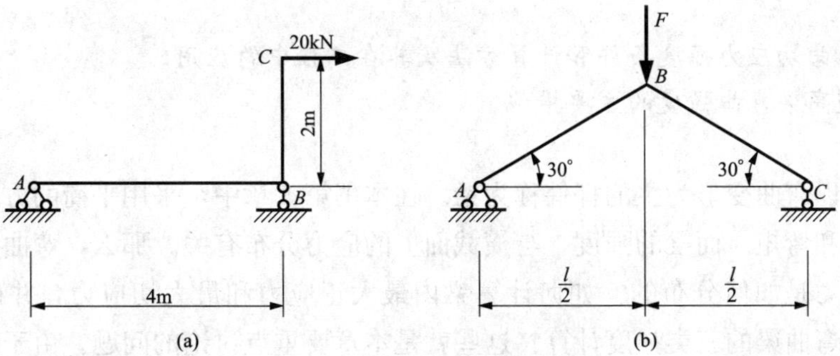

题 3.14 图

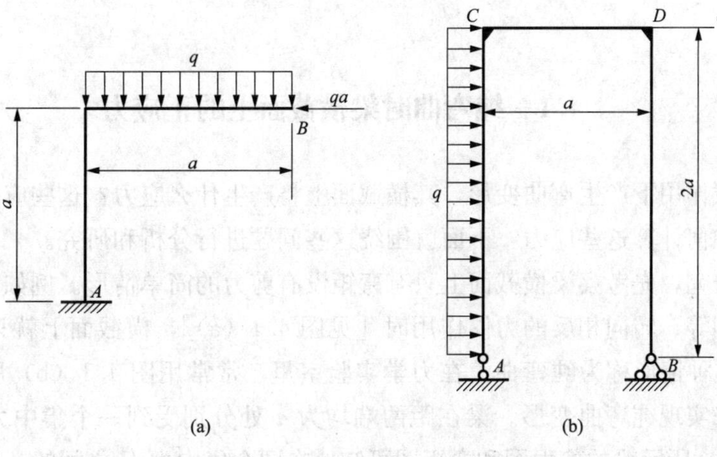

题 3.15 图

第4章　弯 曲 应 力

教学要求：

1. 能正确认识弯曲梁横截面上正应力的分布规律，熟练计算梁的弯曲正应力。
2. 熟练掌握弯曲正应力强度条件及其在工程实际中的应用。
3. 掌握工程中常用截面梁横截面上最大弯曲切应力的计算，了解常用截面上弯曲切应力的分布规律。
4. 掌握弯曲切应力强度条件和计算方法及其在工程中的应用。
5. 了解提高梁弯曲强度的主要措施。

工程中将以弯曲变形为主的杆件称为梁。在本书第3章中，采用平衡的方法，计算梁横截面上的剪力和弯矩。而梁的强度，与横截面上的应力分布有关。那么，弯曲梁横截面上的正应力和切应力是如何分布的？如何计算梁内最大正应力和最大切应力，并确定其所在位置？如何进行弯曲梁的三类强度计算？这些就是本章要重点讨论的问题。由于分析计算横截面上各点的应力属超静定问题，仍需综合静力、几何和物理三方面的关系进行研究。本章首先研究对称弯曲梁横截面上的正应力和切应力，然后介绍梁的强度计算，最后讨论提高梁弯曲强度的措施。

§4.1　纯弯曲时梁横截面上的正应力

梁在外荷载作用下产生弯曲变形，其横截面上将产生什么应力？这些应力在横截面上是如何分布的？如何计算这些应力？下面就围绕这些问题进行分析和研究。

为了便于研究，先考察梁横截面上只有弯矩没有剪力的简单情形。例如，当梁的两端各受到一个大小相等、转向相反的力偶作用时［见图4.1（a)］，横截面上就只有弯矩M，而剪力$F_S=0$，这种情形称为**纯弯曲**。在力学实验室里，常常用图4.1（b）所示的简单而方便的加载方式来实现纯弯曲变形。梁在距两端均为a处分别受到一个集中力F的作用，由图4.1（c)、(d）所示梁的剪力图和弯矩图可知，在两个集中力F之间的一段梁的变形就是纯弯曲。

若等截面直梁的横截面有一对称轴，它与轴线形成梁的纵向对称面。当梁上的外力均作用在该对称面内时（见图4.2)，则变形后的轴线是位于这个对称面内的一条平面曲线，这种弯曲就是对称弯曲，本章仅讨论对称弯曲问题。

从梁横截面上法向力的合成结果等于弯矩的静力条件，可知弯曲正应力在截面上可以有许多种分布形式都能满足要求，所以，这是一个超静定问题。因此，需要采用三关系法来研究对称弯曲梁纯弯曲时横截面上的正应力。

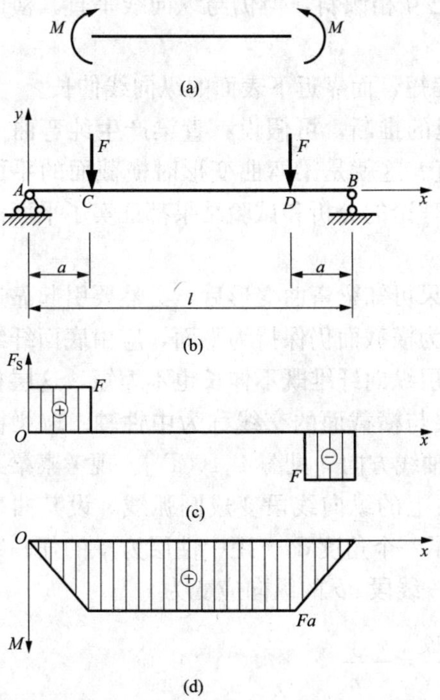

图 4.1

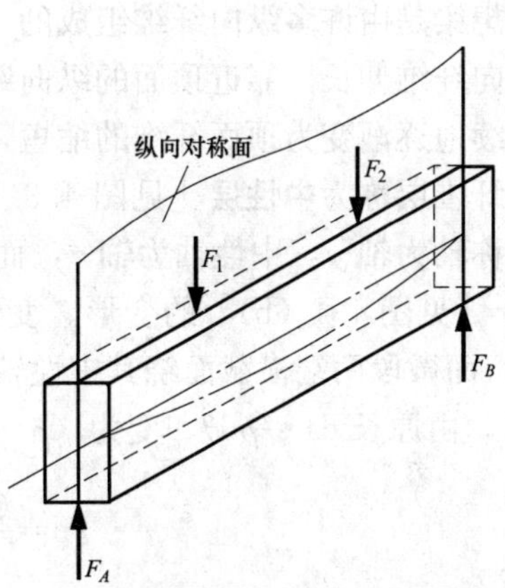

图 4.2

（1）几何关系。为分析梁的弯曲变形，首先要进行试验观察。取一根矩形等截面直梁做弯曲试验。在加载前，先在梁的中段表面上作横向直线，并在两侧面上作纵向直线，如图 4.3（a）所示。然后在梁两端施加一对矩为 M 的力偶，使其产生纯弯曲变形，如图 4.3（b）所示。可观察到以下现象：

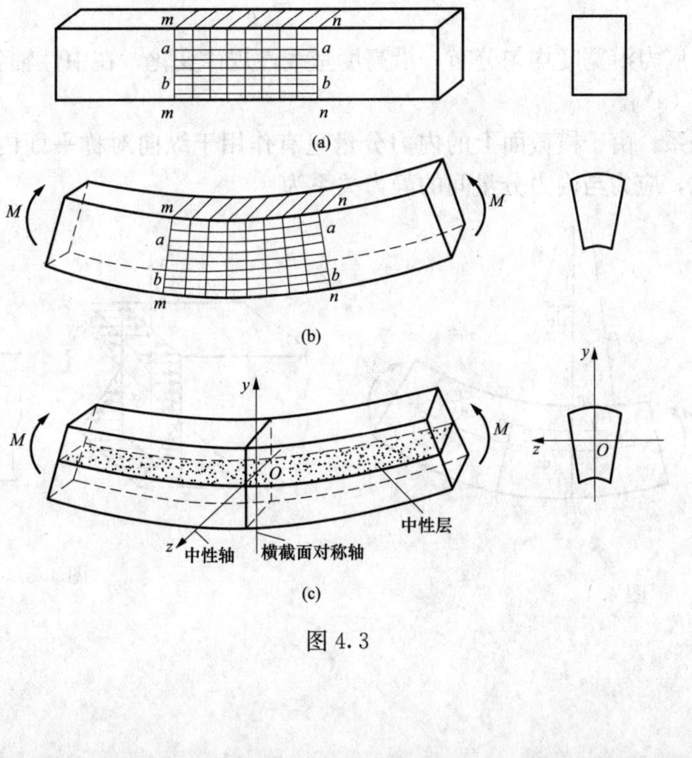

图 4.3

1）梁侧面上的横向线仍为直线，只不过各线已互相倾斜，但仍与纵向线垂直。横向轮廓线在一个倾斜的平面内。

2）纵向线弯成曲线，靠近梁上表面的纵向线缩短，而靠近下表面的纵向线伸长。

根据梁弯曲后表面的变形情况，经过由表及里的推断，可假设：直梁产生纯弯曲变形时，横截面仍保持为平面，且始终与梁的轴线垂直。这就是梁弯曲变形时横截面的**平面假设**，是推导梁弯曲时应力和变形公式的基础，弹性理论的分析和试验结果都证实了平面假设的正确性。

设想梁是由许多纵向纤维组成的，根据观察结果可知梁弯曲变形后，必然要引起靠近底面的纵向纤维伸长，靠近顶面的纵向纤维缩短。因为横截面仍保持为平面，应由底面纤维的伸长连续地逐渐变为顶面纤维的缩短，中间必有一层纵向纤维既不伸长也不缩短，这层长度不变的纤维层称为**中性层**［见图 4.3（c）］。中性层与横截面的交线称为**中性轴**。取梁横截面的对称轴为轴 y，中性轴为轴 z，而轴 x 沿梁的轴线方向［见图 4.4（a）］。现考察梁某一微段 $\mathrm{d}x$［见图 4.4（b）］的变形。变形后，中性层上的纵向线段变成圆弧线，设其曲率半径为 ρ，而微段两端横截面绕其中性轴相对地转动了一个角度 $\mathrm{d}\theta$。距中性层为 y 的任一纵向线段 ab，由原长 $\mathrm{d}x=\rho\mathrm{d}\theta$，变为 $(\rho-y)\mathrm{d}\theta$。因此，线段 ab 的纵向应变为

$$\varepsilon_x=\frac{(\rho-y)\mathrm{d}\theta-\rho\mathrm{d}\theta}{\rho\mathrm{d}\theta}=-\frac{y}{\rho} \tag{4.1}$$

式（4.1）表明，纵向线段的线应变与其距中性层的距离成正比。负号表示在正弯矩的作用下，中性层以上的纵向线缩短，以下的纵向线伸长。

（2）物理关系。由于等截面直梁段上没有横向力作用，可假设纵向线之间没有挤压，也即处于单向拉伸或压缩的状态下，当应力不超过某一极限值（比例极限）时，由胡克定律可知横截面上正应力的分布规律为

$$\sigma=E\varepsilon_x=-E\frac{y}{\rho} \tag{4.2}$$

即横截面上的正应力沿宽度均匀分布，沿高度呈线性规律变化，在中性轴各点处的正应力均为零［见图 4.5（a）］。

（3）静力关系。由于横截面上的内力分量只有作用于纵向对称平面内的弯矩 M［见图 4.5（b）］。因此，应力与内力分量间的静力关系为

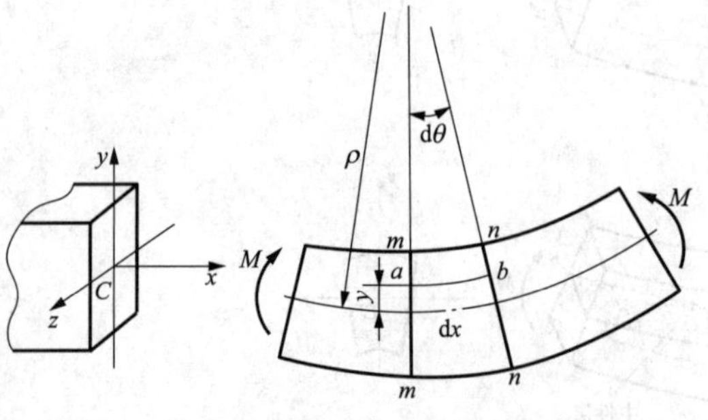

(a) (b)

图 4.4

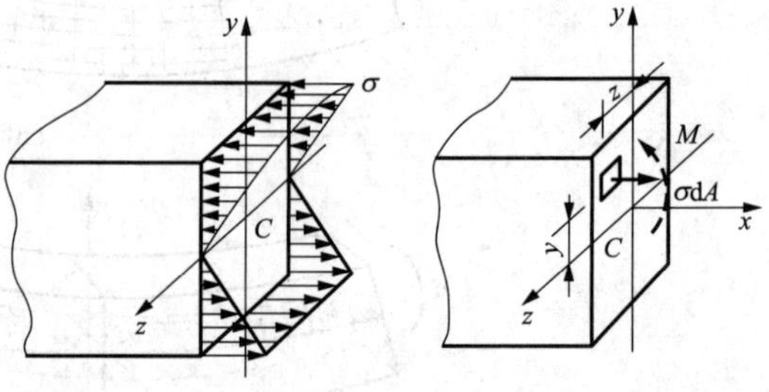

(a) (b)

图 4.5

$$F_N = \int_A \sigma \mathrm{d}A = 0 \tag{4.3}$$

$$M_z = -\int_A y\sigma \mathrm{d}A = M \tag{4.4}$$

将式（4.2）代入式（4.3），得

$$\int_A \sigma \mathrm{d}A = -\frac{E}{\rho}\int_A y \mathrm{d}A = -\frac{E}{\rho}S_z = 0 \tag{4.5}$$

由于$\frac{E}{\rho}$不可能为零，则要求横截面对中性轴的静矩 S_z 等于零，因此中性轴必须通过截面的形心。

将式（4.2）代入式（4.4），得

$$-\int_A y\sigma \mathrm{d}A = \frac{E}{\rho}\int_A y^2 \mathrm{d}A = M$$

令积分$\int_A y^2 \mathrm{d}A = I_z$，称为横截面对中性轴 z 的**惯性矩**或**截面二次轴矩**。于是

$$\frac{1}{\rho} = \frac{M}{EI_z} \tag{4.6}$$

式中：$\frac{1}{\rho}$为梁变形后中性层的曲率。式（4.6）表明，EI_z 越大，则曲率$\frac{1}{\rho}$越小，故 EI_z 称为梁的**弯曲刚度**。

将式（4.6）代回式（4.2），即得对称弯曲梁纯弯曲时横截面上任一点处的正应力为

$$\sigma = -\frac{My}{I_z} \tag{4.7}$$

横截面上的最大拉、压应力分别发生在离中性轴的最远处。当中性轴为截面的对称轴（如圆形、工字形截面）时，则最大拉、压应力在数值上是相等的，令 y_{max} 表示最远处到中性轴的距离，则

$$\sigma_{max} = \frac{My_{max}}{I_z} = \frac{M}{W_z} \tag{4.8}$$

式中：$W_z = \frac{I_z}{y_{max}}$为**弯曲截面系数**。

对称弯曲梁纯弯曲时的正应力公式［见式（4.7）］是综合考虑了几何、物理和静力三个关系才得到的。几何关系是在横截面保持平面的基础上，得到梁的纵向线的线应变与距中性轴的距离成正比。按弹性理论的方法进行分析，可以证明等截面直梁在纯弯曲时，其横截面确实保持平面。但当横截面上同时有剪力和弯矩时，由于有切应力，将发生翘曲；同时，由于梁上横向力的作用，往往还会引起纵向线之间的挤压。这些因素均会影响横截面上正应力的分布规律。但对于细长梁而言，弯矩是主要的，按式（4.7）计算的正应力一般不会引起很大的误差。式（4.7）也可近似用于小曲率的曲梁，但有一定误差。物理关系则要求材料在线弹性范围内工作，且材料在拉伸和压缩时的弹性模量相等，这是应用式（4.7）的限制条件。

此外，在研究问题的过程中，假设梁两端的受力分布与横截面上的应力分布完全相同。在此前提下得到的应力公式才严格满足两端面上力的边界条件。在工程实际中，端部的加载

方式可能不同，局部受力区域的应力和变形将会有很大的差异。但是在离局部加载区域稍远处，根据圣维南原理，受其不同加载方式影响的程度很小，一般可忽略不计。

§4.2 惯性矩与平行轴定理

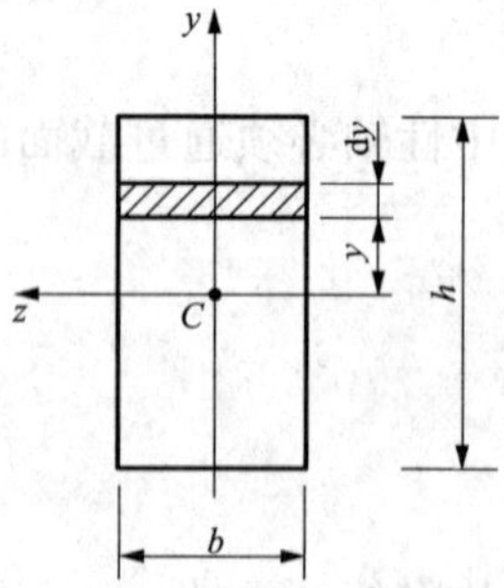

图 4.6

在应用式（4.7）计算梁的正应力时，须预先计算横截面对中性轴的惯性矩。对于一些简单图形的截面，如矩形、圆形等，可以直接根据惯性矩的定义，用积分的方法来计算。例如，为求图 4.6 所示矩形截面对中性轴 z 的惯性矩 I_z，可取宽为 b、高为 $\mathrm{d}y$ 的狭长条作为微面积，即取 $\mathrm{d}A=b\mathrm{d}y$，积分后得

$$I_z=\int_A y^2\mathrm{d}A=\int_{-\frac{h}{2}}^{\frac{h}{2}} y^2 b\mathrm{d}y=\frac{bh^3}{12} \tag{4.9}$$

用同样的方法，可求得直径为 d 的圆形截面对通过圆心轴 z 的惯性矩为

$$I_z=\frac{\pi}{64}d^4 \tag{4.10}$$

若是外径为 D、内径为 d 的圆环形截面，则

$$I_z=\frac{\pi}{64}(D^4-d^4)=\frac{\pi D^4}{64}(1-\alpha^4) \tag{4.11}$$

式中：$\alpha=\dfrac{d}{D}$。

有时为了简便起见，将惯性矩表示为图形面积与某一长度平方的乘积，即

$$I_z=i_z^2A$$

$$i_z=\sqrt{\frac{I_z}{A}} \tag{4.12}$$

式中：i_z 为图形对轴 z 的惯性半径。例如，矩形截面（见图 4.6）对轴 z 的惯性半径为

$$i_z=\sqrt{\frac{I_z}{A}}=\sqrt{\frac{bh^3}{12bh}}=\frac{h}{2\sqrt{3}}$$

同样可算得直径为 d 的圆形截面对任一形心轴的惯性半径为 $\dfrac{d}{4}$。

工程上有许多梁的截面形状是比较复杂的，有些梁的截面形状是由几个部分组成的，对于这种组合图形，根据惯性矩的定义，组合图形对某一轴的惯性矩应等于各个组成部分对同一轴的惯性矩之和。例如，图 4.7 所示的 T 形截面，可将其分为两个矩形截面 Ⅰ 和 Ⅱ，则整个截面对轴 z 的惯性矩等于两个矩形截面对轴 z 的惯性矩 $(I_z)_{\mathrm{I}}$ 与 $(I_z)_{\mathrm{II}}$ 之和，即

$$I_z=(I_z)_{\mathrm{I}}+(I_z)_{\mathrm{II}}$$

在计算组合图形的各部分对整个截面中性轴的惯性矩时，往往会遇到中性轴并不通过各部分的形心的问题，对中性轴的惯性矩并无简单的计算公式，图 4.7 所示的 T 形截面就属于这种情况。这时，可应用下述的平行轴定理进行计算。

设有一任意形状的截面（见图 4.8），轴 y 和轴 z 是通过形心的一对形心轴，已知截面对形心轴的惯性矩分别为 I_y 和 I_z。如另一对坐标轴 y_1 和轴 z_1，它们分别与轴 y 和轴 z 平

行，平行轴之间的距离分别为 a 和 b。现求截面对平行轴 y_1 和轴 z_1 的惯性矩。

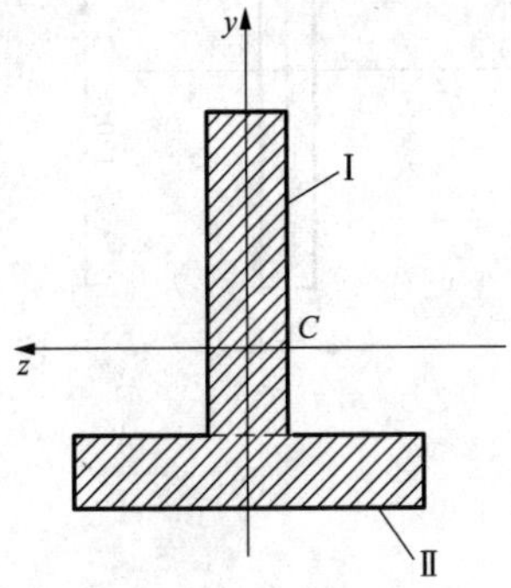

图 4.7

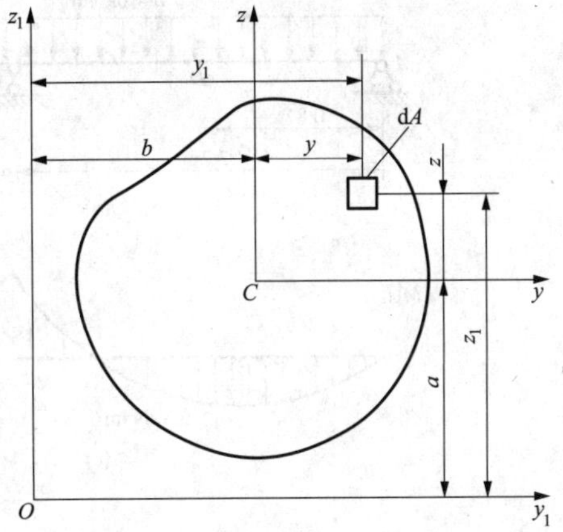

图 4.8

在截面上任取一微面积 $\mathrm{d}A$，其在两个坐标系内的坐标（y,z）与（y_1,z_1）之间的关系为

$$y_1 = y + b,\quad z_1 = z + a$$

则

$$\begin{aligned} I_{y1} &= \int_A z_1^2 \mathrm{d}A = \int_A (z+a)^2 \mathrm{d}A \\ &= \int_A z^2 \mathrm{d}A + 2a\int_A z \mathrm{d}A + a^2\int_A \mathrm{d}A \end{aligned} \tag{4.13}$$

式（4.13）中等号右边的第一项是截面对形心轴 y 的惯性矩 I_y；第二项中的积分为截面对形心轴 y 的静矩，必然等于零；第三项中的积分为截面面积 A。因此，式（4.13）可表示为

$$I_{y1} = I_y + a^2 A \tag{4.14a}$$

同理

$$I_{z1} = I_z + b^2 A \tag{4.14b}$$

式（4.14）称为惯性矩的**平行轴定理。**

【例 4.1】 T形截面铸铁外伸梁的荷载和尺寸如图 4.9（a）所示，试求梁内的最大拉应力和压应力。

解 （1）确定截面中性轴的位置，并计算对中性轴的惯性矩。设截面形心到顶边的距离为 y_C，取顶边轴 z_1 作参考轴，如图 4.9（b）所示，则

$$y_C = \frac{\sum A_i y_i}{\sum A_i} = \frac{(80\times 20\times 10 + 20\times 120\times 80)\ \mathrm{mm}^3}{(80\times 20 + 20\times 120)\mathrm{mm}^2} = 52\mathrm{mm}$$

根据惯性矩的平行轴定理［见式（4.14）］，求得截面对中性轴的惯性矩为

$$\begin{aligned} I_z &= \left[\frac{80\times 20^3}{12} + 80\times 20\times (52-10)^2 + \frac{20\times 120^3}{12} + 20\times 120\times (80-52)^2\right]\mathrm{mm}^4 \\ &= 764\times 10^4\mathrm{mm}^4 = 7.64\times 10^{-6}\mathrm{m}^4 \end{aligned}$$

（2）作弯矩图。如图 4.9（c）所示，截面 B 有最大负弯矩，$M_B = -5\mathrm{kN\cdot m}$；在 $x=$

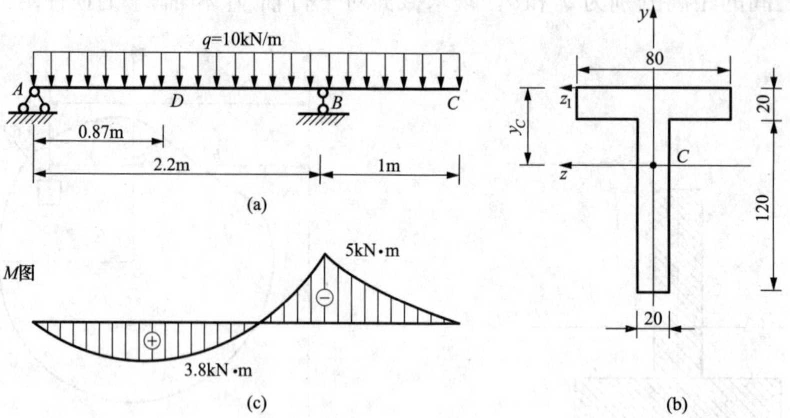

图 4.9

0.87m 处截面 D 剪力为零，弯矩有极值，其值为 $M_D=3.8\text{kN}\cdot\text{m}$。

(3) 求最大正应力。截面 B 负弯矩的绝对值最大，上边缘有最大拉应力，下边缘有最大压应力，即

$$\sigma_{\text{t,max}}=\frac{(5\times10^3\text{N}\cdot\text{m})(52\times10^{-3}\text{m})}{7.64\times10^{-6}\text{m}^4}=34\times10^6\text{Pa}=34\text{MPa}$$

$$\sigma_{\text{c,max}}=\frac{(5\times10^3\text{N}\cdot\text{m})[(140-52)\times10^{-3}\text{m}]}{7.64\times10^{-6}\text{m}^4}=57.6\times10^6\text{Pa}=57.6\text{MPa}$$

在截面 D 处，其弯矩小于截面 B 弯矩的绝对值，但 M_D 是正弯矩，$\sigma_{\text{t,max}}$ 位于截面的下边缘，由于离中性轴的距离最远，有可能发生比截面 B 还要大的拉应力。可得

$$\sigma_{\text{t,max}}=\frac{(3.8\times10^3\text{N}\cdot\text{m})[(140-52)\times10^{-3}\text{m}]}{7.64\times10^{-6}\text{m}^4}=43.8\text{MPa}$$

可见，梁内的最大拉应力发生在截面 D 的下边缘，其值为 $\sigma_{\text{t,max}}=43.8\text{MPa}$，而最大压应力发生在截面 B 的下边缘，其值为 $\sigma_{\text{c,max}}=57.6\text{MPa}$。

§4.3 弯曲正应力的强度计算

等截面直梁的最大弯曲正应力发生在最大弯矩的横截面上距中性轴最远的各点处，该处的切应力往往等于零。而由横向力产生的挤压应力较小，可忽略不计。因此，可将最大弯曲正应力所在各点处的受力状况看作单向拉伸应力状态（见图 1.16）或单向压缩应力状态。所以，可按照单向拉压强度条件的形式，建立梁弯曲正应力的强度条件为

$$\sigma_{\max}=\frac{M_{\max}}{W}\leqslant[\sigma] \tag{4.15}$$

即梁横截面上最大工作正应力不得超过材料的许用应力。根据式（4.15），可对梁进行强度校核、截面设计及确定许可荷载。

对拉压强度相等的材料，如低碳钢等塑性材料，只要梁内绝对值最大的正应力不超过许用应力即可。

对拉压强度不等的材料，如铸铁等脆性材料，则最大拉应力和最大压应力都不应超过各

自的许用应力。

【例 4.2】 简支木梁如图 4.10（a）所示。已知梁的跨度 $l=5\text{m}$，承受均布荷载 $q=3.6\text{kN/m}$，木材顺纹许用应力 $[\sigma]=10\text{MPa}$。若木梁的横截面为矩形［见图 4.10（b）］，截面宽度与高度之比约为 2∶3，试设计木梁的截面尺寸。

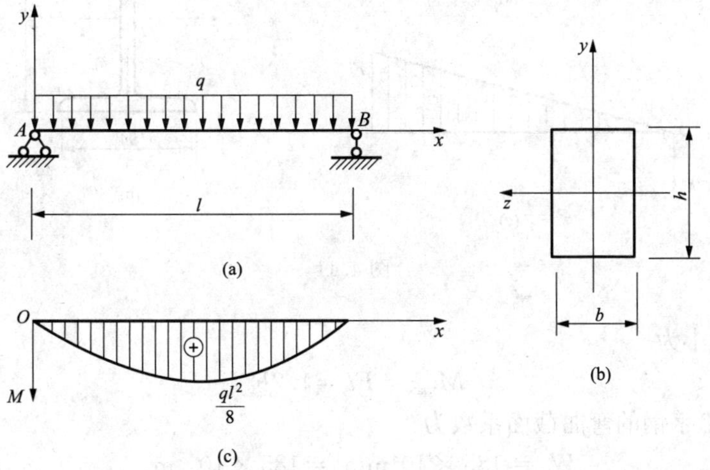

图 4.10

解 根据已知条件可作木梁的弯矩图，如图 4.10（c）所示。最大弯矩在梁的跨度中央截面上，其大小为

$$M_{\max}=\frac{ql^2}{8}=\frac{(3.6\text{kN/m})(5\text{m})^2}{8}=11.25\text{kN}\cdot\text{m}$$

由式（4.15），可得木梁的弯曲截面系数为

$$W_z\geqslant\frac{M_{\max}}{[\sigma]}=\frac{11.25\times10^3\text{N}\cdot\text{m}}{10\times10^6\text{Pa}}=1.125\times10^{-3}\ \text{m}^3$$

矩形截面弯曲截面系数的表达式为

$$W_z=\frac{I_z}{h/2}=\frac{bh^3/2}{h/2}=\frac{bh^2}{6}$$

已知截面宽度与高度之比约为

$$\frac{b}{h}=\frac{2}{3}$$

所以有

$$W_z=\frac{1}{6}\frac{2h}{3}h^2\geqslant1.125\times10^{-3}\text{m}^3$$

可得

$$h\geqslant0.216\text{m},\ b\geqslant0.144\text{m}$$

【例 4.3】 悬臂工字钢梁如图 4.11 所示。已知梁的长度 $l=1.2\text{m}$，在自由端承受一集中荷载 F 的作用，工字钢的型号为 18 号，钢材的许用应力［σ］$=170\text{MPa}$，略去梁的自重，试求悬臂梁的最大许可荷载值。

解 根据已知条件可作悬臂梁的弯矩图，如图 4.11（c）所示。最大弯矩在靠近固定端

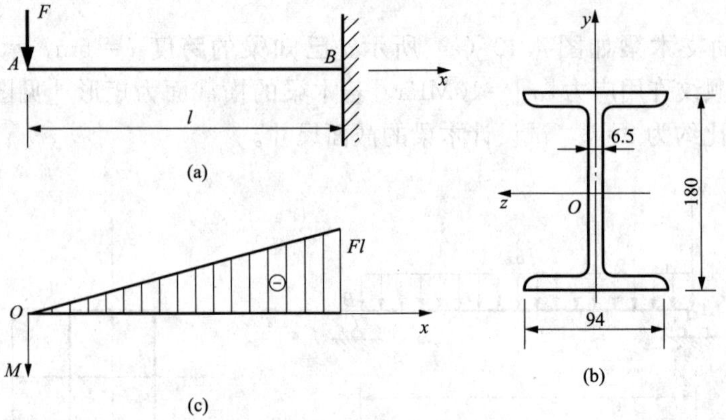

图 4.11

的截面上，其大小为

$$M_{\max} = Fl = 1.2F$$

已知 18 号工字钢的弯曲截面系数为

$$W_z = 185 \times 10^3 \text{mm}^3 = 185 \times 10^{-6} \text{m}^3$$

由式（4.15），可得悬臂梁的最大弯矩

$$M_{\max} = 1.2F \leqslant W_z[\sigma] = (185 \times 10^{-6} \text{m}^3)(170 \times 10^6 \text{Pa})$$

因此，可求得悬臂梁的最大许可荷载值为

$$[F]_{\max} = \frac{(185 \times 10^{-6} \text{m}^3)\ (170 \times 10^6 \text{Pa})}{1.2\text{m}} = 26.2 \times 10^3 \text{N} = 26.2\text{kN}$$

【例 4.4】 对于［例 4.1］中 T 形截面铸铁外伸梁，若已知铸铁的许用拉应力 $[\sigma_t] = 30\text{MPa}$，许用压应力 $[\sigma_c] = 90\text{MPa}$。

（1）试校核梁的强度；

（2）若截面尺寸不变，试确定许可荷载集度 $[q]$；

（3）若荷载不变，T 形截面翼缘宽度不变，板厚不变，试设计截面腹板的高度。

解 （1）校核强度。由［例 4.1］的计算结果可知，最大压应力发生在截面 B 的下边缘，有

$$\sigma_{c,\max} = 57.6\text{MPa} < [\sigma_c] = 90\text{MPa}$$

最大拉应力发生在截面 D 的下边缘，有

$$\sigma_{t,\max} = 43.8\text{MPa} > [\sigma_t] = 30\text{MPa}$$

可见，最大压应力满足强度条件，而最大拉应力不满足强度条件，需要修改设计。

（2）确定许可荷载集度 $[q]$。研究外伸梁，由平衡方程可得支座 A 处的约束力为

$$\sum M_B = 0, \qquad F_A = 0.873q$$

截面 D 处的弯矩为

$$M_D = 0.873q \times 0.87 - \frac{q}{2}(0.87)^2 = 0.381q$$

若截面尺寸不变，由截面 D 下边缘的最大拉应力的强度条件，有

$$\sigma_{t,\max} = \frac{(0.381q\text{N} \cdot \text{m})[(140 - 52) \times 10^{-3} \text{m}]}{7.64 \times 10^{-6} \text{m}^4} \leqslant [\sigma_t] = 30 \times 10^6 \text{N/m}^2$$

可得许可荷载集度为

$$[q]=\frac{(30\times10^{6}\ \mathrm{N/m^2})(7.64\times10^{-6}\mathrm{m^4})}{(88\times10^{-3}\mathrm{m})(0.381\mathrm{m^2})}=6.8\times10^{3}\mathrm{N/m}=6.8\mathrm{kN/m}$$

（3）设计腹板高度。若外荷载集度不变，仍为 $q=10\mathrm{kN/m}$。由截面 D 下边缘的最大拉应力强度条件，有

$$\sigma_{\mathrm{t,max}}=\frac{(3.81\times10^{3}\mathrm{N\cdot m})y_{\max}}{I_z}\leqslant[\sigma_{\mathrm{t}}]=30\times10^{6}\mathrm{N/m^2}$$

可得比值

$$\frac{y_{\max}}{I_z}\leqslant\frac{30\times10^{6}\ \mathrm{N/m^2}}{3.81\times10^{3}\mathrm{N\cdot m}}=7874\mathrm{m^{-3}}$$

式中：$y_{\max}$为T形截面形心至下边缘的距离。图4.9所示T形截面，除腹板高度外，其他尺寸不变。给定一个腹板高度，可求出形心位置 y_C 和惯性矩 I_z，由截面总高度减 y_C 可得 $y_{\max}$，从而求出上述比值。经过试算可知，当腹板高度 $h=151\mathrm{mm}$ 时，其比值

$$\frac{y_{\max}}{I_z}=\frac{105.1\times10^{-3}\mathrm{m}}{13.44\times10^{-6}\mathrm{m^4}}=7820\mathrm{m^{-3}}<7874\mathrm{m^{-3}}$$

因此，当腹板高度增加到 $h=151\mathrm{mm}$ 时，T形截面外伸梁的强度足够。

§4.4　梁横截面上的切应力

梁在横向力作用下产生弯曲时，在横截面上通常不仅有弯矩而且有剪力，这时横截面上除正应力外，还存在切应力。

研究截面上的弯曲切应力的分布比正应力分布要复杂些，要根据截面具体形状对切应力的分布适当地做一些假设，然后采用局部平衡的方法，得出近似的公式。下面介绍等截面直梁在对称弯曲情形下，几种常见截面上切应力的计算公式。

1. 矩形截面梁

宽为 b、高为 h 的矩形截面如图4.12（a）所示，截面上沿轴 y 作用有剪力 F_{S}。若 $h>b$，可以假设截面上各点切应力的方向与剪力 F_{S}平行，且切应力沿截面宽度均匀分布。根据这些假设，由微体平衡条件可导出横截面上距中性轴为 y 的各点处切应力的近似计算公式为

$$\tau=\frac{F_{\mathrm{S}}S_z^*}{bI_z}\tag{4.16}$$

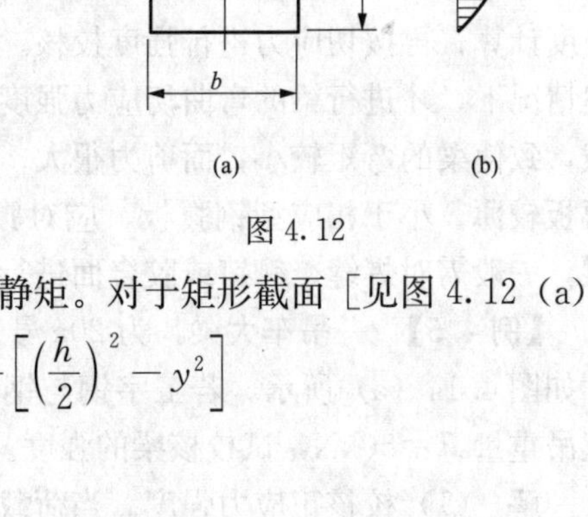

图4.12

式中：I_z 为截面对中性轴的惯性矩；b 为所求切应力点处截面的宽度；S_z^* 为过所求切应力点沿宽度方向将横截面分为两部分，其中任一部分对中性轴的静矩。对于矩形截面［见图4.12（a）］

$$S_z^*=\int_{A^*}y\mathrm{d}A=\int_{y}^{\frac{h}{2}}yb\mathrm{d}y=\frac{b}{2}\left[\left(\frac{h}{2}\right)^2-y^2\right]$$

$$I_z=\frac{bh^3}{12}$$

于是，由式（4.16）得

$$\tau=\frac{3F_{S}}{2bh}\left(1-\frac{4y^{2}}{h^{2}}\right) \tag{4.17}$$

可见，切应力沿截面高度按抛物线分布［见图 4.12（b）］。最大切应力发生在中性轴处（$y=0$），其值为

$$\tau_{\max}=\frac{3F_{S}}{2bh} \tag{4.18}$$

在截面高度 h 大于宽度 b 的情况下，按以上公式进行分析能满足工程要求。

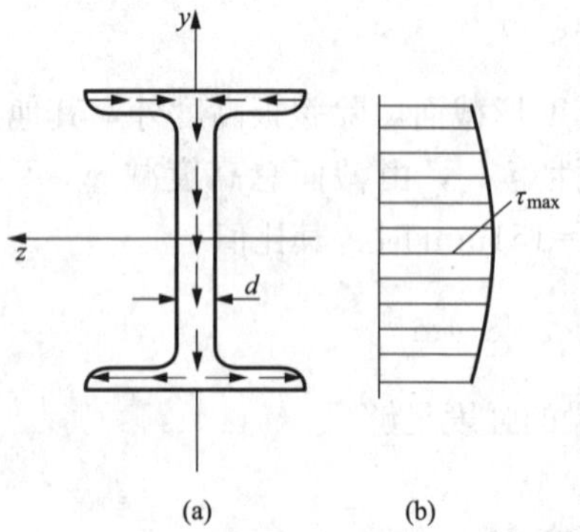

图 4.13

2. 工字形截面梁

对于工字形截面［见图 4.13（a）］。由于翼缘的宽度远大于腹板的宽度，翼缘主要承受水平方向的切应力，而铅垂方向的切应力很小，可略去。剪力 F_S 主要由腹板承担，沿 y 方向的切应力 τ 可按式（4.16）计算。由于 S_z^* 是 y 的二次函数，故腹板部分的切应力沿高度也是按抛物线规律变化的，如图 4.13（b）所示。最大切应力发生在中性轴处，其值为

$$\tau_{\max}=\frac{F_{S}S_{z,\max}^{*}}{dI_{z}} \tag{4.19}$$

式中：d 为腹板宽度；$S_{z,\max}^{*}$ 为中性轴任一侧的面积对中性轴的静矩。对于轧制的工字钢，$I_z/S_{z,\max}^{*}$ 可直接由附录查得。

§4.5　弯曲切应力的强度计算

对于横截面上既有弯矩又有剪力的横力弯曲情形，梁除满足正应力强度条件外，还应满足切应力强度要求。

等截面直梁的最大切应力一般发生在横截面中性轴上各点处，这些点处的正应力为零，均为纯切应力状态［见图 2.7（d）］。因此，弯曲切应力的强度条件为

$$\tau_{\max}=\frac{F_{S,\max}S_{z,\max}^{*}}{bI_{z}}\leqslant[\tau] \tag{4.20}$$

进行弯曲梁的强度设计时，必须同时满足正应力和切应力强度条件。可先按正应力进行强度计算，再按切应力进行强度校核。细长实体梁的控制因素通常是弯曲正应力，只有在下述情况下，才进行梁的弯曲切应力强度校核：①梁的跨度较短，或在支座附近作用较大的荷载，致使梁的弯矩较小，而剪力很大；②铆接或焊接的薄壁截面梁，如工字形截面梁等，若腹板较薄，小于相应型钢腹板，应对腹板进行切应力校核；③经焊接、铆接或胶合而成的梁，一般需对焊缝、铆钉或胶合面进行剪切强度计算。

【例 4.5】　一吊车大梁，为 20a 号工字钢并在中段上、下用两块钢板加强而成，有关尺寸如图 4.14（a）所示。若工字钢与钢板许用应力相同，$[\sigma]=165\text{MPa}$，$[\tau]=100\text{MPa}$，起吊重量 $F=50\text{kN}$，试校核梁的强度。

解　（1）校核正应力强度。当荷载 F 位于梁跨度中点时［见图 4.14（b）］，梁有最大弯

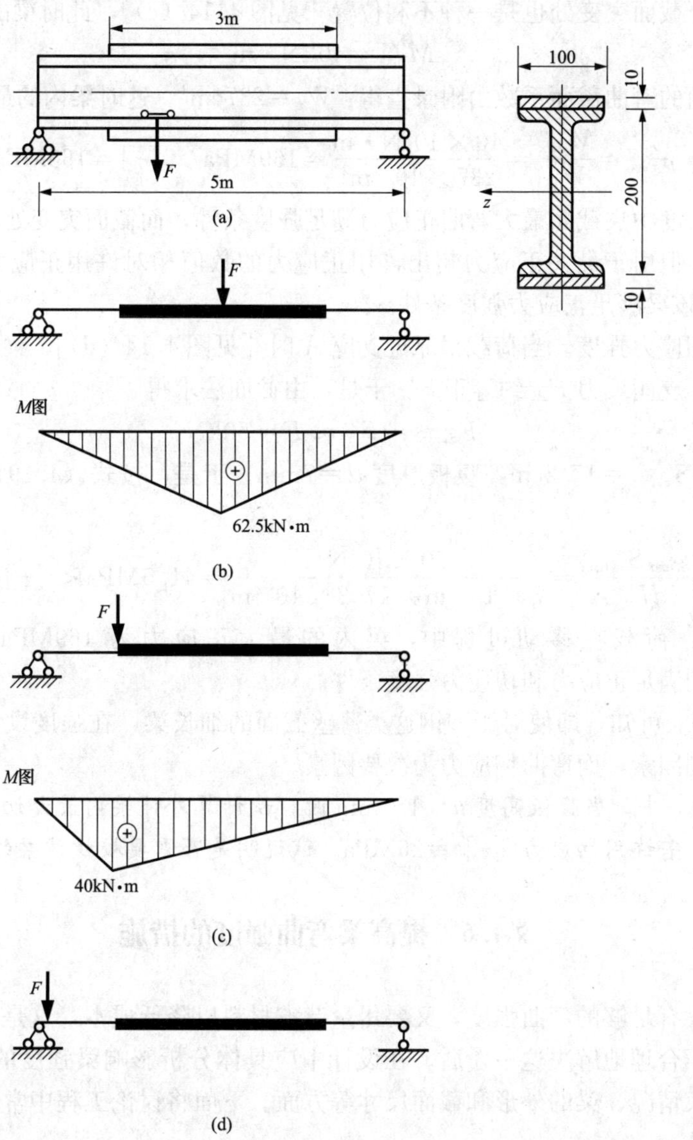

图 4.14

矩，其值为

$$M_{\max}=\frac{Fl}{4}=\frac{(50\times10^{3}\mathrm{N})(5\mathrm{m})}{4}=62.5\mathrm{kN}\cdot\mathrm{m}$$

因为梁中段用钢板加强，故横截面的惯性矩应为工字钢与加强板截面的惯性矩之和。由附录查得 20a 号工字钢的惯性矩为 $2370\mathrm{cm}^4$，故加强后截面的惯性矩为

$$I_z=2370\mathrm{cm}^4+\frac{1}{12}(10\mathrm{cm})[(22^3-20^3)\ \mathrm{cm}^3]=4577\mathrm{cm}^4$$

则梁跨度中央截面上的最大正应力为

$$\sigma_{\max}=\frac{M_{\max}y_{\max}}{I_z}=\frac{(62.5\times10^{3}\mathrm{N}\cdot\mathrm{m})(0.11\mathrm{m})}{4577\times10^{-8}\mathrm{m}^4}=150\mathrm{MPa}<[\sigma]=165\mathrm{MPa}$$

当荷载移至截面突变处也是一种不利位置［见图 4.14（c）］，此时梁的最大弯矩为

$$M'_{\max}=40\text{kN}\cdot\text{m}$$

未加强段横截面的弯曲截面系数由附录查得：$W_z=237\text{cm}^3$。这时梁内的最大正应力为

$$\sigma'_{\max}=\frac{M'_{\max}}{W_z}=\frac{40\times10^3\text{N}\cdot\text{m}}{237\times10^{-6}\text{m}^3}=169\text{MPa}>[\sigma]=165\text{MPa}$$

计算表明，梁跨度中央截面最大弯曲正应力满足强度条件，而截面突变处最大弯曲正应力大于许用正应力，但由于最大正应力超出许用正应力的数值相对许用正应力的百分比未超出5%，仍可认为该梁满足正应力强度条件。

（2）校核切应力强度。当荷载很靠近支座 A 时［见图 4.14（d）］，梁内的剪力最大。由平衡条件可知，支座反力 F_A 约等于 F。于是，由截面法求得

$$F_{\text{S},\max}=F_A\approx F=50\text{kN}$$

由附录查得 $I_z/S_{z,\max}=17.2\text{cm}$，腹板厚度 $d=7\text{mm}$。于是，按式（4.19）求得梁内的最大切应力为

$$\tau_{\max}=\frac{F_{\text{S},\max}S_{z,\max}}{dI_z}=\frac{50\times10^3\text{N}}{7\times10^{-3}\text{m}\times17.2\times10^{-2}\text{m}}=41.5\text{MPa}<[\tau]=100\text{MPa}$$

综上所述，荷载在移动过程中，梁内的最大正应力为 169MPa，最大切应力为 41.5MPa，分别满足正应力和切应力强度条件。

由［例 4.5］可知，即使对于型钢这类薄壁截面的细长梁，在强度设计中，其弯曲正应力仍为主要控制因素，而弯曲切应力为次要因素。

在［例 4.4］中，当腹板高度 $h=151\text{mm}$ 时，试计算外伸梁内最大切应力的大小，并指出其所在位置。若许用切应力 $[\tau]=26\text{MPa}$。试说明是否需要校核该梁的弯曲切应力强度。

§4.6　提高梁弯曲强度的措施

既要保证梁有足够的弯曲强度，又要尽量节省材料以降低成本，这是一对矛盾。强度设计的任务就在于合理地解决这一矛盾。在设计中应具体分析影响梁强度的各种因素，例如，梁的受力和约束情况、梁的外形和截面尺寸等方面。下面将讨论工程中常采用的一些提高梁弯曲强度的措施。

（1）合理安排梁的荷载和约束。弯矩是引起弯曲变形的主要因素，合理地安排梁的荷载和约束，可以降低弯矩，从而提高梁的承载能力。

例如，受集中荷载作用的简支梁，当荷载位于梁跨度中点时［见图 4.15（a）］，梁内的弯矩最大。若将原来的单个集中力改为两个集中力［见图 4.15（b）］或均布荷载［见图 4.15（c）］，则后两者的最大弯矩仅为原来的 1/2。对于受均布荷载作用的简支梁，若将两端的铰支座各向内移动 $0.2l$［见图 4.15（d）］，则梁的最大弯矩仅为均布荷载简支梁的 1/5。

（2）合理选择截面形状。由于梁的弯曲正应力与梁的弯曲截面系数 W 成反比，因此，在横截面面积 A 相同的前提下，应尽量提高 W 值。为了发挥材料的潜力，应将较多的材料配置在远离中性轴的部位。由此可知，环形截面比圆形截面合理，矩形截面竖放比平放合理，而工字形截面又比竖放的矩形截面更合理些。

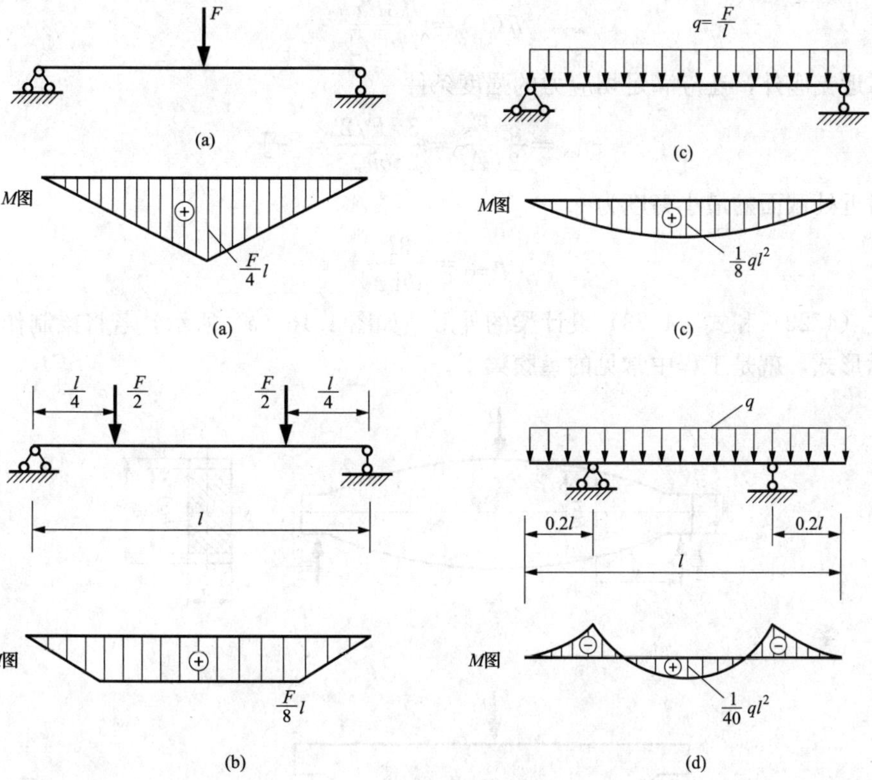

图 4.15

在选择梁的截面形状时，还要考虑材料的特性。对于抗拉与抗压能力相等的塑性材料，应采用对称于中性轴的截面，这样才能使横截面上的最大拉、压应力值同时达到材料的许用应力，如工字形、箱形、圆形等截面。但对于用脆性材料制成的梁，由于材料的抗压强度高得多，因此，宜采用T形、U形等对中性轴不对称的截面，并使中性轴偏向于受拉的一侧，尽量使梁的最大拉、压应力同时达到相应的许用拉、压应力。

应该指出，在设计矩形或工字形截面梁时，截面不能过于狭长，以免发生侧向失稳而丧失承载能力。另外，在设计工字形等薄壁截面梁时，应注意腹板的厚度不能太小，否则会因切应力强度不足而失效。

(3) 合理设计梁的外形。为了减轻梁自重和节省材料，常将梁设计成变截面的，尽量使各截面上的最大正应力相等。若各截面上的最大正应力都相等，这种梁称为**等强度梁**。根据梁的正应力强度条件，可以得到梁的弯曲截面系数沿轴线的变化规律，即

$$W(x)=\frac{M(x)}{[\sigma]} \tag{4.21}$$

例如，宽度 b 不变而高度 h 可变化的矩形截面简支梁，梁的跨度中央受一集中力。若按等强度设计，则随截面位置而变化的截面高度 $h(x)$ 可由式 (4.21) 求得，即

$$W(x)=\frac{bh^2(x)}{6}=\frac{\frac{F}{2}x}{[\sigma]}\quad\left(0\leqslant x\leqslant\frac{l}{2}\right)$$

$$h(x)=\sqrt{\frac{3Fx}{b[\sigma]}} \tag{4.22}$$

在靠近支座外，还应满足切应力的强度条件

$$\tau_{\max}=\frac{3}{2}\frac{F_S}{A}=\frac{3}{2}\frac{F/2}{bh_{\min}}=[\tau]$$

故支座附近处截面的最小高度为

$$h_{\min}=\frac{3F}{4b[\tau]} \tag{4.23}$$

按式（4.22）和式（4.23）设计梁的外形，如图 4.16（a）所示，若将梁制作成图 4.16（b）所示形式，就是工程中常见的鱼腹梁了。

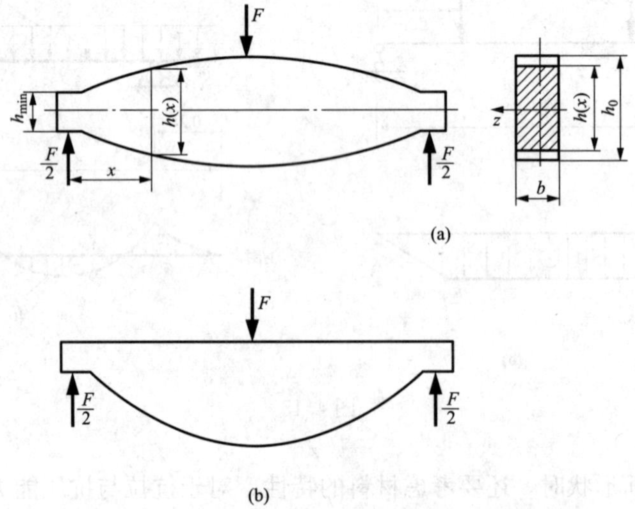

图 4.16

§4.7 工程应用实训

4.1 弯曲梁由四根等长的角钢组成，如图 4.17 所示。若外荷载作用在梁的纵向对称面内，试：

（1）通过对各种组合梁弯曲正应力的分析，说明哪一种组合形式强度最好？哪一种强度最差？

（2）问上述分析结果对弯曲梁的截面设计有什么启示？

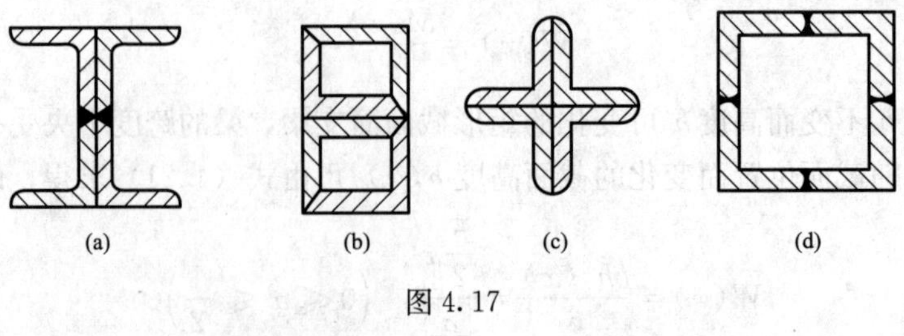

图 4.17

4.2 我国古代木结构建筑中，在上梁与柱子［见图4.18（a）］的连接处，常常采用一种在世界上独具风格的斗拱结构［见图4.18（b）］。试：

（1）建立斗拱的力学模型，画出其计算简图。

（2）对斗拱的力学模型进行内力分析，并与无斗拱梁的内力进行比较。

（3）对斗拱的力学模型进行应力分析和截面设计，并与无斗拱梁进行比较。

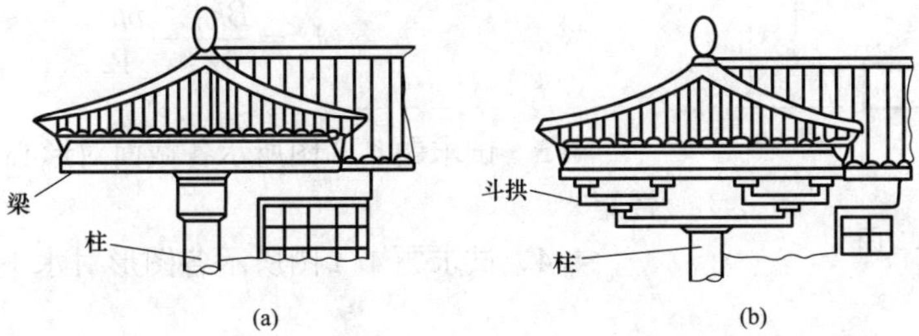

图4.18

（4）根据上述分析结果，阐述斗拱结构的优点。

4.3 矩形截面钢筋混凝土梁的配筋如图4.19所示，试通过弯曲梁内的正应力和切应力的分析及钢筋混凝土梁的破坏形式，分别说明设置箍筋、弯起钢筋、梁底直筋、梁顶直筋的主要作用。

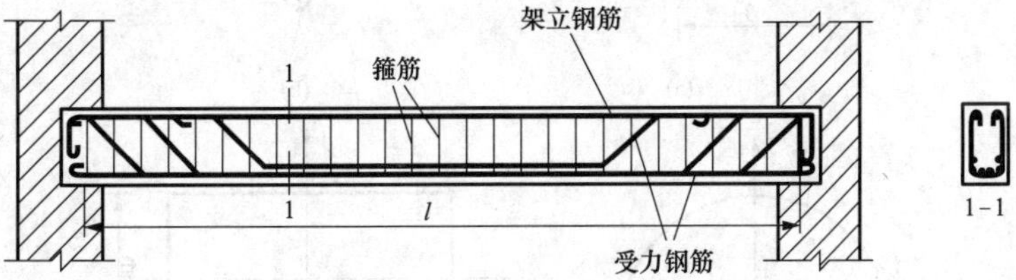

图4.19

4.4 设计强度好的闭口薄壁截面形式，并绘制等截面直梁的草图。每位同学用同样数量的A4复印纸和胶水，设计制作与复印纸长度相同的等截面直梁，采用加载试验的方法，看谁设计的梁承载能力最大，并建立力学模型，分析原因。

习 题

4.1 正方形截面悬臂梁承受荷载 F 作用，若按题4.1图（a）、（b）所示两种方式放置，试问抗弯强度何者为大？抗弯刚度何者为大？

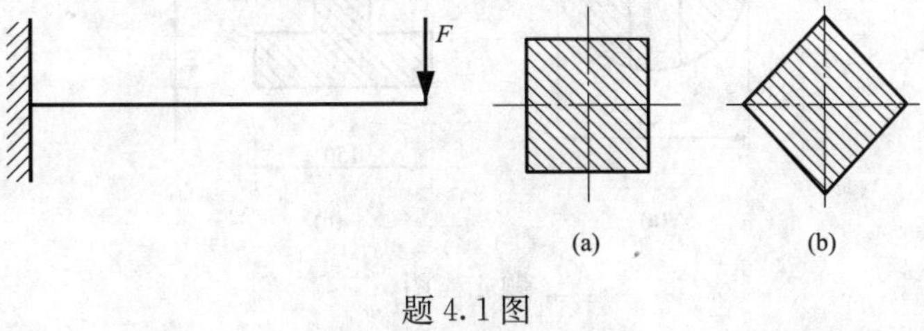

题4.1图

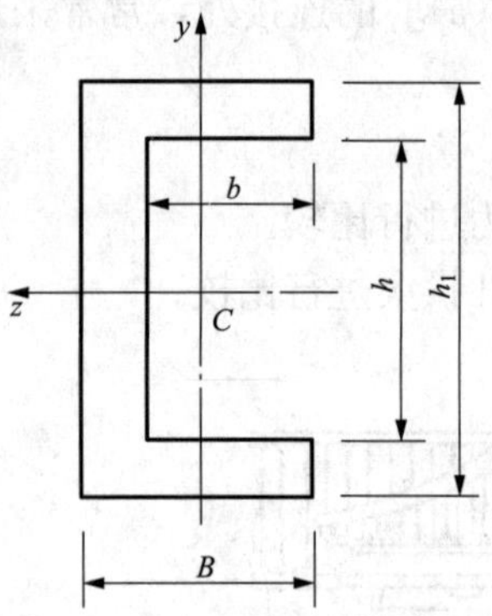

题 4.2 图

4.2 试问题 4.2 图所示槽形截面对形心轴 z 和轴 y 的惯性矩是否可按下式计算?为什么?

$$I_y=\frac{h_1B^3}{12}-\frac{hb^3}{12}$$

$$I_z=\frac{Bh_1^3}{12}-\frac{bh^3}{12}$$

4.3 试求题 4.3 图所示各截面对形心轴 y 和轴 z 的惯性矩。

4.4 试求题 4.4 图所示各图形对水平形心轴 y_C 的惯性矩。

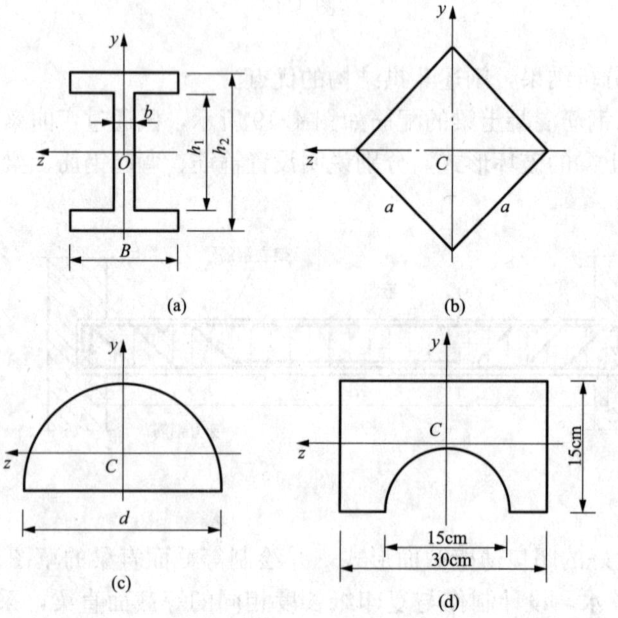

题 4.3 图

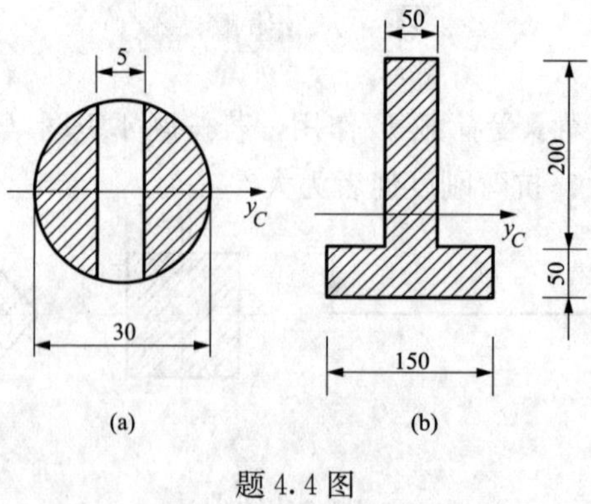

题 4.4 图

4.5　试求题 4.5 图所示各截面图形对形心轴 z 的惯性矩及惯性半径。

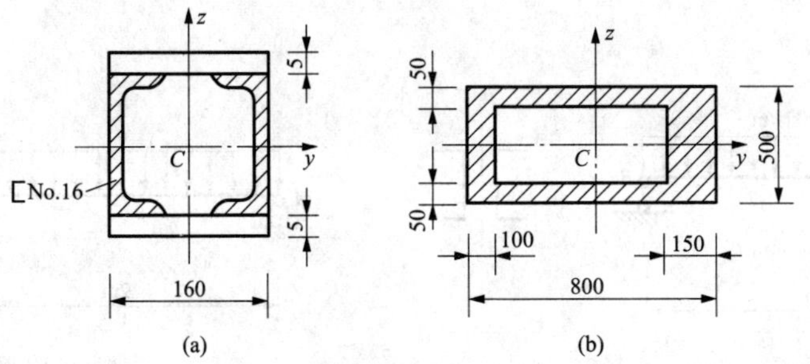

题 4.5 图

4.6　直径为 d 的钢丝，绕在直径为 D 的圆筒上，已知钢丝在弹性范围内工作，其弹性模量为 E，试求钢丝中的最大弯曲正应力。

4.7　矩形截面悬臂梁承受荷载如题 4.7 图所示。试作弯矩图并求危险截面上距下边缘 40mm 的点 A 处正应力和危险截面上的最大正应力。

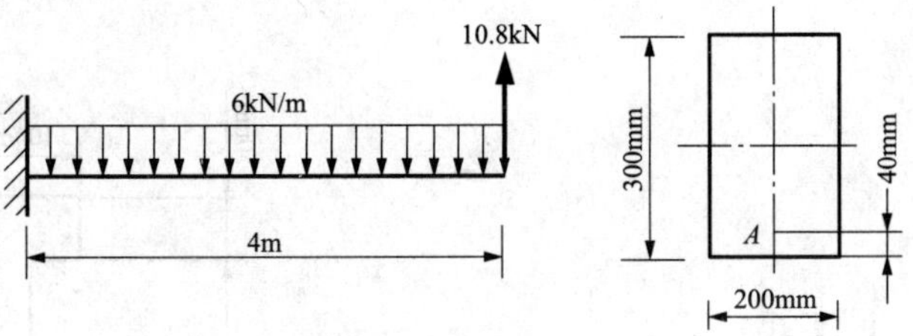

题 4.7 图

4.8　如题 4.8 图所示圆形截面轴的外伸段为空心管状，试作弯矩图，并求轴内的最大正应力。

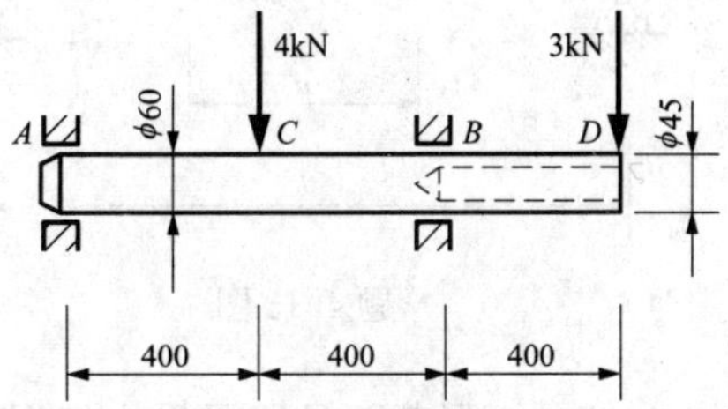

题 4.8 图

4.9　一外伸梁承受荷载如题 4.9 图所示，梁为 16a 号槽钢所制成。试求梁内的最大拉应力和最大压应力，并指出其所作用的截面和位置。

4.10　100mm×150mm 的矩形截面悬臂梁，在自由端受横向集中力 75kN 作用。已知材料的许用应力为 100MPa，试求梁的许可长度。

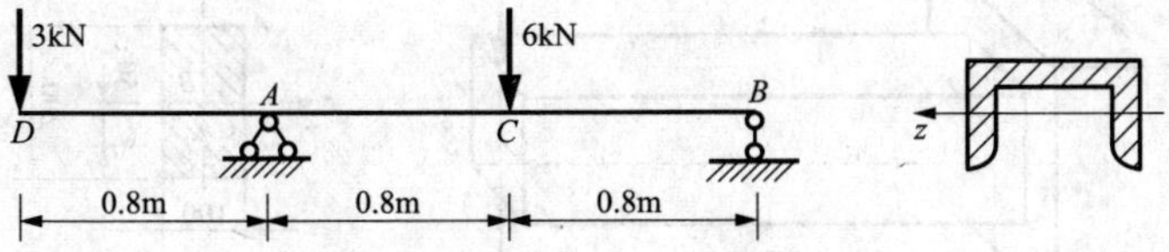

题 4.9 图

4.11　用两个槽钢组成的简支梁如题 4.11 图所示。若 $[\sigma]=120\text{MPa}$，试选择此梁的槽钢型号。

4.12　10 号工字钢梁 AB，支承和荷载情况如题 4.12 图所示。已知圆钢杆 BC 的直径

$d=20\text{mm}$，梁和杆的许用应力 $[\sigma]=160\text{MPa}$，试求许可均布荷载集度 q。

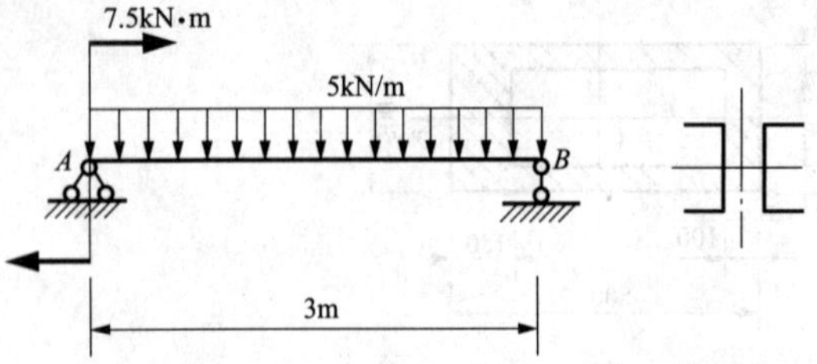

题 4.11 图

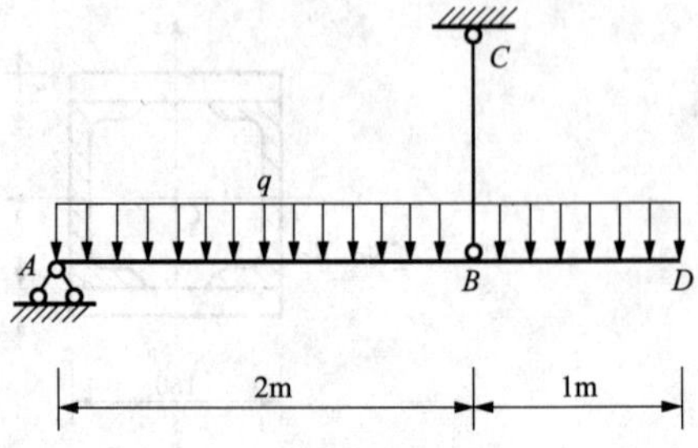

题 4.12 图

4.13 集中力直接作用于简支梁 AB 的中点时，梁内最大应力超过许用值 30%；为了消除此过载现象，配置了辅助梁 CD，如题 4.13 图所示。已知 $l=6\text{m}$，试求梁 CD 的跨度 a。

4.14 简支梁跨度 $l=2.4\text{m}$，在梁跨度中央有一向下的集中荷载 F，梁的截面如题 4.14 图所示。若许用拉应力 $[\sigma_t]=15\text{MPa}$，许用压应力 $[\sigma_c]=30\text{MPa}$，试求荷载 F 的最大值。

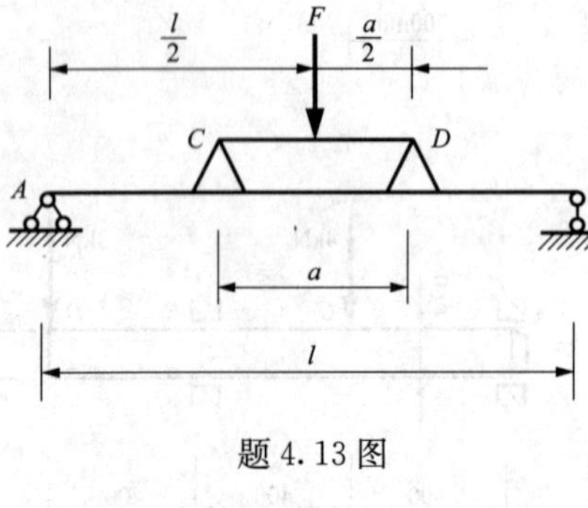

题 4.13 图

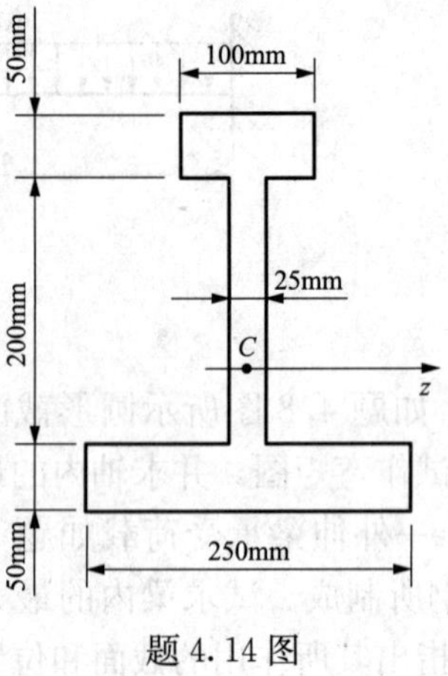

题 4.14 图

4.15 矩形截面悬臂梁受力情况如题 4.15 图所示，试求固定端截面上 A、B、C 各点处的切应力。

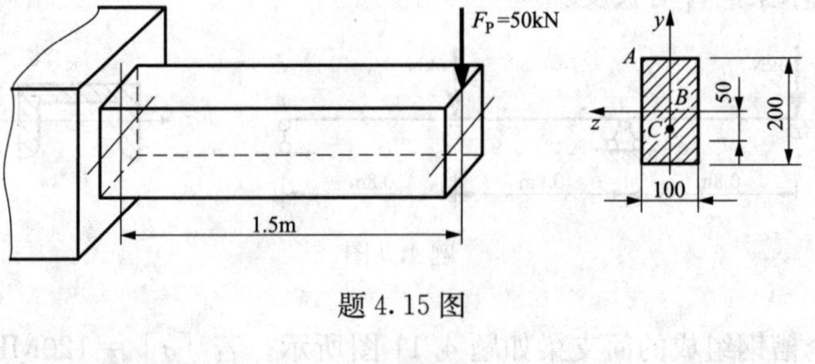

题 4.15 图

4.16 起重吊车行走于两根 28a 号工字钢所组成的简支梁上，如题 4.16 图所示。吊车最大起重量为 50kN，自重为 10kN。试确定吊车在移动过程中，梁内的最大正应力和最大切应力。

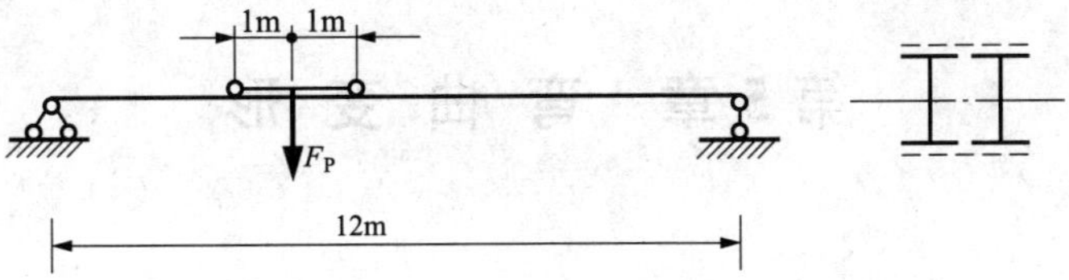

题 4.16 图

4.17 25a 号工字钢简支梁，跨度 $l=4\text{m}$，承受均布荷载 q 作用。已知梁内最大正应力为 120MPa，试求梁内最大切应力。

4.18 100mm×150mm 矩形截面的简支梁，跨度 $l=4\text{m}$，受力情况如题 4.18 图所示。试求在离右支座 0.5m 的截面 D 上与梁的底面相距 40mm 处的切应力。

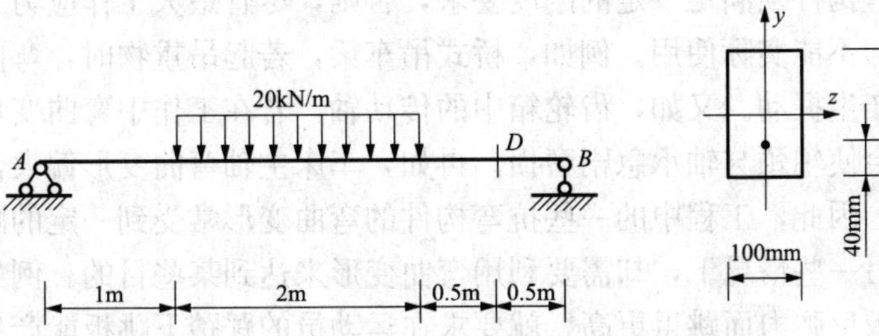

题 4.18 图

4.19 铸铁圆管的一端伸出支座之外 0.3m，在管外伸端受集中荷载 6kN，管的外径为 100mm，壁厚 10mm，若 $[\sigma]=32\text{MPa}$，$[\tau]=26\text{MPa}$，试校核管外伸部分的强度。

4.20 起重机行走于两根工字钢所组成的简支梁上，如题 4.20 图所示。起重机自重 $G=50\text{kN}$，起重量 $P=10\text{kN}$，梁材料的许用应力 $[\sigma]=170\text{MPa}$，试选择工字钢的号码。梁自重影响不计。

4.21 一工字钢梁的型号为 20a，梁的中部上、下用钢板加强，全梁作用有均布荷载 q，如题 4.21 图所示。已知 $l=6\text{m}$，$q=12\text{kN/m}$，钢板厚度 $\delta=10\text{mm}$，钢材的许用应力 $[\sigma]=170\text{MPa}$，许用切应力 $[\tau]=100\text{MPa}$。试校核该梁的强度。

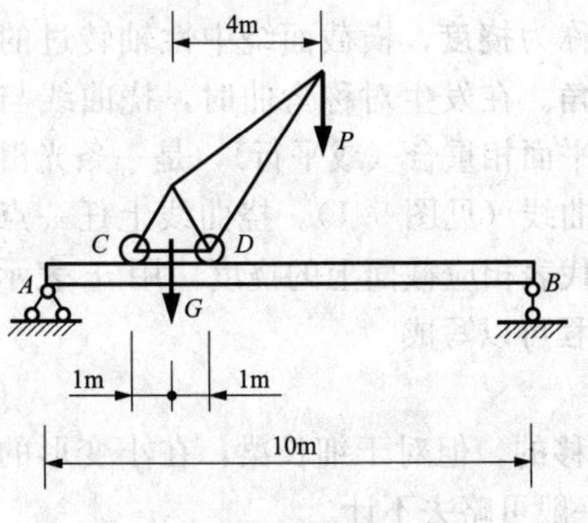

题 4.20 图

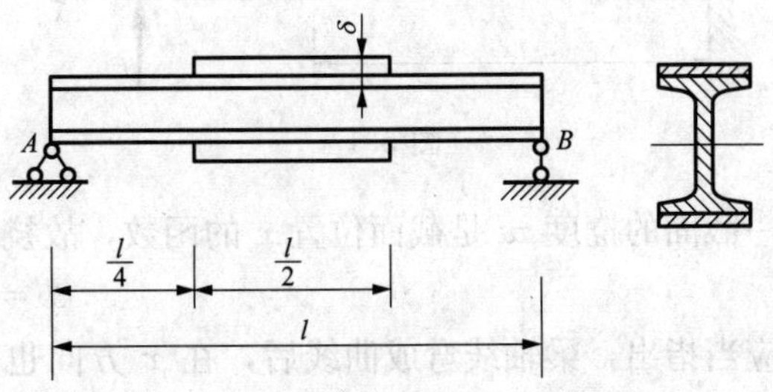

题 4.21 图

第5章 弯曲变形

教学要求:

1. 正确建立梁的挠曲线、挠度和转角的概念。
2. 了解计算梁变形的积分法，掌握计算梁变形的叠加法。
3. 能正确应用梁的刚度条件进行刚度计算，了解提高梁刚度的主要措施。
4. 能正确应用变形比较法求解梁的简单超静定问题。

在工程中，抗弯构件须满足一定的刚度要求，否则，尽管最大工作应力并未超过许用应力，但这样的构件却不能实际使用。例如，桥式吊车梁，若起吊重物时，弯曲变形过大，则吊车行驶起来就会产生振动。又如，齿轮箱中的传动轴，若在工作中弯曲变形偏大，就会引起齿轮啮合不良，会使轴颈与轴承急剧磨损。再如，车床主轴弯曲变形偏大，会使所车削工件的加工精度降低。因此，工程中的一些抗弯构件的弯曲变形常受到一定的限制。

与此相反，在另一些情况下，却需要利用弯曲变形来达到某些目的。例如，为使跳水运动员获得更大的跳板反弹力而跳得更高，就要求在运动员的踩踏下跳板能产生更大的弯曲变形。显然，要解决好抗弯构件的刚度问题，就必须会计算弯曲变形。

本章首先介绍求解弹性梁弯曲变形的积分法和叠加法，然后讨论梁的刚度设计，最后研究简单超静定梁。

即使将梁的变形限制在弹性范围内，对细长梁来说，过大的弹性变形也会影响其正常工作。因此，在梁的设计中，刚度设计是一个很重要的方面。

§5.1 梁的转角和挠度

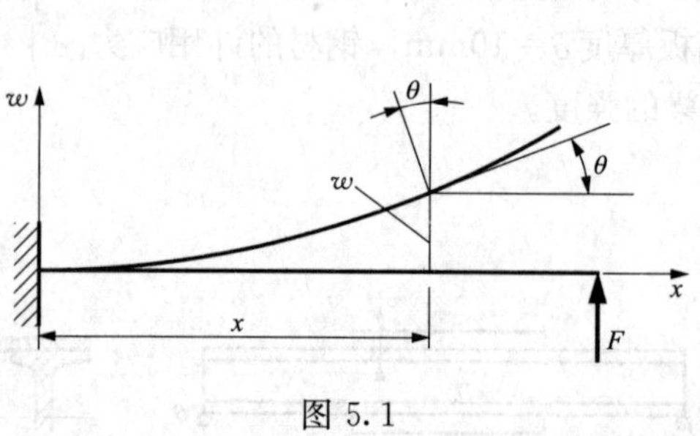

图 5.1

在对称弯曲的情况下，梁轴线弯曲成平面曲线，也称为挠曲线，梁轴线上任一点的横向线位移称为**挠度**，横截面绕中性轴转过的角度称为**转角**。在发生对称弯曲时，挠曲线与外力的作用平面相重合（或平行），是一条光滑平坦的平面曲线（见图 5.1）。挠曲线上任一点的纵坐标即代表相应截面上的挠度，用 w 表示。任一截面的挠度 w 是截面位置 x 的函数，故**挠曲线方程**可以写成

$$w=f(x) \tag{5.1}$$

应当指出，梁轴线弯成曲线后，在 x 方向也是有位移的。但对于细长梁，在小变形的情况下，沿轴线方向的位移与挠度相比属于高阶微量，一般可略去不计。

对于纯弯曲的等截面直梁，横截面变形后仍然保持平面，且仍垂直于变弯后的轴线。所

以，横截面的转角 θ 应与挠曲线的倾角（挠曲线切线与轴 x 的夹角）相等。在小变形的情况下，有

$$\theta \approx \tan\theta = \frac{\mathrm{d}w}{\mathrm{d}x} = f(x) \tag{5.2}$$

即挠曲线上任意一点处的切线斜率$\frac{\mathrm{d}w}{\mathrm{d}x}$，可以足够精确地代表该处横截面的转角。式（5.2）称为**转角方程**。

在图5.1所示的坐标系中，正值的挠度表示向上，负值向下；正值的转角为逆时针转向，而负值为顺时针转向。

§5.2 用积分法求梁的变形

在线弹性范围内，由式（4.6）可知

$$\frac{1}{\rho} = \frac{M}{EI} \tag{5.3}$$

此为纯弯曲情况下梁的变形公式。如果忽略剪力对变形的影响，式（5.3）也可适用于横力弯曲的情况。在一般情况下，弯矩和曲率都随截面的位置而变化，即均是 x 的函数，对于等截面直梁横力弯曲的情况，式（5.3）可写为

$$\frac{1}{\rho(x)} = \frac{M(x)}{EI} \tag{5.4}$$

在小变形时，由梁微段的弯曲变形关系（见图5.2），曲率$\frac{1}{\rho}$可近似写成

$$\frac{1}{\rho(x)} = \frac{\mathrm{d}\theta}{\mathrm{d}s} = \frac{\mathrm{d}\theta}{\mathrm{d}x} \approx \frac{\mathrm{d}\left(\frac{\mathrm{d}w}{\mathrm{d}x}\right)}{\mathrm{d}x} = \frac{\mathrm{d}^2 w}{\mathrm{d}x^2} \tag{5.5}$$

将式（5.5）代入式（5.4），得到

$$\frac{\mathrm{d}^2 w}{\mathrm{d}x^2} = \frac{M(x)}{EI} \tag{5.6}$$

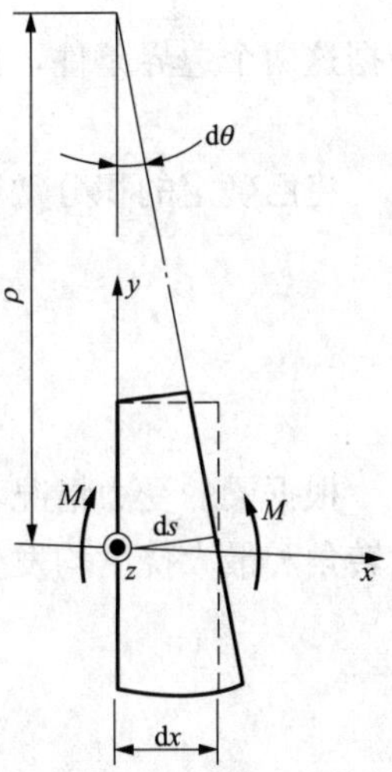

图5.2

这就是**挠曲线近似微分方程**。该方程在线弹性范围和小变形的情况下才适用。

对挠曲线近似微分方程式（5.6）积分两次，即得转角方程和挠度方程

$$\theta(x) = \int \frac{M(x)\mathrm{d}x}{EI} + C \tag{5.7}$$

$$w(x) = \int\left[\int \frac{M(x)\mathrm{d}x}{EI}\right]\mathrm{d}x + Cx + D \tag{5.8}$$

式中：C、D 为积分常数，可通过梁的位移边界条件、位移的连续条件及挠曲线的光滑条件来确定。

【例5.1】 图5.3所示为一弯曲刚度为 EI 的悬臂梁，在梁上受荷载集度为 q 的均布荷载作用，试求此梁的挠度方程和转角方程，并确定其最大挠度和转角。

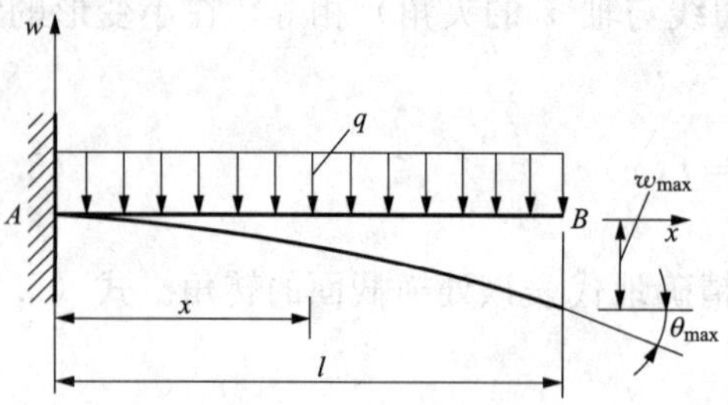

图 5.3

解 选取坐标系，如图 5.3 所示，研究截面 x 右段梁，由一看一定法可得任意截面上的弯矩为

$$M(x)=-\frac{1}{2}q\ (l-x)^2$$

代入方程式（5.6），得挠曲线近似微分方程

$$EIw''=M(x)=-\frac{1}{2}q(x^2-2lx+l^2) \tag{5.9}$$

经过两次积分，得

$$EIw'=-\frac{1}{2}q\left(\frac{1}{3}x^3-lx^2+l^2x\right)+C \tag{5.10}$$

$$EIw=-\frac{1}{2}q\left(\frac{1}{12}x^4-\frac{1}{3}lx^3+\frac{1}{2}l^2x^2\right)+Cx+D \tag{5.11}$$

悬臂梁的位移边界条件是固定端处的挠度和转角都等于零，即当 $x=0$ 时

$$w'_A=0,\ w_A=0$$

根据这两个边界条件，由式（5.10）、式（5.11），可得

$$C=0,\ D=0$$

将已确定的积分常数代入式（5.10）、式（5.11），即得梁的转角方程和挠度方程分别为

$$\theta=w'=-\frac{q}{6EI}(x^3-3lx^2+3l^2x) \tag{5.12}$$

$$w=-\frac{q}{24EI}(x^4-4lx^3+6l^2x^2) \tag{5.13}$$

根据梁的受力情况和边界条件，画出梁的挠曲线示意图（见图 5.3），可知，此梁的最大转角和最大挠度均发生在自由端截面 B 处。由式（5.12）和式（5.13），即得

$$\theta_{max}=|\theta|_{x=l}|=\left|-\frac{ql^3}{6EI}\right|=\frac{ql^3}{6EI}$$

$$w_{max}=|w|_{x=l}|=\left|-\frac{ql^4}{8EI}\right|=\frac{ql^4}{8EI}$$

式中：θ 为负，表示截面 B 的转角是顺时针的；w 为负，表示截面 B 的挠度向下。

用积分法求梁的挠度和转角的计算较繁琐，在下节将介绍利用积分法的计算结果，采用叠加的方法计算梁在指定截面上的挠度和转角。因此，将积分法求得的梁在一些简单荷载作用下变形的结果列入表 5.1 中，以供查用。

表 5.1 梁在简单荷载作用下的位移

梁的简图	挠曲线方程	端截面转角和最大挠度
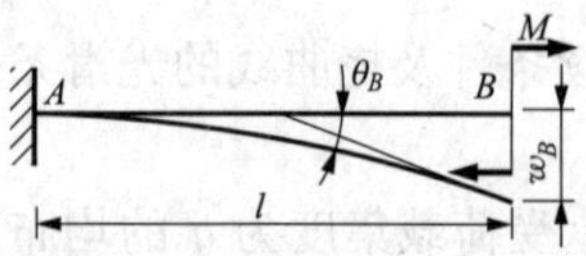	$w=-\frac{Mx^2}{2EI}$	$\theta_B=-\frac{Ml}{EI}$ $w_B=-\frac{Ml^2}{2EI}$

续表

梁的简图	挠曲线方程	端截面转角和最大挠度
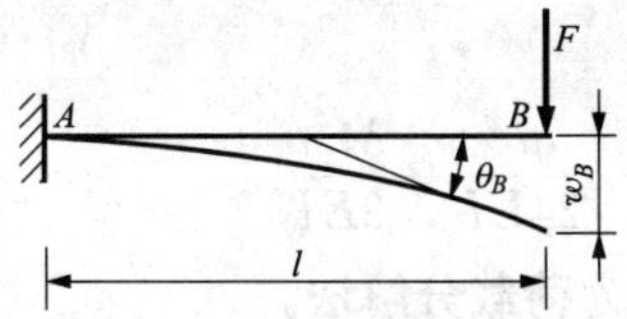	$w=-\dfrac{Fx^2}{6EI}\ (3l-x)$	$\theta_B=-\dfrac{Fl^2}{2EI}$ $w_B=-\dfrac{Fl^3}{3EI}$
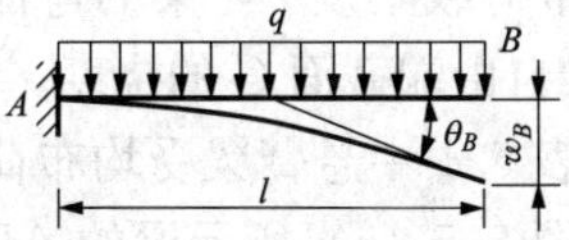	$w=-\dfrac{qx^2}{24EI}\ (x^2-4lx+6l^2)$	$\theta_B=-\dfrac{ql^3}{6EI}$ $w_B=-\dfrac{ql^4}{8EI}$
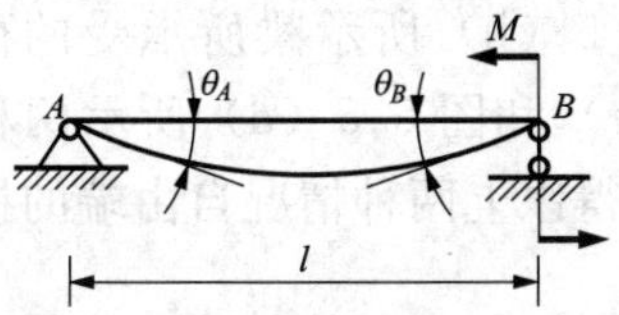	$w=-\dfrac{Mx}{6EIl}\ (l^2-x^2)$	$\theta_A=-\dfrac{Ml}{6EI}$，$w_B=\dfrac{Ml}{3EI}$ $w_{\max}=\dfrac{-Ml^2}{9\sqrt{3}\,EI}\left(x=\dfrac{\sqrt{3}}{3}l\right)$ $w_{l/2}=-\dfrac{Ml^2}{16EI}$
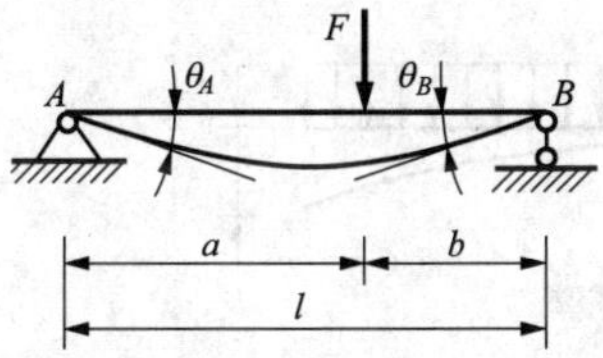	$w=-\dfrac{Fbx}{6EIl}\ (l^2-x^2-b^2)$ $(0\leqslant x\leqslant a)$ $w=-\dfrac{Fb}{6EIl}\left[\dfrac{l}{b}(x-a)^3+\ (l^2-b^2)\ x-x^3\right]$ $(a\leqslant x\leqslant l)$	$\theta_A=-\dfrac{Fab\ (l+b)}{6EIl}$ $\theta_B=\dfrac{Fab\ (l+a)}{6EIl}$ $w_{l/2}=-\dfrac{Fb\ (3l^2-4b^2)}{48EI}$ $(a>b)$
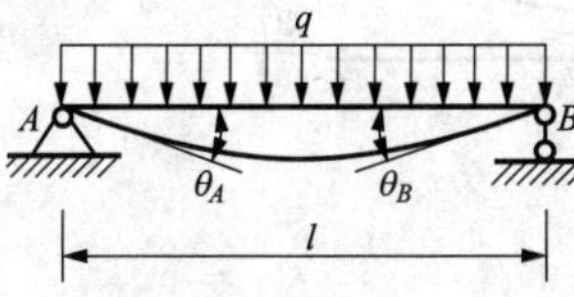	$w=-\dfrac{qx}{24EI}\ (l^3-2lx^2+x^3)$	$\theta_A=-\theta_B=-\dfrac{ql^3}{24EI}$ $w_{\max}=-\dfrac{5ql^4}{384EI}\left(x=\dfrac{l}{2}\right)$

§5.3　用叠加法求梁的变形

在线弹性范围和小变形的条件下，为求梁在几项荷载同时作用下的挠度和转角，可应用叠加法，即先分别计算每一项荷载单独作用下的挠度或转角，然后叠加。

【例 5.2】 简支梁受力如图 5.4（a）所示，试用叠加法求截面 A 的转角。

解　在分布荷载 q 单独作用下［见图 5.4（b）］，截面 A 的转角由表 5.1 查得

$$(\theta_A)_q=-\frac{ql^3}{24EI}$$

在集中力偶 M_0 单独作用下［见图 5.4（c）］，截面 A 的转角为

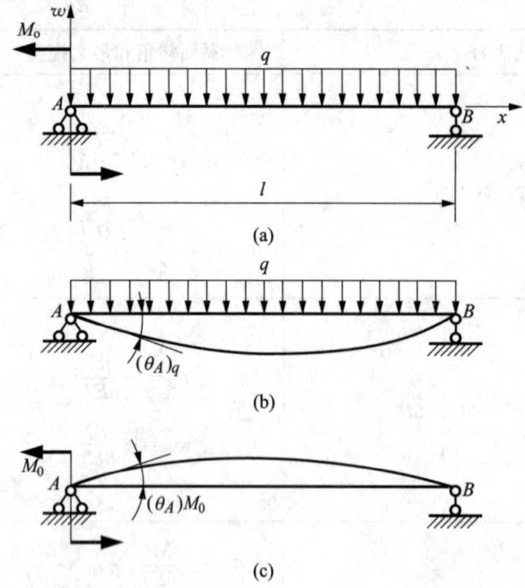

图 5.4

$$(\theta_A)_{M_0}=\frac{M_0 l}{3EI}$$

叠加以上结果，即得在 q 和 M_0 共同作用下截面 A 的转角

$$\theta_A=-\frac{ql^3}{24EI}+\frac{M_0 l}{3EI}$$

上述求解方法也称为**荷载分解法**。

【例 5.3】 悬臂梁如图 5.5（a）所示，已知：尺寸 a 和 l，均布荷载集度 q，梁的弯曲刚度 EI，试求悬臂梁自由端截面 C 的挠度。

解　为便于利用表 5.1 中悬臂梁受均布荷载的计算结果，先将图 5.5（a）所示梁的 AB 段加上等值、反向的均布荷载，如图 5.5（b）所示。然后将图 5.5（b）所示梁所承受的荷载分解为图 5.5（c）和图 5.5（d）所示两种情况。由表 5.1 查得以上两种情况自由端的挠度分别为

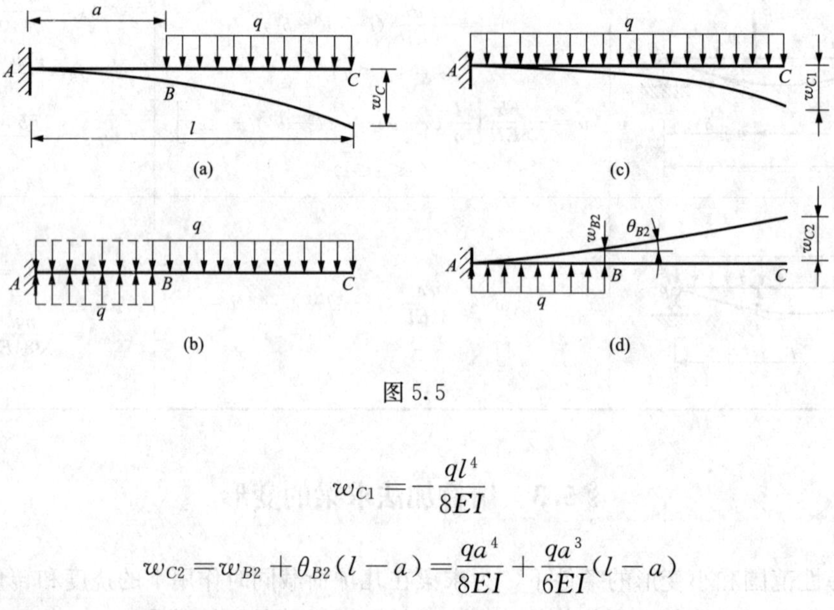

图 5.5

$$w_{C1}=-\frac{ql^4}{8EI}$$

$$w_{C2}=w_{B2}+\theta_{B2}(l-a)=\frac{qa^4}{8EI}+\frac{qa^3}{6EI}(l-a)$$

因此，悬臂梁自由端截面 C 的挠度为

$$w_C=w_{C1}+w_{C2}=-\frac{q}{24EI}(3l^4-4la^3+a^4)$$

【例 5.4】 结构受力如图 5.6（a）所示，已知：尺寸 l 和 l_1，外力 F，梁 AB 抗弯刚度为 EI，杆 DB 的抗拉刚度为 EA。试求梁截面 C 的挠度及截面 B 的转角。

解　在计算挠度和转角时，为了能利用表 5.1 求解，将结构的变形分解成两部分：①先将杆 DB 刚化为刚性杆，只考虑梁 AB 的变形［见图 5.6（b）］；②再将梁 AB 刚化为刚性

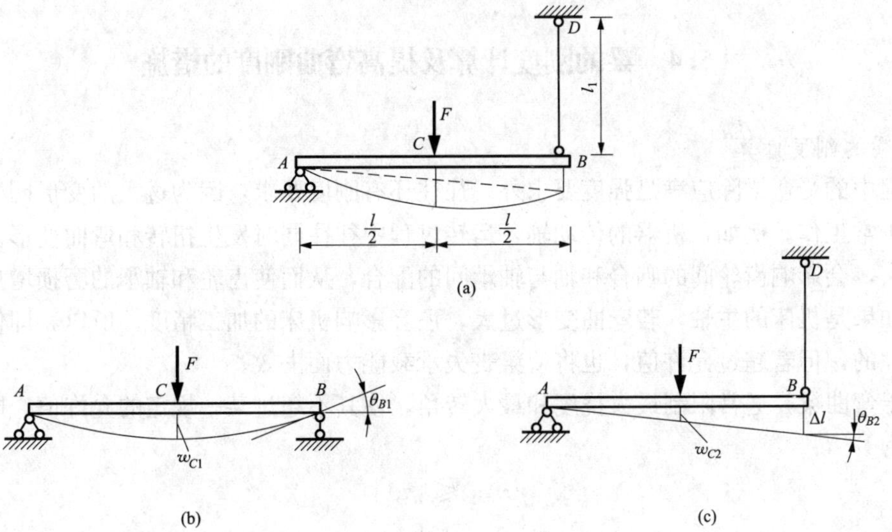

图 5.6

梁，只考虑杆 DB 的变形［见图 5.6（c）］。

图 5.6（b）即为简支梁受集中力的情况。由表 5.1 求得

$$w_{C1}=-\frac{Fl^3}{48EI},\ \theta_{B1}=\frac{Fl^2}{16EI}$$

在图 5.6（c）中，杆的伸长量为

$$\Delta l=\frac{F_N l_1}{EA}=\frac{Fl_1}{2EA}$$

由于杆的变形将引起梁的刚性转动，故

$$w_{C2}=-\frac{\Delta l}{2}=-\frac{Fl_1}{4EA}$$

$$\theta_{B2}=-\frac{\Delta l}{l}=-\frac{Fl_1}{2EAl}$$

根据叠加法，原结构梁 AB 在截面 C 处的挠度及截面 B 处的转角分别为

$$w_C=w_{C1}+w_{C2}=-\frac{Fl^3}{48EI}-\frac{Fl_1}{4EA}$$

$$\theta_B=\theta_{B1}+\theta_{B2}=\frac{Fl^2}{16EI}-\frac{Fl_1}{2EAl}$$

上述求解方法也称为**逐段刚化法**。

试用叠加法求图 5.7 所示梁跨度中央截面的挠度 w_C。

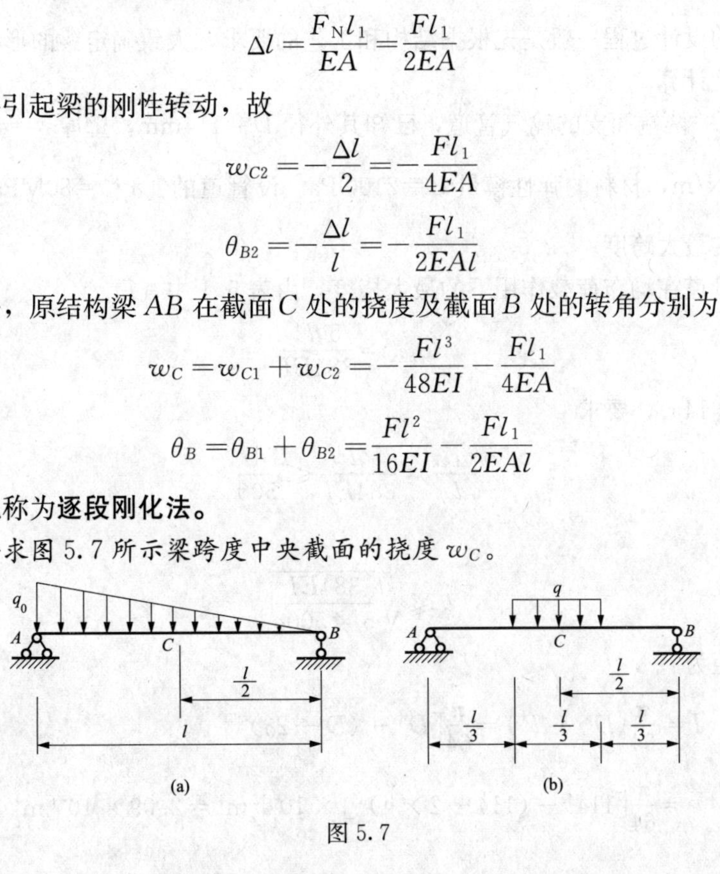

图 5.7

§5.4 梁的刚度计算及提高弯曲刚度的措施

1. 梁的刚度计算

工程中的受弯梁除应满足强度要求外，往往还有刚度要求，因为过大的变形同样会影响到梁的正常工作。例如，机器的传动轴，运转过程中往往同时发生扭转和弯曲变形。若弯曲变形过大，会影响齿轮间的啮合和轴与轴承间的配合，从而使齿轮和轴承的磨损增加，寿命降低。如果是机床的主轴，若弯曲变形过大，还会影响机床的加工精度。所以，即使梁的变形是弹性的，但若超过允许值，也将使梁丧失承载能力而失效。

对于弯曲梁，通常限制最大挠度和最大转角，使其不超过某一规定的允许值，即梁的刚度条件为

$$w_{\max} \leqslant [w] \tag{5.14a}$$

$$\theta_{\max} \leqslant [\theta] \tag{5.14b}$$

式中：$[w]$ 和 $[\theta]$ 分别为规定的许可挠度和许可转角。各类工程对变形限制的规定各不相同。例如，在土木工程中，一般规定 $[w]=\left(\dfrac{1}{250}\sim\dfrac{1}{1000}\right)l$（$l$ 为梁的跨度）。而在机械工程中，对变形的要求比较严格，通常规定 $[w]=(0.0001\sim0.0005)l$（l 为轴承间距），$[\theta]=0.001\sim0.005\text{rad}$。对于锅炉、化工压力容器，主要是强度问题，一般可以不考虑刚度要求。

大多数梁的设计过程一般是先根据结构和工艺的要求，大致确定梁的形状和尺寸，然后进行强度和刚度计算。

【例 5.5】 一两端简支的输气管道，已知其外径 $D=114\text{mm}$，壁厚 $\delta=4\text{mm}$，单位长度的重量 $q=106\text{N/m}$，材料的弹性模量 $E=210\text{GPa}$。设管道的 $[\sigma]=80\text{MPa}$，$[w]=\dfrac{l}{500}$，试确定此管道的最大跨度。

解 简支管道在均布荷载作用下的最大挠度，由表 5.1 中查得

$$w_{\max}=\frac{5ql^4}{384EI}$$

根据式（5.14a），要求

$$\frac{w_{\max}}{l}=\frac{5ql^3}{384EI}\leqslant\frac{1}{500}$$

即

$$l\leqslant\sqrt[3]{\frac{384EI}{5\times500q}}$$

其截面的惯性矩为

$$I=\frac{\pi}{64}(D^4-d^4)=\frac{\pi}{64}[D^4-(D-2\delta)^4]$$

$$=\frac{\pi}{64}[114^4-(114-2\times4)^4]\times10^{-12}\text{m}^4=2.09\times10^{-6}\text{m}^4$$

于是　$l \leqslant \sqrt[3]{\dfrac{384(210\times10^9\text{Pa})(2.09\times10^{-6}\text{m}^4)}{5\times500(106\text{N/m})}}=8.6\text{m}$

再校核梁的弯曲正应力强度。梁内的最大弯矩为

$$M_{\max}=\frac{1}{8}ql^2=\frac{1}{8}(106\text{N/m})(8.6\text{m})^2=980\text{N}\cdot\text{m}$$

其弯曲截面系数为

$$W=\frac{\pi D^3}{32}(1-\alpha^4)=\frac{\pi(114\times10^{-3}\text{m})^3}{32}\left[1-\left(\frac{106}{114}\right)^4\right]=3.67\times10^{-5}\text{m}^3$$

则最大正应力为

$$\sigma_{\max}=\frac{M_{\max}}{W}=26.7\times10^6\text{Pa}=26.7\text{MPa}<[\sigma]$$

因此，根据管道的弯曲强度和刚度要求，其最大跨度为8.6m。

【例5.6】 简支梁由22a号工字钢制成，所受荷载如图5.8（a）所示。已知：$q=4\text{kN/m}$，$l=6\text{m}$，$E=200\text{GPa}$，$[w]=\dfrac{l}{5000}$。试校核简支梁的刚度。

解　(1) 求最大挠度。由平衡方程可求得简支梁的支座约束力分别为

$$F_{Ax}=0,\quad F_{Ay}=\frac{ql}{4}(\downarrow),\quad F_B=\frac{ql}{4}(\uparrow)$$

根据梁所受荷载及其约束力的情况可以推断，弯曲变形后梁的挠曲线必然关于中间截面C成反对称，如图5.8（a）中虚线所示。因此，跨度中点C的挠度等于零。

假想在中间截面C处将梁切开，任取CB段进行研究，由平衡方程可得截面C处的剪力和弯矩分别为

$$F_{SC}=\frac{ql}{4}(\uparrow),M_C=0$$

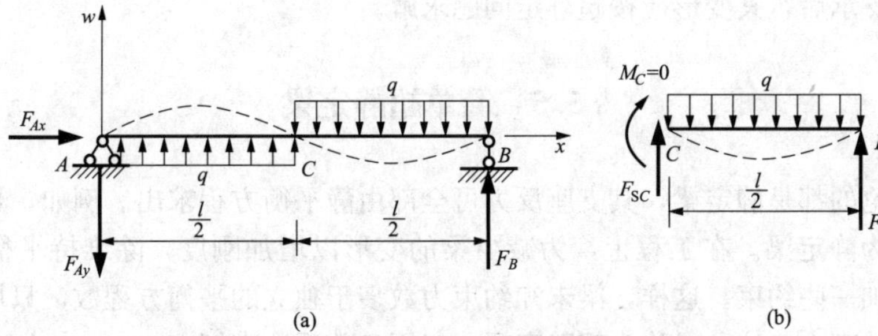

图5.8

如图5.8（b）所示。可见，梁CB段的受力情况和边界条件与跨度为$\dfrac{l}{2}$的简支梁相同，最大挠度发生在梁CB段的中间截面处，由表5.1可得

$$w_{\max}=\frac{5q}{384EI}\left(\frac{l}{2}\right)^4=\frac{5ql^4}{6144EI}$$

(2) 校核刚度。根据式（5.14a），要求

$$\frac{w_{\max}}{l}=\frac{5ql^3}{6144EI}=\frac{5\times(4000\text{N/m})(6\text{m})^3}{6144\times(200\times10^9\text{Pa})(34\times10^{-6}\text{m}^4)}=\frac{1}{9670}<\frac{1}{5000}=\frac{[w]}{l}$$

可见，该梁符合刚度要求。

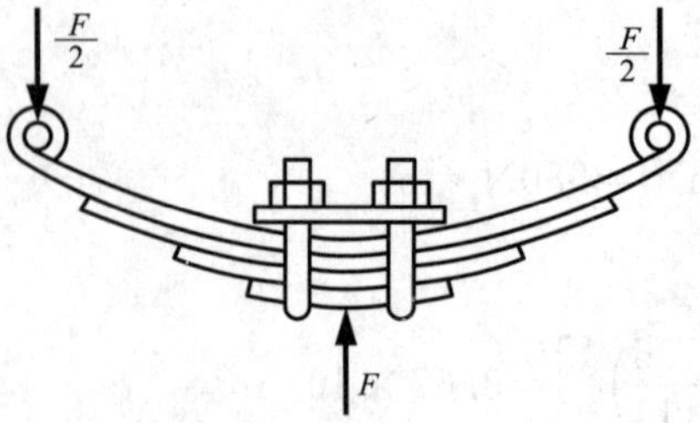

图 5.9

2. 提高弯曲刚度的措施

在实际工程问题中，多数情况下要求限制梁的弯曲变形，即刚度设计的任务是在满足刚度要求的前提下，尽可能合理地选用材料和降低材料的消耗量。但在另一些情况下，常常又利用梁的变形达到某种要求。例如，设计叠板弹簧梁（见图 5.9）时，为了更好地起缓冲减振作用，在满足强度要求的前提下，使叠板弹簧梁有较大的变形。

梁的变形与荷载的大小及作用方式、支座条件、杆件的几何尺寸，以及材料的弹性模量等多种因素有关。在某些方面提高梁的刚度与强度的措施相一致，这里不再赘述，以下仅强调两点：

(1) 增大梁的弯曲刚度 EI。梁的位移与弯曲刚度 EI 成反比。在截面面积相同的情况下尽量增大截面的惯性矩 I，或选用弹性模量 E 大的材料，均能减少梁的变形。例如，工字形、箱形截面都比面积相等、高度不变的矩形截面有更大的惯性矩。一般来说，增大截面惯性矩的同时，有利于提高梁的强度。但更确切地说，在强度问题中应提高弯矩较大的局部范围内的抗弯截面系数；而弯曲变形则与全长梁内各部分的刚度都有关系，因此要考虑梁全长范围内的弯曲刚度。同时也应指出，对于钢材，采用高强度钢可以大大地提高梁的强度，但却不能提高梁的刚度，因为高强度钢与普通低碳钢的 E 值是相近的。

(2) 调整梁的跨度和增加约束。梁的跨度或长度直接影响梁的强度和刚度。例如，悬臂梁自由端受集中力的作用，最大弯矩与梁长度的一次方成正比，而最大转角和挠度分别与梁长度的二次方和三次方成正比。因此，减小梁的跨度有利于提高梁的强度，但对提高梁的刚度则更为明显。如果梁的变形过大，而又不允许缩短梁的长度，则可采用增加支承的办法。当然，梁增加支承后，其变形应按超静定问题求解。

§5.5 简单超静定梁

前面所讨论的都是静定梁，其支座反力可全部由静平衡方程求出。例如，悬臂梁、简支梁和外伸梁均为静定梁。在工程上，为减少梁的变形以增加刚度，除维持平衡必须的约束外，还需要增加一些约束。这样，梁未知约束力数多于独立的平衡方程数，只用静平衡方程不能确定全部约束力，这种梁称为**超静定梁**，仍用三关系法求解。

如图 5.10 (a) 所示，细长工件左端由卡盘夹紧，为减少车削时工件的弯曲变形，提高加工精度，在工件右端安装了尾顶针。将卡盘夹紧端简化为固定端，尾顶针简化为铰支座，画出计算简图，如图 5.10 (b) 所示，共有 4 个未知约束力 F_{Ax}、F_{Ay}、M_A、F_B，由工件的静力关系，有

$$\sum F_x = 0, \qquad F_{Ax} = 0$$

$$\sum F_y = 0, \qquad F - F_{Ay} - F_B = 0$$

$$\sum M_A = 0, \qquad Fa - M_A - F_B l = 0$$

有 3 个平衡方程，4 个未知力，为一次超静定梁，必须再建立一个补充方程，方可求解。

为建立变形几何方程，设想解除支座 B，用力 F_B 代替其作用。这样就将原超静定梁在形式上转变为静定的悬臂梁，称为**基本结构**。在基本结构上，除原外荷载 F 外，还有未知约束力 F_B［见图 5.10（c)］，共同组成**相当系统**，且认为相当系统中的静定梁与原超静定梁的受力和变形完全相同。比较相当系统与原超静定梁在截面 B 处的挠度，B 处原为铰支座，挠度为零，则变形几何方程为

$$w_B=0$$

在相当系统中，由叠加法可知，悬臂梁截面 B 处的总挠度，应为外力 F 和约束力 F_B 单独作用时产生的挠度 w_{BF} 和 w_{BR}［见图 5.10（d）和（e)］的代数和。因此，可将几何方程写为

$$w_B=w_{BF}+w_{BR}=0 \qquad (5.15)$$

由叠加法，可求出 F 和 F_B 单独作用时悬臂梁截面 B 处的挠度，得物理方程

$$w_{BF}=\frac{Fa^3}{3EI}+\frac{Fa^2}{2EI}(l-a)=\frac{Fa^2}{6EI}(3l-a)$$

$$w_{BR}=-\frac{F_Bl^3}{3EI}$$

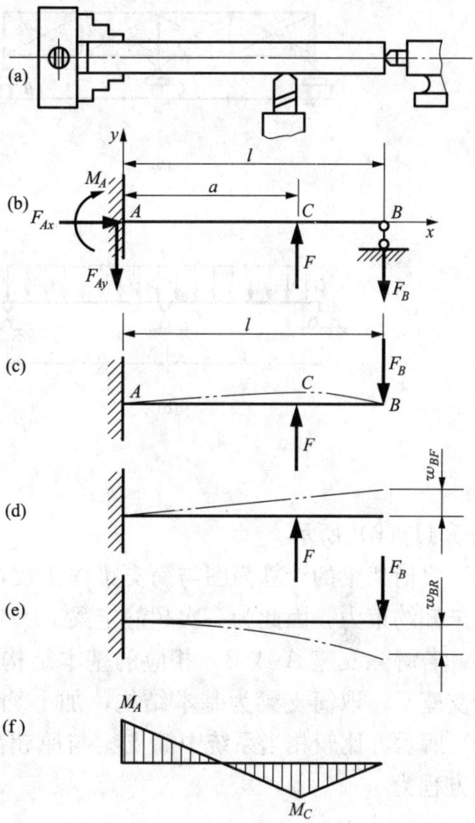

图 5.10

代入式（5.15)，可得补充方程，解得截面 B 处的约束力为

$$F_B=\frac{F}{2}\left(3\frac{a^2}{l^2}-\frac{a^3}{l^3}\right)$$

接下来的计算，可在相当系统的悬臂梁［见图 5.10（c)］上进行，由于相当系统与原超静定梁的受力和变形处处相同，因此，相当系统静定梁上的计算结果，就是超静定梁对应截面上的结果。

例如，研究相当系统，由平衡方程，可求得截面 A 和截面 C 处的弯矩分别为

$$M_A=Fa-F_Bl=\frac{Fl}{2}\left(2\frac{a}{l}-3\frac{a^2}{l^2}+\frac{a^3}{l^3}\right)$$

$$M_C=-F_B(l-a)=-\frac{F(l-a)}{2}\left(3\frac{a^2}{l^2}-\frac{a^3}{l^3}\right)$$

作梁的弯矩图，如图 5.10（f）所示。

在上述分析求解过程中，几何关系是求解超静梁的关键，采用将相当系统上未知约束力作用截面处的位移与原系统对应处的位移进行比较，得到几何方程，因此这种方法也称为**变形比较法**。

【例 5.7】 图 5.11（a）所示三支座桁架梁 ABC，可简化为受均布荷载作用。已知：均布荷载集度 q、尺寸 l、梁的弯曲刚度 EI，试求桁架梁的支座反力。

解 将桁架梁用一根粗实线表示，其自重简化为均布荷载，画出桁架梁的计算简图，如

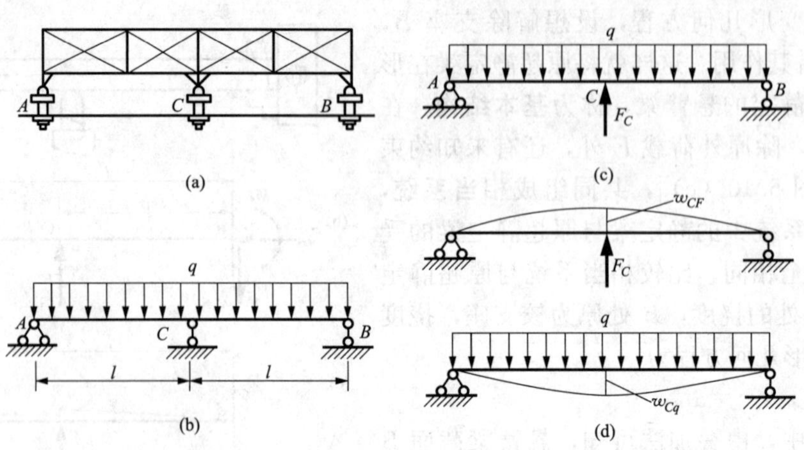

图 5.11

图 5.11（b）所示。

将桁架梁的计算简图与简支梁作比较，三支座桁架梁多了一个可动铰支座，即增加了一个未知约束力，因此为一次超静定梁。

若解除支座 A 或 B，相应的基本结构均为外伸梁，计算挠度不太方便。因此，解除中间支座 C，取简支梁为基本结构，加上均布荷载及约束力 F_C，得到相当系统，如图 5.11（c）所示。比较相当系统中简支梁与原超静定梁在截面 C 处的挠度，利用叠加法，可得几何方程为

$$w_C = w_{CF} + w_{Cq} = 0 \tag{a}$$

查表 5.1，可得简支梁在中间截面处约束力 F_C 或均布荷载 q 单独作用下［见图 5.11（d）］，中间截面挠度 w_{CF} 或 w_{Cq} 的表达式，代入式（a），可得补充方程为

$$\frac{F_C\ (2l)^3}{48EI} - \frac{5q\ (2l)^4}{384EI} = 0$$

可解得截面 C 处约束力为

$$F_C = \frac{5}{4}ql$$

求出约束力 F_C 后，研究静定的相当系统［见图 5.11（c）］，由静平衡方程并利用对称性，可得其余支座反力为

$$F_A = F_B = \frac{3}{8}ql$$

§5.6　工程应用实训

5.1　建筑工程中常见的钢筋混凝土结构，在设计上布置钢筋来承受拉力，而让混凝土承受压力。今有一座钢筋混凝土结构的桥梁，如图 5.12 所示。在长期使用后出现了险情：列车通过时跨度中央截面的挠度超出了设计要求。

（1）试对“在桥梁跨度中央部位再加一个桥墩”的方案进行力学分析，论证其可行性。

（2）通过力学分析，设计一个既合理又可行的加固方案。

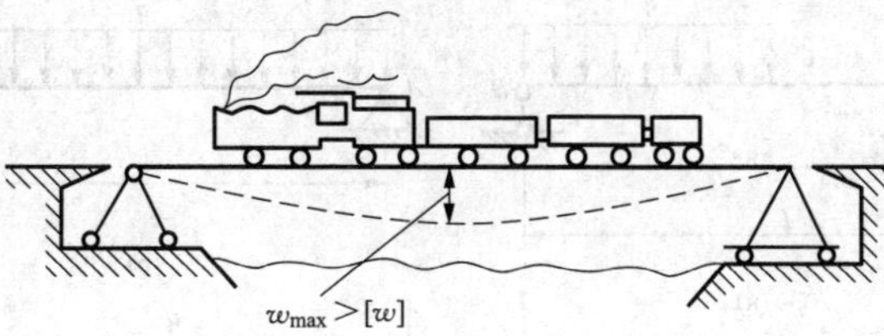

图 5.12

5.2 装配式建筑施工，首先需按照设计图纸，在预制构件厂制作梁、板、柱、剪力墙及楼梯等结构，然后将预制构件运输到施工现场进行起吊安装。欲将混凝土梁预制构件水平起吊，试研究：

(1) 在吊装过程中，要使梁内最大弯矩最小，2 个吊点位置应如何设置?

(2) 在吊装过程中，要使梁内最大弯曲变形最小，2 个吊点位置应如何设置?

习 题

5.1 试用积分法求题 5.1 图所示悬臂梁自由端截面的转角和挠度。

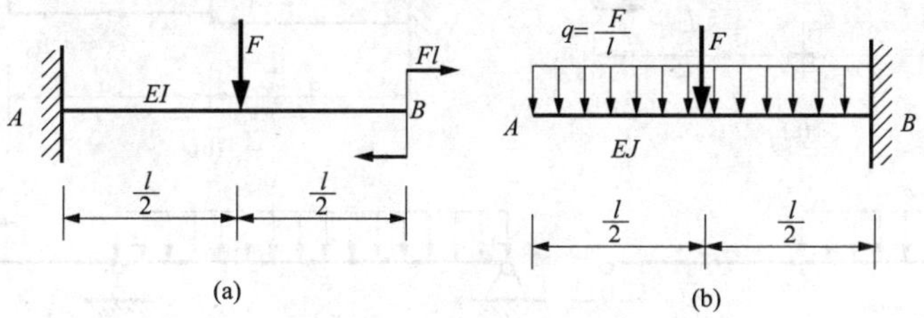

题 5.1 图

5.2 试用积分法求题 5.1 图所示简支梁两端截面的转角及跨度中央截面的挠度。

5.3 试用积分法求题 5.1 图所示外伸梁自由端截面的转角和挠度。

5.4 写出题 5.4 图所示各梁的边界条件。

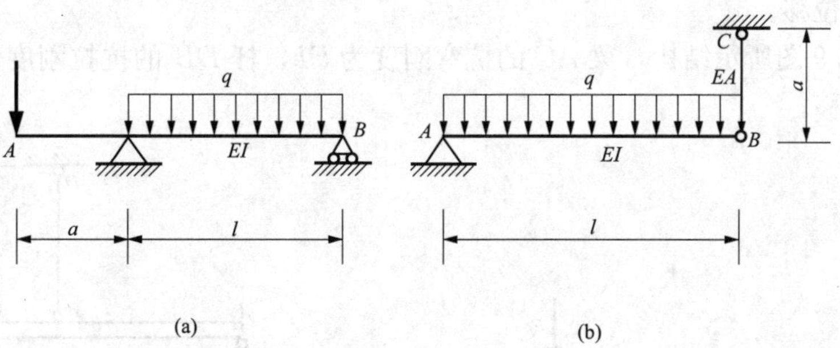

题 5.4 图

5.5 用积分法计算梁的位移时，必须确定积分常数。试写出题 5.5 图所示各梁确定积分常数的边界条件。在题 5.5 图 (b) 中支座 B 的弹簧刚度系数为 k。

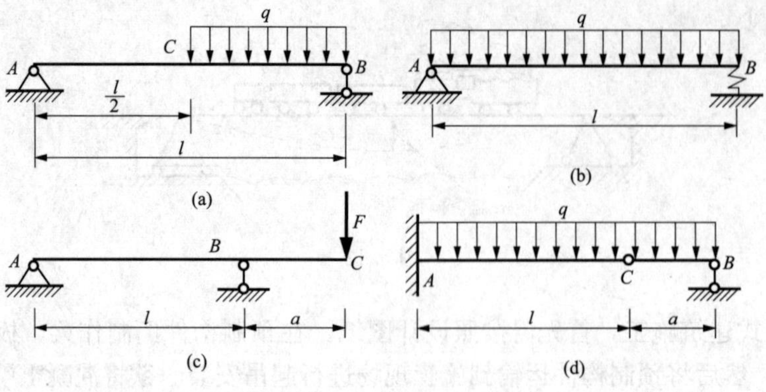

题 5.5 图

5.6　试用积分法求题 5.5 图（a）、（c）所示梁的截面 A 转角和截面 C 的挠度。

5.7　试用叠加法求题 5.7 图所示各梁截面 A 的挠度和截面 B 的转角。设杆件的抗弯刚度 EI 为常量。

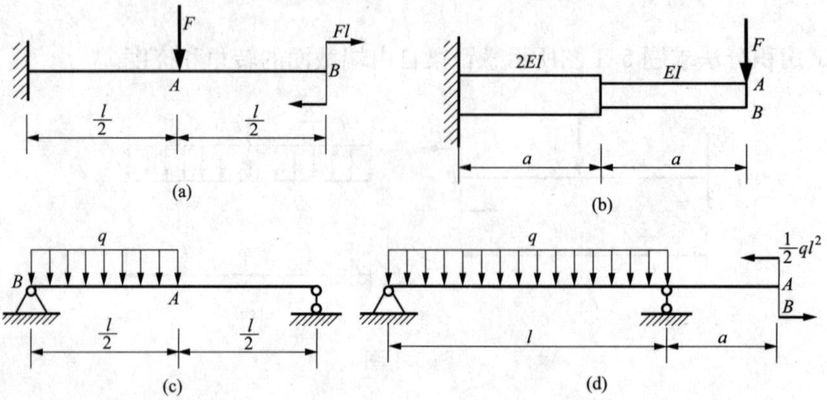

题 5.7 图

5.8　题 5.8 图所示两根梁的 EI 相同，且等于常量，两梁由铰支座相互连接。试求力 F 作用点 D 的位移。

5.9　题 5.9 图所示结构，梁 AC 的抗弯刚度为 EI，杆 DB 的抗拉刚度为 EA。试求截面 C 的铅垂位移。

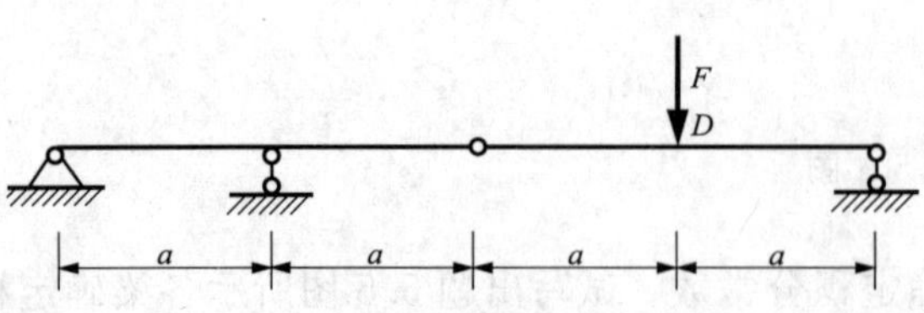

题 5.8 图

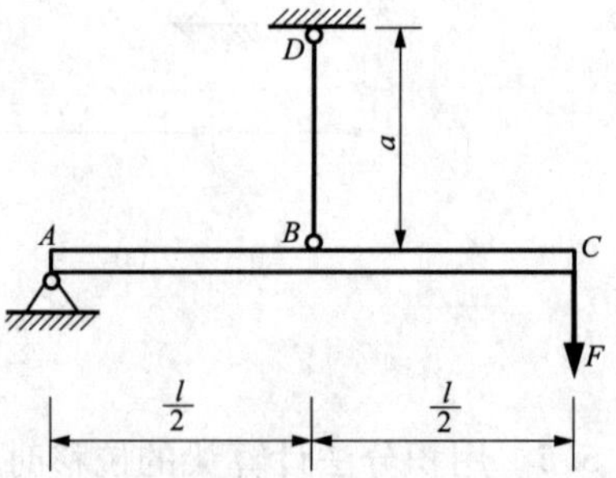

题 5.9 图

5.10 试用叠加法重新求解题 5.3。

5.11 一两端简支的输气管道，已知其外径 $D=114\text{mm}$，壁厚 $\delta=4\text{mm}$，单位长度重量 $q=106\text{N/m}$，材料的弹性模量 $E=210\text{GPa}$，设管道的许可挠度 $[w]=l/500$，试确定此管道的最大跨度。

5.12 题 5.12 图所示桥式吊车的最大荷载 $P=20\text{kN}$，吊车大梁材料为 32a 工字钢，$E=210\text{GPa}$，$l=8.76\text{m}$，许可挠度 $[w]=l/500$，试校核大梁的刚度。

5.13 悬臂梁 AB，长度 $l=3\text{m}$，所承受的荷载如题 5.13 图所示。若许用应力 $[\sigma]=150\text{MPa}$，许可挠度 $[w]=l/300$，试选一适当工字钢（$E=200\text{GPa}$）。

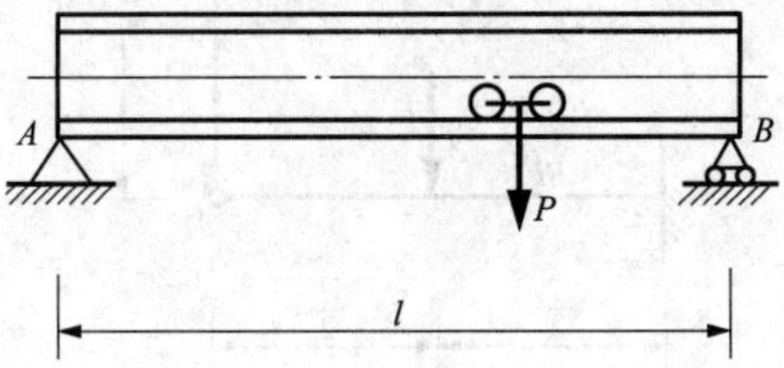

题 5.12 图

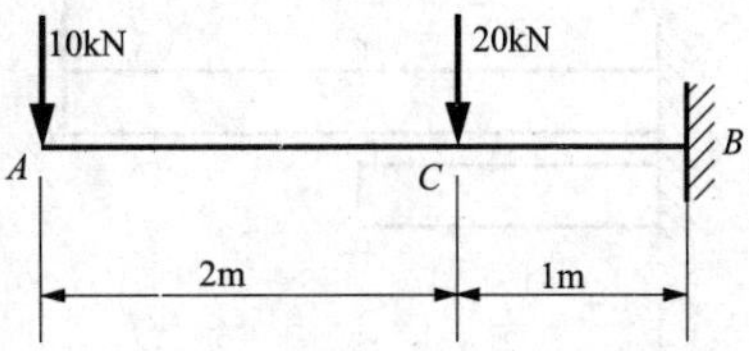

题 5.13 图

5.14 在 18 号工字钢梁上作用着可移动的载荷 F，如题 5.14 图所示。已知 $E=200\text{GPa}$，$[\sigma]=100\text{MPa}$，$[w]=\dfrac{l}{400}$（l 为两支承间的跨长）。为提高梁的承载能力，试确定 a 的合理数值及相应的许可载荷，并校核梁的刚度。

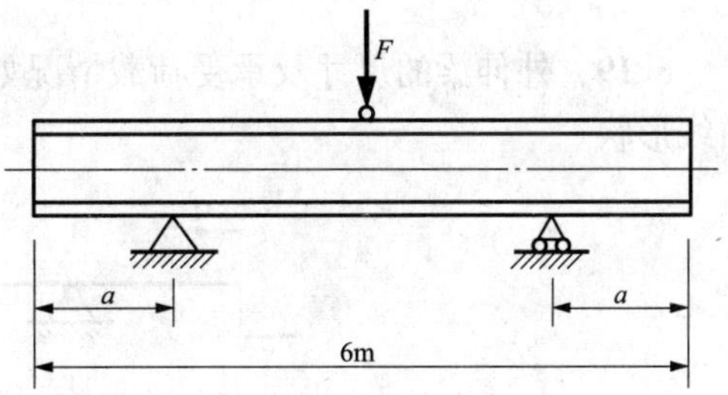

题 5.14 图

5.15 试求题 5.15 图所示各超静定梁的支座反力。

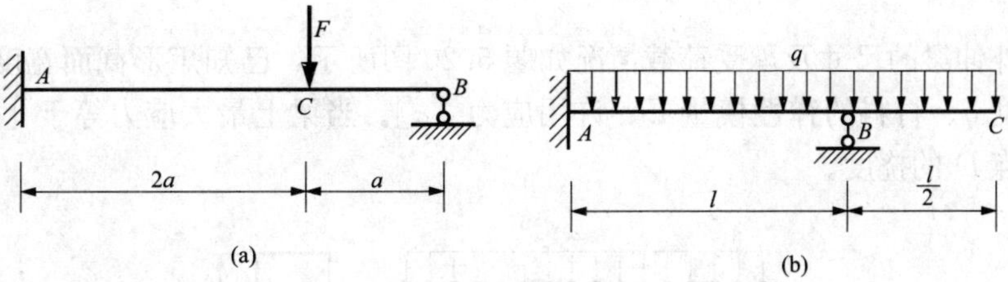

题 5.15 图

5.16 试求出题 5.16 图所示各梁的反力，并绘出剪力图及弯矩图。

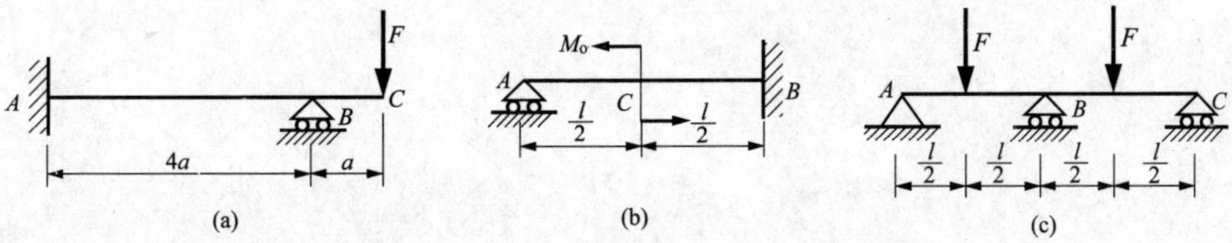

题 5.16 图

5.17 悬臂梁 AB 因强度不足，用相同材料、相同截面的一根短梁 AC 加固，如题

5.17 图所示。试问：

(1) 支点 C 处的反力 F_C 为多少？

(2) 梁 AB 的最大弯矩和点 B 的挠度比没有加固梁 AC 支承时减小多少？

5.18 静不定系统如题 5.18 图所示，已知集中力 F、尺寸 l、杆的拉压刚度 EA、梁的弯曲刚度 EI，试求杆 BC 轴力 F_N 的补充方程。

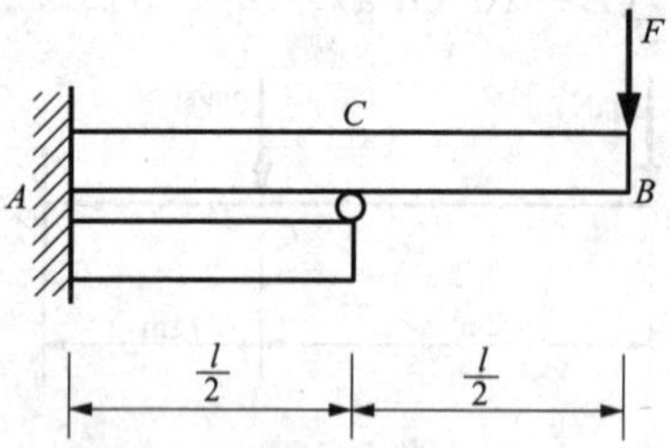

题 5.17 图

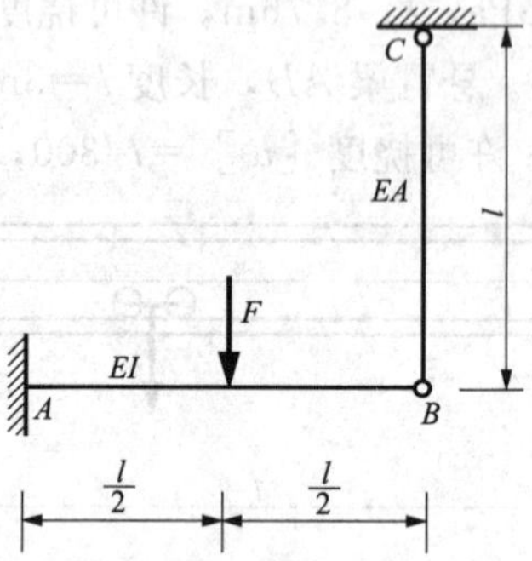

题 5.18 图

5.19 外伸梁的尺寸及承受荷载情况如题 5.19 图所示，试定性地画出该等截面梁的挠曲线形状。

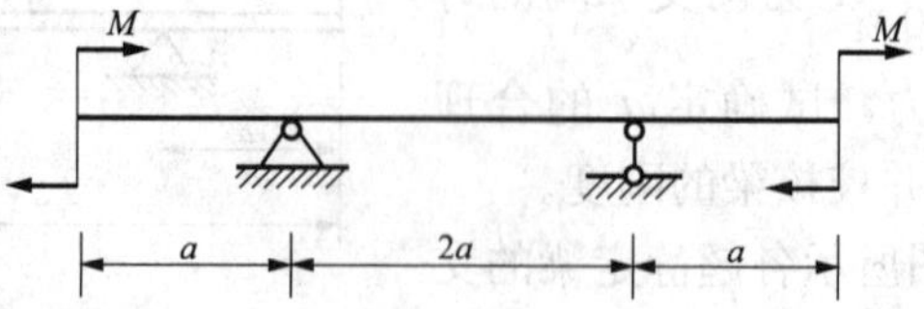

题 5.19 图

5.20 外伸梁的尺寸及承受荷载情况如题 5.20 图所示，已知矩形截面宽度 b、高度 h、均布荷载集度 q、材料的弹性模量 E、许用应力 $[\sigma]$。当梁上最大应力等于 $[\sigma]$ 时，试求梁 AB 段中点 D 的挠度。

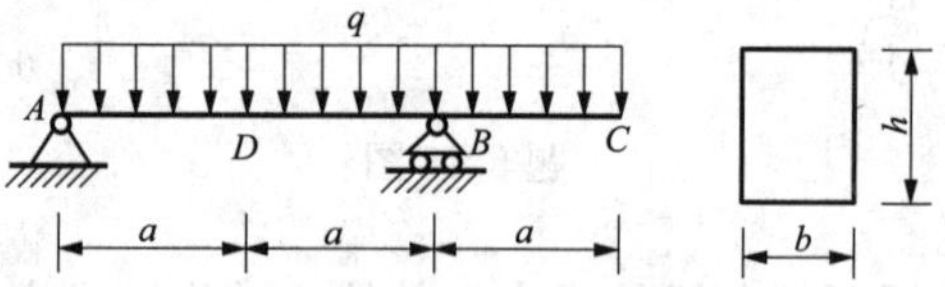

题 5.20 图

第6章 应力状态与强度理论

教学要求：

1. 正确建立一点应力状态、主平面和主应力的概念。

2. 熟练掌握用解析法和图解法分析和计算平面应力状态下任意截面的应力、主应力，并能正确确定主平面方位。能应用平面应力状态的概念分析梁的主应力迹线。

3. 能理解三向应力状态的概念，能熟练计算三向应力状态下的最大切应力。

4. 掌握广义胡克定律及其应用。了解复杂应力状态下关于应变能密度、体积改变能密度和畸变能密度的主要结论和公式。

5. 了解材料的两种失效形式，能正确理解四种常用的强度理论及其应用范围。

6. 能正确应用四种常用的强度理论进行强度计算，熟练掌握用第三和第四强度理论进行强度分析和计算的方法。

在前述各章中，分别讨论了拉伸与压缩、扭转、弯曲时杆件的强度设计，所涉及的最大应力点为单向拉伸、单向压缩或纯剪，即最大应力点只受单向正应力或切应力作用，因此可通过同样受力情况下的试验结果，直接确定许用正应力或许用切应力，从而建立强度条件。

在工程中，实际构件的受力常常是复杂的，其最大应力点往往同时受多向正应力作用，或受正应力和切应力同时作用，这就需要研究并建立复杂情况下的强度条件。

本章首先介绍应力状态的概念及工程实例，阐述平面和空间应力状态的分析方法，接着讨论广义胡克定律和应变能密度，最后介绍工程中常用的强度理论，并应用强度理论建立复杂应力状态下的强度条件。

§6.1 应力状态的概念及工程实例

在前述各章强度计算中，其最大应力的作用面都是杆件的横截面。在工程实际中，常常需要分析构件上一点所有截面上的应力情况。例如，图6.1所示的钢筋混凝土梁作静荷载破坏试验时，在跨度中央截面下边缘会产生由最大拉应力所引起的竖向裂纹，当这些裂纹向梁内部扩展时会产生倾斜。这一现象表明，梁内部某点的斜截面上有最大拉应力。因此，有必要研究构件上一点所有截面上的应力情况。

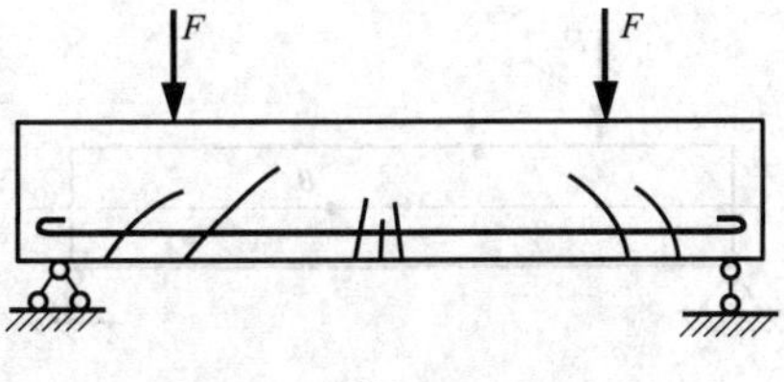

图6.1

在§1.3中，应用截面法得到了拉杆斜截面上应力的计算公式为

$$\sigma_\alpha = p_\alpha \cos\alpha = \sigma \cos^2\alpha$$

$$\tau_\alpha = p_\alpha \sin\alpha = \frac{\sigma}{2}\sin 2\alpha$$

由此可知，拉杆某截面上的正应力和切应力是随着该截面的倾斜角 α 的变化而变化的，即过一点不同截面上的应力是角 α 的函数。因此，同一点不同斜截面上的应力是不相同的。通过一点所有截面上应力的总和，称为该点的**应力状态**。

为了分析受力构件内一点处的应力状态，可围绕该点截取各边长均为无穷小量的正六面体，称为**单元体**。因为单元体的尺寸是无限小的，所以可认为单元体各面上的应力是均匀分布的，并且在每一对平行面上，应力的大小和性质都是相同的。因此，单元体六个面上的应力就代表在该点处位于互相垂直的三个截面上的应力。由于单元体是平衡的，单元体的任意一部分也一定是平衡的。当单元体各面上的应力已知时，就可以用假想平面将单元体从任意方位面处截开，考察任意一部分的平衡，由平衡条件求得该点的任意方位面上的应力。

在截取单元体时，应尽量使各面上的应力容易确定。例如，对于轴向拉伸杆内的点 A［见图 6.2 (a)］，可围绕该点分别用三对无限靠近的横截面、水平和铅垂纵向截面截取一单元体。已知左、右两横截面上的正应力 $\sigma=\frac{F_N}{A}$，其他两对截面上没有应力，故点 A 处的应力状态如图 6.2 (b) 所示。又如，受扭圆形截面轴表面上的点 A［见图 6.3 (a)］，可围绕该点分别用横截面、径向和切向截面截取单元体，其应力状态如图 6.3 (b) 所示。

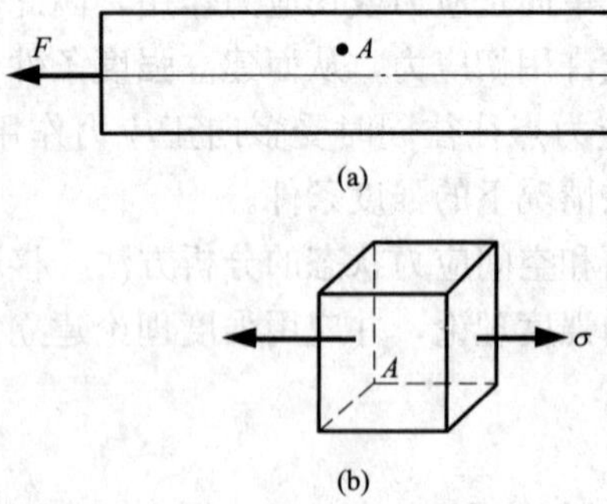

图 6.2

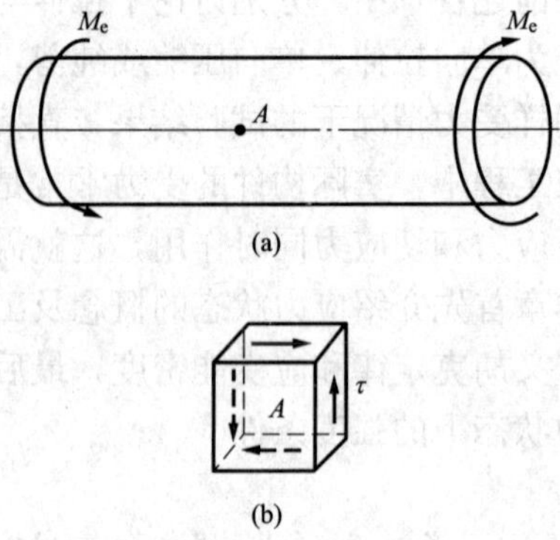

图 6.3

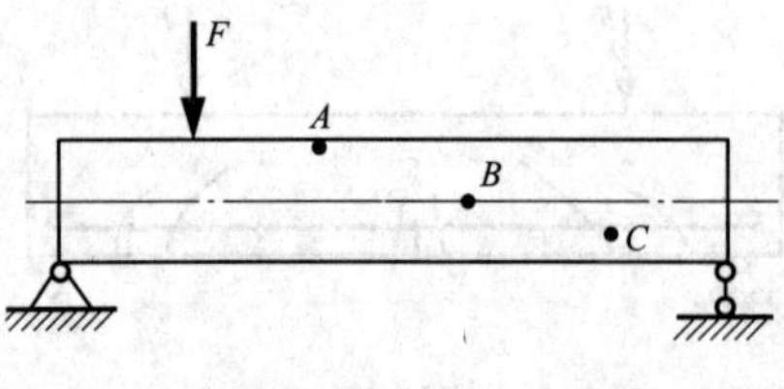

图 6.4

对于图 6.4 所示在横向力作用下产生对称弯曲的梁，试用单元体分别表示横截面上 A、B、C 三点处的应力状态。

对于受力构件内的同一点，按不同方位所截取的单元体，其各面上的应力是不同的。若单元体某一面上的切应力等于零，则称该面为**主平面**。主平面上的正应力称为**主应力**。进一步分析可以证明，在受力构件内任一点处总可以找到三个相互垂直的主平面，用三个主平面截取的单元体称为**主应力单元体**。

根据主应力的情况，可将应力状态分为三类：三个主应力中只有一个不等于零，称为**单向应力状态**；若有两个主应力不等于零，称为**二向或平面应力状态**；若三个应力皆不等于零，称为**三向或空间应力状态**。通常规定三个主应力分别用 σ_1、σ_2 和 σ_3 表示，且按代数值

$\sigma_1 \geqslant \sigma_2 \geqslant \sigma_3$ 来排列。

【例 6.1】 工程中常见的圆筒形压力容器，如储气罐和蒸汽锅炉，如图 6.5（a）所示。已知壁厚 $\delta=10\text{mm}$，内径 $D=1\text{m}$，内压力 $p=3\text{MPa}$。试分析该压力容器筒壁上任意点处单元体的应力状态，并计算其应力分量。

解　(1) 求圆筒横截面上的应力。研究表明，若圆筒壁厚 δ 远小于圆筒直径 D，即有 $\delta<\frac{D}{20}$，可认为筒壁应力沿壁厚均匀分布。

圆筒横截面上的应力沿圆筒轴线方向，称为轴向应力，用 σ_x 表示。假想用一个平面沿着垂直于筒轴方向将圆筒切开，任取截面一侧［如图 6.5（b）所示取右侧的部分］为研究对象，由平衡条件，有

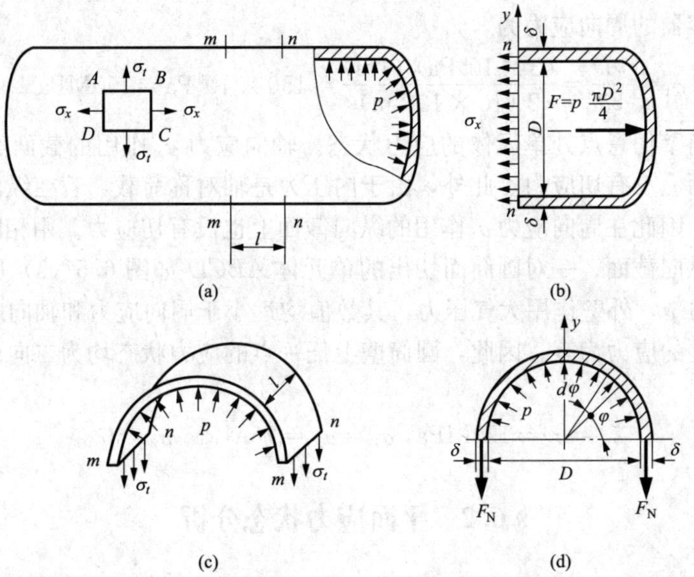

图 6.5

$$\sum F_x=0,\qquad p\,\frac{\pi D^2}{4}-\sigma_x(\pi D\delta)=0$$

由此可得

$$\sigma_x=\frac{pD}{4\delta}$$

薄壁圆筒形压力容器的轴向应力为

$$\sigma_x=\frac{pD}{4\delta}=\frac{(3\times10^6\text{Pa})\ (1\text{m})}{4(10\times10^{-3}\text{m})}=75\times10^6\text{Pa}=75\text{MPa}$$

(2) 求圆筒纵向截面上的应力。圆筒纵向截面上的应力沿圆筒圆周方向，称为周向应力或环向应力，用 σ_t 表示。假想用相距为 l 的两个横截面和包含直径的纵向平面，从圆筒中截取一部分为研究对象，如图 6.5（c）所示，在筒壁纵向截面上的应力就是周向应力 σ_t，则内力为

$$F_N=\sigma_t\delta l$$

在圆筒内壁的微分面积 $l\dfrac{D}{2}\mathrm{d}\varphi$ 上，压力为 $pl\dfrac{D}{2}\mathrm{d}\varphi$，由积分可求出内压力在 y 方向投影[见图 6.5（d）] 的总和为

$$\int_0^{\pi} pl\,\frac{D}{2}\sin\varphi\,\mathrm{d}\varphi = plD$$

积分结果表明，研究对象在纵向平面上的投影面积 lD 与 p 的乘积，就等于内压力沿 y 方向的合力。

由平衡条件，有

$\sum F_y = 0$，　$p(Dl) - 2(\sigma_t \delta l) = 0$

$$\sigma_t = \frac{pD}{2\delta}$$

薄壁圆筒形压力容器的周向应力为

$$\sigma_t = \frac{pD}{2\delta} = \frac{(3\times 10^6\,\mathrm{Pa})\ (1\mathrm{m})}{2\ (10\times 10^{-3}\mathrm{m})} = 150\times 10^6\,\mathrm{Pa} = 150\mathrm{MPa}$$

（3）分析圆筒壁任意点处单元体的应力状态。轴向应力 σ_x 作用的截面类似直杆轴向拉伸的横截面，截面上没有切应力。此外，由于内压力是轴对称荷载，若在纵向截面上有切应力将破坏对称性，因此在周向应力 σ_t 作用的纵向截面上也没有切应力。用相距为无穷小的一对横截面、一对纵向截面、一对圆筒面切出的单元体 $ABCD$ 如图 6.5（a）所示，注意到圆筒内壁作用内压力 p，外壁作用大气压力，其数值均远小于周向应力和轴向应力，可近似认为这一对圆筒面上的应力为零。因此，圆筒壁上任一点的应力状态均为二向应力状态。三个主应力分别为

$$\sigma_1 = \sigma_t = 150\mathrm{MPa},\ \sigma_2 = \sigma_x = 75\mathrm{MPa},\ \sigma_3 = 0$$

§6.2　平面应力状态分析

在薄壁圆筒形压力容器壁上，用三对主平面切出正六面单元体，对于二向应力状态情况，有一对主平面上应力为零，其他四个面上的应力都平行于零应力的主平面，因此，二向应力状态也称为平面应力状态。

以零应力主平面的法线为轴，建立直角坐标系 $Oxyz$，在一般情况下，在以轴 x 及轴 y 为法线的平面上，既有正应力 σ_x 和 σ_y，又有切应力 τ_x 和 τ_y，如图 6.6（a）所示。为方便计算，可用其正投影平面图表示，如图 6.6（b）所示。图 6.5（a）所示受内压 p 作用的薄壁圆筒形压力容器，若在两端还有一对外力偶作用而受扭，则用横截面和纵向截面及圆筒面切出的单元体，其应力情况就如图 6.6（b）所示。

1. 斜截面上的应力

若已知平面应力状态单元体上的各应力分量，欲求单元体任意斜截面上的应力，为此，研究图 6.6（a）中垂直于前后两平面的任一斜截面 $ACDE$ 上的应力。该斜截面的方位可用斜截面的外法线 n 与轴 x 的夹角 θ 来表示，将该斜截面称为 θ 面。以 σ_θ 和 τ_θ 分别表示 θ 面上的正应力和切应力，正应力以拉应力为正，压应力为负；切应力对于所作用的研究对象为顺时针转向时为正，反之为负。根据此规则可知，在图 6.6（a）中，σ_x、σ_y 和 τ_x 皆为正，而 τ_y 为负。至于角度 θ 的符号，规定由轴 x 转至外法线 n 为逆时针转向时为正，反之为负。

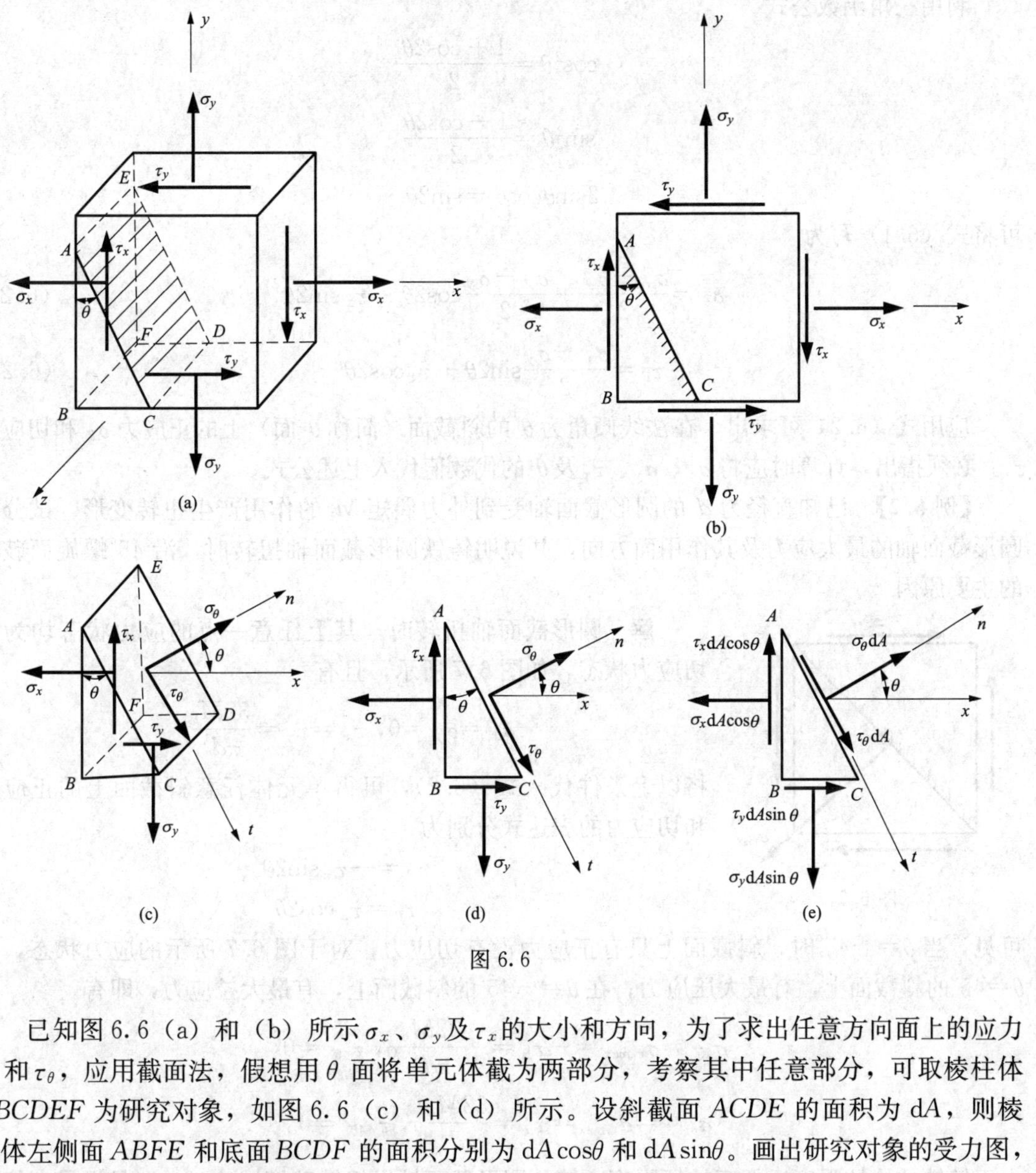

图 6.6

已知图 6.6（a）和（b）所示 σ_x、σ_y 及 τ_x 的大小和方向，为了求出任意方向面上的应力 σ_θ 和 τ_θ，应用截面法，假想用 θ 面将单元体截为两部分，考察其中任意部分，可取棱柱体 $ABCDEF$ 为研究对象，如图 6.6（c）和（d）所示。设斜截面 $ACDE$ 的面积为 $\mathrm{d}A$，则棱柱体左侧面 $ABFE$ 和底面 $BCDF$ 的面积分别为 $\mathrm{d}A\cos\theta$ 和 $\mathrm{d}A\sin\theta$。画出研究对象的受力图，如图 6.6（e）所示，分别由斜截面外法线 n 方向和切线 t 方向的平衡条件可得

$$\sum F_{\mathrm{n}}=0,\quad \sigma_\theta \mathrm{d}A-(\sigma_x \mathrm{d}A\cos\theta)\cos\theta+(\tau_x \mathrm{d}A\cos\theta)\sin\theta-(\sigma_y \mathrm{d}A\sin\theta)\sin\theta+(\tau_y \mathrm{d}A\sin\theta)\cos\theta=0$$

$$\sum F_{\mathrm{t}}=0,\quad \tau_\theta \mathrm{d}A-(\sigma_x \mathrm{d}A\cos\theta)\sin\theta-(\tau_x \mathrm{d}A\cos\theta)\cos\theta+(\sigma_y \mathrm{d}A\sin\theta)\cos\theta+(\tau_y \mathrm{d}A\sin\theta)\sin\theta=0$$

根据切应力互等定理，τ_x 和 τ_y 在数值上相等，以 τ_x 代换 τ_y，消去 $\mathrm{d}A$，经过化简上述两个平衡方程可得

$$\begin{aligned}\sigma_\theta&=\sigma_x\cos^2\theta+\sigma_y\sin^2\theta-2\tau_x\sin\theta\cos\theta\\ \tau_\theta&=(\sigma_x-\sigma_y)\sin\theta\cos\theta+\tau_x(\cos^2\theta-\sin^2\theta)\end{aligned}\qquad(6.1)$$

利用三角函数公式

$$\cos^2\theta=\frac{1+\cos2\theta}{2}$$

$$\sin^2\theta=\frac{1-\cos2\theta}{2}$$

$$2\sin\theta\cos\theta=\sin2\theta$$

可将式（6.1）写为

$$\sigma_\theta=\frac{\sigma_x+\sigma_y}{2}+\frac{\sigma_x-\sigma_y}{2}\cos2\theta-\tau_x\sin2\theta \tag{6.2a}$$

$$\tau_\theta=\frac{\sigma_x-\sigma_y}{2}\sin2\theta+\tau_x\cos2\theta \tag{6.2b}$$

应用式（6.2）可求出，在法线倾角为θ的斜截面（简称θ面）上的正应力σ_θ和切应力τ_θ。必须指出，计算时应将σ_x、σ_y、τ_x及θ的代数值代入上述公式。

【例 6.2】 已知直径为d的圆形截面轴受到外力偶矩M_e的作用产生扭转变形，试分析圆形截面轴的最大应力及其作用面方向，并说明铸铁圆形截面轴扭转时，沿45°螺旋面破坏的主要原因。

解　圆形截面轴扭转时，其上任意一点的应力状态均为纯切应力状态，如图6.7所示，且有

$$\sigma_x=\sigma_y=0，\tau_x=\tau_y=\frac{32M_e}{\pi d^4}\rho$$

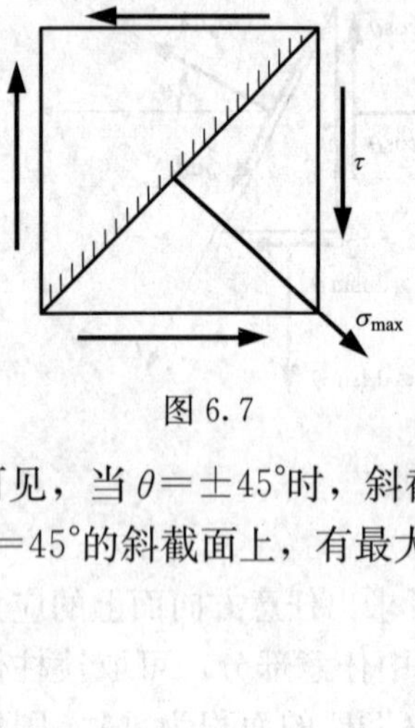

图 6.7

将以上条件代入式（6.2），可得单元体任意斜截面上的正应力和切应力的表达式分别为

$$\sigma_\theta=-\tau_x\sin2\theta$$

$$\tau_\theta=\tau_x\cos2\theta$$

可见，当$\theta=\pm45°$时，斜截面上只有正应力没有切应力。对于图6.7所示的应力状态，在$\theta=45°$的斜截面上，有最大压应力；在$\theta=-45°$的斜截面上，有最大拉应力，即有

$$\sigma_{45°}=\sigma_{c,\max}=-\tau_x=-\frac{32M_e}{\pi d^4}\rho，\tau_{45°}=0$$

$$\sigma_{-45°}=\sigma_{t,\max}=\tau_x=\frac{32M_e}{\pi d^4}\rho，\tau_{-45°}=0$$

由于铸铁的抗拉强度远低于抗压强度，铸铁圆形截面轴做扭转破坏试验时，正是沿最大拉应力作用面，即$-45°$螺旋面断裂破坏的。因此，可以认为铸铁圆形截面轴扭转时沿45°螺旋面破坏是由最大拉应力引起的。

取两根圆形截面粉笔，分别使其弯曲和扭转而断裂，试观察它们的断口有何不同？试分析它们危险点处的应力状态，并解释其破坏的原因。

2. 应力圆

由式（6.2a）和式（6.2b）可知，在平面应力状态中，斜截面上的应力σ_θ和τ_θ之值都是倾角θ的连续函数。这两个公式可以看成是以θ为参变量的方程，因此，只要设法将θ消去，就可得到σ_θ与τ_θ之间的直接关系式。

为此，将式（6.2a）改写为

$$\sigma_\theta-\frac{\sigma_x+\sigma_y}{2}=\frac{\sigma_x-\sigma_y}{2}\cos 2\theta-\tau_x\sin 2\theta \tag{6.3}$$

将式（6.3）等号两边的表达式分别平方，得

$$\left(\sigma_\theta-\frac{\sigma_x+\sigma_y}{2}\right)^2=\left(\frac{\sigma_x-\sigma_y}{2}\cos 2\theta-\tau_x\sin 2\theta\right)^2 \tag{6.4}$$

同理，可将式（6.2b）改写为

$$(\tau_\theta-0)^2=\left(\frac{\sigma_x-\sigma_y}{2}\sin 2\theta+\tau_x\cos 2\theta\right)^2 \tag{6.5}$$

将式（6.4）和式（6.5）相加，并注意到$\sin^2 2\theta+\cos^2 2\theta=1$，可得

$$\left(\sigma_\theta-\frac{\sigma_x+\sigma_y}{2}\right)^2+(\tau_\theta-0)^2=\left(\frac{\sigma_x-\sigma_y}{2}\right)^2+\tau_x^2 \tag{6.6}$$

由解析几何可知，方程

$$(x-a)^2+(y-0)^2=R^2 \tag{6.7}$$

所代表的曲线是在 xy 坐标平面内的一个圆，圆心在轴 x 上，其坐标为（a，0），半径为 R。

若已知 σ_x、σ_y、τ_x，将式（6.6）与式（6.7）对比，可知式（6.6）是以 σ_θ 和 τ_θ 为变量的圆周方程。在以 σ_θ 为横轴、τ_θ 为纵轴的坐标系中，可以画一个圆，圆心的坐标为 $\left(\frac{\sigma_x+\sigma_y}{2},\ 0\right)$，半径 R 为 $\sqrt{\left(\frac{\sigma_x-\sigma_y}{2}\right)^2+\tau_x^2}$，此圆称为**应力圆**，是由德国工程师莫尔（Otto Mohr）最早提出的，故称为莫尔应力圆，简称**莫尔圆**。

现以图 6.8（a）所示平面应力状态为例说明应力圆的画法。因为，应力圆上某一点的坐标与单元体某一斜截面上的应力有着一定的对应关系。由式（6.2）可知：

当 $\theta=0$ 时

$$\sigma_\theta=\sigma_x,\ \tau_\theta=\tau_x$$

当 $\theta=\frac{\pi}{2}$ 时

$$\sigma_\theta=\sigma_y,\ \tau_\theta=-\tau_x$$

据此，即可在（σ_θ，τ_θ）坐标系中分别确定相应的点 D 和点 D'，它们的坐标分别代表面 x 和面 y 上的应力。连接 DD'，与横轴（轴 σ）相交于点 C，以点 C 为圆心、长度 CD 为半径作圆。不难证明，所作的圆就是对应于该平面应力状态下的应力圆，如图 6.8（b）所示。

由图 6.8 可知，单元体截面的法线由轴 x 逆时针转过 90°至轴 y 时，在应力圆上相应的点 D 沿圆周按相同的方向转过 180°至点 D'。同理，若单元体由轴 x 到任意斜截面法线的夹角为 θ，则在应力圆上，从相应的点 D 沿圆周按同一方向转过角度 2θ，得到点 E。点 E 的坐标就代表该斜截面上的正应力和切应力分量［见图 6.8（b）］。

3. 主应力与面内最大切应力

由图 6.8（b）可知，应力圆与横轴相交于 A、B 两点的纵坐标（切应力）等于零，所以 A、B 两点的横坐标代表平面应力状态的两个主应力。根据图 6.8（b）所示几何关系可知，A、B 两点的横坐标分别等于圆心坐标加上或减去圆半径，因此得到

$$\left.\begin{matrix}\sigma_i\\ \sigma_j\end{matrix}\right\}=\frac{\sigma_x+\sigma_y}{2}\pm\sqrt{\left(\frac{\sigma_x-\sigma_y}{2}\right)^2+\tau_x^2} \tag{6.8}$$

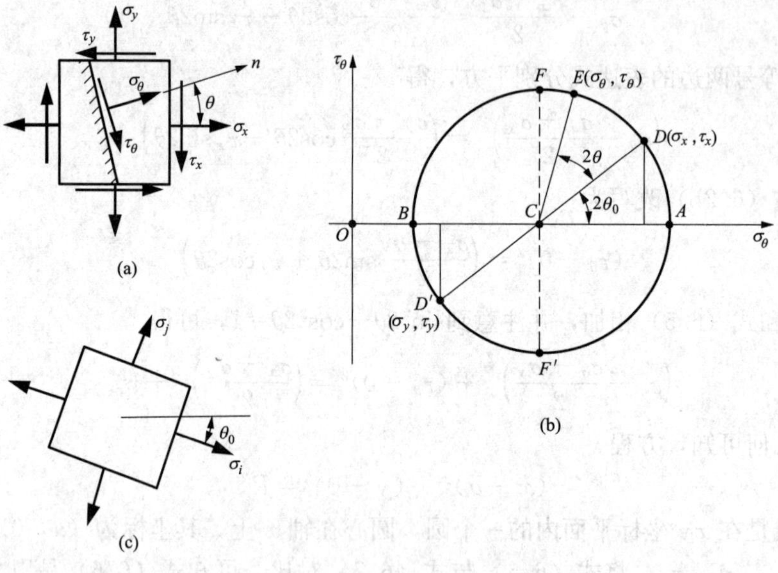

图 6.8

其中主应力 σ_i 为垂直于零应力平面（面 z）的一组截面上的最大正应力，而主应力 σ_j 为该组截面上的最小正应力。

主平面的方位角也可以从应力圆上确定。由于应力圆上从点 D 到点 A 所对应的圆心角为 $2\theta_0$，且为顺时针转向，表明单元体上从轴 x 顺时针转过一角度 θ_0，即可确定 σ_i 所在主平面的方位角。按前述对角度 θ 的正负号规定，θ_0 应为负值，因此，由图 6.8（b）所示 $2\theta_0$ 所在直角三角形的几何关系可知

$$\tan(-2\theta_0)=\frac{\tau_x}{\frac{1}{2}(\sigma_x-\sigma_y)}$$

或

$$\tan 2\theta_0=-\frac{2\tau_x}{\sigma_x-\sigma_y} \tag{6.9}$$

由式（6.9）可求出相差 90°的两个角度 θ_0，确定的两个互相垂直的平面分别为主应力 σ_i 和 σ_j 所在的平面，如图 6.8（c）所示。由图 6.8 可知，由轴 x 顺着 τ_x 的方向转过一角度 $|\theta_0|$ 即为最大主应力的方向。这说明单元体上对应于最大主应力作用平面的方位角的转向，与面 x 上切应力相对于单元体的转向是一致的。

考虑应力为零的面 z 也是主平面，因此，单元体有三个互相垂直的主平面，三个主应力的方向互相垂直。

由图 6.8（b）可知，应力圆的 F 和 F' 两点，切应力绝对值最大，是平面应力状态中垂直于零应力平面的一组截面中切应力的最大者，称为面内最大切应力，其绝对值等于应力圆的半径，故数值为

$$\tau_{\max}=\sqrt{\left(\frac{\sigma_x-\sigma_y}{2}\right)^2+\tau_x^2}=\frac{\sigma_i-\sigma_j}{2} \tag{6.10}$$

由应力圆可知，$\tau_{\max}$所在平面与σ_i（或σ_j）的主平面夹角为$\frac{\pi}{4}$。

以上分析是利用应力圆的几何关系，得到有关主平面、主应力和面内最大切应力的解析公式的。实际上，采用将式（6.2）对角θ求导数的方法，也可得到相应的结论。有兴趣的读者可以自行推证。

当平面应力状态中的正应力$\sigma_x=\sigma_y=0$时，这种应力状态为纯切应力状态。在本书第2章已分析，扭转圆形截面轴内任一点处的应力状态均为纯切应力状态。此外，受横向荷载的弯曲梁，其中性轴各点处也为纯切应力状态。

请读者画出纯切应力状态单元体的应力圆，分析并写出该单元体的主平面方位角、主应力和最大切应力的表达式。

【例6.3】 受力构件内某点处的应力状态如图6.9（a）所示。试：

（1）求指定斜截面上的应力。

（2）用主应力表示该点的应力状态。

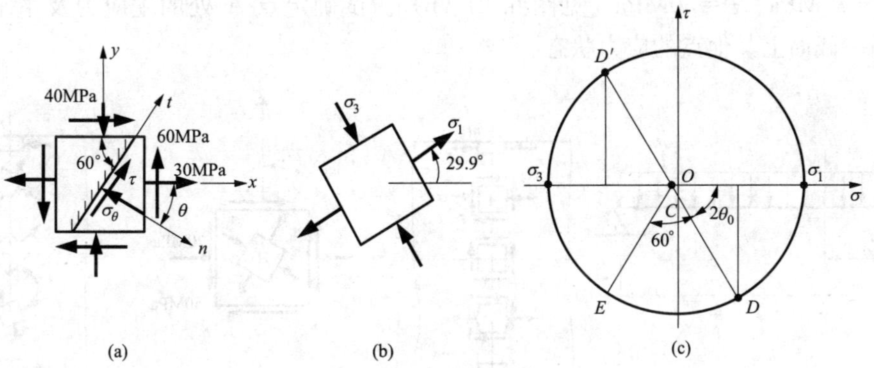

图6.9

解　（1）求斜截面上的应力。按应力和斜截面方位角的正负号规定，在Oxy坐标系中的应力分量为$\sigma_x=30\text{MPa}$，$\sigma_y=-40\text{MPa}$，$\tau_x=-60\text{MPa}$，所求斜截面的方位角$\theta=-30°$。由式（6.2）可得斜截面上的应力为

$$\sigma_{-30°}=\frac{1}{2}(30-40)\text{MPa}+\frac{1}{2}(30+40)\text{MPa}\cdot\cos(-60°)-(-60\text{MPa})\sin(-60°)$$

$$=-39.5\text{MPa}$$

$$\tau_{-30°}=\frac{1}{2}(30+40)\text{MPa}\cdot\sin(-60°)+(-60\text{MPa})\cos(-60°)=-60.3\text{MPa}$$

按应力的正负号规定，斜截面上的正应力和切应力的实际方向示于图6.9（a）中。

（2）求主应力及主平面的方位角。主应力的大小按式（6.8）计算，得

$$\left.\begin{matrix}\sigma_i\\\sigma_j\end{matrix}\right\}=\left[\frac{1}{2}(30-40)\pm\sqrt{\left(\frac{30+40}{2}\right)^2+60^2}\right]\text{MPa}$$

$$=\begin{cases}64.5\text{MPa}\\-74.5\text{MPa}\end{cases}$$

另一个主应力为零。根据主应力$\sigma_1\geqslant\sigma_2\geqslant\sigma_3$的排列顺序，可知

$$\sigma_1=64.5\text{MPa},\ \sigma_2=0,\ \sigma_3=-74.5\text{MPa}$$

由式(6.9)可得主应力所在斜截面的方位角

$$\tan 2\theta_0=-\frac{2\tau_x}{\sigma_x-\sigma_y}=-\frac{2(-60\text{MPa})}{(30+40)\text{MPa}}=1.71$$

所以

$$\theta_0=29.9^\circ \text{ 或 } -60.1^\circ$$

顺着切应力 τ_x 方向转过的角度 $\theta_0=29.9^\circ$，即为对应最大主应力作用平面的方位角，按此方位所确定的主应力单元体如图 6.9(b)所示。

对于图 6.9(a)所示的应力状态，可以画出相应的应力圆，并在应力圆上确定斜截面上应力所对应点的坐标，如图 6.9(c)所示。

建议读者根据所作的应力圆来检查以上分析结果的正确性。

【例 6.4】 图 6.10(a)所示为承受均布荷载的简支梁，由外荷载及支座反力可求得横截面 m-m 上的弯矩 M 和剪力 F_S，进一步可求得该截面上点 A 处的弯曲正应力和切应力分别为 $\sigma=-70\text{MPa}$、$\tau=50\text{MPa}$［见图 6.10(b)］。试确定点 A 处的主应力及主平面方位，并讨论同一截面上其他点的应力状态。

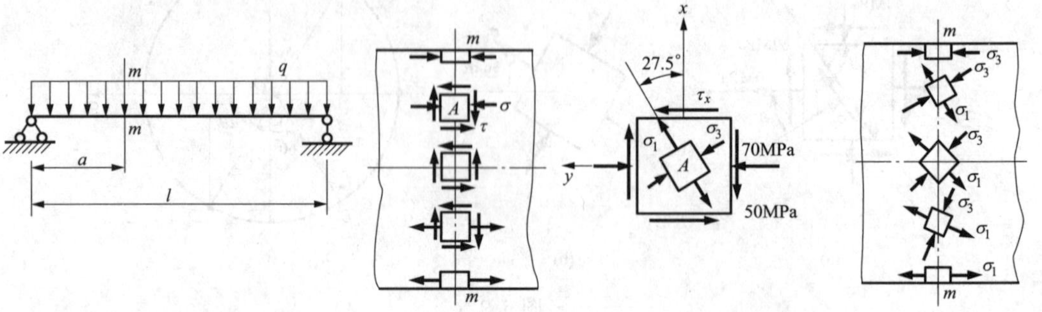

(a) (b) (c) (d)

图 6.10

解 从点 A 处截取单元体，放大如图 6.10(c)所示。建立坐标轴 x 方向铅垂向上，单元体上各应力分量分别为

$$\sigma_x=0,\ \sigma_y=-70\text{MPa},\ \tau_x=-50\text{MPa}$$

由式(6.9)，有

$$\tan 2\theta_0=-\frac{2\tau_x}{\sigma_x-\sigma_y}=-\frac{2\ (-50\text{MPa})}{0-(-70\text{MPa})}=1.429$$

可得

$$2\theta_0=55^\circ \text{或} 235^\circ$$

$$\theta_0=27.5^\circ \text{或} 117.5^\circ$$

以轴 x 为起始位置，逆时针旋转 27.5°，得到 σ_{max} 所在的主平面；以同一方向旋转 117.5°，得到 σ_{min} 所在的另一主平面。这两个主应力的大小可由式(6.8)求得，即

$$\left\{\begin{matrix}\sigma_{max}\\ \sigma_{min}\end{matrix}\right\}=\frac{0+(-70\text{MPa})}{2}\pm\sqrt{\left[\frac{0\text{MPa}-(-70\text{MPa})}{2}\right]^2+(-50\text{MPa})^2}=\left\{\begin{matrix}26\\ -96\end{matrix}\right\}\text{MPa}$$

点 A 处的三个主应力分别为

$$\sigma_1=26\text{MPa},\ \sigma_2=0,\ \sigma_3=-96\text{MPa}$$

主应力及主平面的方位如图 6.10（c）所示。

在梁的横截面 m-m 上，其他各点的应力状态都可以用同样的方法进行分析。在横截面的上、下边缘处的各点为单向拉伸或压缩，横截面就是其主平面；在中性轴上，各点的应力状态为纯切应力状态，主平面与梁轴成 45°。从上边缘到下边缘，各点的主应力状态如图 6.10（d）所示。

综观全梁，各点均存在由正交的主拉应力和主压应力构成的主应力状态，形成全梁的主应力场。为了能直观地表示梁内各点主应力的方向，可以用两组互相正交的曲线来描述主应力场。其中，一组曲线上每一点的切线方向是该点的主拉应力方向，用实线表示；另一组曲线上每一点的切线方向是该点的主压应力方向，用虚线表示。这两组曲线称为梁的**主应力迹线**。图 6.11（a）所示为受均布荷载梁内的两组主应力迹线，实线为主拉应力迹线，虚线为主压应力迹线。

在钢筋混凝土梁的设计中，主应力迹线是有用的。由于主拉应力会使混凝土沿主应力迹线方向受拉而产生断裂，所以必须在梁内根据主拉应力迹线的方向配置相应的钢筋，以提高钢筋混凝土梁的抗拉强度，如图 6.11（b）所示。因此，主应力迹线是钢筋混凝土梁中受力钢筋配置的重要依据。

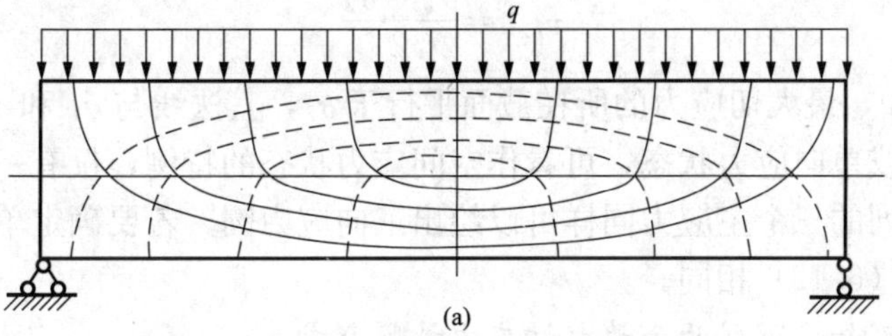

(a)

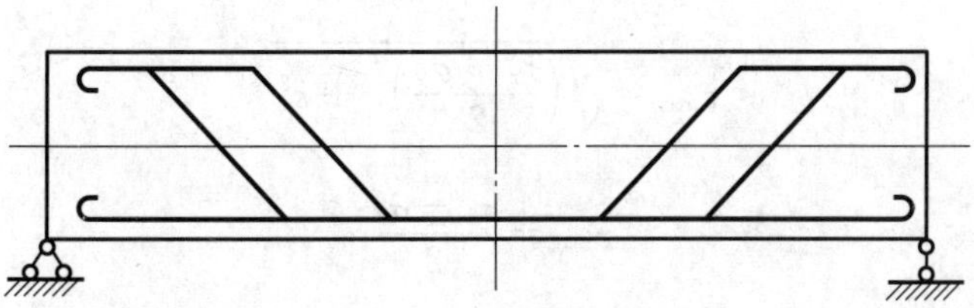

(b)

图 6.11

§ 6.3　空间应力状态

受力物体内某点处的应力状态，如果三个主应力均不为零，即为空间应力状态。对构件内危险点处进行强度分析，常常需要确定其最大正应力和最大切应力。如果某点处的三个主应力均为已知［见图 6.12（a）］，为分析该点处的最大正应力和最大切应力，仍可利用应力圆。

首先讨论平行于任一主应力的斜截面上的应力。为此，假想以平行于主应力 σ_3 的斜截面

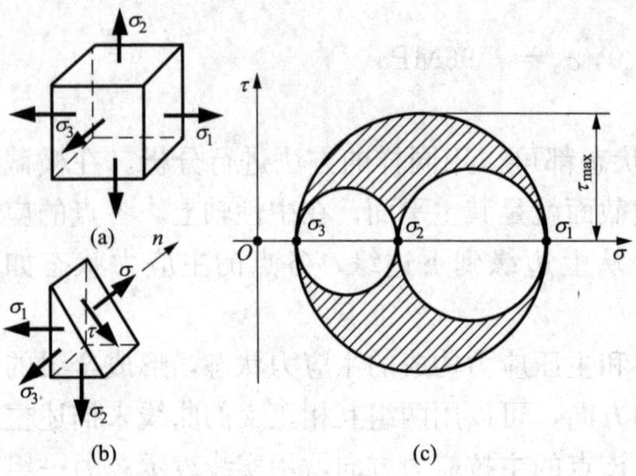

图 6.12

将单元体截开，并研究任一部分的平衡［见图 6.12（b）］。由于主应力 σ_3 所在的两平面上是一对自相平衡的力，因而这一组斜截面上的应力与 σ_3 无关，可视为只有 σ_1 和 σ_2 作用的平面应力状态。于是，与 σ_3 相平行的任意斜截面上的应力，可由 σ_1 和 σ_2 所确定的应力圆上相应点的坐标来表示。同理，平行于 σ_2（或 σ_1）的斜截面上的应力，由 σ_1 和 σ_3（或 σ_2 和 σ_3）所确定的应力圆来表示。所作的三个应力圆［见图 6.12（c）］，其上各点的坐标分别对应于空间应力状态中三组特殊方位面上的应力。这三个圆通常称为**三向应力圆或空间应力状态的应力圆**。

进一步分析可以证明，除上述三组平面外，在与三个主应力都不平行的任意斜截面上的应力，在（σ，τ）坐标平面上所对应的坐标必位于三个应力圆围成的区域内［见图 6.12（c）中阴影部分］。由此可知，空间应力状态下的最大和最小正应力（指代数值）为

$$\sigma_{max}=\sigma_1,\ \sigma_{min}=\sigma_3 \tag{6.11}$$

而最大切应力则等于最大应力圆上最高点和最低点的纵坐标，其绝对值为

$$\tau_{max}=\frac{\sigma_1-\sigma_3}{2} \tag{6.12}$$

由图 6.12（c）可知，最大切应力的所在截面平行于 σ_2，其法线与 σ_1 和 σ_3 均成 45°角。

平面应力状态或单向应力状态，可看作空间应力状态的特例，仅有一个或两个主应力为零，按照代数值排列的三个主应力同样可以绘出三向应力圆。若要确定单元体内的最大切应力，其表达式与式（6.12）相同。

根据上述讨论可知，下列两个最大切应力计算公式

$$\tau_{max}=\sqrt{\left(\frac{\sigma_x-\sigma_y}{2}\right)^2+\tau_x^2}$$

$$\tau_{max}=\frac{\sigma_1-\sigma_3}{2}$$

相同吗？为什么？

【例 6.5】 单元体各面上的应力如图 6.13 所示，试求主应力和最大切应力值。

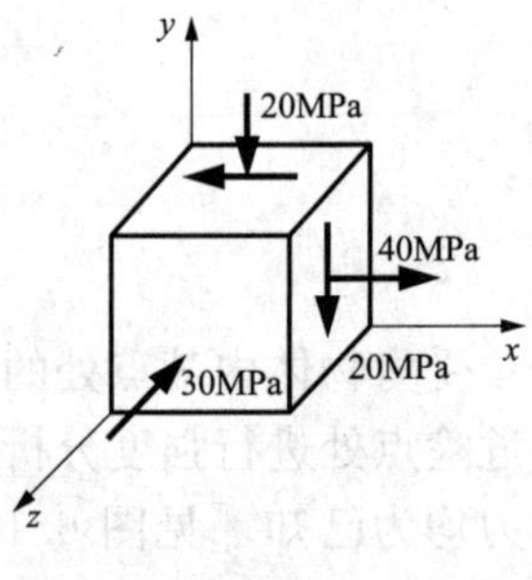

图 6.13

解 由于面 z 只有正应力 $\sigma_z=-30\text{MPa}$，切应力为零，故面 z 为主平面，σ_z 为主应力。因为与面 z 正交的各斜截面上的应力与 σ_z 无关，于是，另外两个主应力可按式（6.8）计算，即

$$\left.\begin{matrix}\sigma_i\\ \sigma_j\end{matrix}\right\}=\frac{1}{2}(\sigma_x+\sigma_y)\pm\sqrt{\left(\frac{\sigma_x-\sigma_y}{2}\right)^2+\tau_x^2}$$

$$=\frac{1}{2}(40-20)\text{MPa}\pm$$

$$\sqrt{\left[\frac{40-(-20)}{2}\right]^2+20^2}\ \text{MPa}=\begin{cases}46\text{MPa}\\-26\text{MPa}\end{cases}$$

将三个主应力按其代数值的大小顺序排列为

$$\sigma_1=46\text{MPa},\ \sigma_2=-26\text{MPa},\ \sigma_3=-30\text{MPa}$$

主应力 σ_1 和 σ_2 的作用平面与面 z 相垂直，其法线方向可按式（6.9）计算，即

$$\tan 2\theta_0=-\frac{2\tau_x}{\sigma_x-\sigma_y}=-\frac{2\times 20\text{MPa}}{[40-(-20)]\text{MPa}}=-\frac{2}{3}$$

$$\theta_0=-16.9^\circ \text{ 或 } 73.1^\circ$$

最大切应力由式（6.12）求得，即

$$\tau_{\max}=\frac{\sigma_1-\sigma_3}{2}=\frac{46\text{MPa}-(-30\text{MPa})}{2}=38\text{MPa}$$

§6.4　广义胡克定律

工程材料通常可以认为是均匀连续、各向同性的，而且，在一定范围内具有应力与应变呈线性关系的弹性阶段。由于各向同性材料沿任一方向都具有相同的力学性质，也即任一方向都是材料的对称轴，可以证明单元体沿坐标轴方向的线应变只与正应力有关，而坐标轴之间的切应变只与坐标平面内的切应力有关。在线弹性范围和小变形条件下，可分别考虑单元体上各应力分量单独作用时的应变，然后应用叠加法，即得各应力分量同时作用时的应力-应变关系。

对于如图 6.6（a）所示的平面应力状态，当 σ_x 单独作用时，沿各坐标轴方向的线应变分量为

$$\varepsilon_x=\frac{\sigma_x}{E},\ \varepsilon_y=-\nu\varepsilon_x=-\nu\frac{\sigma_x}{E},\ \varepsilon_z=-\nu\varepsilon_x=-\nu\frac{\sigma_x}{E}$$

同理，由 σ_y 引起的应变分量为

$$\varepsilon_y=\frac{\sigma_y}{E},\ \varepsilon_x=-\nu\frac{\sigma_y}{E},\ \varepsilon_z=-\nu\frac{\sigma_y}{E}$$

切应力 τ_{xy}（或 τ_{yx}）的第一个角标 x（或 y）表示切应力作用平面法线的方向；第二个角标 y（或 x）表示切应力的作用方向。而切应力 τ_{xy} 仅引起 xy 平面内切应变，即

$$\gamma_{xy}=\frac{\tau_{xy}}{G}$$

应用叠加原理，即得平面应力状态下的应力-应变关系

$$\left.\begin{aligned}\varepsilon_x&=\frac{1}{E}(\sigma_x-\nu\sigma_y)\\\varepsilon_y&=\frac{1}{E}(\sigma_y-\nu\varepsilon_x)\\\varepsilon_z&=-\frac{\nu}{E}(\sigma_x+\sigma_y)\\\gamma_{xy}&=\frac{\tau_{xy}}{G}\end{aligned}\right\}\tag{6.13}$$

对于空间应力状态，当三个主应力已知，其应变关系可写成

$$\left.\begin{aligned}\varepsilon_1&=\frac{1}{E}[\sigma_1-\nu(\sigma_2+\sigma_3)]\\\varepsilon_2&=\frac{1}{E}[\sigma_2-\nu(\sigma_3+\sigma_1)]\\\varepsilon_3&=\frac{1}{E}[\sigma_3-\nu(\sigma_1+\sigma_2)]\end{aligned}\right\}\tag{6.14}$$

式中：ε_1、ε_2、ε_3 为沿主应力方向的线应变。主应力单元体三个坐标平面内的切应变等于零，沿着主应力方向的线应变称为**主应变**。

式（6.13）和式（6.14）都称为**广义胡克定律**，只适用于各向同性的线弹性材料。对于各向同性材料，上述分析表明，主应变和主应力的方向是重合的。

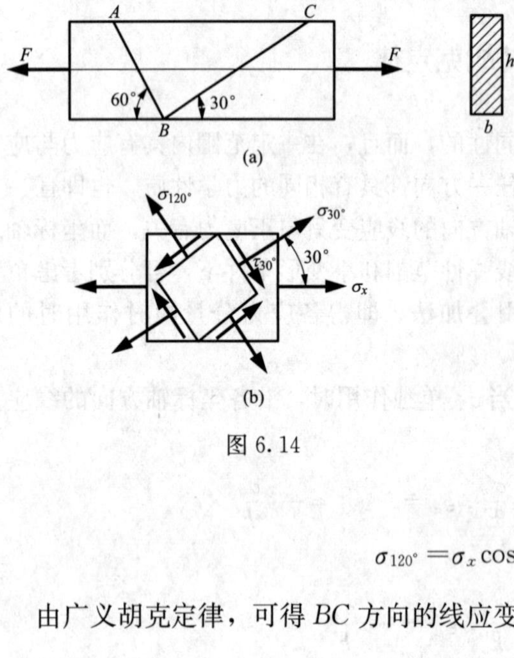

图 6.14

【例 6.6】 图 6.14（a）所示矩形截面拉杆，截面宽 b、高 h 及材料的弹性常数 E、ν 均已知。在拉杆表面的图示位置画直角 ABC。试求杆受拉力 F 后线段 BC 及直角 ABC 的改变量。

解 拉杆各点处于单向应力状态［见图 6.14（b）］，面 x 上的应力为 $\sigma_x=\dfrac{F}{bh}$，利用斜截面应力式（6.1），求得

$$\sigma_{30^\circ}=\sigma_x\cos^2 30^\circ=\frac{3}{4}\sigma_x$$

$$\tau_{30^\circ}=\frac{\sigma_x}{2}\sin(2\times 30^\circ)=\frac{\sqrt{3}}{4}\sigma_x$$

$$\sigma_{120^\circ}=\sigma_x\cos^2 120^\circ=\frac{1}{4}\sigma_x$$

由广义胡克定律，可得 BC 方向的线应变为

$$\varepsilon_{30^\circ}=\frac{1}{E}(\sigma_{30^\circ}-\nu\sigma_{120^\circ})=\frac{3-\nu}{4E}\sigma_x=\frac{(3-\nu)}{4Ebh}F$$

则 BC 段的伸长量为

$$\Delta l_{BC}=\varepsilon_{30^\circ}l_{BC}=2h\varepsilon_{30^\circ}=\frac{(3-\nu)}{2Eb}F$$

而直角 ABC 的改变量就是切应变 γ_{30°，由胡克定律得

$$\gamma_{30^\circ}=\frac{\tau_{30^\circ}}{G}=\frac{\dfrac{\sqrt{3}}{4}\sigma_x}{\dfrac{E}{2(1+\nu)}}=\frac{\sqrt{3}(1+\nu)}{2E}\sigma_x=\frac{\sqrt{3}}{2}\,\frac{(1+\nu)F}{bhE}$$

切应变为正值，表明直角增大。

§6.5　复杂应力状态下的应变能密度

1. 弹性应变能密度

物体受外力作用而产生弹性变形时，在物体内部所储存的能量，称为**弹性应变能**，简称**应变能**。在弹性范围内，当外力缓慢地作用时，若不考虑能量损耗，根据能量守恒原理，外力做的功将全部以应变能的形式储存在弹性体内。弹性体的变形是可逆的，当外力逐渐解除时，其在恢复变形的过程中，将释放出全部的应变能而对外做功。

首先考察单元体在单向应力状态下［见图 6.15（a）］的应变能。设单元体各边长分别为 dx、dy、dz，在面 x 上作用的力为 $\sigma_x dydz$（对单元体而言看作外力），沿 x 方向的伸长量为 $\varepsilon_x dx$［见图 6.15（b）］。如应力有一增量，相应的变形增量为 $d\varepsilon_x dx$，则单元体上力所做的功为（$\sigma_x dydz$）（$d\varepsilon_x dx$）。显然，当应力由零逐渐增加到最终值时，单元体上力所做的功为

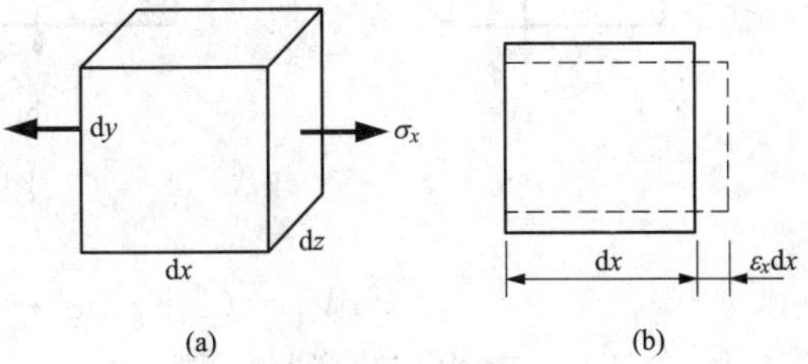

图 6.15

$$dW=\int(\sigma_x dydz)(d\varepsilon_x dx)=\int\sigma_x d\varepsilon_x dV$$

式中：$dV=dxdydz$ 为单元体的体积。单元体的应变能 dV_ε 在数值上等于力所做的功，即

$$dV_\varepsilon=dW=\int\sigma_x d\varepsilon_x dV \tag{6.15}$$

单位体积的应变能称为**应变能密度**，并记作 v_ε，则有

$$v_\varepsilon=\frac{dV\varepsilon}{dV}=\int\sigma_x d\varepsilon_x$$

若材料为线弹性体，其应力与应变成正比，$\sigma_x=E\varepsilon_x$，则

$$v_\varepsilon=\int E\varepsilon_x d\varepsilon_x=\frac{1}{2}E\varepsilon_x^2=\frac{\sigma_x^2}{2E}=\frac{1}{2}\sigma_x\varepsilon_x \tag{6.16}$$

对于空间应力状态，单元体的应变能在数值上仍然等于外力所做的功。弹性体的应变能只取决于最终的受力情况，而与加力的次序无关。因此，为了便于分析，假设单元体各面上的应力按同一比例从零增加到最终值。在线弹性情况下，每一主应力与相应的主应变之间仍然保持线性关系。于是，空间应力状态下的应变能密度可表示为

$$v_\varepsilon=\frac{1}{2}(\sigma_1\varepsilon_1+\sigma_2\varepsilon_2+\sigma_3\varepsilon_3) \tag{6.17}$$

将广义胡克定律式（6.14）代入式（6.17），整理后得

$$v_\varepsilon=\frac{1}{2E}[\sigma_1^2+\sigma_2^2+\sigma_3^2-2\nu(\sigma_1\sigma_2+\sigma_2\sigma_3+\sigma_3\sigma_1)] \tag{6.18}$$

2. 体积改变能密度与畸变能密度

一般情况下，单元体将同时发生体积改变和形状改变。将主应力单元体［见图 6.16（a）］分解为图 6.16（b）和图 6.16（c）所示两种单元体应力的叠加。因此，应变能密度 v_ε

也可相应地分解为**体积改变能密度** v_V 和**畸变能密度** v_d 两部分。

首先研究主应力单元体的体积变化。单元体的三对平面均为主平面，变形前各棱边的长度均为 a [见图 6.16 (a)]，体积 $dV=a^3$。变形后，单元体的体积为

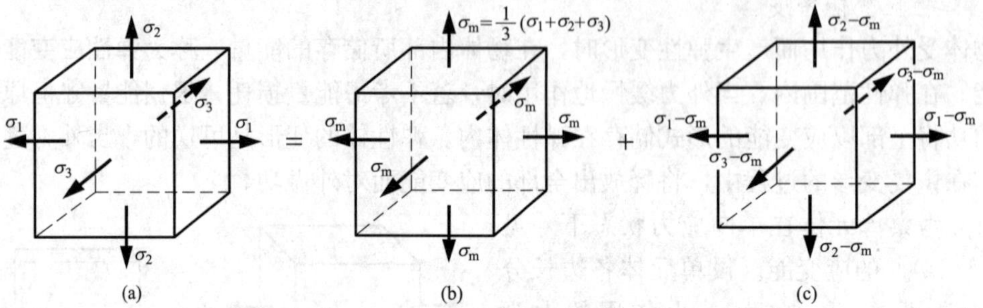

图 6.16

$$dV_1=(1+\varepsilon_1)a\cdot(1+\varepsilon_2)a\cdot(1+\varepsilon_3)a \tag{6.19}$$

展开式 (6.19)，略去高阶微量，得

$$dV_1=(1+\varepsilon_2+\varepsilon_2+\varepsilon_3)a^3$$

单位体积的体积变化率为

$$\theta=\frac{dV_1-dV}{dV}=\varepsilon_1+\varepsilon_2+\varepsilon_3 \tag{6.20}$$

θ 也称为**体应变**。将广义胡克定律式 (6.14) 代入式 (6.20)，整理后得

$$\theta=\frac{1-2\nu}{E}(\sigma_1+\sigma_2+\sigma_3) \tag{6.21}$$

表明体应变只与三个主力之和有关。若用主应力的平均值 $\sigma_m=\frac{1}{3}(\sigma_1+\sigma_2+\sigma_3)$ 分别代替原来单元体的三个主应力，则体应变单元体 [见图 6.16 (b)] 只有体积变化，没有形状改变，且三个主应力之和与原主应力单元体的三个主应力之和相等，故其体积改变等于原单元体的体积改变。对体应变单元体应用式 (6.18)，即得原单元体的体积改变能密度为

$$v_V=\frac{3(1-2\nu)}{2E}\sigma_m^2=\frac{1-2\nu}{6E}(\sigma_1+\sigma_2+\sigma_3)^2 \tag{6.22}$$

如图 6.16 (c) 所示单元体的三个主应力之和为零，故无体积改变，只有形状改变。因此，其应变能密度就是原主应力单元体的畸变能密度。所以，单元体的畸变能密度 v_d 等于总的应变能密度 v_ε [见式 6.18)] 与体积改变能密度 v_V [见式 (6.22)] 之差。经化简后，得

$$v_d=v_\varepsilon-v_V=\frac{1+\nu}{6E}[(\sigma_1-\sigma_2)^2+(\sigma_2-\sigma_3)^2+(\sigma_3-\sigma_1)^2] \tag{6.23}$$

§ 6.6 强度理论的概念

当杆件受到轴向拉伸或压缩时，杆内各点的应力状态相同，都是处于单向应力状态。本书第 1 章中已经指出，在这种情况下的强度条件为

$$\sigma=\frac{F_N}{A}\leqslant[\sigma]$$

这里的许用应力 $[\sigma]$ 是根据构件强度失效时的极限应力来决定的。对于塑性材料，通常以屈服极限 σ_s 为极限应力；对脆性材料，通常以强度极限 σ_b 为极限应力。而屈服极限和强度极限都是由材料的拉伸试验或压缩试验测定的。因此，材料处于单向应力状态下的强度条件是直接由试验来决定的，这个强度条件是通过构件横截面上的正应力来建立的，也就是通过单向应力状态中唯一的主应力来建立的。在单向应力状态下，可直接由试验测定该主应力的极限应力来建立强度条件，而不需要考虑材料失效的原因。但是，当材料处于复杂应力状态下，应按如下方法建立其强度条件：

第一种方法，根据外荷载及构件形状尺寸，确定危险截面上危险点（即最大应力点）的三个主应力 σ_1、σ_2 和 σ_3，然后对材料进行三向拉压试验，测定三向极限应力，建立复杂应力状态下的强度条件。但是，主应力的比例 $\sigma_1:\sigma_2:\sigma_3$ 有无穷多个，针对某一比例的三向试验不具有通用性。此外，三向拉压试验在技术上还难以实现。因此，这一方法至少目前还不切实际。

第二种方法，利用材料单向拉伸或压缩的试验结果，来建立复杂应力状态下的强度条件。为此，就必须研究导致材料强度失效的主要原因，因为只有了解材料失效的主因之后，才能抓住主要因素，略去次要因素，建立材料失效条件，最终建立复杂应力状态下的强度条件。

经过长期的生产实践和试验研究，发现材料失效是有一定规律的。在静荷载作用下，因材料强度不足而造成失效的形式大致有两种：一种是**脆性断裂**，是指材料经过弹性变形后只发生很小塑性变形或无塑性变形时就突然断裂的现象，这是一种严重的失效形式；另一种是**塑性屈服**，是指材料经过弹性变形后发生显著的塑性变形，从而使构件的形状发生不良的永久变形，这在许多机器或结构中也不允许，因而也是一种失效形式。导致材料失效的因素有应力、应变及应变能密度等。人们在长期的生产活动中，综合分析材料失效的现象，对强度失效提出各种假说，假定材料之所以按某种方式失效，是应力、应变或应变能密度等因素中某一因素引起的。按照这些假说，无论是简单或复杂的应力状态，引起失效的因素是相同的，这些假说称为**强度理论**。利用强度理论，便可由单向应力状态的试验结果，建立复杂应力状态下的强度条件。

强度理论是关于材料强度失效原因的一些假说，因此其是否正确并适用什么情况，必须经过试验和生产实践的验证。

§6.7 工程中常用的强度理论

强度失效形式主要有脆性断裂和塑性屈服两种。与此相对应，强度理论也分为两类：一类是关于脆性断裂失效的，其中有最大拉应力理论和最大拉应变理论；另一类是关于塑性屈服失效的，其中主要有最大切应力理论和畸变能密度理论。

1. 最大拉应力理论（第一强度理论）

这一理论是人们根据早期使用的脆性材料（如砖、石、铸铁等）易于拉断提出的，认为无论材料在什么应力状态下，引起脆性断裂的共同原因是最大拉应力（$\sigma_{max}=\sigma_1>0$）达到了某个共同的极限值σ_u。

根据上述观点，在任何应力状态下，最大拉应力的极限值是相同的。于是，可用材料在拉伸试验中测定的强度极限σ_b，作为不同应力状态下发生脆性断裂时的极限应力σ_u。因此，材料发生脆性断裂的失效判据为

$$\sigma_1=\sigma_b \tag{6.24}$$

将强度极限σ_b除以安全因数得许用应力$[\sigma]$，可得按第一强度理论建立的强度条件为

$$\sigma_1\leqslant[\sigma] \tag{6.25}$$

最大拉应力理论在历史上是最古老的，认为材料的断裂与最大拉应力有关，这个概念最早由伽利略（Galileo）于1638年提出，后来由兰金（Rankine）于1856年完善了这一理论。

大量的试验表明，许多脆性材料当处于拉应力为主的应力状态时，这一理论基本上与试验结果相符。但是，这一理论没有考虑其他两个主应力对材料失效的影响。而且，对于不存在拉应力的情况，也无法应用。

2. 最大拉应变理论（第二强度理论）

这一理论是在17世纪后期由科学家马里奥特首先提出的，认为最大拉应变是引起材料脆性断裂的主要因素。根据该理论，无论材料在什么应力状态下，只要最大拉应变ε_1达到某一极限值ε_u，材料就会发生脆性断裂。极限值ε_u与应力状态无关，可由单向拉伸试验测定强度极限σ_b，由单向拉压胡克定律求得$\varepsilon_u=\frac{\sigma_b}{E}$。根据该理论，在任意应力状态下，只要$\varepsilon_1$达到极限值$\frac{\sigma_b}{E}$，材料就发生脆性断裂。可得脆性断裂的失效判据为

$$\varepsilon_1=\frac{\sigma_b}{E} \tag{6.26}$$

由广义胡克定律，有

$$\varepsilon_1=\frac{1}{E}[\sigma_1-\nu(\sigma_2+\sigma_3)]$$

代入式（6.26），得到用应力表示的断裂失效判据为

$$\sigma_1-\nu(\sigma_2+\sigma_3)=\sigma_b \tag{6.27}$$

将σ_b除以安全因数得许用应力$[\sigma]$，可得按第二强度理论建立的强度条件为

$$\sigma_1-\nu(\sigma_2+\sigma_3)\leqslant[\sigma] \tag{6.28}$$

对于脆性材料，这个理论与试验结果在某些情况下大致相符。例如，铸铁在拉压二向应力作用，且压应力较大的情况下，试验结果与这个理论吻合得较好。可是，按照这个理论，材料在二向或三向受拉时要比单向受拉安全，但试验结果并不能证实这一点。对于塑性材料，这个理论则不能很好地被试验所验证。

3. 最大切应力理论（第三强度理论）

随着生产的发展，钢材等塑性材料获得广泛应用，人们发现材料的塑性屈服与最大切应力有关。这一观点最早由库仑（Coulomb）在1773年提出，后由特雷斯卡（Tresca）、格斯特（Guest）加以完善。该理论认为：无论材料处于什么应力状态，发生塑性屈服的共同原因是最大切应力τ_{max}达到了材料的某个共同极限值τ_s。因此，材料塑性屈服的判据为

$$\tau_{max}=\tau_s$$

在复杂应力状态下，最大切应力为

$$\tau_{max} = \frac{1}{2}(\sigma_1 - \sigma_3)$$

极限值 τ_s 可由单向拉伸试验测定，当材料屈服时，在 45°的斜截面上切应力达到极限值，其值为

$$\tau_s = \frac{1}{2}\sigma_s$$

于是，屈服判据可表示为

$$\sigma_1 - \sigma_3 = \sigma_s \tag{6.29}$$

式（6.29）也称为特雷斯卡屈服判据。按第三强度理论建立的强度条件为

$$\sigma_1 - \sigma_3 \leqslant [\sigma] \tag{6.30}$$

试验表明，对于塑性材料，这一理论与试验结果较为符合，且一般是偏于安全的。但是，该理论未考虑主应力 σ_2 的影响。

有些脆性材料，如铸铁在受压（或以压为主）时，也会出现剪切破坏形式，这主要取决于切应力，但和正应力也有很大的关系。由于脆性材料的抗拉和抗压强度不同，材料的失效并不能简单地看作由某一因素引起的。莫尔（Mohr）提出的强度理论，是以各种应力状态下材料的破坏试验结果为依据，进行综合分析和适当的简化，而建立起来的带有一定经验性的强度理论。其强度条件为

$$\sigma_1 - \frac{[\sigma_t]}{[\sigma_c]}\sigma_3 \leqslant [\sigma_t] \tag{6.31}$$

式中：$[\sigma_t]$ 和 $[\sigma_c]$ 分别为材料的抗拉许用应力和抗压许用应力。当 $[\sigma_t] = [\sigma_c]$ 时，就与最大切应力理论的失效判据相一致。因此，**莫尔强度理论**也可看作最大切应力理论的发展。当 $\sigma_3 = 0$ 或 $\sigma_1 = 0$ 时，分别与单向拉伸或单向压缩试验相符合。

4. 畸变能密度理论（第四强度理论）

这是从能量的观点提出的强度理论。历史上曾提出过“应变能密度理论”，认为材料的屈服失效原因是应变能密度达到材料的某一极限值。但这一理论与试验结果并不相符。试验表明，材料在很高的三向等压（静水压力）作用时仍保持弹性，而不是屈服。由于应变能密度可分为体积改变能密度和畸变能密度，三向等拉或是等压而引起的体积改变并非是材料发生屈服的原因。胡贝尔（Huber）、米塞斯（Mises）等科学家提出了“畸变能密度理论”，认为材料无论处于什么应力状态，发生屈服的共同原因是畸变能密度达到了某一极限值。

在线弹性范围内，空间应力状态下的畸变能密度式（6.23）为

$$v_d = \frac{1+\nu}{6E}[(\sigma_1 - \sigma_2)^2 + (\sigma_2 - \sigma_3)^2 + (\sigma_3 - \sigma_1)^2]$$

因为单向拉伸，当应力达到 σ_s 时，材料将发生屈服，故畸变能密度的极限值为

$$v_{ds} = \frac{1+\nu}{3E}\sigma_s^2$$

于是，材料的屈服判据为

$$\sqrt{\frac{1}{2}[(\sigma_1 - \sigma_2)^2 + (\sigma_2 - \sigma_3)^2 + (\sigma_3 - \sigma_1)^2]} = \sigma_s \tag{6.32}$$

式（6.32）也称为米塞斯屈服判据。按第四强度理论建立的强度条件为

$$\sqrt{\frac{1}{2}[(\sigma_1-\sigma_2)^2+(\sigma_2-\sigma_3)^2+(\sigma_3-\sigma_1)^2]}\leqslant[\sigma] \tag{6.33}$$

某些塑性材料，如钢、铜、铝的薄壁圆管试验资料表明，畸变能密度屈服判据与试验结果相当吻合，比第三强度理论更精确。其他大量的试验结果还表明，米塞斯屈服判据能很好地描述铜、镍、铝等许多工程韧性材料的屈服状态。

前述四个强度理论的强度条件分别为式（6.25）、式（6.28）、式（6.30）和式（6.33），可以写成以下统一的形式

$$\sigma_r\leqslant[\sigma] \tag{6.34}$$

式中：σ_r 称为**相当应力**。按照从第一强度理论到第四强度理论的顺序，相当应力分别为

$$\left.\begin{aligned}&\sigma_{r1}=\sigma_1\\&\sigma_{r2}=\sigma_1-\nu(\sigma_2+\sigma_3)\\&\sigma_{r3}=\sigma_1-\sigma_3\\&\sigma_{r4}=\sqrt{\frac{1}{2}[(\sigma_1-\sigma_2)^2+(\sigma_2-\sigma_3)^2+(\sigma_3-\sigma_1)^2]}\end{aligned}\right\} \tag{6.35}$$

一般情况下，铸铁、石料、混凝土、玻璃等脆性材料，通常以断裂的形式失效，宜采用第一强度理论和第二强度理论；碳钢、铜、铝等塑性材料，通常以屈服的形式失效，宜采用第三强度理论和第四强度理论。

但必须指出，材料的失效形式还与危险点处的应力状态有关。即使是塑性材料，在三向均匀拉伸的应力状态下，也会发生脆性断裂，这时宜选用最大拉应力理论。必须注意的是，相应的许用应力不能通过单向拉伸时的屈服应力除以安全因数得到，而应以在三向拉伸时发生脆性断裂的最大应力除以安全因数。

同样，对于脆性材料，在三向均为压应力时也可能发生明显的塑性变形，这时宜选用第三强度理论和第四强度理论。但因脆性材料不可能由单向拉伸试验得到材料发生屈服的极限应力，故 $[\sigma]$ 也不能用脆性材料在单向拉伸时的许用应力值。

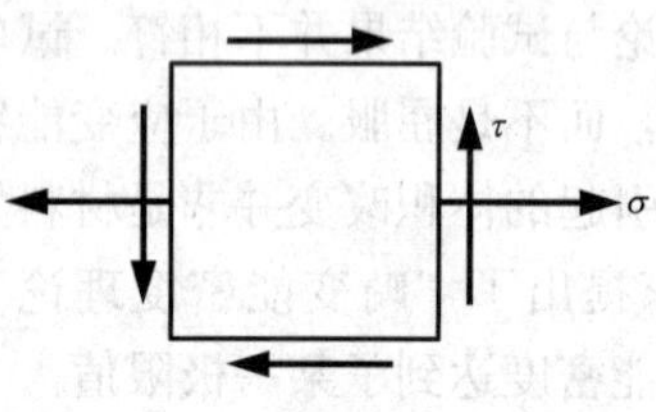

图 6.17

【例 6.7】 如图 6.17 所示的平面应力状态，试分别讨论构件的材料为脆性材料和塑性材料时的强度条件。

解 按式（6.8）求得两个不等于零的主应力为

$$\left.\begin{matrix}\sigma_i\\\sigma_j\end{matrix}\right\}=\frac{\sigma}{2}\pm\sqrt{\left(\frac{\sigma}{2}\right)^2+\tau^2}$$

另一个主应力等于零。因为 $\sigma_i>0$，$\sigma_j<0$，故三个主应力为

$$\begin{cases}\sigma_1=\dfrac{\sigma}{2}+\dfrac{1}{2}\sqrt{\sigma^2+4\tau^2}\\\sigma_2=0\\\sigma_3=\dfrac{\sigma}{2}-\dfrac{1}{2}\sqrt{\sigma^2+4\tau^2}\end{cases}$$

对于脆性材料，按第一强度理论，则强度条件为

$$\sigma_{r1}=\frac{\sigma}{2}+\frac{1}{2}\sqrt{\sigma^2+4\tau^2}\leqslant[\sigma]$$

式中：$[\sigma]=\dfrac{\sigma_b}{n_b}$。

若为塑性材料，应按第三强度理论和第四强度理论进行强度计算，将图 6.17 所示应力状态的主应力代入相应的强度条件可得到

$$\sigma_{r3}=\sqrt{\sigma^2+4\tau^2}\leqslant[\sigma] \tag{6.36}$$

$$\sigma_{r4}=\sqrt{\sigma^2+3\tau^2}\leqslant[\sigma] \tag{6.37}$$

式中：$[\sigma]=\dfrac{\sigma_s}{n_s}$。

【例 6.8】 用 20a 号工字钢制成的简支梁，如图 6.18（a）所示。已知：集中力 $F=62\text{kN}$，均布荷载集度 $q=2\text{kN/m}$，材料的许用应力 $[\sigma]=170\text{MPa}$，许用切应力 $[\tau]=100\text{MPa}$。试用第四强度理论校核梁的强度。

解 （1）作梁的剪力图和弯矩图。由对称性求出支座约束力后，可绘出梁的剪力图和弯矩图，如图 6.18（b）、（c）所示。

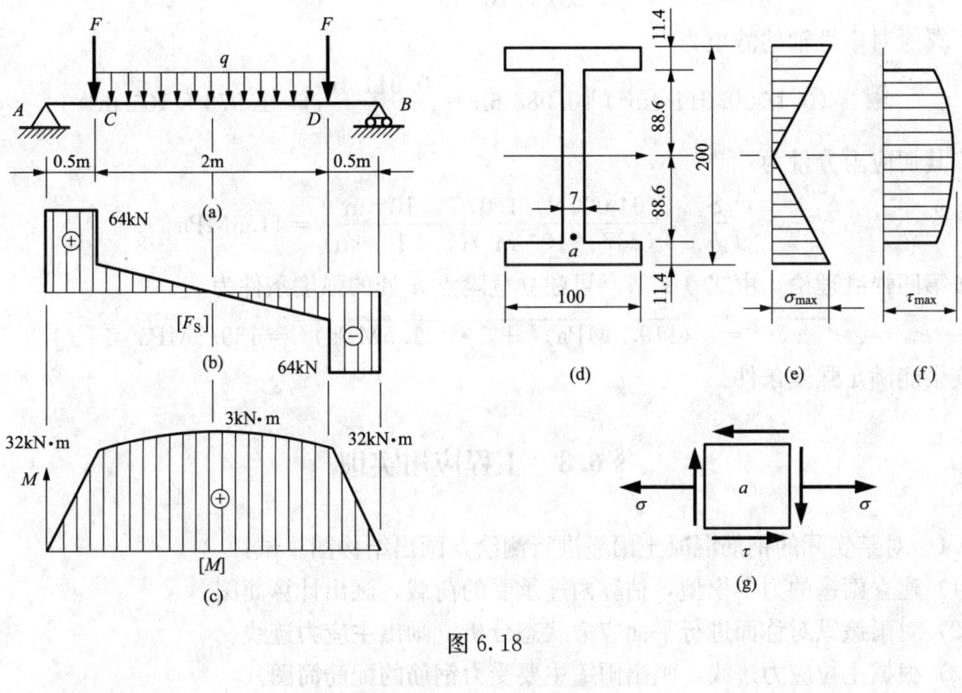

图 6.18

（2）查工字钢的几何参数。将 20a 号工字钢截面简化为三个窄矩形的组合图形，由附录可查得简化图形的尺寸，如图 6.18（d）所示。又查得该工字钢的其他几何参数为

$$W_z=237\text{cm}^3=237\times10^{-6}\text{m}^3$$

$$I_z=2370\text{cm}^4=237\times10^{-7}\text{m}^4$$

$$I_z/S_z=17.2\text{cm}=172\times10^{-3}\text{m}$$

（3）校核最大弯曲正应力。由弯矩图［见图 6.18（c）］可知，简支梁的危险弯矩截面为跨度中央截面，在该截面的上、下边缘处有最大弯曲正应力

$$\sigma_{max}=\frac{M_{max}}{W_z}=\frac{33\,000\text{N}\cdot\text{m}}{237\times10^{-6}\text{m}^3}=139\text{MPa}<[\sigma]=170\text{MPa}$$

满足强度条件。

(4) 校核最大弯曲切应力。由剪力图［见图 6.18（b)］可知，简支梁的危险剪力截面在 AC 段和 DB 段，在这两段的任一截面的中性轴上有最大弯曲切应力

$$\tau_{\max}=\frac{F_{S,\max}}{(I_z/S_z)b}=\frac{64\,000\text{N}}{(172\times10^{-3}\text{m})(7\times10^{-3}\text{m})}=53.2\text{MPa}<[\tau]=100\text{MPa}$$

也满足强度条件。

(5) 校核腹板和翼缘交界处危险点 a 的应力。由剪力图［见图 6.18（b)］和弯矩图［见图 6.18（c)］可知，在简支梁 C 处的左侧截面和 D 处的右侧截面上，剪力和弯矩都较大。又由表示横截面上正应力和切应力分布的图 6.18（e）和（f）可知，在腹板和翼缘交界处的正应力和切应力皆较大，是另一类可能的危险点。

在梁 C 处的左侧截面或 D 处的右侧截面上，图 6.18（d）所示点 a 处的应力状态如图 6.18（g）所示。可求得其正应力分量为

$$\sigma=\frac{My}{I_z}=\frac{(32\,000\text{N}\cdot\text{m})(88.6\times10^{-3}\text{m})}{237\times10^{-7}\text{m}^4}=119.6\text{MPa}$$

截面下翼缘对中性轴的静矩为

$$S_z=(0.1\times0.011\,4\text{m}^2)\left(0.088\,6\text{m}+\frac{0.011\,4\text{m}}{2}\right)=1.075\times10^{-4}\text{m}^3$$

因此，其切应力分量为

$$\tau=\frac{F_S S_z}{I_z b}=\frac{(64\,000\text{N})(1.075\times10^{-4}\text{m}^3)}{(237\times10^{-7}\text{m}^4)(7\times10^{-3}\text{m})}=41.5\text{MPa}$$

按第四强度理论，由式（6.37）可建立危险点 a 处的强度条件为

$$\sigma_{r4}=\sqrt{\sigma^2+3\tau^2}=\sqrt{(119.6\text{MPa})^2+3\cdot(41.5\text{MPa})^2}=139.5\text{MPa}<[\sigma]$$

该简支梁能满足强度条件。

§6.8　工程应用实训

6.1　对某实际的钢筋混凝土雨篷进行测绘，画出结构图。试：

(1) 建立雨篷的力学模型，估算雨篷承受的荷载，画出计算简图。

(2) 对雨篷纵对称面进行平面应力状态分析，画出主应力迹线。

(3) 根据主拉应力迹线，画出雨篷主要受力钢筋的配筋简图。

6.2　对某实际建筑中矩形截面的钢筋混凝土单跨梁进行测绘，画出结构简图。试：

(1) 建立钢筋混凝土单跨梁的力学模型，画出计算简图，估算所承受的荷载，并计算支座约束力。

(2) 对单跨梁纵对称面进行平面应力状态分析，画出主应力迹线。

(3) 根据主拉应力迹线，画出主要钢筋大致的配筋图。

6.3　对某实际建筑中矩形截面的钢筋混凝土外伸梁进行测绘，画出结构简图。试：

(1) 建立钢筋混凝土外伸梁的力学模型，画出计算简图，估算所承受的荷载，并计算支座约束力。

(2) 对外伸梁的纵剖面进行平面应力状态分析，画出主应力迹线。

(3) 根据主拉应力迹线，画出主要钢筋大致的配筋图。

(4) 将上述实际的悬臂梁、单跨梁和外伸梁的配筋图进行比较分析。

习　题

6.1　构件受力如题 6.1 图所示，试画出危险点单元体的应力状态。

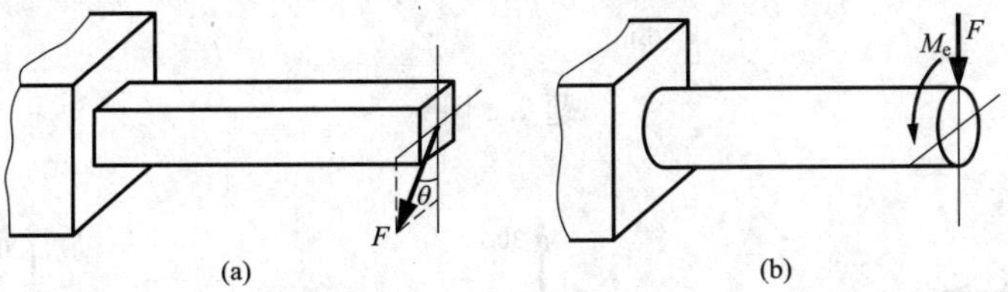

题 6.1 图

6.2　试从题 6.2 图所示各构件中点 A 和点 B 处截取单元体，并计算单元体各面上的应力。

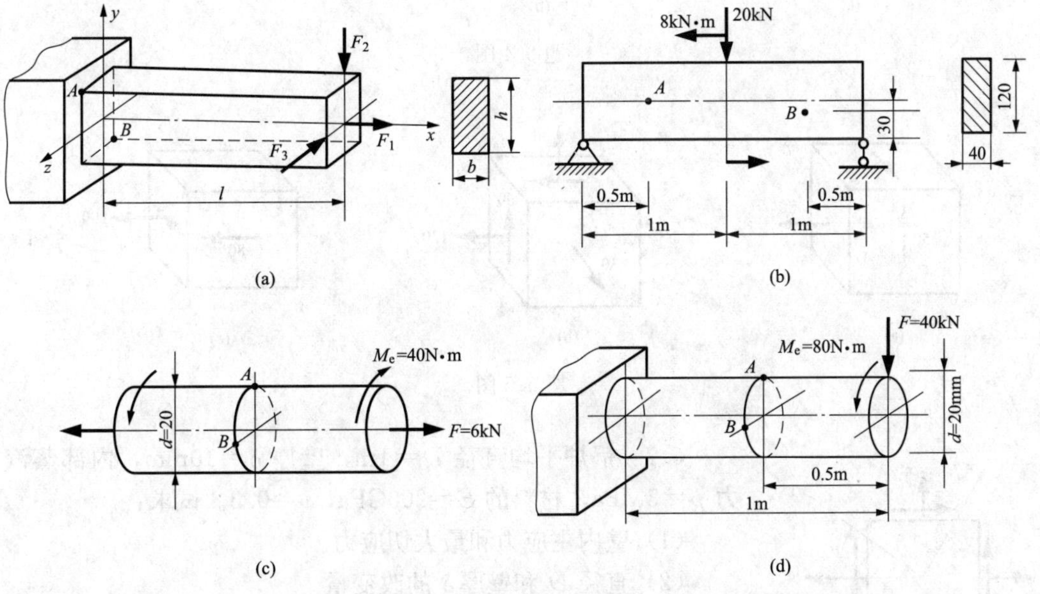

题 6.2 图

6.3　已知平面应力状态如题 6.3 图所示，试用解析法和图解法计算图中各单元体指定斜截面上的应力（应力单位为 MPa）。

6.4　已知平面应力状态如题 6.4 图所示（应力单位为 MPa），试用解析法和图解法计算图中各单元体主应力的大小和主平面方位，并画出主应力单元体。

6.5　试求题 6.5 图所示各应力状态的主应力及最大切应力（应力单位为 MPa）。

6.6　题 6.6 图所示平面应力状态，已知 σ_x、σ_y、τ_{xy} 和材料的 E、ν，试写出沿正交轴 x' 和 y' 方向的线应变 $\varepsilon_{x'}$、$\varepsilon_{y'}$ 的表达式。

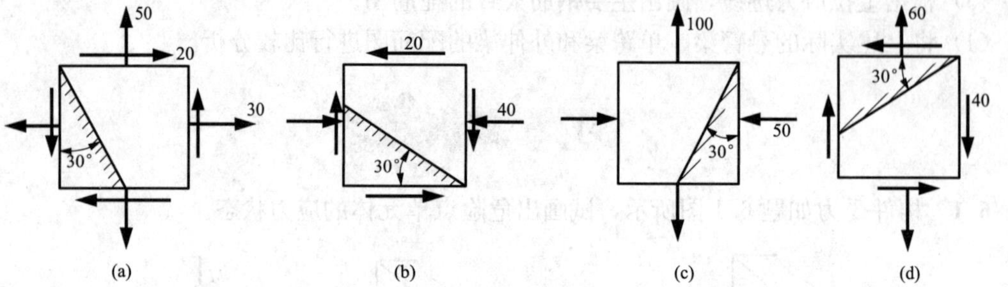

题 6.3 图

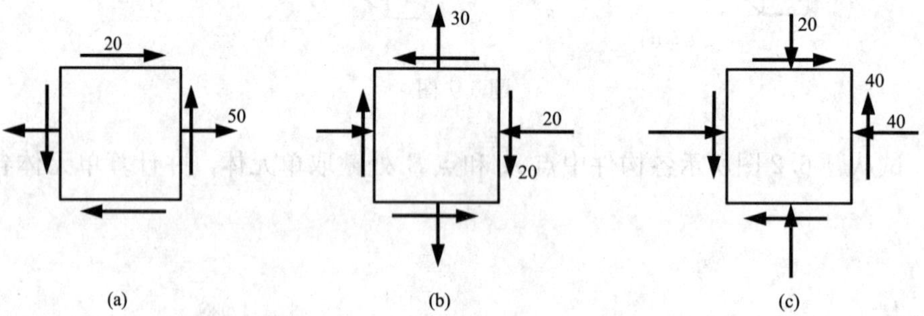

题 6.4 图

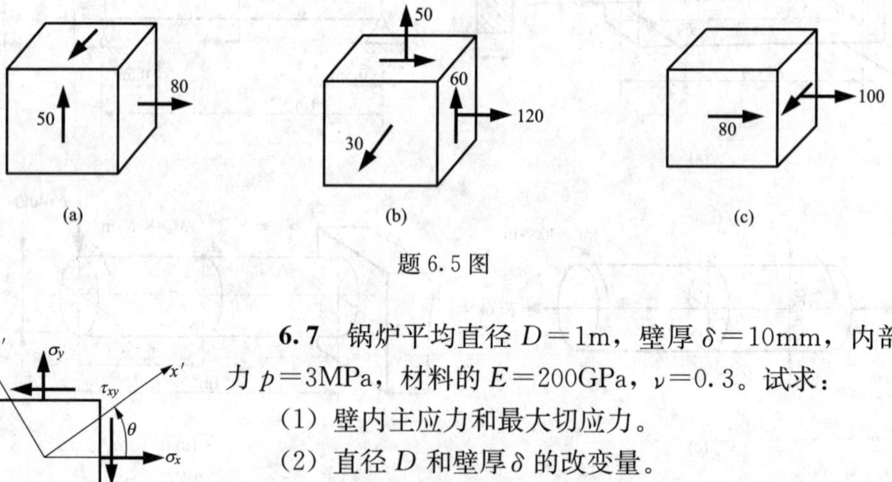

题 6.5 图

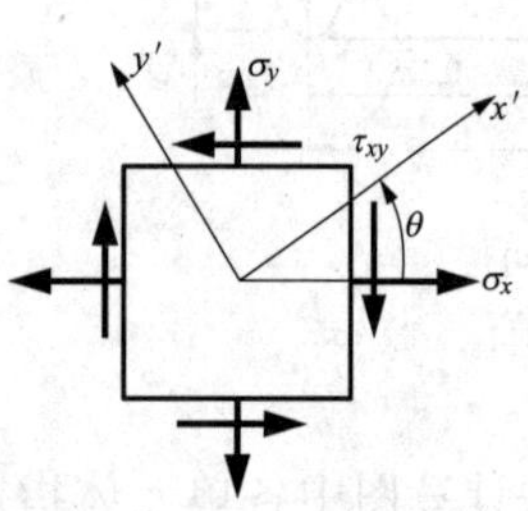

题 6.6 图

6.7 锅炉平均直径 $D=1\text{m}$，壁厚 $\delta=10\text{mm}$，内部蒸汽压力 $p=3\text{MPa}$，材料的 $E=200\text{GPa}$，$\nu=0.3$。试求：

（1）壁内主应力和最大切应力。

（2）直径 D 和壁厚 δ 的改变量。

6.8 从钢构件内某一点的周围取出一单元体，如题 6.8 图所示。已知 $\sigma=30\text{MPa}$，$\tau=15\text{MPa}$，材料的 $E=200\text{GPa}$、$\nu=0.30$，试求对角线 AC 的长度改变量 Δl_{AC}。

6.9 直径为 d 的圆形截面杆受力如题 6.9 图所示，材料的 E、ν 均已知。现测得圆形截面杆表面上沿母线方向与母线成 45°方向的线应变分别为 ε_{0°、ε_{45°，试求圆形截面杆所受的力 F 和外力偶矩 M_e。

6.10 两单元体的应力状态如题 6.10 图所示。试问：两者的主应力、最大切应力、体积改变能密度及畸变能密度是否相等?

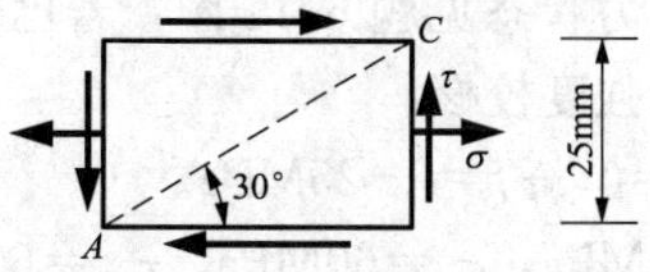

题 6.8 图

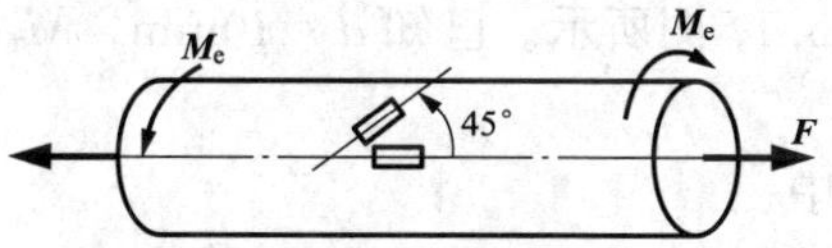

题 6.9 图

6.11　矩形截面梁的尺寸、荷载如题 6.11 图所示，已知材料的弹性模量 E，泊松比 ν。试求：

（1）梁的弹性应变能。

（2）上边缘任一点处的应变能密度、体积改变能密度和畸变能密度。

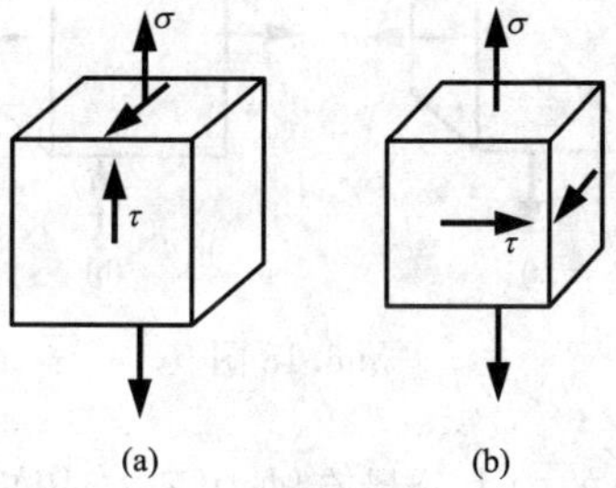

题 6.10 图

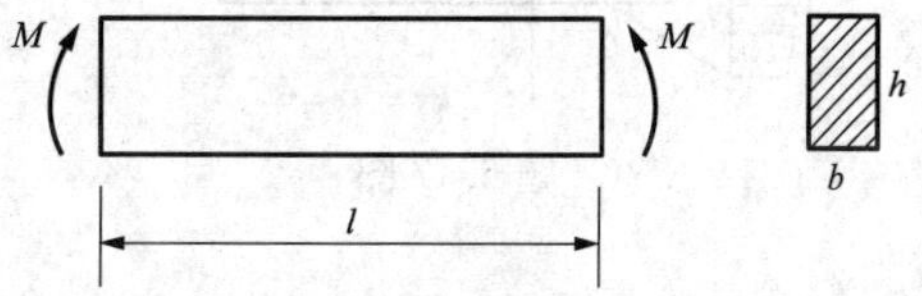

题 6.11 图

6.12　在轴向拉伸下的等截面直杆，单位体积的改变与单位横截面面积的改变之比在数值上等于 0.75。试求直杆材料的泊松比 ν。

6.13　试求题 6.13 图所示应力状态下的体应变 θ、应变能密度 v_ε 和畸变能密度 v_d，设 $E=200\text{GPa}$，$\nu=0.3$（应力单位为 MPa）。

6.14　铸铁构件上危险点的应力状态如题 6.14 图所示。若已知铸铁的许用拉应力 $[\sigma]=30\text{MPa}$。试对下列应力分量作用下的危险点进行强度校核：

（1）$\sigma_x=\sigma_y=\sigma_z=0$，$\tau_{xy}=30\text{MPa}$。

（2）$\sigma_x=10\text{MPa}$，$\sigma_y=23\text{MPa}$，$\sigma_z=0$，$\tau_{xy}=-11\text{MPa}$。

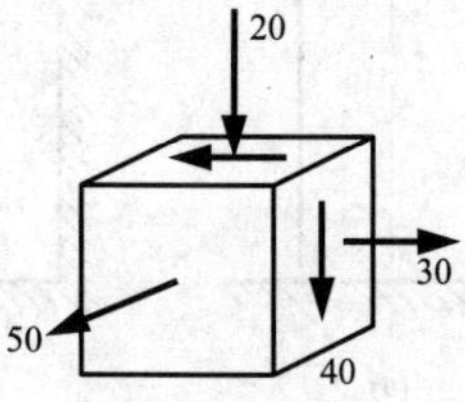

题 6.13 图

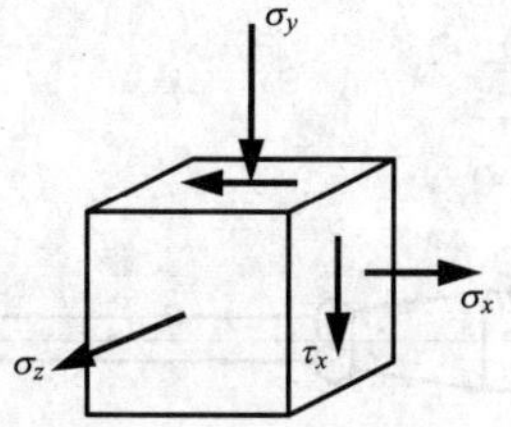

题 6.14 图

6.15 钢构件上危险点的应力状态见题 6.14 图，若已知钢的 $[\sigma]=160\text{MPa}$。试对下列应力分量作用下的危险点进行强度校核：

（1）$\sigma_x=120\text{MPa}$，$\sigma_y=\sigma_z=0$，$\tau_{xy}=-25\text{MPa}$。

（2）$\sigma_x=10\text{MPa}$，$\sigma_y=-50\text{MPa}$，$\sigma_z=60\text{MPa}$，$\tau_{xy}=60\text{MPa}$。

6.16 薄壁圆筒形容器，直径 $D=2\text{m}$，壁厚 $t=10\text{mm}$，所受的内压力 $p=1\text{MPa}$。若容器材料的许用应力 $[\sigma]=90\text{MPa}$。试按第四强度理论进行强度校核。

6.17 圆形截面杆如题 6.17 图所示。已知 $d=10\text{mm}$，$M_e=Fd/10$，试求许可荷载 F。若材料为：

（1）钢材，$[\sigma]=160\text{MPa}$。

（2）铸铁，$[\sigma_t]=30\text{MPa}$。

6.18 对于塑性材料，是否只要危险点处的最大应力 $\sigma_{\max}$ 达到屈服应力 σ_s，材料就开始屈服？例如，题 6.18 图所示两单元体，它们的 $\sigma_{\max}=\sigma$，如按最大切应力理论，达到屈服时的 $\sigma_{\max}$ 分别为多大？

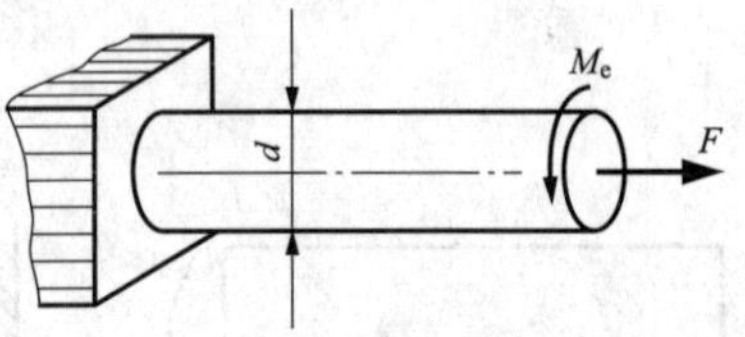

题 6.17 图

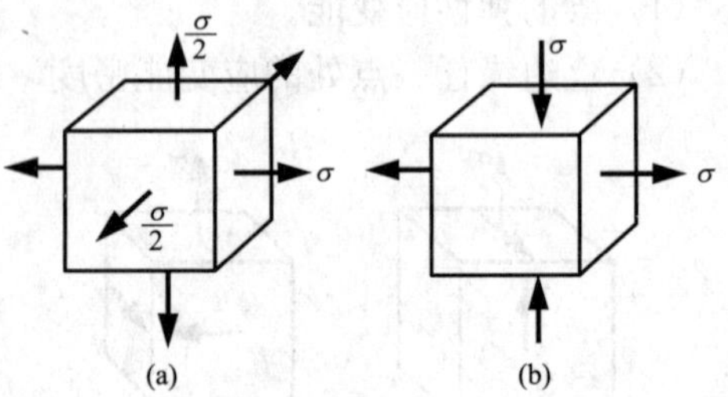

题 6.18 图

6.19 直径为 d 的圆形截面直杆，已知危险截面上的内力分量有轴力 F_N、扭矩 T 和弯矩 M，试分别按第一强度理论（对脆性材料）和第三强度理论（对塑性材料）建立相应的强度条件。

6.20 题 6.20 图所示螺栓起子，直径 $d=9\text{mm}$，施加的轴向力 $F=100\text{N}$，外力偶矩 $M_e=5\text{N}\cdot\text{m}$。试分析杆表面点 a 处的应力状态，并按畸变能密度理论计算 σ_{r4}。

6.21 试比较题 6.21 图所示正方形棱柱体在下列两种情况下的相当应力 σ_{r3}：

（1）棱柱体自由受压。

（2）棱柱体放在刚性方模内受压，弹性常数 E、ν 均为已知。

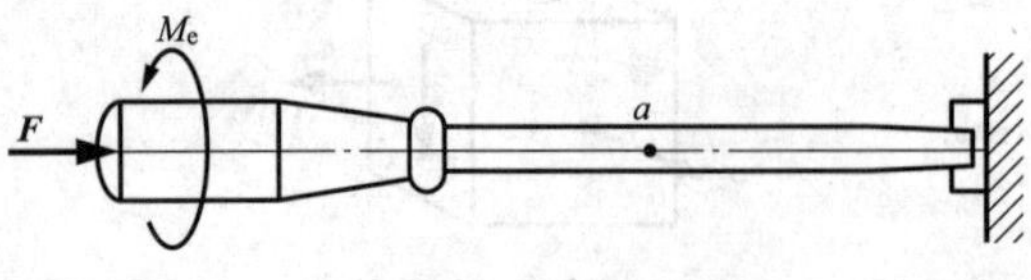

题 6.20 图

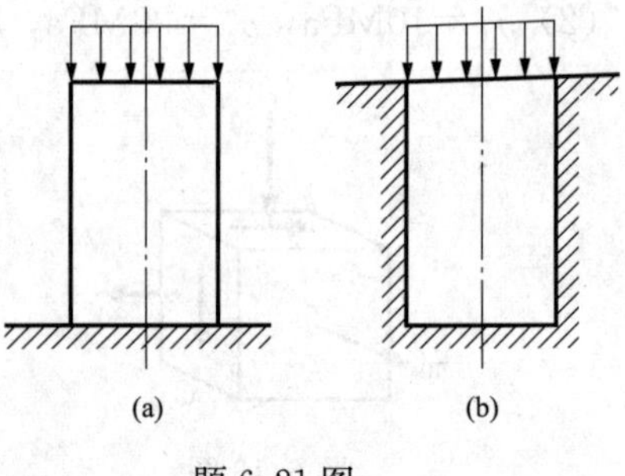

题 6.21 图

6.22 题6.22图所示曲柄轴，在点 A 处承受一垂直于纸面的力 $F=20\text{kN}$。试按第三强度理论和第四强度理论分别计算 CD 段内危险点的相当应力。

6.23 已知题6.23图所示三角形单元体 AB 和 BC 面上只有切应力 τ，关于 AC 面上的应力分量有下列四种答案，其中正确的答案是________。

(A) $\tau_{AC}=\dfrac{\tau}{2}$，$\sigma_{AC}=0$　　(B) $\tau_{AC}=\dfrac{\tau}{2}$，$\sigma_{AC}=\dfrac{\sqrt{3}}{2}\tau$

(C) $\tau_{AC}=\dfrac{\tau}{2}$，$\sigma_{AC}=-\dfrac{\sqrt{3}}{2}\tau$　　(D) $\tau_{AC}=-\dfrac{\tau}{2}$，$\sigma_{AC}=\dfrac{\sqrt{3}}{2}\tau$

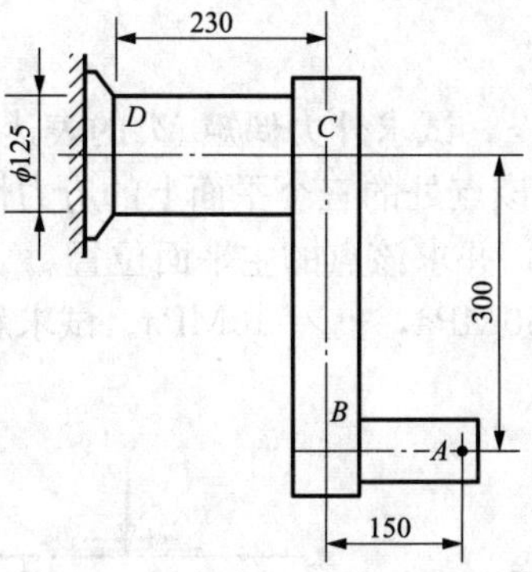

题6.22图

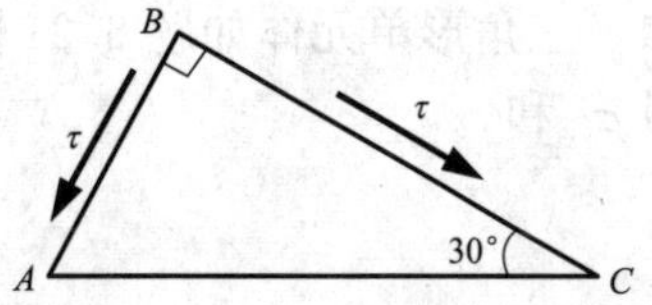

题6.23图

6.24 已知受力构件上某点处的 $\varepsilon_x=400\times10^{-6}$，$\sigma_y=50\text{MPa}$，$\sigma_z=-40\text{MPa}$，材料常数为 $E=200\text{GPa}$，$\nu=0.3$。试求该点处的应变 ε_y 和 ε_z。

6.25 题6.25图所示同一种材料的两个单元体的应力状态，已知材料的屈服极限为 $\sigma_s=275\text{MPa}$。若有 $\sigma>\tau$，试根据第三强度理论求这两个单元体同时进入屈服极限状态时，其正应力 σ 与切应力 τ 的数值。

6.26 已知某点的应力状态如题6.26图所示，试求该点的主应力。

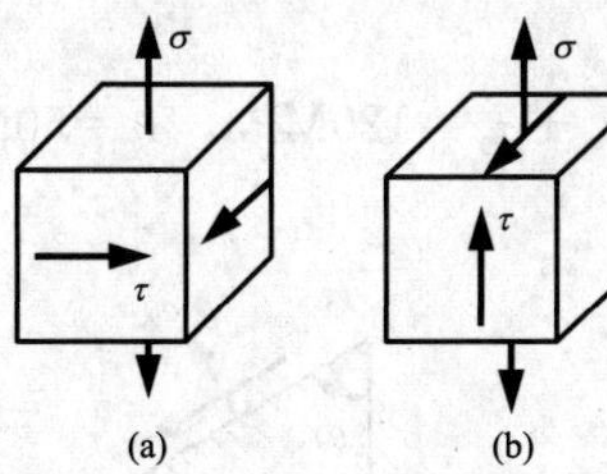

题6.25图

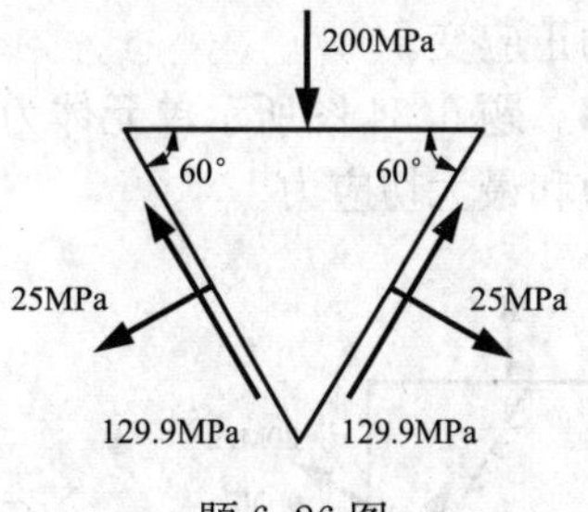

题6.26图

6.27 题6.27图所示1、2、3为三个平面应力状态的应力圆，应力单位为MPa。试画出各应力圆所对应的主应力单元体上的应力。

6.28 已知钢制构件上危险点的单元体如题6.28图所示，材料的屈服极限 $\sigma_s=240\text{MPa}$。试按第三强度理论求该构件的工作安全因数。

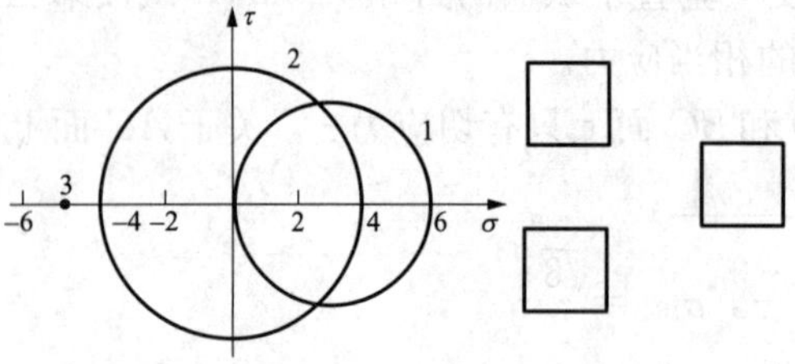

题 6.27 图

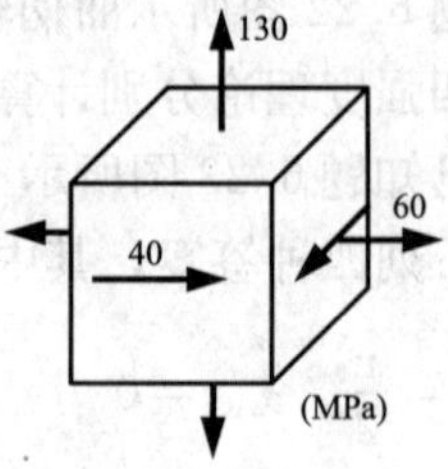

题 6.28 图

6.29 如题 6.29 图所示，已知圆形截面轴直径 d，材料的弹性模量 E，泊松比 ν，欲用一枚电阻应变片测轴端的外力偶矩 M_e的数值。

（1）试设计电阻应变片的粘贴位置和方向。

（2）若按照你所定的位置和方向，已测得线应变为 ε，试求外力偶矩 M_e的表达式。

6.30 受力构件边缘上某点处于平面应力状态，过该点处的三个平面上的应力情况如题 6.30 图所示，其中平面 AB 为自由面。试求切应力 τ_{xy}，并求该点的主平面位置。

6.31 三角形单元体如题 6.31 图所示，已知 $\sigma_y=50\text{MPa}$，$\tau_{yx}=10\text{MPa}$。试求斜面上的应力分量 σ_θ 和 τ_θ。

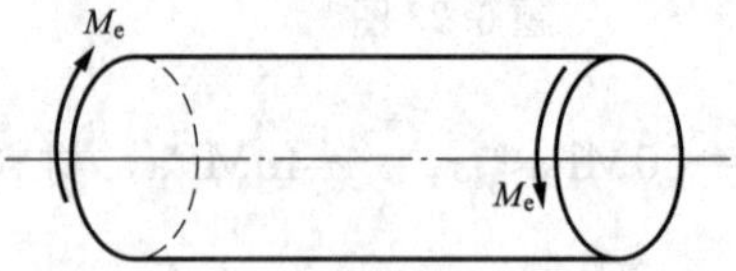

题 6.29 图

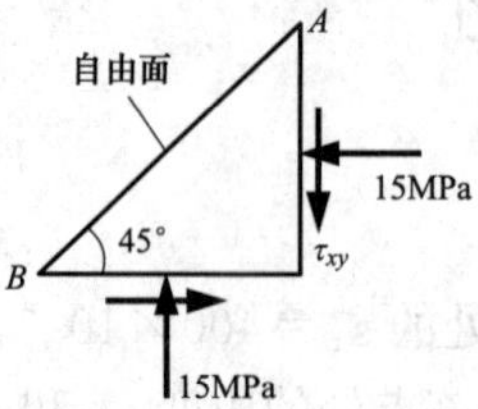

题 6.30 图

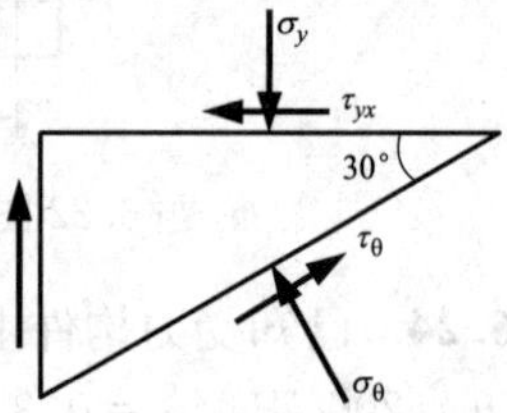

题 6.31 图

6.32 平面应力状态单元体如题 6.32 图所示，试由已知条件求出应力 σ_y 和 τ_θ 的数值，并计算最大切应力 τ_{max}。

6.33 如题 6.33 图所示，扭矩 $M_e=2.5\text{kN}\cdot\text{m}$ 作用在直径 $D=60\text{mm}$ 的钢轴上，已知：弹性模量 $E=208\text{GPa}$，泊松比 $\nu=0.28$，试求圆形截面轴表面上任一点与母线成 $\theta=30°$ 方向上的正应变。

6.34 题 6.34 图所示单元体为二向应力状态，已知 $\sigma_x+\sigma_y=120\text{MPa}$，$\sigma_\theta=50\text{MPa}$，试求主应力和最大切应力。

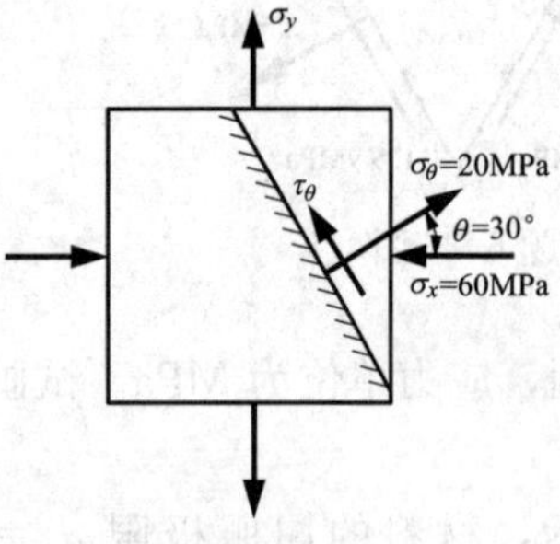

题 6.32 图

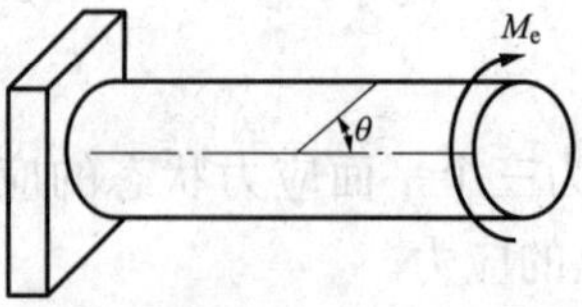

题 6.33 图

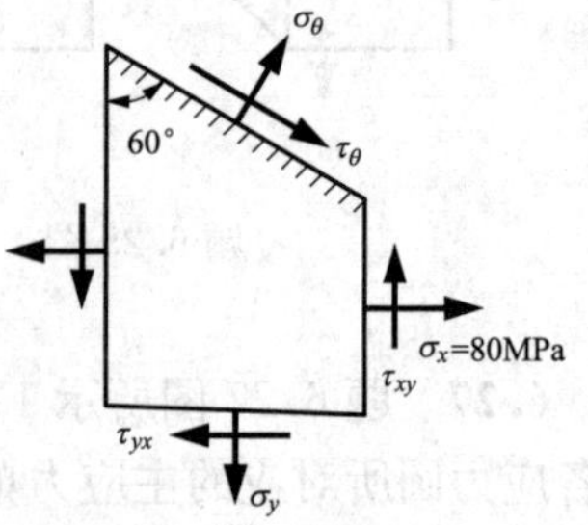

题 6.34 图

6.35　如题 6.35 图所示，受扭圆形截面轴表面上任一点处与轴线成 45°方向的线应变 $\varepsilon_{45^\circ}=260\times10^{-6}$，轴直径 $D=30\text{mm}$，弹性模量 $E=210\text{GPa}$，泊松比 $\nu=0.3$，材料的许用应力 $[\sigma]=160\text{MPa}$。试求扭矩 T，并用第三强度理论校核圆形截面轴的强度。

6.36　直径为 D 的实心圆形截面轴，受扭矩 T 作用，如题 6.36 图所示。测得轴表面一点与轴线成 45°方向的线应变为 ε，试导出用 T、D、ε 表示的切变模量 G 的表达式。

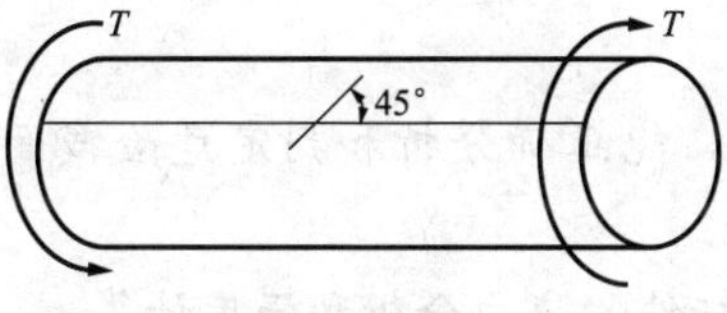

题 6.35 图

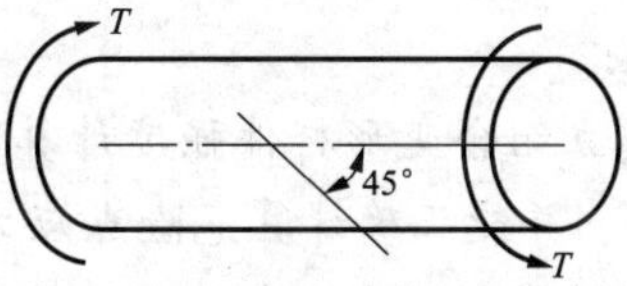

题 6.36 图

6.37　如题 6.37 图所示，空心圆形截面轴外径 $D=80\text{mm}$，内径 $d=70\text{mm}$，两端受扭矩 T 作用。测得表面上一点与轴线成 45°方向的线应变为 $\varepsilon_{45^\circ}=-340\times10^{-6}$。已知弹性模量 $E=200\text{GPa}$，泊松比 $\nu=0.3$，试求扭矩 T。

6.38　单元体如题 6.38 图所示，已知 x 方向的正应力 σ 和材料弹性常数 E、ν。试导出与 x 方向成角度 θ 方向上线应变 ε_θ 的表达式。

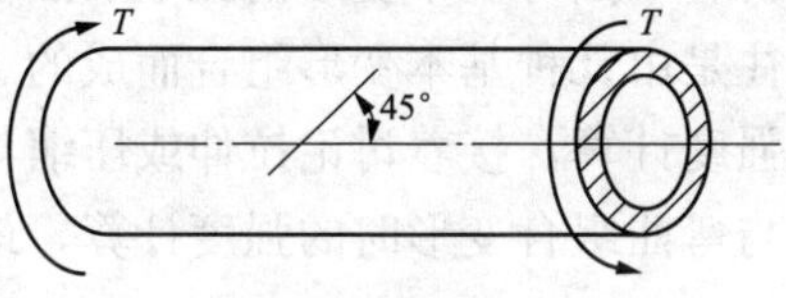

题 6.37 图

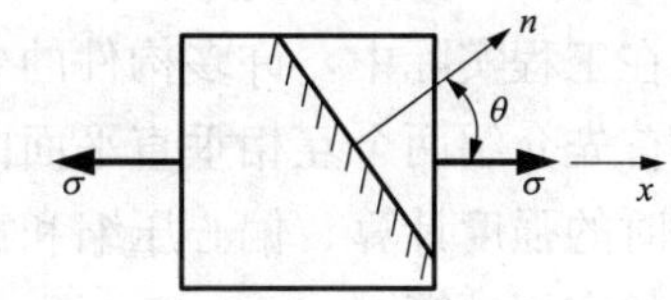

题 6.38 图

第7章 组合变形与连接件实用计算

教学要求：

1. 建立组合变形杆件强度计算的基本概念和方法，能正确分析和判定危险截面和危险点的位置，并能正确计算危险点应力分量。
2. 熟练掌握两个互相垂直平面内弯曲的组合变形杆件的应力分析和强度计算。
3. 熟练掌握拉（压）弯组合变形杆件的应力分析和强度计算。
4. 掌握偏心压缩杆件的应力分析和强度计算。
5. 熟练掌握弯扭组合变形时杆件的应力分析和强度计算。
6. 掌握剪切面和挤压面的判定方法，能综合应用剪切和挤压的强度条件进行连接件的实用计算。

在前几章中，分别介绍了杆件在拉伸、压缩、扭转和弯曲等基本变形情况下的强度和刚度问题。在工程实际中，许多构件的变形较复杂，往往是由几种基本变形组合而成的。

本章首先介绍两个互相垂直平面内弯曲变形时的强度计算，接着讨论拉伸或压缩与弯曲组合变形时的强度计算、偏心压缩和截面核心、扭转与弯曲组合变形时的强度计算，最后介绍连接件的实用计算。

§7.1 组合变形的概念及工程实例

在前面各章中，分别讨论了杆件的拉伸与压缩、扭转、剪切、弯曲等基本变形。在工程实际中，构件受到外力作用后所产生的变形往往并不单纯是某一种基本变形，而是两种或更多的基本变形形式的组合，称为**组合变形**。

例如，图7.1（a）所示的烟囱，除了因重力 P 的作用而产生轴向压缩变形外，同时，又因受到风压力 p 的作用而产生弯曲。又如，图7.1（b）所示的挡土墙，同时受到自重引起的压缩变形和土壤侧压力产生的弯曲变形的共同作用。再如，图7.1（c）所示的工业厂房牛腿柱，桥式起重机传来的荷载 F 的作用线与柱的轴线不重合，牛腿柱在偏心受压的情况下，将同时产生压缩和弯曲的组合变形。最后，图7.1（d）所示屋架上的檩条，由于荷载不是作用在檩条的纵向对称面内，檩条将产生两个互相垂直平面内弯曲的组合变形。

在构件的组合变形中，若有一种基本变形是主要的，有时为简化计算，常略去其他次要变形，而在强度计算中，可适当降低所用材料的许用应力。若构成组合变形的几种基本变形都是重要的，则应按组合变形进行计算。

计算组合变形杆件的强度问题时，基于小变形的假设，一般可应用叠加原理，即假设所有外荷载的作用彼此独立、互不相关，任一荷载所引起的应力和变形都不受其他荷载的影响。因此，当杆件受到复杂荷载作用产生几种变形时，可先将荷载向截面形心简化，使其分解为几组静力等效的荷载，其中每组荷载产生一种基本变形，然后分别计算各基本变形下所产生的应力，最后将应力叠加，得到组合变形的总应力。特别需要指出的是，叠加原理的成立，要求内力、应力、位移和应变等待求量与外力呈线性关系。若没有上述线性关系，叠加原理则不成立。可以证明，在线弹性范围内，小变形条件下，上述线性关系成立，可以应用叠加原理计算杆件的内力、应力、位移与应变。

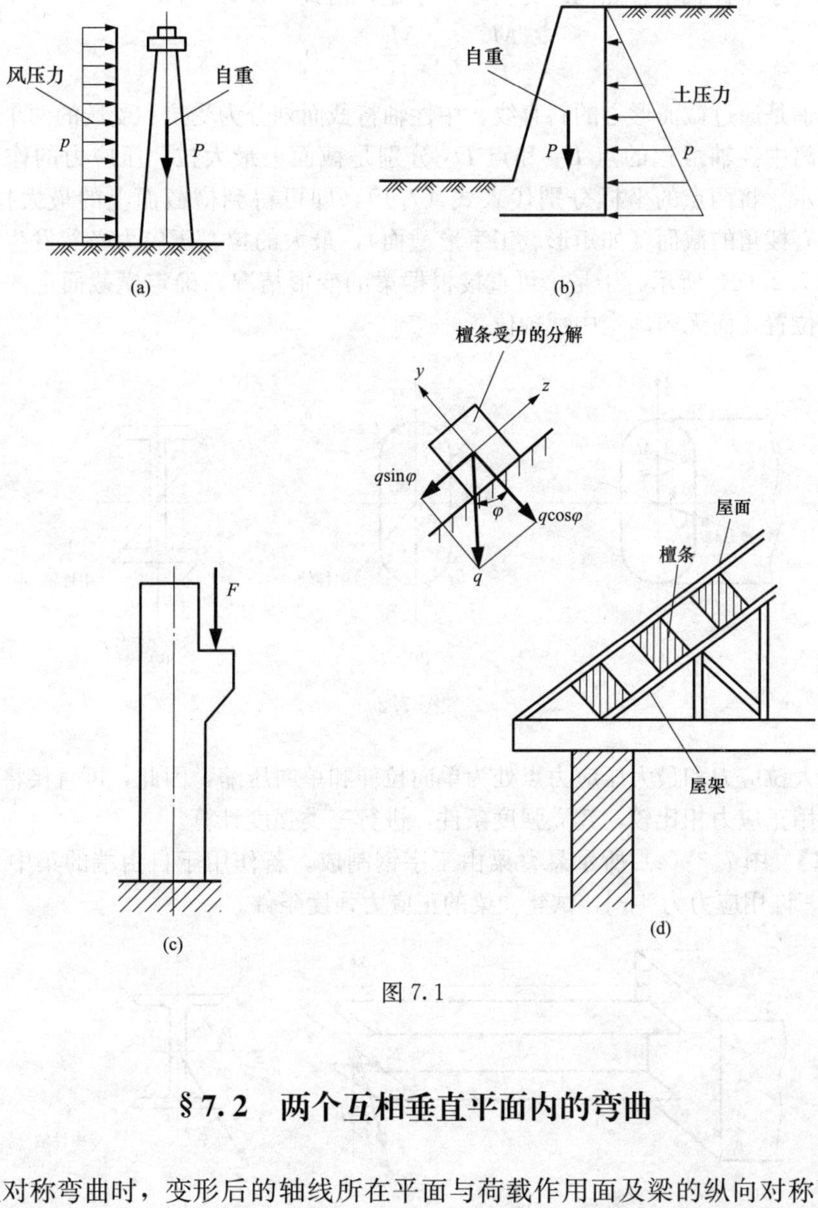

图 7.1

§7.2　两个互相垂直平面内的弯曲

梁发生对称弯曲时，变形后的轴线所在平面与荷载作用面及梁的纵向对称面为同一平面，因此也称为**平面弯曲**，实际上对称弯曲是平面弯曲的一种最简单的特例。在工程实际中，许多梁具有正交双对称截面，如矩形、工字形截面等，当在两个纵向对称面内均作用横向荷载时，梁就会同时产生两个互相垂直平面内的对称弯曲。若材料服从胡克定律，且变形很小，由于对称弯曲正应力与荷载呈线性关系，可采用叠加的方法计算两个互相垂直平面内对称弯曲时，截面上任意一点的正应力。

如果梁的横截面是双向对称的，两个纵向对称面内的弯矩 M_y、M_z 均按正值画出，如图 7.2（a）所示。采用叠加的方法，得到横截面上任一点 $A(y, z)$ 处的正应力为

$$\sigma=\sigma_{M_y}+\sigma_{M_z}=\frac{M_y}{I_y}z-\frac{M_z}{I_z}y \tag{7.1}$$

为确定横截面上的最大正应力，需先确定中性轴的位置。设中性轴上各点的坐标为（y_0，z_0），由于中性轴上各点的应力为零，于是，由式（7.1）可得

$$\frac{M_y}{I_y}z_0-\frac{M_z}{I_z}y_0=0 \tag{7.2}$$

可见，中性轴是通过截面形心的斜直线。中性轴将截面划分为受拉和受压的两个区域。在截面周边上，离中性轴最远的点 D_1 和点 D_2 分别是截面上最大拉、压应力的作用点，如图 7.2（b）所示。将两点的坐标分别代入式（7.1），即可得到横截面上的最大拉、压应力。对于周边具有棱角的截面（如矩形、工字形截面），最大的拉、压应力必然发生在截面的棱角处，如图 7.2（c）所示。于是，可直接根据梁的变形情况，确定横截面上的最大拉、压应力所在的位置，而无须确定中性轴位置。

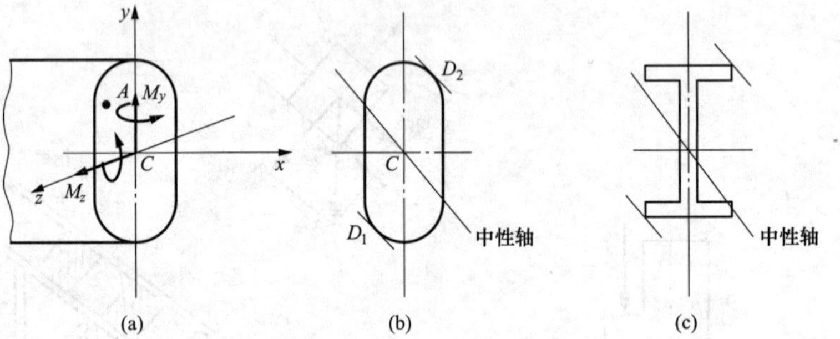

图 7.2

由于最大拉应力和最大压应力点处为单向拉伸和单向压缩，因此，可直接将最大正应力与材料的许用正应力相比较，建立强度条件，进行三类强度计算。

【例 7.1】 图 7.3（a）所示悬臂梁由工字钢制成。若作用于自由端的集中力 F 与轴 y 的夹角为 φ，许用应力为 $[\sigma]$，试建立梁的正应力强度条件。

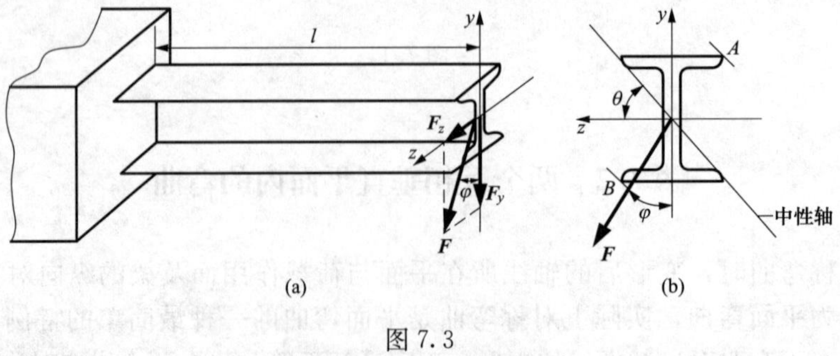

图 7.3

解　在图 7.3 所示坐标系中，y、z 为截面的对称轴。将 F 沿轴 y、z 分解，得

$$F_y=F\cos\varphi,\ F_z=F\sin\varphi$$

问题转化为两个互相垂直平面内对称弯曲的叠加。在固定端，弯矩最大，其值为

$$M_y=-F_z l=-F\sin\varphi l$$
$$M_z=-F_y l=-F\cos\varphi l$$

按式（7.1），可知固定端截面上任一点的正应力为

$$\sigma=\frac{M_y}{I_y}z-\frac{M_z}{I_z}y=-Fl\left(\frac{\sin\varphi}{I_y}z-\frac{\cos\varphi}{I_z}y\right) \tag{a}$$

若令 $\sigma=0$，即得中性轴方程

$$\frac{M_y}{I_y}z_0-\frac{M_z}{I_z}y_0=0$$

设中性轴与轴 z 的夹角为 θ [见图 7.3（b）]，则

$$\tan\theta=\frac{y_0}{z_0}=\frac{I_z}{I_y}\frac{M_y}{M_z}=\frac{I_z}{I_y}\tan\varphi$$

因为 $I_z\neq I_y$，故 $\theta\neq\varphi$，表明中性轴与力的作用平面并不垂直。由于变形后梁轴线所在平面与中性轴不垂直，所以变形后梁轴线所在平面不在力作用面内，而是倾斜了一个角度，因此这种弯曲也称为**斜弯曲**。离中性轴最远的两点 A 和 B，分别是梁内的最大拉、压应力作用点，其应力的绝对值相等，由式（a）可建立梁的正应力强度条件为

$$\sigma_{\max}=\left|\frac{M_y}{I_y}z_{\max}\right|+\left|\frac{M_z}{I_z}y_{\max}\right|$$
$$=\frac{|M_y|}{W_y}+\frac{|M_z|}{W_z}\leqslant[\sigma]$$

实际上，工字钢截面的危险点必然位于棱角处，完全可以直接按梁的变形来判断危险点的位置及应力的正负。

§7.3　拉伸或压缩与弯曲的组合

当杆件横截面上同时作用有轴力和弯矩时，若材料服从胡克定律且为小变形，可应用叠加原理计算其正应力。

以如图 7.4 所示的具有纵向对称截面的杆件为例，横截面上作用有轴力 F_N 和位于纵向对称面内的弯矩 M_z，这是轴向拉应力和对称弯曲正应力的叠加问题，其横截面上任一点处的正应力为

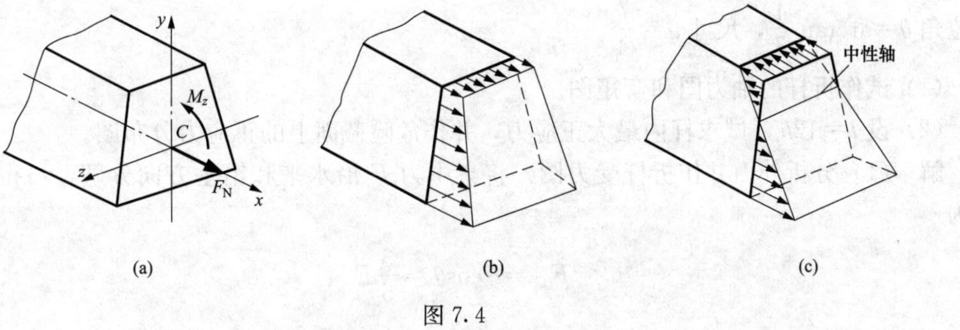

(a)　(b)　(c)

图 7.4

$$\sigma=\frac{F_{\mathrm{N}}}{A}-\frac{M_z y}{I_z} \tag{7.3}$$

可见，横截面上的正应力为 y 的一次函数，仍然是线性分布的，若轴力和弯矩均为正值，其正应力可能的分布规律分别如图 7.4（b）、（c）所示。这时中性轴不再通过形心，中性轴的位置应根据 $\sigma=0$ 重新确定。

如果杆件横截面是双向对称的，截面上同时作用的有轴力 F_{N} 及两个纵向对称面内的弯矩 M_y 和 M_z，各内力分量均按正值画出，如图 7.5（a）所示。由叠加原理，可得横截面上任一点（y，z）处的正应力为

$$\sigma=\frac{F_{\mathrm{N}}}{A}+\frac{M_y}{I_y}z-\frac{M_z}{I_z}y \tag{7.4}$$

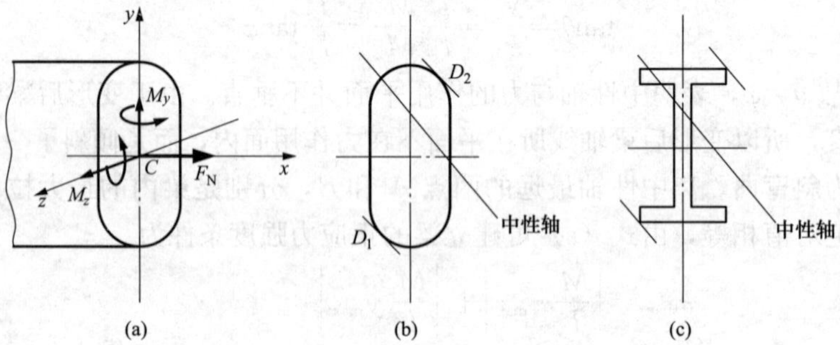

图 7.5

为确定横截面上的最大应力，需先确定中性轴的位置。设中性轴上各点的坐标为（y_0，z_0），由于中性轴上各点的应力为零，由式（7.4）可得

$$\frac{F_{\mathrm{N}}}{A}+\frac{M_y}{I_y}z_0-\frac{M_z}{I_z}y_0=0 \tag{7.5}$$

可见，中性轴是一条不通过截面形心的斜直线，如图 7.5（b）、（c）所示。中性轴将截面划分为受拉和受压两个区域。离中性轴最远的两点 D_1 和 D_2 分别是截面上最大拉应力和最大压应力的作用点，如图 7.5（b）所示。将两点的坐标分别代入式（7.4），可得最大拉、压应力。对于有棱角的截面，最大拉、压应力必然发生在截面的棱角处，如图 7.5（c）所示，可直接根据梁的变形，确定截面上最大拉、压应力的位置。

【例 7.2】 矩形截面折杆 ABC，荷载和支承情况如图 7.6（a）所示。已知：集中力 F，方位角 $\theta=\arctan\frac{4}{3}$，尺寸 $a=\frac{l}{4}$。

（1）试作折杆的轴力图和弯矩图。

（2）设 $l=12h$，试求杆内最大正应力，并作危险截面上的正应力分布图。

解 （1）分析外力并作折杆受力图。将集中力 F 沿水平和铅垂方向分解，可得分力分别为

$$F_x=F\cos\theta=\frac{3}{5}F$$

$$F_y=F\sin\theta=\frac{4}{5}F$$

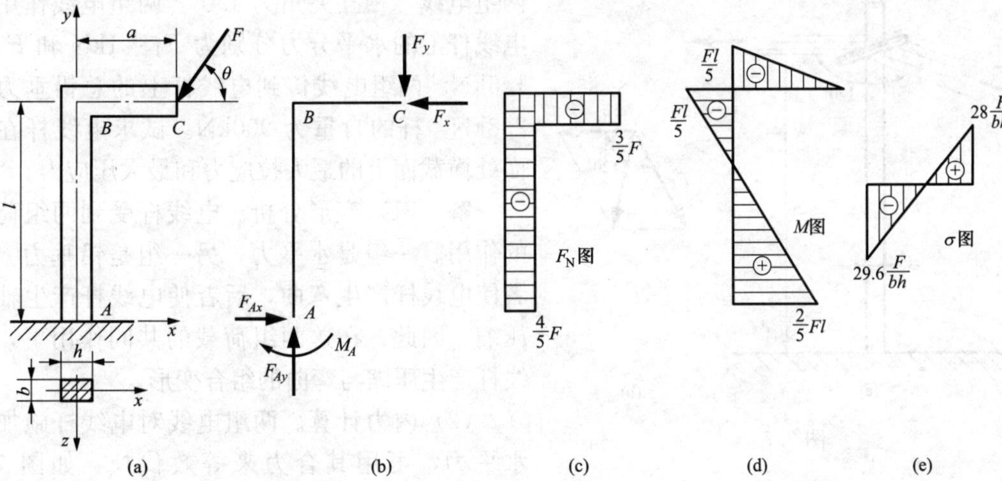

图 7.6

可画出折杆的受力图，如图 7.6（b）所示。

由平衡方程可求得折杆的约束力分别为

$$F_{Ax}=\frac{3}{5}F(\rightarrow),F_{Ay}=\frac{4}{5}F(\uparrow),M_A=\frac{2}{5}Fl(\circlearrowleft)$$

（2）作折杆的轴力图和弯矩图。根据折杆的受力图，可绘出轴力图和弯矩图，分别如图 7.6（c）和（d）所示。

（3）确定危险截面并求最大正应力。由轴力图和弯矩图可知，折杆的危险截面在固定端截面 A 处。

在截面 A 的左边缘，正应力为

$$\sigma_{\min}=\frac{F}{A}-\frac{M}{W_z}=-\frac{\frac{4}{5}F}{bh}+\frac{\frac{2}{5}Fl}{\frac{bh^2}{6}}=-\frac{4F}{5bh}\left(1+\frac{3l}{h}\right)=-29.6\frac{F}{bh}$$

在截面 A 的右边缘，正应力为

$$\sigma_{\max}=\frac{F}{A}+\frac{M}{W_z}=-\frac{\frac{4}{5}F}{bh}+\frac{\frac{2}{5}Fl}{\frac{bh^2}{6}}=\frac{4F}{5bh}\left(-1+\frac{3l}{h}\right)=28\frac{F}{bh}$$

（4）作危险截面上的正应力分布图。在截面 A 上，距形心轴 z 为 x 的任一点处，正应力为

$$\sigma=\frac{F}{A}+\frac{M}{I_z}x$$

式中：$\frac{F}{A}$与$\frac{M}{I_z}$皆为常量。可见，正应力 σ 沿截面高度，即沿左右方向，按直线规律变化。因此，绘出的 σ 分布图如图 7.6（e）所示。

【例 7.3】 直径 $d=200$mm 的电线杆，如图 7.7（a）所示。在离地面 $H=5$m 处安装了

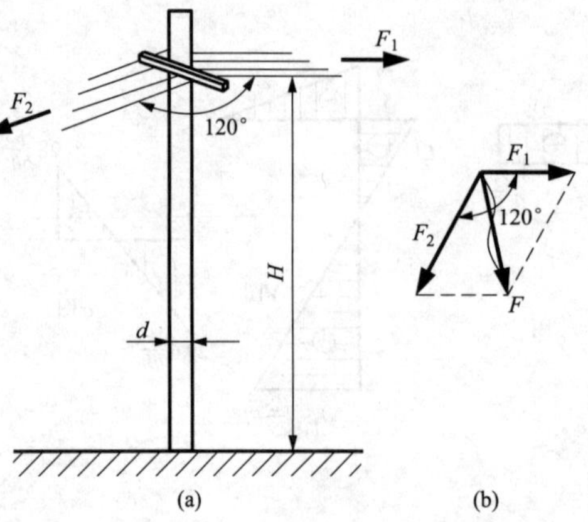

图 7.7

两组电线，相互夹角为 120°。两组电线作用于电线杆上的水平分力分别为 $F_1=1\text{kN}$ 和 $F_2=1.5\text{kN}$。两组电线传到电线杆上的总铅垂力为 2.8kN，杆的自重为 900kN。试求电线杆在地面处横截面上的最大拉应力和最大压应力。

解 （1）变形分析。电线杆受到两组荷载的作用。一组是水平力，另一组是铅垂力。前者使电线杆产生弯曲，后者使电线杆产生轴向压缩。因此，在这两组荷载的共同作用下，电线杆产生压缩与弯曲的组合变形。

（2）内力计算。两组电线对电线杆施加的水平力，可用其合力来等效代换，如图 7.7（b）所示。其数值为

$$F=\sqrt{F_1^2+F_2^2+2F_1F_2\cos120^\circ}=\sqrt{1^2+1.5^2+2\times1\times1.5\cos120^\circ}=1.323\text{kN}$$

由于合力 F 的作用，电线杆在地面处横截面上的弯矩最大，其数值为

$$M_{\max}=1.323\times5=6.62\text{kN}\cdot\text{m}$$

由于铅垂力的作用，电线杆横截面上的轴力为

$$F_{\text{N}}=-2.8-0.9=-3.7\text{kN}$$

（3）应力计算。圆形截面的面积和弯曲截面系数分别为

$$A=\frac{\pi}{4}d^2=\frac{\pi}{4}(0.2\text{m})^2=3.14\times10^{-2}\text{m}^2$$

$$W=\frac{\pi}{32}d^3=\frac{\pi}{32}(0.2\text{m})^3=7.85\times10^{-4}\text{m}^3$$

由叠加原理可得电线杆在地面处横截面上的最大正应力为

$$\sigma_{\max}=\frac{F_{\text{N}}}{A}+\frac{M_{\max}}{W}=-\frac{3.7\times10^3\text{N}}{3.14\times10^{-2}\text{m}^2}+\frac{6.62\times10^3\text{N}\cdot\text{m}}{7.85\times10^{-4}\text{m}^3}=8.32\text{MPa}$$

这就是最大拉应力。同理，可求得该横截面上的最小正应力为

$$\sigma_{\min}=\frac{F_{\text{N}}}{A}-\frac{M_{\max}}{W}=-\frac{3.7\times10^3\text{N}}{3.14\times10^{-2}\text{m}^2}-\frac{6.62\times10^3\text{N}\cdot\text{m}}{7.85\times10^{-4}\text{m}^3}=-8.55\text{MPa}$$

因此，最大压应力为

$$\sigma_{\text{c,max}}=8.55\text{MPa}$$

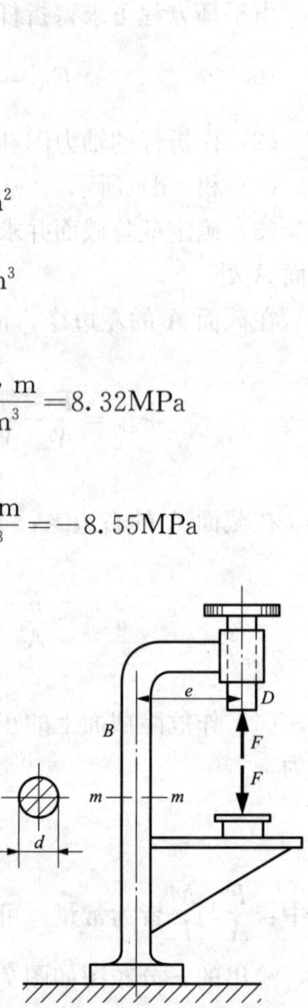

图 7.8

【例 7.4】 图 7.8 所示的钻床，在零件上钻孔时，心轴 D 受到的压力 $F=15\text{kN}$，已知尺寸 $e=400\text{mm}$，许用应力 $[\sigma]=35\text{MPa}$。试计算圆形截面立柱 B 所需的直径。

解 （1）组合变形分析。在力 F 的作用下，圆形截面立柱 B 受到偏心拉伸，产生拉伸与弯曲的组合变形，即拉力 $F=15\text{kN}$，偏心距 $e=400\text{mm}$。

（2）设计直径。由式（7.4）可求得在拉伸与弯曲的组合变形下，立柱 B 横截面上的最大正应力。因此，可建立偏心拉伸的强度条件为

$$\sigma_{t,\max}=\frac{F}{A}-\frac{M_z}{I_z}y_{\max}\leqslant[\sigma_t]$$

在立柱 B 的截面 m-m 右侧，如图 7.8 所示，各点上产生的拉应力为最大应力，其强度条件为

$$\sigma_{t,\max}=\frac{F}{A}+\frac{Fe}{W_z}\leqslant[\sigma_t] \tag{a}$$

将已知数据代入式（a），可得

$$\frac{15\times10^3\text{N}}{\frac{\pi}{4}d^2}+\frac{(15\times10^3\text{N})(0.4\text{m})}{\frac{\pi}{32}d^3}\leqslant35\times10^6\text{Pa} \tag{b}$$

求解式（b）可得

$$d\geqslant0.122\text{m}$$

即当直径大于或等于 122mm 时，立柱 B 可满足强度要求。

【例 7.5】 一起重架由工字钢梁 AB 和拉杆 BC 组成，荷载可沿梁移动，如图 7.9（a）所示。工字钢梁为 16 号型钢，梁长 $l=2$m，拉杆直径 $d=25$mm。若材料的许用应力 $[\sigma]=100$MPa，试求此结构的许可荷载。

解　（1）由杆 BC 的拉伸强度确定最大荷载。当梁上荷载移动至 B 处，拉杆轴力最大，由平衡求得轴力 $F_{NC}=2F$，建立强度条件为

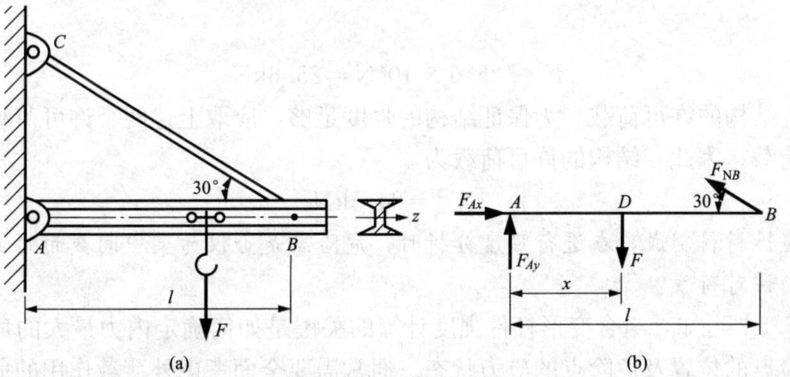

图 7.9

$$\sigma=\frac{F_N}{A_1}=\frac{2F}{A_1}\leqslant[\sigma]$$

$$F\leqslant\frac{[\sigma]A_1}{2}=\frac{(100\times10^6\text{Pa})\left(\frac{\pi}{4}\times25^2\times10^{-6}\text{m}^2\right)}{2}$$

$$=24.5\times10^3\text{N}=24.5\text{kN}$$

（2）由梁 AB 的弯曲强度确定最大荷载。设荷载 F 与 A 端的距离为 x，画出梁的受力图，如图 7.9（b）所示，列平衡方程可求得支座 A 处的约束力为

$$F_{Ax}=\frac{\sqrt{3}Fx}{l},\ F_{Ay}=\frac{F(l-x)}{l}$$

可见，梁的变形为弯曲与压缩的组合。在荷载作用处的横截面上，轴力和弯矩为

$$F_N = F_{Ax} = \frac{\sqrt{3}Fx}{l}(压),\ M = F_{Ay}x = \frac{F(l-x)x}{l}$$

在该截面的上边缘有最大压应力，其值为

$$\sigma_{\max} = \frac{F_N}{A} + \frac{M}{W} = \frac{F}{l}\left[\frac{\sqrt{3}x}{A} + \frac{x(l-x)}{W}\right]$$

应力随荷载作用的位置而变化，最危险状况为 $\sigma_{\max}$ 取得极大值，由 $\frac{\mathrm{d}\sigma_{\max}}{\mathrm{d}x}=0$，得到

$$x = \frac{l}{2} + \frac{\sqrt{3}W}{2A}$$

由附录查得 $W=141\mathrm{cm}^3$，$A=26.1\mathrm{cm}^2$，计算表明 $\frac{\sqrt{3}W}{2A} \ll \frac{l}{2}$，故可认为荷载位于梁跨度中点时最危险。这时 $F_N = \frac{\sqrt{3}}{2}F$，$M = \frac{Fl}{4}$，由于危险点处于单向应力状态，其强度条件为

$$\sigma_{\max} = \frac{\sqrt{3}F}{2A} + \frac{Fl}{4W} \leqslant [\sigma]$$

将已知数据代入

$$F\left[\frac{\sqrt{3}}{2(26.1\times10^{-4}\mathrm{m}^2)} + \frac{2\mathrm{m}}{4(141\times10^{-6}\mathrm{m}^3)}\right] \leqslant 100\times10^6\mathrm{Pa}$$

解得

$$F \leqslant 25.6\times10^3\mathrm{N} = 25.6\mathrm{kN}$$

(3) 确定结构的许可荷载。为保证结构的强度足够，应取上述两个许可荷载的最小值为结构的许可荷载。因此，结构的许可荷载为

$$[F] = 24.5\mathrm{kN}$$

若梁用脆性材料制成，在进行强度分析时，危险点是否仅为梁中间截面的上边缘？应如何确定结构的许可荷载？

由［例 7.5］可知，组合变形杆件强度计算的关键是如何确定内力最大的危险截面、应力最大的危险点的位置及危险点的应力状态。通常需要全面考虑外荷载作用的危险工况、结构形式及杆件内力图来确定可能的危险截面；根据危险截面上各内力分量引起的应力分布及应力的叠加，确定可能的危险点的位置；最后，由各危险点相应的强度条件，进行三类强度计算。

§7.4 偏心压缩与截面核心

当短柱上的压力与轴线平行但不重合时，将产生**偏心压缩**。图 7.10 (a) 所示为一横截面具有双对称轴的短柱承受偏心距 e 的压力 F 产生偏心压缩，压力 F 的作用点的坐标为 $(y_F,\ z_F)$。将偏心压力向短柱轴线 O_1O 简化，得到与轴线重合的压力 F 和力偶矩 Fe。然后，将 Fe 分解为两个纵向对称面 xy 和 xz 内的弯矩 $M_z = Fy_F$ 和 $M_y = Fz_F$。因此，偏心压缩使短柱产生轴向压缩和在两个纵向对称面内的纯弯曲，是压缩与弯曲的组合变形，且在任意横截面上的内力和应力均相同。在任意横截面 n-n 上，坐标为 $(y,\ z)$ 的点 B 处，如图

7.10（b）所示，与三种变形对应的正应力分别是

$$\sigma'=-\frac{F}{A},\sigma''=\frac{M_z y}{I_z}=-\frac{F y_F y}{I_z},\sigma'''=\frac{M_y z}{I_y}=-\frac{F z_F z}{I_y}$$

式中负号表示压应力。叠加以上三种应力，并注意到 $I_z=Ai_z^2$，$I_y=Ai_y^2$，可得点 B 的应力为

$$\sigma=-\frac{F}{A}\left(1+\frac{y_F y}{i_z^2}+\frac{z_F z}{i_y^2}\right) \tag{7.6}$$

若中性轴上各点的坐标为（y_0，z_0），由中性轴各点的正应力为零，可得中性轴方程为

$$1+\frac{y_F}{i_z^2}y_0+\frac{z_F}{i_y^2}z_0=0 \tag{7.7}$$

若中性轴在轴 y 和轴 z 上的截距分别为 a_y 和 a_z，可得中性轴截距公式为

$$a_y=-\frac{i_z^2}{y_F},\ a_z=-\frac{i_y^2}{z_F} \tag{7.8}$$

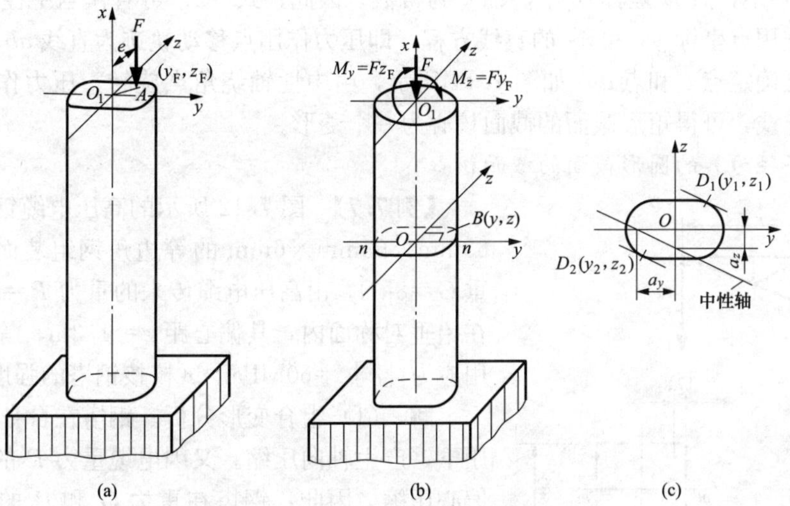

图 7.10

由式（7.8）可知，压力作用点坐标值 y_F 和 z_F 越小，中性轴截距就越大。因此，当压力作用点位于截面形心附件的某区域内时，可使中性轴不与短柱横截面相交，则横截面上不出现拉应力，这个区域称为**截面核心**。在土木工程中，常用的混凝土构件和砖石砌体，其抗拉强度远低于抗压强度，在设计这类材料制作的受偏心压缩的短柱时，往往要求其横截面上不出现拉应力，即要求压力作用点在截面核心之内。

【例 7.6】 若短柱的截面为矩形，如图 7.11 所示，已知 b、h，试确定截面核心。

解 矩形截面对两对称轴 y 和 z 的惯性半径分别为

$$i_y^2=\frac{I_y}{A}=\frac{hb^3}{12bh}=\frac{b^2}{12}$$

$$i_z^2=\frac{I_z}{A}=\frac{bh^3}{12bh}=\frac{h^2}{12}$$

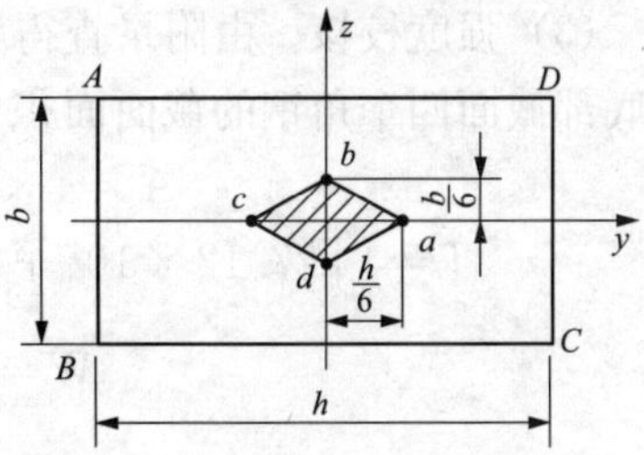

图 7.11

若中性轴与边 AB 重合，则其在两坐标轴上的截距分别为

$$a_y=-\frac{h}{2},\ a_z=\infty$$

代入式（7.8），可得压力 F 的作用点 a 的坐标为

$$y_F=-\frac{i_z^2}{a_y}=-\frac{h^2}{12}\left(-\frac{2}{h}\right)=\frac{h}{6},\ z_F=-\frac{i_y^2}{a_z}=0$$

同理，当中性轴与边 BC 重合时，压力作用点 b 的坐标是

$$y_F=0,\ z_F=\frac{b}{6}$$

当中性轴从截面的侧边 AB 绕点 B 旋转到邻边 BC 时，得到一组通过点 B 但斜率不同的中性轴，将点 B 坐标代入中性轴方程式（7.7），可得

$$1+\frac{y_B}{i_z^2}y_F+\frac{z_B}{i_y^2}z_F=0 \tag{a}$$

在式（a）中，点 B 坐标（y_B，z_B）为常数。因此，式（a）可看作当中性轴绕点 B 旋转时，外力作用点坐标 y_F 和 z_F 的直线方程，即压力作用点移动轨迹为直线 ab。

同理，可确定点 c 和点 d，如图 7.11 所示，由中性轴绕角点旋转，压力作用点轨迹为相应两点的连线，可得矩形截面的截面核心为一个菱形。

试确定半径为 r 的圆形截面的截面核心。

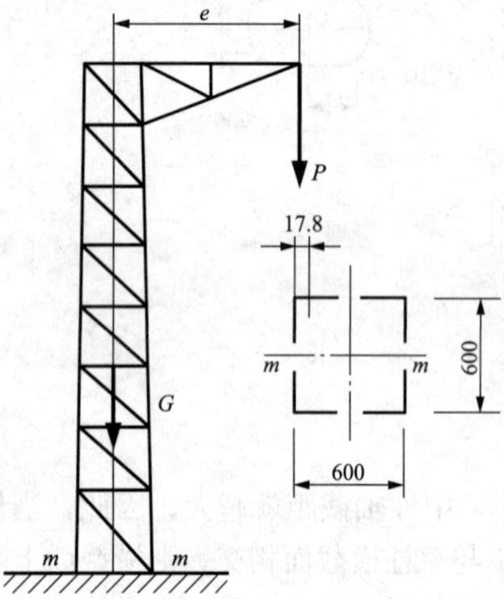

图 7.12

【例 7.7】 图 7.12 所示的高压电缆钢塔，由 4 根 63mm×63mm×6mm 的等边角钢组装而成。塔身自重 $G=8\text{kN}$，由高压电缆传来的重力 $P=20\text{kN}$，作用在铅垂对称面内，其偏心距 $e=1.2\text{m}$，等边角钢的许用应力 $[\sigma]=60\text{MPa}$。试校核钢塔的强度。

解 (1) 组合变形分析。钢塔在自身重力 G 的作用下，产生轴向压缩。又因电缆重力 P 的作用而产生偏心压缩，因此，钢塔在重力 G 和 P 的共同作用下产生轴向压缩与偏心压缩的组合变形。

(2) 内力分析。在钢塔底部横截面上内力最大，为危险截面。在塔底部截面上的轴力为

$$F=-(P+G)=-(20+8)\text{kN}=-28\text{kN}$$

弯矩为

$$|M|=Pe=(20\text{kN})(1.2\text{m})=24\text{kN}\cdot\text{m}$$

(3) 强度校核。由附录查得等边角钢的横截面面积、形心位置和惯性矩后，可计算出钢塔底部截面四个角钢的截面面积 A、惯性矩 I 及弯曲截面系数 W 分别为

$$A=4\times7.288\times10^2\text{mm}^2=2.92\times10^{-3}\text{m}^2$$

$$I=4\left[27.12\times10^4+7.288\,(30-1.78)^2\times10^4\right]\text{mm}^4=233\times10^{-6}\text{m}^4$$

$$W=\frac{233\times10^{-6}\text{m}^4}{0.3\text{m}}=777\times10^{-6}\text{m}^3$$

最大拉应力产生在钢塔底部截面左侧边缘处，其数值为

$$\sigma_{t,\max}=\frac{F}{A}+\frac{|M|}{W}=-\frac{28\times10^3\mathrm{N}}{2.92\times10^{-3}\mathrm{m}^2}+\frac{24\times10^3\mathrm{N\cdot m}}{777\times10^{-6}\mathrm{m}^3}$$

$$=21.3\times10^6\mathrm{Pa}=21.3\mathrm{MPa}<[\sigma]=60\mathrm{MPa}$$

最大压应力产生在钢塔底部截面右侧边缘处，其数值为

$$\sigma_{c,\max}=\left|\frac{F}{A}-\frac{|M|}{W}\right|=\left|-\frac{28\times10^3\mathrm{N}}{2.92\times10^{-3}\mathrm{m}^2}-\frac{24\times10^3\mathrm{N\cdot m}}{777\times10^{-6}\mathrm{m}^3}\right|$$

$$=40.5\times10^6\mathrm{Pa}=40.5\mathrm{MPa}<[\sigma]=60\mathrm{MPa}$$

由上述计算可知，钢塔强度满足要求。

§7.5　弯曲与扭转的组合

一般的传动轴、曲柄轴等构件往往是在扭转与弯曲的组合变形之下工作的。在本书第2章中曾讨论过圆形截面轴的扭转变形，实际上，像传动轴这类构件，皮带的拉力或齿轮的啮合力等横向外力所引起的弯曲变形，在强度计算中常常是不能忽略的。

现以图7.13（a）所示的简单情况为例，来说明圆形截面轴在弯曲与扭转组合变形下的应力和强度计算。

图7.13（a）所示的圆形截面轴，直径为d，长为l，左端固定，右端自由，在自由端横截面水平直径端点D处受到一个铅垂的集中力F的作用。将力F向自由端截面的形心C进行简化，可以得到作用在该截面形心C上的一个铅垂力F和一个附加外力偶矩$M_C=\frac{Fd}{2}$，如图7.13（b）所示。

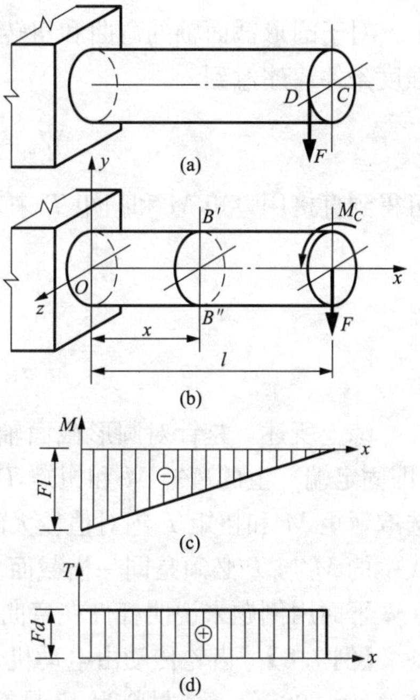

图7.13

以固定端截面形心O为坐标原点，建立坐标系$Oxyz$，如图7.13（b）所示。距圆形截面轴左端为x的任一横截面上的内力有剪力F_S、弯矩M和扭矩T，其数值分别为

$$F_S=F,\ M=-F(l-x),\ T=\frac{Fd}{2}$$

对于细长实体杆件，剪力F_S的影响较小，一般可忽略不计，只须考虑弯矩和扭矩。为了解内力沿杆轴线的变化情况，作剪力图和弯矩图，如图7.13（c）和（d）所示，可见，危险截面在固定端。

在圆形截面轴的任一横截面上，由于弯曲产生的正应力σ，沿截面高度按直线规律变化；而由于扭转所产生的切应力τ，沿圆形截面半径按直线规律变化，如图7.14（a）和（b）所示。因此，在弯曲和扭转组合变形下，在圆形截面轴铅垂直径的上下两端，即图7.14中的点B'和点B''两处，正应力σ和切应力τ的绝对值都达到了最大值。对于许用拉应力和许用压应力大小相等的延性材料，点B'和点B''都是危险点。假想围绕点B'切取单元体，其应力状态如图7.14（c）所示，正应力和切应力的表达式分别为

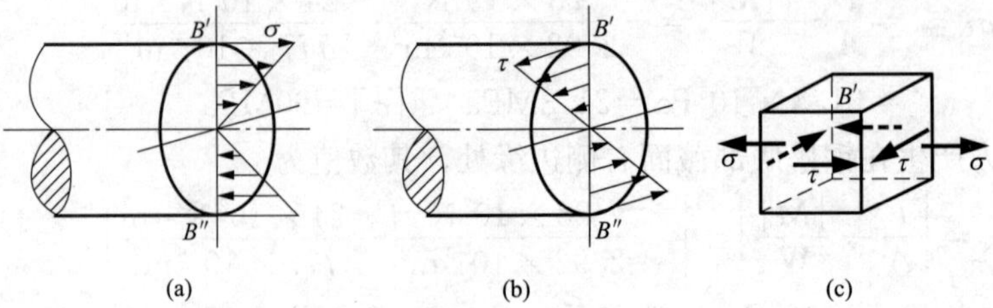

图 7.14

$$\sigma=\frac{M}{W_z},\ \tau=\frac{T}{W_p}$$

危险点 B' 的应力状态为平面应力状态，由式（6.36）和式（6.37），则应用第三强度理论和第四强度理论建立的强度条件分别为

$$\sigma_{r3}=\sqrt{\sigma^2+4\tau^2}\leqslant[\sigma]$$

$$\sigma_{r4}=\sqrt{\sigma^2+3\tau^2}\leqslant[\sigma]$$

对于圆形截面轴的弯曲和扭转组合变形，可将前述正应力和切应力的计算公式代入上述强度条件，注意到

$$W_p=\frac{\pi d^3}{16}=2\cdot\frac{\pi d^3}{32}=2W_z=2W$$

可得到直接用弯矩 M 和扭矩 T 来表达的强度条件分别为

$$\sigma_{r3}=\frac{\sqrt{M^2+T^2}}{W}\leqslant[\sigma] \tag{7.9}$$

$$\sigma_{r4}=\frac{\sqrt{M^2+0.75T^2}}{W}\leqslant[\sigma] \tag{7.10}$$

综上所述，是针对圆形截面轴任一横截面来分析的。在实际问题中，应针对危险截面（即固定端）上的弯矩 M 和扭矩 T 来进行计算。若情况复杂不易看出哪个截面最危险，可选取弯矩 M 和扭矩 T 绝对值较大的几个横截面分别计算并进行比较。应该指出，在同一算式中的 M 与 T 必须是同一横截面上的。

下面用例题来说明杆件在弯曲和扭转组合变形下的强度计算。

【例 7.8】 齿轮传动由电动机带动［见图 7.15（a）］，电动机功率 $P=6\text{kW}$，传动轴的转速 $n=800\text{r/min}$，材料为 45 号钢，$[\sigma]=60\text{MPa}$。齿轮的节圆直径 $D=200\text{mm}$，齿轮重 $G=50\text{N}$，F 为作用于齿轮上的法向力。试选择合适的强度理论设计轴的直径。

解 （1）外力分析。电动机传给轴的外力偶矩为

$$M_e=9549\frac{P}{n}=\left(9549\times\frac{6}{800}\right)\text{N}\cdot\text{m}=71.6\text{N}\cdot\text{m} \tag{a}$$

将作用于齿轮上的法向力 $\boldsymbol{F}$ 分解为切向力 $\boldsymbol{F}_t$ 和径向力 $\boldsymbol{F}_r$，并向轴线简化，画出传动轴的计算简图［见图 7.15（b）］。由平衡方程 $\sum M_x=0$，可知

$$\frac{F_tD}{2}=M_e$$

解得

$$F_t=\frac{2M_e}{D}=\frac{2(71.6\text{N}\cdot\text{m})}{0.2\text{m}}=716\text{N} \tag{b}$$

而
$$F_r=F_t\tan 20°=260\text{N} \tag{c}$$

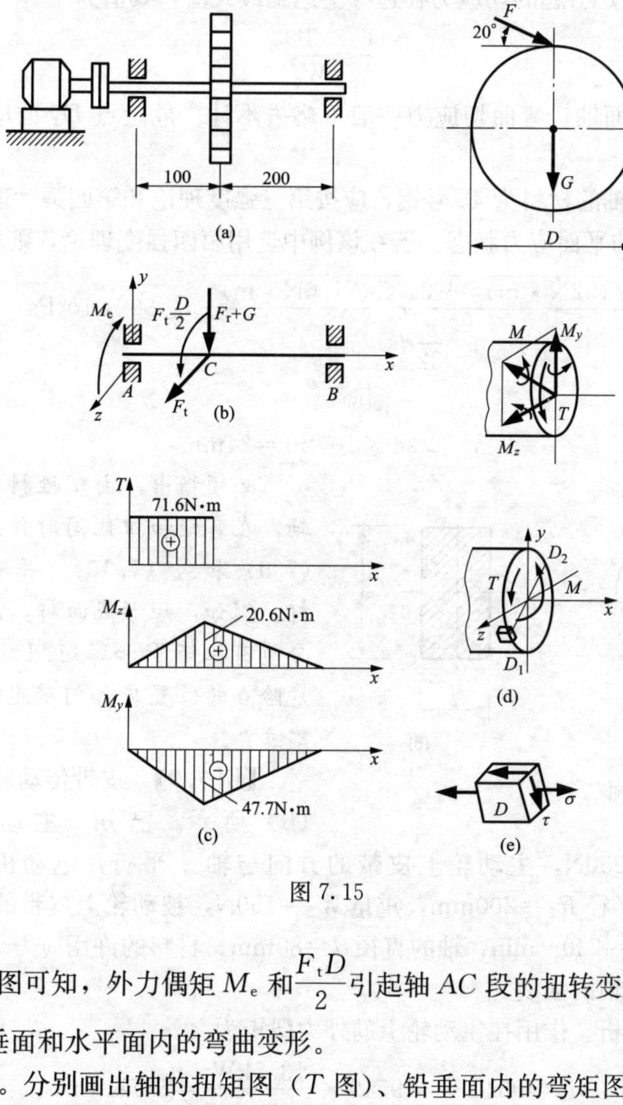

图 7.15

由轴的计算简图可知，外力偶矩 M_e 和 $\frac{F_tD}{2}$ 引起轴 AC 段的扭转变形，而横向力 $F_r+\boldsymbol{G}$ 及 F_t 引起轴在铅垂面和水平面内的弯曲变形。

(2) 内力分析。分别画出轴的扭矩图（T 图）、铅垂面内的弯矩图（M_z 图）和水平面内的弯矩图（M_y 图），如图 7.15（c）所示。显然，轴的截面 C 左侧为危险截面，其内力分量为

$$\left.\begin{aligned}T&=M_e=71.6\text{N}\cdot\text{m}\\M_{z,\max}&=20.6\text{N}\cdot\text{m}\\M_{y,\max}&=47.7\text{N}\cdot\text{m}\end{aligned}\right\} \tag{d}$$

由于通过圆形截面轴轴线的任一平面均是纵向对称平面，所以将 $M_{y,\max}$ 和 $M_{z,\max}$ 合成后，合成弯矩 M 仍然位于轴的纵向对称平面内。这样，用矢量合成的方法，求出合成弯矩 M，如图 7.15（d）所示，其数值为

$$M=\sqrt{M_{y,\max}^2+M_{z,\max}^2}=\sqrt{(47.7\text{N}\cdot\text{m})^2+(20.6\text{N}\cdot\text{m})^2}=52\text{N}\cdot\text{m} \tag{e}$$

合成弯矩 M 引起的弯曲正应力，在点 D_1 和点 D_2 达到最大值，其值为

$$\sigma=\frac{M}{W} \tag{f}$$

在危险截面上，扭矩 T 引起的切应力在边缘上达到最大值，其值为

$$\tau=\frac{T}{W_{\mathrm{p}}} \tag{g}$$

对于实心圆形截面轴，弯曲切应力一般可略去不计。危险点 D_1 的应力状态如图 7.15（e）所示。

（3）强度计算。轴的材料为 45 号钢，应按第三强度理论和第四强度理论进行强度计算。对图 7.15（e）所示的平面应力状态，若在该例中选用第四强度理论，则由式（7.10）可得

$$\frac{\sqrt{(52\mathrm{N}\cdot\mathrm{m})^2+0.75\,(71.6\mathrm{N}\cdot\mathrm{m})^2}}{\dfrac{\pi}{32}d^3}\leqslant 60\times10^6\,\mathrm{Pa} \tag{h}$$

由式（h）可解得

$$d\geqslant 24\times10^{-3}\,\mathrm{m}=24\mathrm{mm}$$

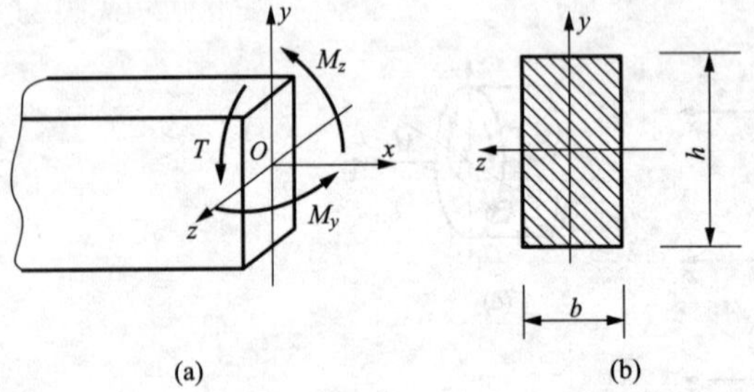

图 7.16

必须指出，由塑性材料制成的圆形截面轴，在弯矩和扭矩同时作用下的强度条件式（7.9）和式（7.10），并不适合非圆形截面杆。例如，矩形截面杆，危险截面上的内力分量有扭矩 T 和弯矩 M_y、M_z（见图 7.16），危险点的位置应如何确定？强度条件应如何建立？

【例 7.9】 皮带传动装置如图 7.17（a）、（b）所示。已知：主动轮的半径 $R_1=300\mathrm{mm}$，重量 $W_1=250\mathrm{N}$，主动轮上皮带的方向与轴 z 平行，电动机输入的功率 $P=13.5\mathrm{kW}$。被动轮的半径 $R_2=200\mathrm{mm}$，重量 $W_2=150\mathrm{N}$，被动轮上皮带的方向与轴 z 成 45° 角，传动轴的转速 $n=240\mathrm{r/min}$，轴的直径 $d=80\mathrm{mm}$，材料的许用应力 $[\sigma]=80\mathrm{MPa}$。试按第三强度理论校核轴的强度。

解 （1）外力分析。作用在主动轮上的外力偶矩为

$$M_{\mathrm{e}}=9549\,\frac{P}{n}=9549\times\frac{13.5\mathrm{kW}}{240\mathrm{r/min}}=537\mathrm{N}\cdot\mathrm{m}$$

将皮带拉力 F_1 向主动轮形心简化，由外力偶与主动轮上皮带拉力的附加力偶的平衡关系，有

$$M_{\mathrm{e}}=(2F_1-F_1)R_1=F_1R_1$$

解得

$$F_1=\frac{M_{\mathrm{e}}}{R_1}=\frac{537\mathrm{N}\cdot\mathrm{m}}{0.3\mathrm{m}}=1790\mathrm{N}=1.79\mathrm{kN}$$

因此，可得截面 D 处沿轴 z 方向的总作用力为

$$F_D=3F_1=3\times(1790\mathrm{N})=5370\mathrm{N}=5.37\mathrm{kN}$$

同理，将皮带拉力 F_2 向被动轮形心简化，由主动轮与被动轮上附加力偶的平衡关

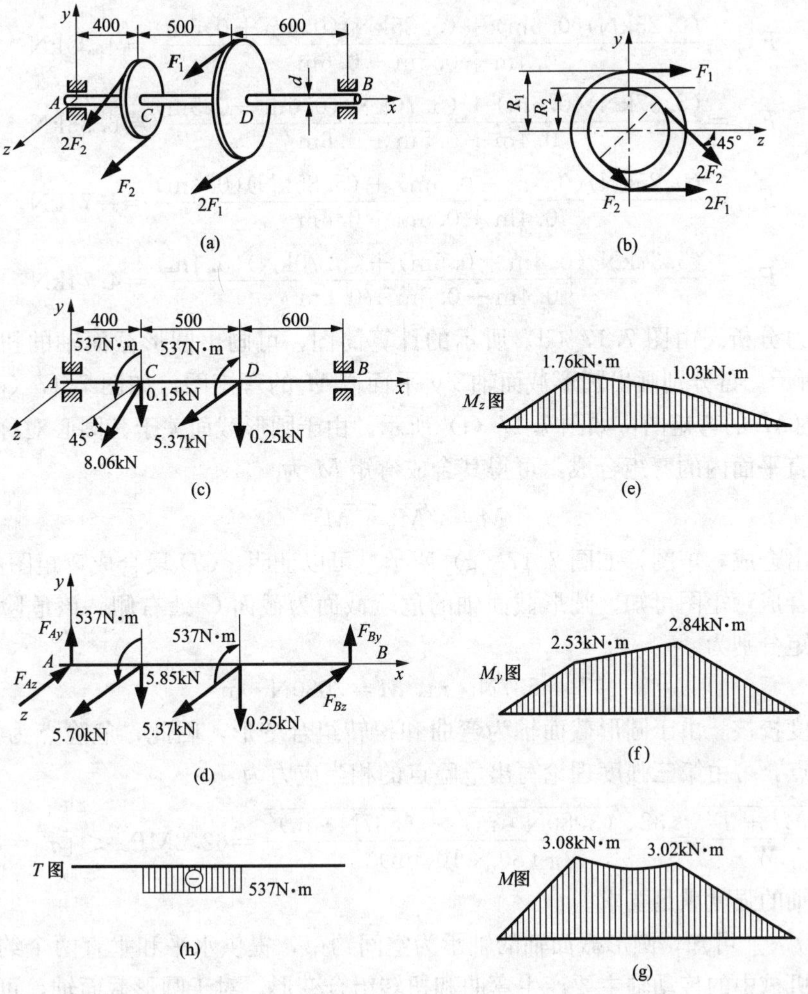

图 7.17

系，有

$$M_e = F_1R_1 = (2F_2 - F_2)R_2 = F_2R_2$$

解得

$$F_2 = \frac{M_e}{R_2} = \frac{537\text{N}\cdot\text{m}}{0.2\text{m}} = 2685\text{N} = 2.685\text{kN}$$

因此，可得截面 C 处沿与轴 z 成 45°方向的总作用力为

$$F_C = 3F_2 = 3\times(2685\text{N}) = 8055\text{N} = 8.06\text{kN}$$

上述简化结果，如图 7.17（c）所示。将截面 C 处沿与轴 z 成 45°方向的总作用力，沿轴 y 和轴 z 分解，两分力大小相等，有

$$F_{Cy} = F_{Cz} = (8.06\text{kN})\cos 45^\circ = 5.70\text{kN}$$

将 z 方向的分力与被动轮的重力相加，可得

$$5.70\text{kN} + 0.15\text{kN} = 5.85\text{kN}$$

最后，可画出该皮带传动装置的计算简图，如图 7.17（d）所示。由静力平衡条件，可

求得支座约束力分别为

$$F_{Ay}=\frac{(0.25\text{kN})(0.6\text{m})+(5.85\text{kN})(0.6\text{m}+0.5\text{m})}{0.4\text{m}+0.5\text{m}+0.6\text{m}}=4.39\text{kN}$$

$$F_{Az}=\frac{(5.37\text{kN})(0.6\text{m})+(5.70\text{kN})(0.6\text{m}+0.5\text{m})}{0.4\text{m}+0.5\text{m}+0.6\text{m}}=6.33\text{kN}$$

$$F_{By}=\frac{(0.25\text{kN})(0.4\text{m}+0.5\text{m})+(5.85\text{kN})(0.4\text{m})}{0.4\text{m}+0.5\text{m}+0.6\text{m}}=1.71\text{kN}$$

$$F_{Bz}=\frac{(5.37\text{kN})(0.4\text{m}+0.5\text{m})+(5.70\text{kN})(0.4\text{m})}{0.4\text{m}+0.5\text{m}+0.6\text{m}}=4.74\text{kN}$$

(2) 内力分析。由图 7.17 (d) 所示的计算简图，可画出圆形截面轴的扭矩图，如图 7.17 (h) 所示。再分别画出圆形截面轴 xy 平面内 M_z 的弯矩图，如图 7.17 (e) 所示，以及 xz 平面内 M_y 的弯矩图，如图 7.17 (f) 所示。由于圆形截面关于其圆心对称，因此可将两个互相垂直平面内的弯矩合成，可得其合成弯矩 M 为

$$M=\sqrt{M_y^2+M_z^2}$$

由此，可画出合成弯矩图，如图 7.17 (g) 所示。可以证明，CD 段合成弯矩图曲线为上凹，由扭矩图和合成弯矩图可知，圆形截面轴的危险截面为截面 C 处右侧。该危险截面上的扭矩和合成弯矩分别为

$$T=537\text{N}\cdot\text{m},\ M=3080\text{N}\cdot\text{m}$$

(3) 强度校核。由于圆形截面轴为弯曲和扭转组合变形，因此，危险点为截面 C 处右侧的上下两点，可由第三强度理论写出危险点的相当应力为

$$\sigma_{r3}=\frac{\sqrt{M^2+T^2}}{W}=\frac{32\sqrt{(3080\text{N}\cdot\text{m})^2+(537\text{N}\cdot\text{m})^2}}{\pi\,(80\times10^{-3}\text{m})^3}=62.2\text{MPa}<[\sigma]=80\text{MPa}$$

所以该传动轴的强度满足要求。

由 [例 7.9] 可知，圆形截面轴的轴承为空间约束，提供水平和垂直两个约束力，与平面铰不同。机械中的传动轴主要产生弯曲和扭转组合变形，对于圆形截面轴，可将两个互相垂直平面内的弯矩合成，根据合成弯矩图和扭矩图确定危险截面后，直接由内力建立有关强度理论下的强度条件并进行强度计算。而对于非圆形截面轴，则不能由内力直接建立强度条件，必须确定危险截面上的危险点，计算危险点应力后，再建立相应的强度条件。

§7.6　连接件实用计算

当构件某截面的两侧受到一对大小相等、方向相反、作用线相距很近的横向力作用时，使构件两部分沿这一截面发生相对错动，这种变形形式称为**剪切**。两力之间发生相对错动的横截面称为剪切面。工程中很多连接件，如连接螺栓、铆钉 [见图 7.18 (a)]、键 [见图 7.18 (b)] 等，主要产生剪切变形。此外，钢板的剪切 [见图 7.18 (c)] 和冲孔 [见图 7.18 (d)] 等也属剪切变形。

剪切构件在发生剪切变形的同时，常伴随着其他变形形式，应力和变形规律很复杂。工程上对于这类构件通常采用假定计算方法，即假设剪切面上的切应力均匀分布。例如，图 7.18 (a) 所示铆钉，剪切面上的剪力由截面法求得，即 $F_S=F$。假设切应力在其截面上均

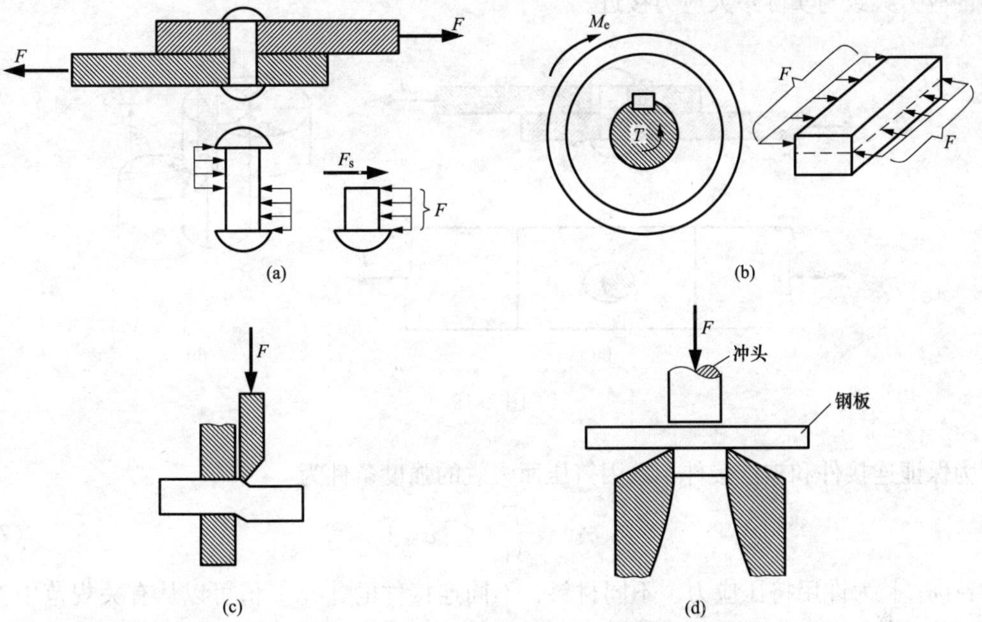

图 7.18

匀分布，于是

$$\tau=\frac{F_S}{A} \tag{7.11}$$

式中：A 为剪切面面积；τ 为名义切应力。

为保证剪切构件安全可靠地工作，相应的强度条件为

$$\tau=\frac{F_S}{A}\leqslant[\tau] \tag{7.12}$$

$$[\tau]=\frac{\tau_u}{n}$$

式中：$[\tau]$ 为许用切应力；τ_u 为名义极限切应力，可根据试验（尽可能使试样的受力接近构件的实际情况）测得失效荷载，也可按假定计算式（7.11）算得；n 为剪切安全因数。

连接件在受剪切的同时，还会出现连接件和被连接件之间相互压紧的现象，这种变形称为**挤压**。如果挤压力很大，足以在接触面的局部区域内产生塑性变形或破坏。例如，铆钉连接，当挤压力过大时，铆钉可能被压成扁圆柱，当然，铆钉孔也可能在受压的一侧被压皱而成椭圆孔，如图 7.19（a）所示。在挤压面上，应力的分布也比较复杂，在实用计算中，假定挤压应力在计算挤压面上均匀分布，并用 σ_{bs} 表示。于是

$$\sigma_{bs}=\frac{F}{A_{bs}} \tag{7.13}$$

式中：F 为挤压力；A_{bs} 为计算挤压面积。

当连接件与被连接件接触面为平面（如键连接）时，式（7.13）中的 A_{bs} 就是实际接触面的面积。当接触面为圆柱面时，挤压应力的分布情况如图 7.19（b）所示，若以圆柱面在垂直于挤压力方向的平面上的投影作为计算挤压面积，如图 7.19（b）所示，按式（7.13）

算得的应力大致与实际最大应力接近。

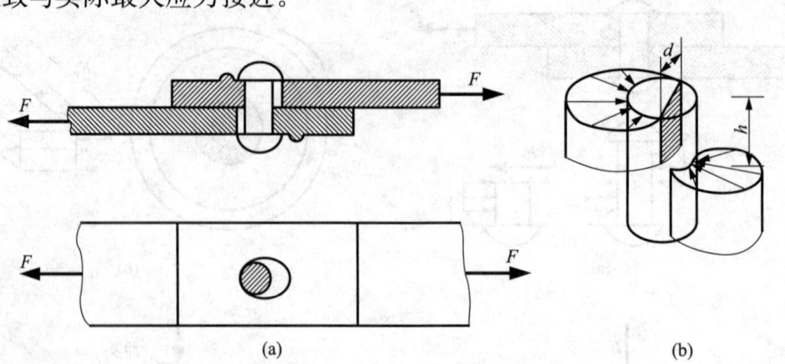

图 7.19

为保证连接件和被连接件不致因挤压而失效的强度条件为

$$\sigma_{bs}=\frac{F}{A_{bs}}\leqslant[\sigma_{bs}] \tag{7.14}$$

式中：$[\sigma_{bs}]$ 为许用挤压应力。不同材料、不同连接件的 $[\sigma_{bs}]$ 值可以从有关规范中查得。如果两接触件的材料不同，应按强度较弱的构件确定 $[\sigma_{bs}]$。

【例 7.10】 在金属板上冲圆孔时，把板放在有圆孔的砧上，用圆柱形的冲头向下冲，如图 7.20（a）所示。已知金属板的厚度 $\delta=6\text{mm}$，欲冲出直径 $d=20\text{mm}$ 的圆孔，金属板的剪切强度极限 $\tau_b=330\text{MPa}$，试求冲头的冲压力 F_b。

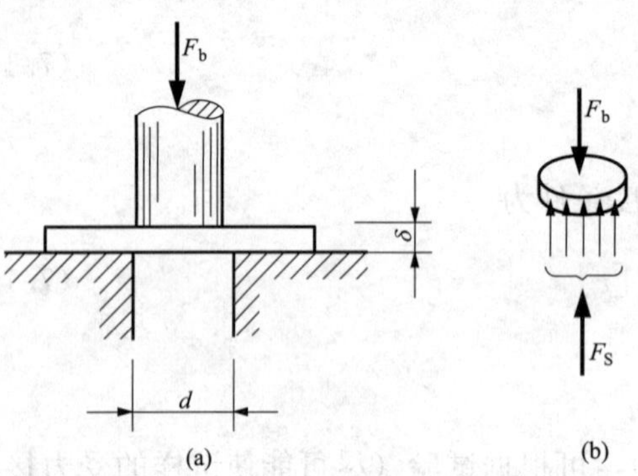

图 7.20

解 （1）求剪力。可用截面法计算金属板被冲出圆孔时的内力，为此，先要确定剪切面。显然，板被冲出圆孔时，圆筒形的孔壁就是剪切面。因此假想以圆筒形曲面从板上切出一块圆片，如图 7.20（b）所示。

由此可知，圆筒形剪切面上分布内力的合力即是剪力 F_S，其大小与冲力 F_b 相等。

（2）求冲压力。假定上述圆筒形剪切面上的切应力均匀分布，由式（7.11）可得

$$\begin{aligned}F_b&=F_{Sb}=\tau_b A=\tau_b(\pi d\delta)\\&=(330\times10^6\text{Pa})\times\pi(0.02\text{m})(0.006\text{m})\\&=124\times10^3\text{N}=124\text{kN}\end{aligned}$$

【例 7.11】 用两块钢板连接两根矩形截面的木杆，如图 7.21（a）所示。已知木杆所受的轴向拉力 $F=50\text{kN}$，木杆截面宽度 $b=250\text{mm}$，木材顺纹的许用切应力 $[\tau]=1\text{MPa}$，顺纹的许用挤压应力 $[\sigma_{bs}]=10\text{MPa}$，试求该连接接头所需的尺寸 a 和 c。

解 （1）求尺寸 a。钢板所连接的两根木杆的受力情况相同。研究右杆，作受力图，如图 7.21（b）所示。由平衡条件可得

$$\sum F_x=0,\ F_1=\frac{F}{2}$$

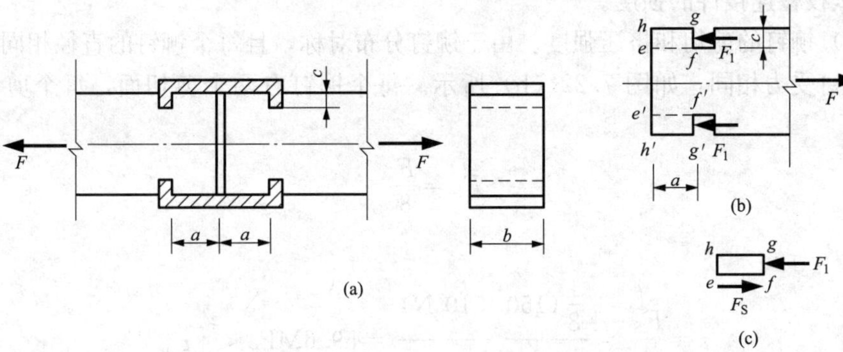

图 7.21

即钢板作用于木杆的力上下相等，各为 $\dfrac{F}{2}$。

由图 7.21（b）可知，木杆的端部有两个剪切面，分别为 ef 和 $e'f'$。假想沿平面 ef 将木杆切开，研究木块 $efgh$，如图 7.21（c）所示，由平衡条件可得

$$\sum F_x = 0,\ F_S = F_1 = \frac{F}{2}$$

由剪切强度条件式（7.12），有

$$A \geqslant \frac{F_S}{[\tau]}$$

即

$$ba \geqslant \frac{F}{2[\tau]}$$

可求得

$$a \geqslant \frac{F}{2b[\tau]} = \frac{50 \times 10^3\,\mathrm{N}}{2(0.25\,\mathrm{m})(1 \times 10^6\,\mathrm{Pa})} = 0.1\,\mathrm{m} = 100\,\mathrm{mm}$$

（2）求尺寸 c。由图 7.21（b）可知，木杆的端部有两个挤压面，分别为 fg 和 $f'g'$。每个挤压面受到的挤压力皆为

$$F_{bs} = F_1 = \frac{F}{2}$$

由挤压强度条件式（7.14），有

$$A_{bs} \geqslant \frac{F_{bs}}{[\sigma_{bs}]}$$

即

$$bc \geqslant \frac{F}{2[\sigma_{bs}]}$$

可求得

$$c \geqslant \frac{F}{2b[\sigma_{bs}]} = \frac{50 \times 10^3\,\mathrm{N}}{2(0.25\,\mathrm{m})(10 \times 10^6\,\mathrm{Pa})} = 0.01\,\mathrm{m} = 10\,\mathrm{mm}$$

【例 7.12】 图 7.22（a）所示的铆钉连接件，$F = 150\mathrm{kN}$，钢板材料为 Q235 钢，许用拉伸应力 $[\sigma] = 160\mathrm{MPa}$，铆钉许用切应力 $[\tau] = 100\mathrm{MPa}$，许用挤压应力 $[\sigma_{bs}] =$

300MPa，试校核连接件的强度。

解 (1) 铆钉的剪切和挤压强度。由于铆钉分布对称，且每个铆钉的直径相同，从而可假设每个铆钉受力相同，如图 7.22 (b) 所示。每个铆钉有两个剪切面，每个剪切面的剪力为

$$F_S = \frac{F}{8}$$

其切应力为

$$\tau = \frac{F_S}{A} = \frac{\frac{1}{8}(150\times10^3\mathrm{N})}{\frac{\pi}{4}(20\times10^{-3}\mathrm{m})^2} = 59.6\mathrm{MPa} < [\tau]$$

由于中间钢板的厚度大于上、下钢板厚度的总和，因此，在上、下钢板与铆钉之间的挤压应力较大，其值为

$$\sigma_{bs} = \frac{\frac{F}{8}}{A_{bs}} = \frac{\frac{1}{8}(150\times10^3\mathrm{N})}{20\times5\times10^{-6}\mathrm{m}^2} = 187.5\mathrm{MPa} < [\sigma_{bs}]$$

(2) 钢板的拉伸强度。上、下钢板承受的拉力为中间钢板的 1/2，但截面面积小于中间钢板截面面积的 1/2，故只要校核上、下钢板的拉伸强度即可。现以上面一块钢板为研究对象，如图 7.22 (c) 所示，作轴力图，如图 7.22 (d) 所示。

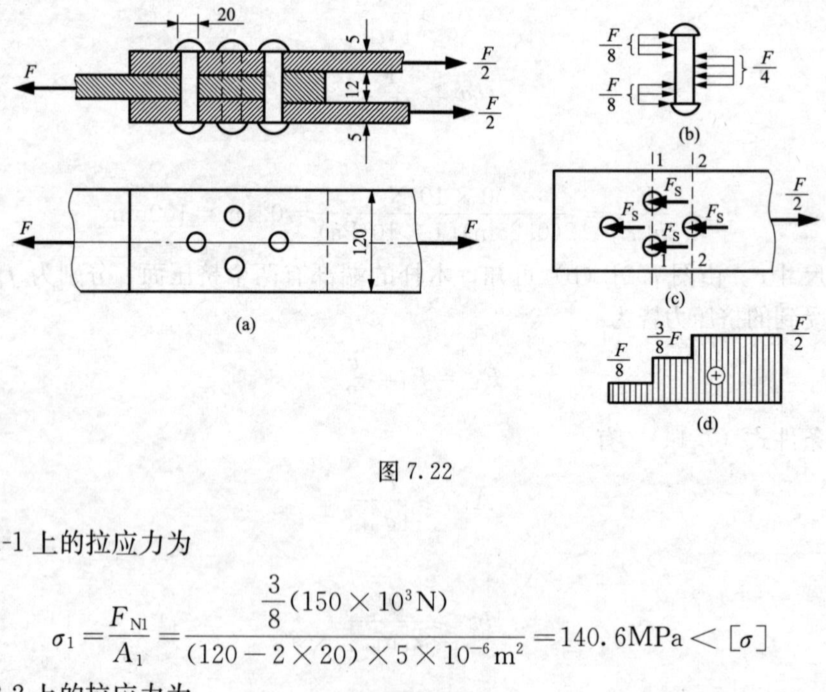

图 7.22

截面 1-1 上的拉应力为

$$\sigma_1 = \frac{F_{N1}}{A_1} = \frac{\frac{3}{8}(150\times10^3\mathrm{N})}{(120-2\times20)\times5\times10^{-6}\mathrm{m}^2} = 140.6\mathrm{MPa} < [\sigma]$$

截面 2-2 上的拉应力为

$$\sigma_1 = \frac{F_{N2}}{A_2} = \frac{\frac{1}{2}(150\times10^3\mathrm{N})}{(120-20)\times5\times10^{-6}\mathrm{m}^2} = 150\mathrm{MPa} < [\sigma]$$

综上所述，连接件的强度是满足要求的。

§ 7.7　工程应用实训

7.1　在某大型钢桁架中，通过检测发现一矩形截面拉杆上侧边缘处有一小裂纹，经过验算得知拉杆剩余截面的抗拉强度足够。为了防止裂纹进一步扩展，保证桁架安全工作，工程技术人员提出了两个维修方案：

(1) 在裂纹尖端处钻一个光滑小圆孔，如图 7.23 (a) 所示。

(2) 除了在上述位置钻孔外，还在对称位置再钻一个同样大小的圆孔，如图 7.23 (b) 所示。

试对上述两个维修方案进行力学分析，并做出评价和选择。

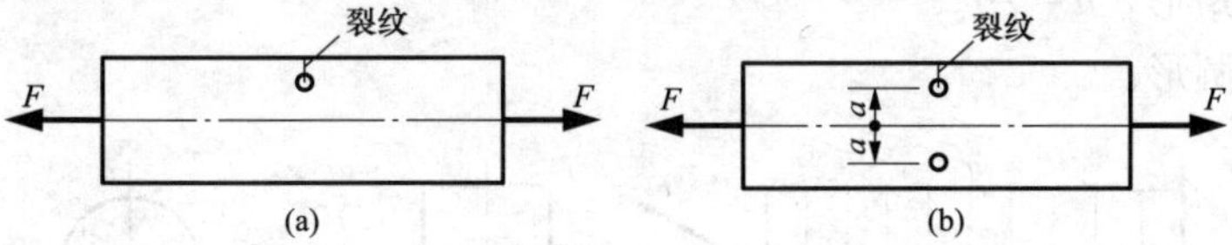

图 7.23

7.2　在大型钢结构中，经常可见铆钉群连接。因此，铆钉群连接计算在工程中有重要应用。将节点板用 4 只直径 $d=17\text{mm}$ 的铆钉固定在钢柱上，形成钢结构牛腿，承受荷载 $F=20\text{kN}$，如图 7.24 所示。

(1) 试分析铆钉群受到哪些外力组合的作用？

(2) 在铆钉群连接计算中，根据实际受力情况，为简化计算过程，可做出哪些合理假设？

(3) 根据铆钉群受力和假设，画出铆钉群受力图，试计算各铆钉内的切应力。

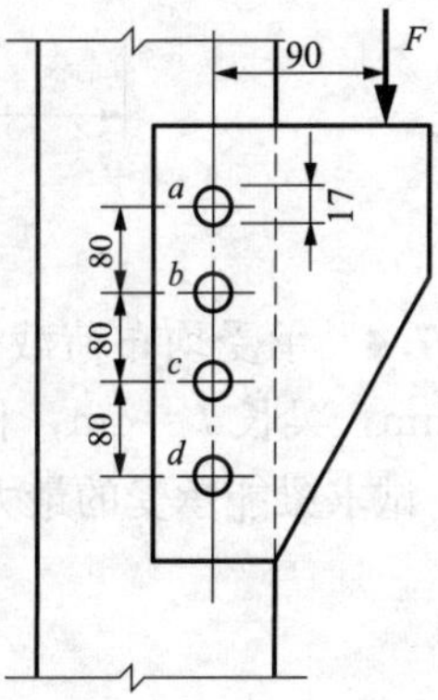

图 7.24

习　题

7.1　题 7.1 图所示悬臂梁由 14 号工字钢制成，承受荷载 $F_1=2.5\text{kN}$、$F_2=1\text{kN}$，尺寸 $l=1\text{m}$。试求危险截面的最大正应力。

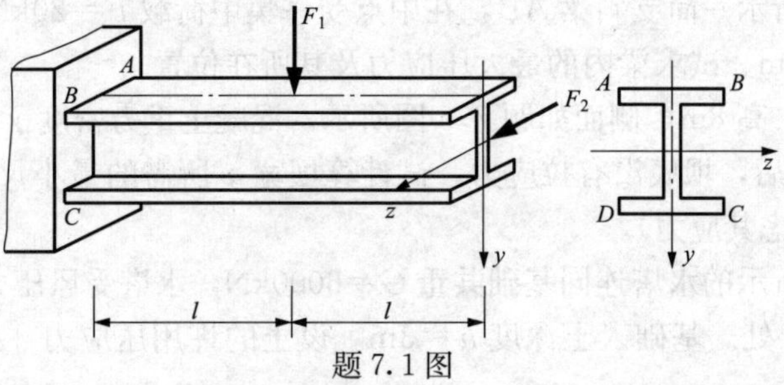

题 7.1 图

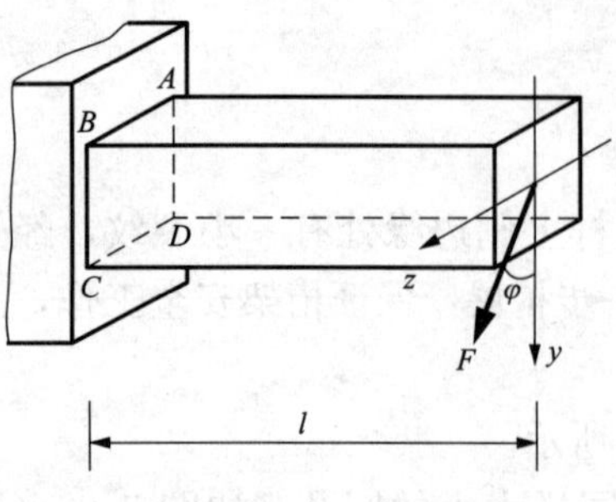

题 7.2 图

7.2 题 7.2 图所示矩形截面悬臂木梁，在自由端平面内作用一通过形心的集中力 F，力 F 与轴 y 的夹角为 $\varphi=30°$，已知：木材许用应力 $[\sigma]=10\text{MPa}$，木梁矩形截面尺寸 $b\times h=120\text{mm}\times 200\text{mm}$，力 $F=2\text{kN}$，梁长 $l=2\text{m}$，试分别计算固定端截面上点 A、B、C、D 的正应力，并进行强度校核。

7.3 悬臂钢梁承受均布荷载和水平横向集中力作用，如题 7.3 图所示，已知：均布荷载集度 $q=20\text{kN/m}$，力 $F=10\text{kN}$，梁长 $l=2\text{m}$，钢材许用应力 $[\sigma]=160\text{MPa}$，试按下列两种情况确定梁的截面尺寸。

（1）截面为矩形，$h=2b$。

（2）截面为圆形。

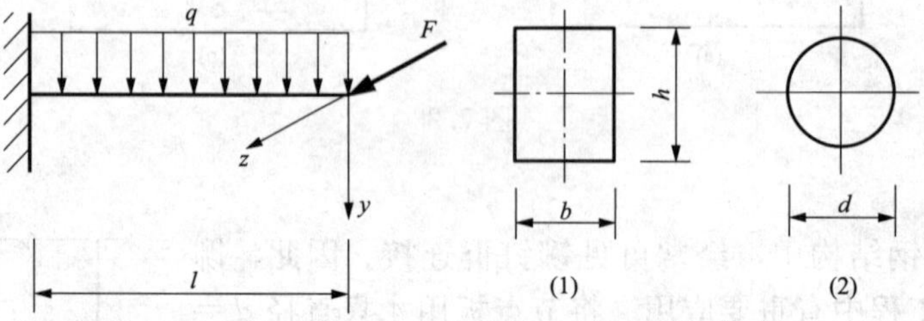

题 7.3 图

7.4 承受均布荷载作用的矩形截面简支梁如题 7.4 图所示，已知：$b\times h=120\text{mm}\times 150\text{mm}$，梁长 $l=4\text{m}$，材料的许用应力 $[\sigma]=10\text{MPa}$，均布荷载 q 与轴 y 的夹角为 $\varphi=15°$，试求梁能承受的最大均布荷载 $q_{\max}$。

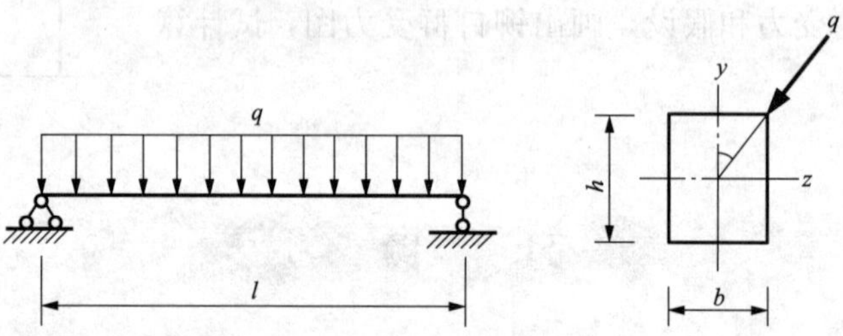

题 7.4 图

7.5 题 7.5 图所示一简支斜梁 AB，在中点受一集中荷载 $F=20\text{kN}$，梁的截面为矩形，宽 200mm，高 300mm。试求梁内的最大压应力及其所在位置。

7.6 混凝土坝，高 8m，侧面如题 7.6 图所示，混凝土重力密度 $\gamma=20\text{kN/m}^3$，如果要使坝在受水压力作用后，坝底没有拉应力，试计算坝宽 a 所需的最小尺寸。（提示：可取长为 1m 的一段坝，考虑其应力）。

7.7 题 7.7 图所示的水塔连同基础共重 $G=6000\text{kN}$，水塔受风压力 $p=60\text{kN}$，作用在离地面高度 $H=15\text{m}$ 处。基础入土深度 $h=3\text{m}$。设土的许用压应力 $[\sigma_c]=0.3\text{MPa}$，试求

基础所需的直径 d。

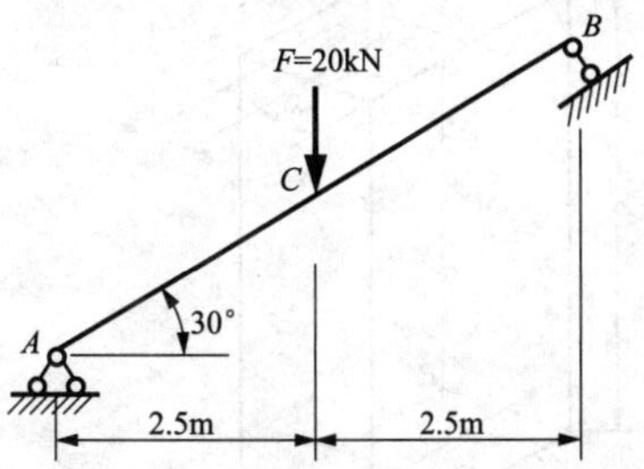

题 7.5 图

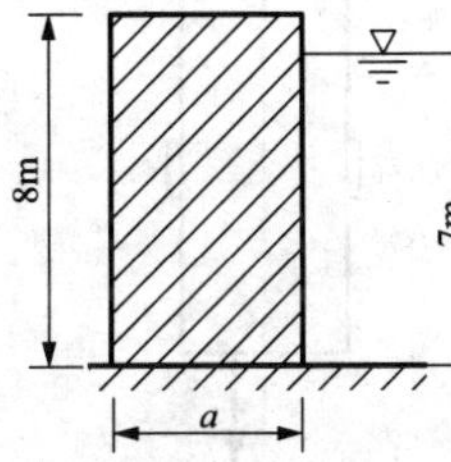

题 7.6 图

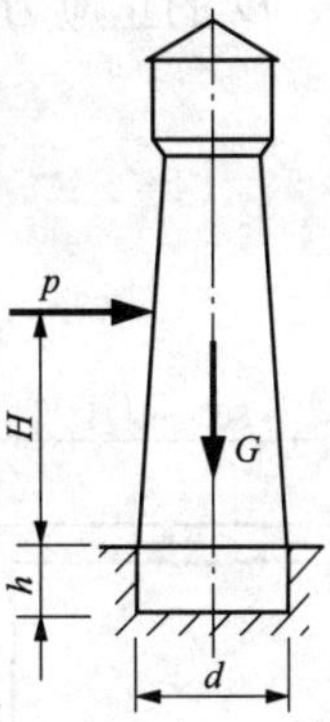

题 7.7 图

7.8　一截面尺寸为 200mm×200mm 的木柱，题 7.8 图（a）所示，下面垫一截面尺寸为 200mm×300mm 的柱脚。木柱承受轴向荷载 $P=350\text{kN}$，试求柱脚内的最大压应力。如柱脚截面尺寸和木柱的一样，如题 7.8 图（b）所示，比较这两种情况柱脚内的最大压应力。

7.9　题 7.9 图所示一实心圆形截面杆 AB，其 B 端为铰支承，其 A 端靠于光滑的竖直面上（无摩擦力）。试求由于杆重产生最大压应力的横截面到 A 端的距离 s。已知杆长为 l，直径为 d，杆的轴线与水平线间的夹角为 θ。

7.10　题 7.10 图所示钢板，在一侧切去宽 40mm 的缺口，试绘出截面 A-B 上的应力变化图，并求最大应力 $\sigma_{\max}$。若两侧各切去宽 40mm 的缺口，此时 $\sigma_{\max}$ 是多少？

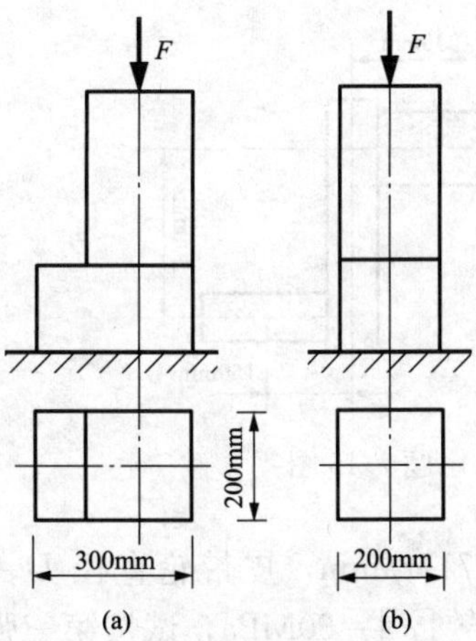

题 7.8 图

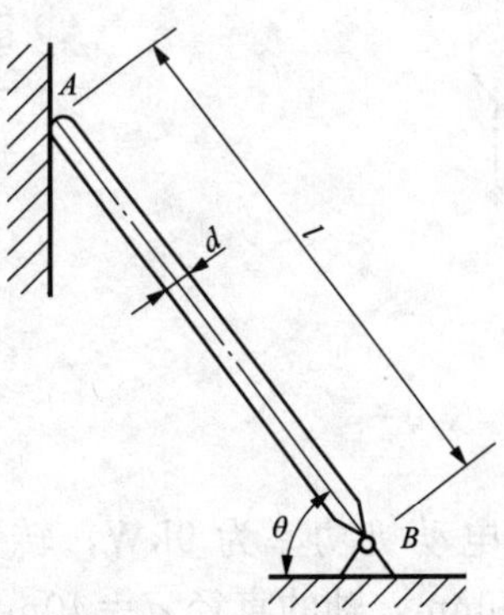

题 7.9 图

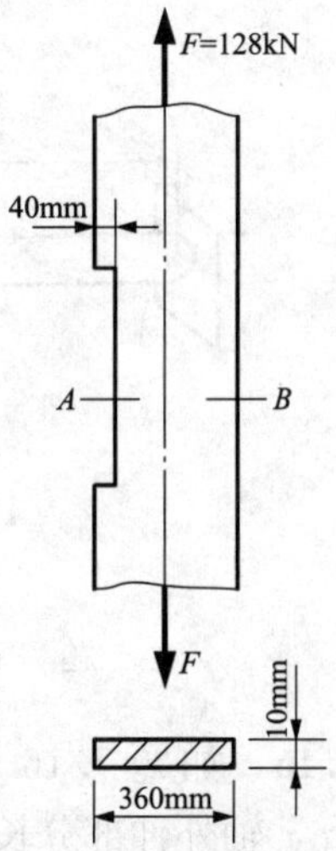

题 7.10 图

7.11　题 7.11 图所示正方形截面折杆，外力 F 的作用线通过 A 和 B 两截面的形心。已知 $F=10\text{kN}$；正方形截面的边长 $a=60\text{mm}$。试求杆内最大正应力。

7.12　承受偏心荷载的矩形截面杆如题 7.12 图所示。今用试验方法测得杆两侧的纵向应变分别为 $\varepsilon_a=1\times10^{-3}$ 和 $\varepsilon_b=0.4\times10^{-3}$，材料的弹性模量 $E=210\text{GPa}$。试求拉力 F 和偏心距 e 的数值。

7.13　在力 F_1 和 F_2 联合作用下的短柱如题 7.13 图所示，试求固定端截面上角点 A、B、C、D 的正应力。

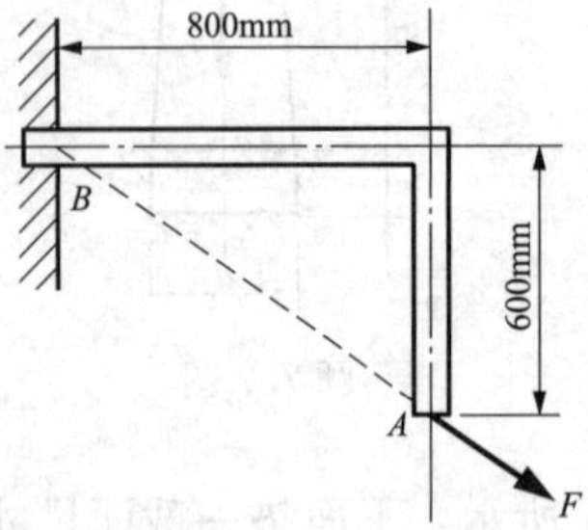

题 7.11 图

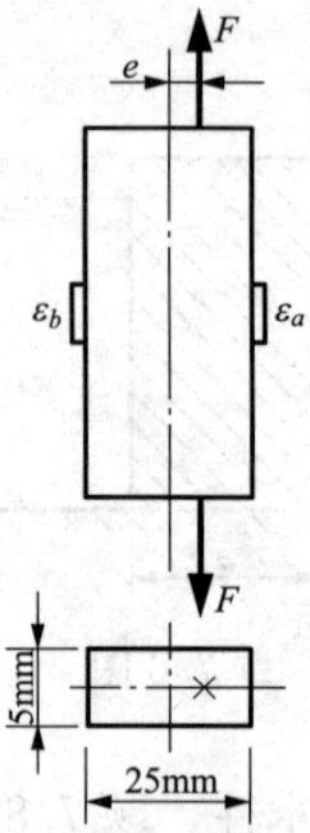

题 7.12 图

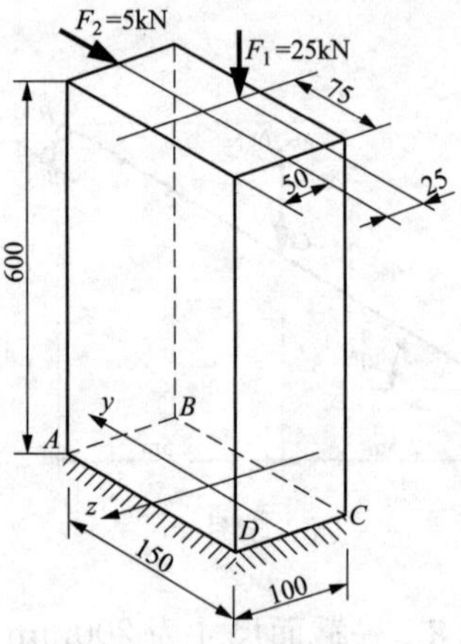

题 7.13 图

7.14　题 7.14 图所示一曲拐，承受荷载 $P=4$kN。曲拐直径 $d=100$mm，试求杆横截面上的最大正应力和最大切应力。已知许用应力 $[\sigma]=160$MPa，试按第三强度理论校核曲拐的强度。

7.15　钢曲柄轴在点 A 受一垂直于图纸平面的力 $F=20$kN，如题 7.15 图所示。试根据第三强度理论和第四强度理论计算最危险截面处的相当应力。截面上因剪力而产生的切应力略去不计。

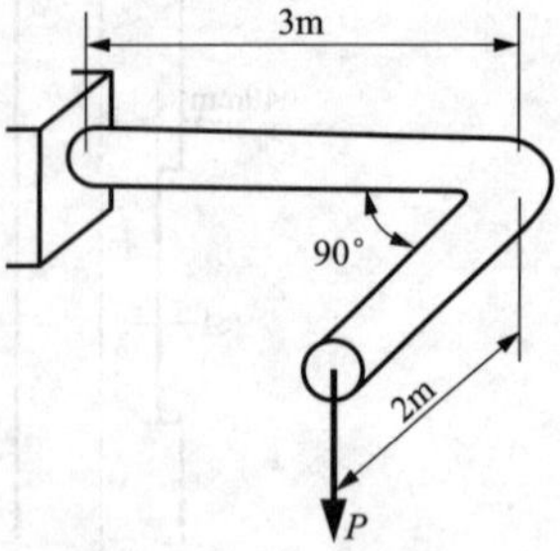

题 7.14 图

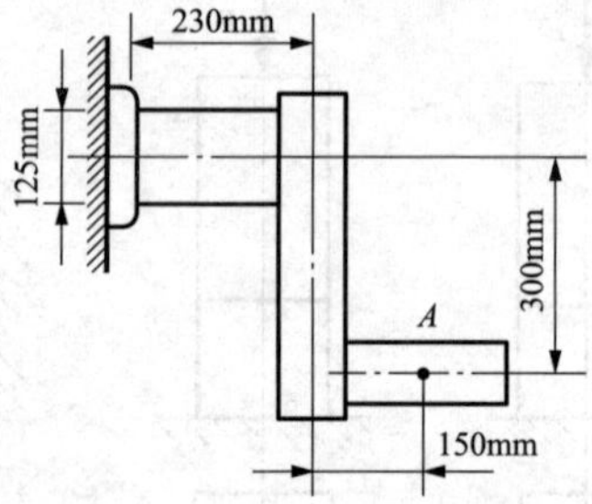

题 7.15 图

7.16　如题 7.16 图所示，电动机功率为 9kW，转速为 715r/min，皮带轮直径 $D=250$mm，轴外伸部分长度 $l=120$mm，轴的直径 $d=40$mm。若 $[\sigma]=60$MPa，试按第三强度理论校核轴的强度。

7.17　题 7.17 图所示一铰车，铰车轴的直径 $d=30$mm。如许用应力 $[\sigma]=80$MPa，试根据第三强度理论计算铰车能吊起的最大许可荷载 P。

7.18　题 7.18 图所示传动轴，传递速率为 7.36kW，转速为 100r/min。轮 A 上皮带是水平的，轮 B 上皮带是铅垂的。若两轮直径均为 600mm，且已知 $F_1>F_2$，$F_2=1500$N，轴的许用应力 $[\sigma]=80$MPa。试按第三强度理论设计轴的直径 d。

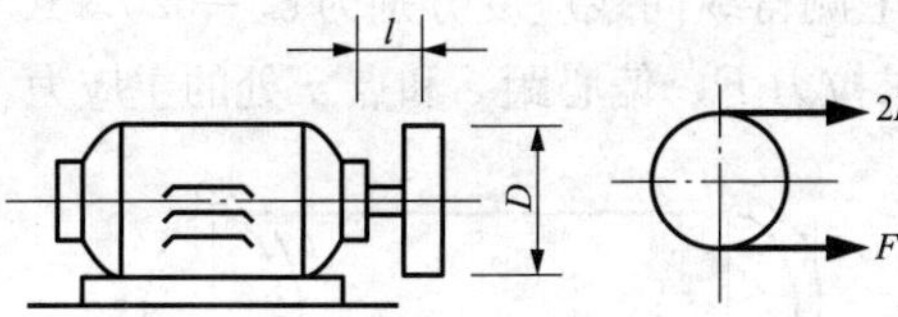

题 7.16 图

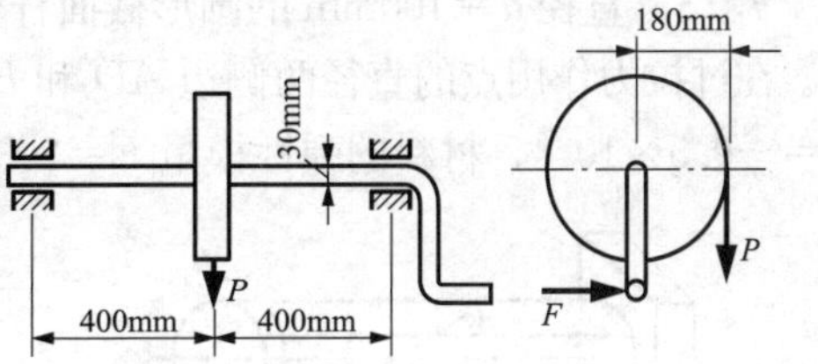

题 7.17 图

7.19　题 7.19 图所示电动机的功率为 8.8kW，转速为 800r/min，带轮的直径 $D=250\text{mm}$，重量 $G=500\text{N}$。轴的外伸长度 $l=120\text{mm}$，许用应力 $[\sigma]=60\text{MPa}$。试按第三强度理论设计轴的直径 d。

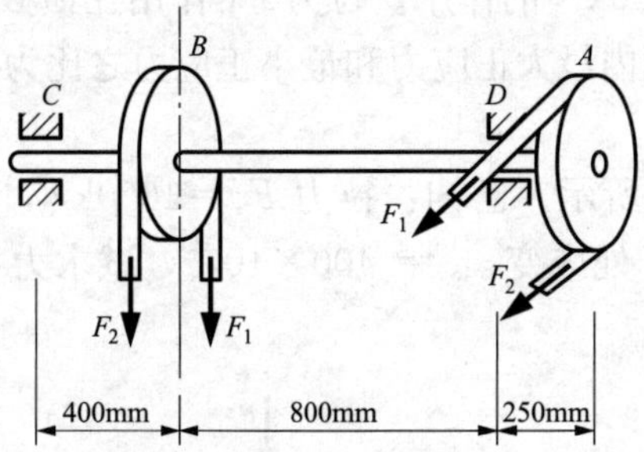

题 7.18 图

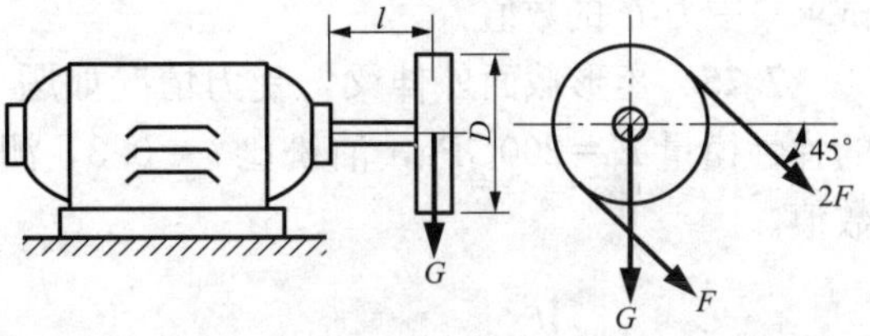

题 7.19 图

7.20　题 7.20 图所示皮带轮传动轴，传递功率 $P=7\text{kW}$，转速 $n=200\text{r/min}$，带轮重量 $G=1.8\text{kN}$，左端齿轮上的啮合力 F 与齿轮节圆切线的夹角（压力角）为 20°，轴材料的许用应力 $[\sigma]=80\text{MPa}$。试按第四强度理论设计轴的直径。

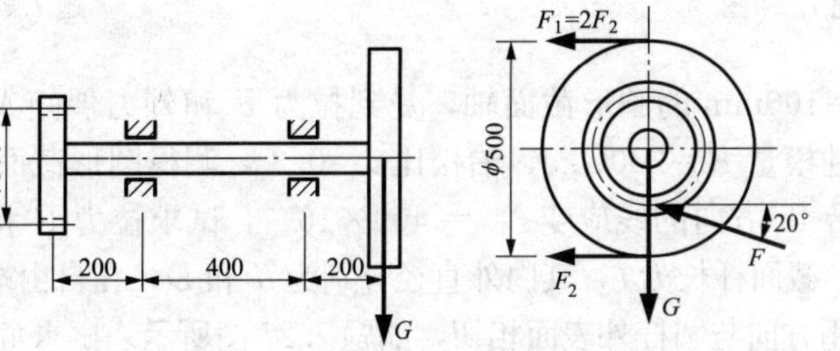

题 7.20 图

7.21　水平放置的圆环的截面为圆形，如题 7.21 图所示。已知圆形截面直径为 4mm，许用应力 $[\sigma]=600\text{MPa}$，若两铅垂力 F 作用在圆环开口处，大小相等、方向相反，试按第三强度理论求许可荷载 $[F]$。

7.22　铸铁圆形截面杆如题 7.22 图所示。已知直径 $d=4\text{mm}$，$F=2\text{kN}$，$M_e=2\text{N}\cdot\text{m}$，弹性模量 $E=210\text{GPa}$，泊松比 $\nu=0.25$，许用应力 $[\sigma]=30\text{MPa}$。试求圆形截面杆表面上 AB 方向的线应变，并按第二强度理论进行强度校核。

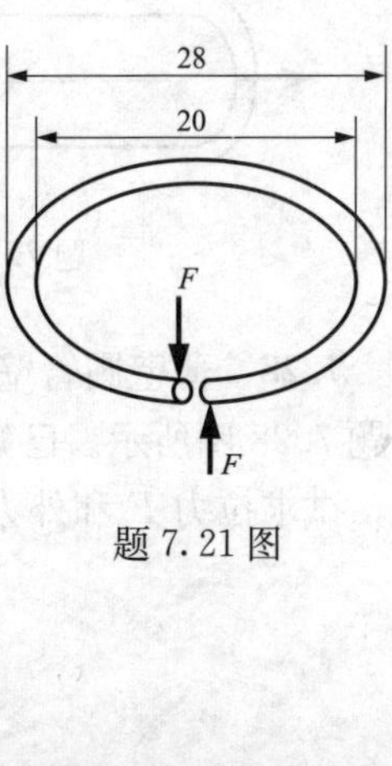

题 7.21 图

7.23 直径 $d=100\text{mm}$ 的圆形截面杆受到偏心拉力 F 和扭矩 T 的作用，如题 7.23 图所示。在过拉力作用点的直径两侧边 AD 和 BC 两母线上测得纵向线应变分别为 $\varepsilon_a=520\times10^{-6}$、$\varepsilon_b=-9.5\times10^{-6}$，材料的弹性模量 $E=200\text{GPa}$，试求拉力 F、偏心距 e 和点 a 处的主应力。

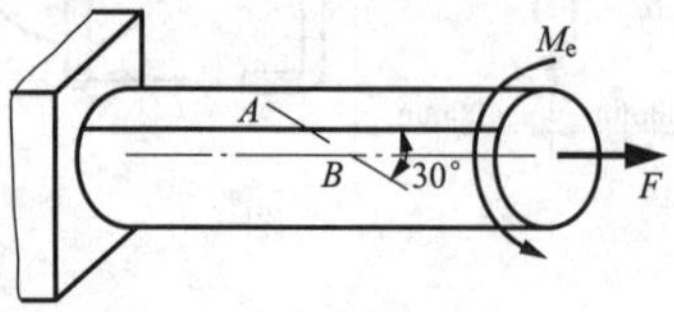

题 7.22 图

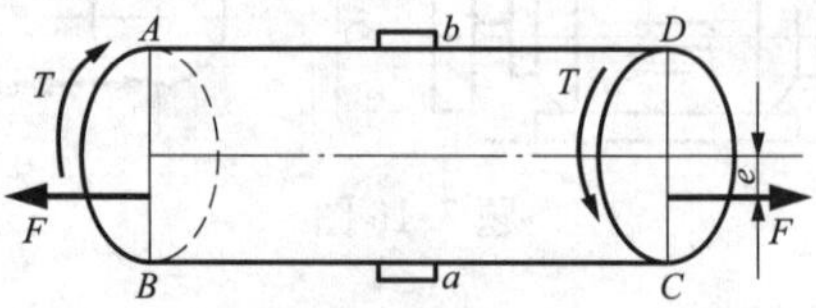

题 7.23 图

7.24 截面高度 $h=100\text{mm}$，跨度 $l=1\text{m}$ 的矩形截面梁，如题 7.24 图所示。在梁的中间截面处受集中力 F 的作用，两端受轴向拉力 $F_1=30\text{kN}$ 的作用。拉力 F_1 作用在横截面的纵向对称面内，至上表面的距离 $a=40\text{mm}$。若横截面内最大正应力和最小正应力之比为 5/3。试求集中力 F 的数值。

7.25 矩形截面外伸梁，受力情况如题 7.25 图所示。已知：拉力 $F_1=1000\text{kN}$，材料的弹性模量 $E=200\text{GPa}$，泊松比 $\nu=0.3$，测得点 A 处应变 $\varepsilon_{45°}=400\times10^{-6}$，试求力 F 的数值。

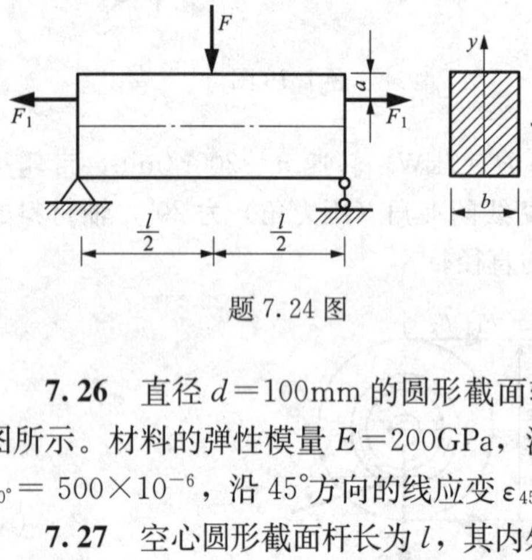

题 7.24 图

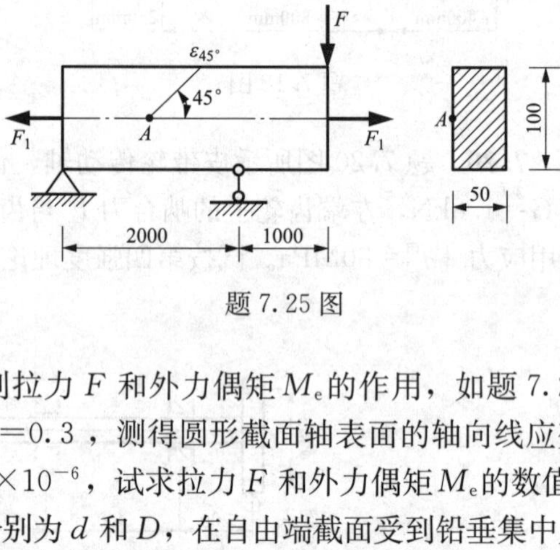

题 7.25 图

7.26 直径 $d=100\text{mm}$ 的圆形截面轴，受到拉力 F 和外力偶矩 M_e 的作用，如题 7.26 图所示。材料的弹性模量 $E=200\text{GPa}$，泊松比 $\nu=0.3$，测得圆形截面轴表面的轴向线应变 $\varepsilon_{0°}=500\times10^{-6}$，沿 45°方向的线应变 $\varepsilon_{45°}=400\times10^{-6}$，试求拉力 F 和外力偶矩 M_e 的数值。

7.27 空心圆形截面杆长为 l，其内外直径分别为 d 和 D，在自由端截面受到铅垂集中力 F 的作用，力 F 作用方向与圆杆外表面相切，如题 7.27 图所示。试求危险点的相当应力 σ_{r3}。

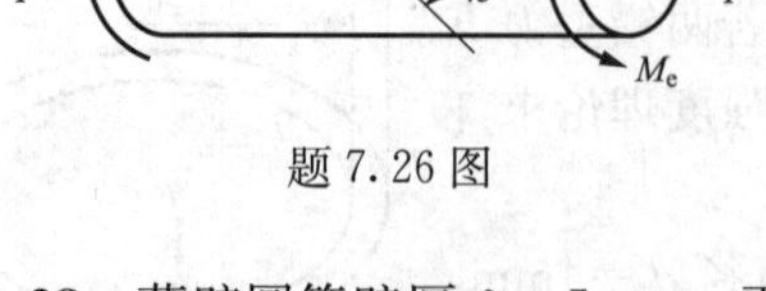

题 7.26 图

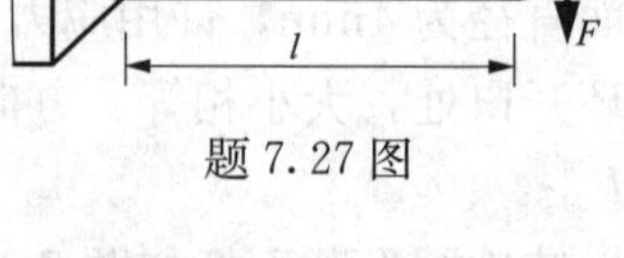

题 7.27 图

7.28 薄壁圆管壁厚 $\delta=5\text{mm}$，平均直径 $D=100\text{mm}$，受到拉力和扭矩的联合作用，如题 7.28 图所示。已知点 K 处的最大切应力为 100MPa，最大主应力方向与纵向轴线成 30°角，试求拉力 F 和外力偶矩 M_e 的数值。

7.29　如题 7.29 图所示，悬臂梁试件上贴有四枚相同的应变片 R_1、R_2、R_3 和 R_4，其中 R_1 和 R_2 沿轴向，试用半桥接法，分别绘出测量弯曲应变 ε_M 和拉伸应变 ε_F 的接线图，并分别写出待测应变 ε_M 和 ε_F 与读数应变 ε_r 的关系。

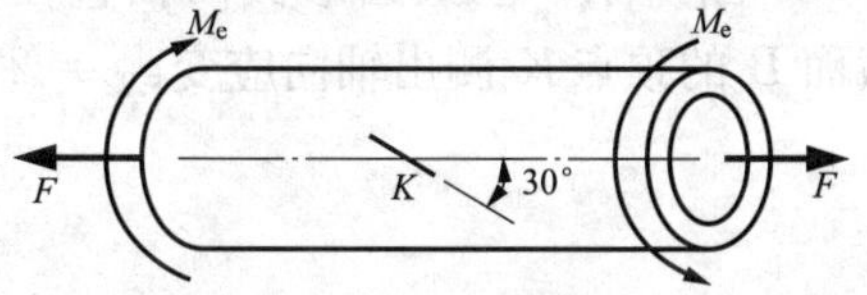

题 7.28 图

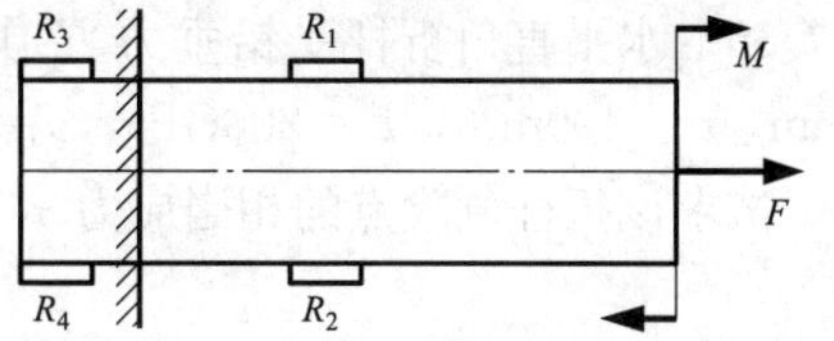

题 7.29 图

7.30　直径为 d 的圆形截面杆弯成 U 形，水平放置，A 端固定，如题 7.30 图所示。已知：尺寸 a，铅垂集中力 F，材料的屈服极限 σ_s。试求：

(1) 三个截面 A、B_1 和 B_2 上的内力。

(2) 使杆内开始产生屈服时，集中力 F_s 的表达式。

7.31　皮带传动轴如题 7.31 图所示，绞盘 A 与皮带轮的半径均为 $R=200$mm，绞盘受水平力 $F=20$kN 的作用，皮带张力 $F_1=2F_2$，轴的许用应力 $[\sigma]=60$MPa。试按第三强度理论设计轴的直径。

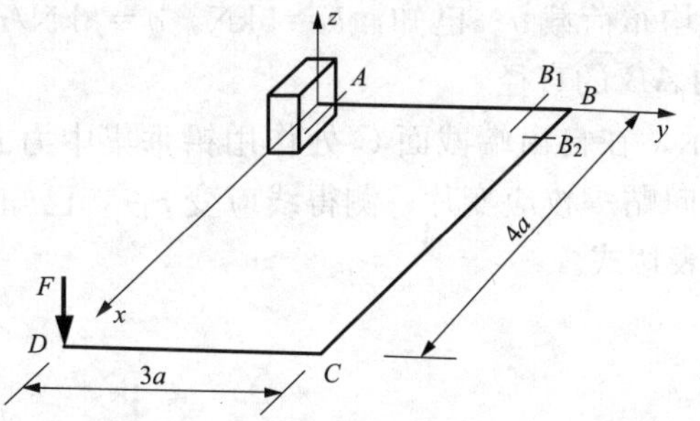

题 7.30 图

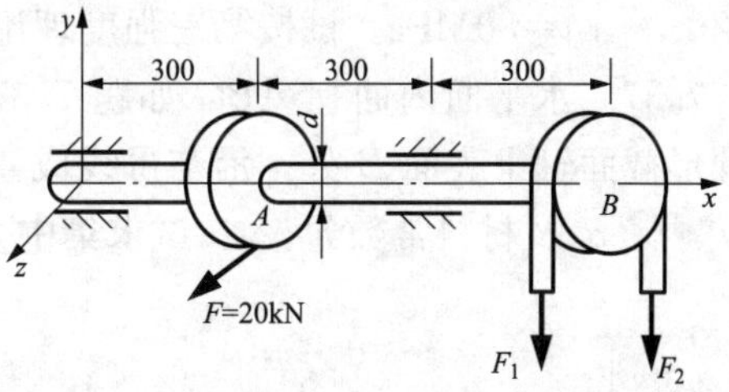

题 7.31 图

7.32　装有两个轮子的传动轴如题 7.32 图所示，轮上分别作用有铅垂力 $F=3$kN 和重力 P，轴处于平衡状态。已知轮子的尺寸，轴的许用应力 $[\sigma]=80$MPa。试按第三强度理论设计轴的直径。

7.33　圆形截面悬臂梁及其承受荷载情况如题 7.33 图所示，已知：$F_1=0.5$kN，$F_2=15$kN，$M_e=1.2$kN·m，$d=50$mm，$[\sigma]=160$MPa。试按第三强度理论校核梁的强度。

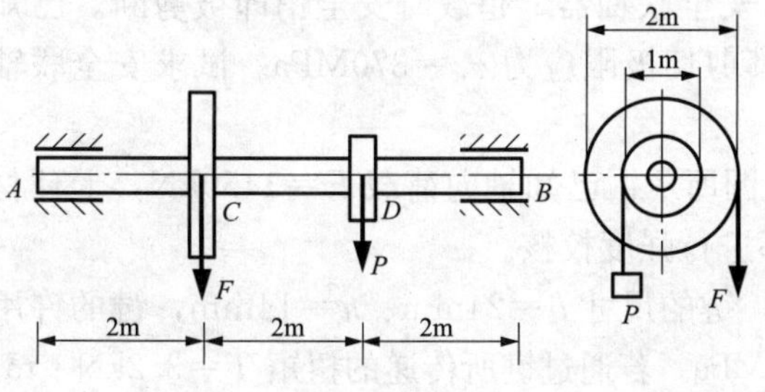

题 7.32 图

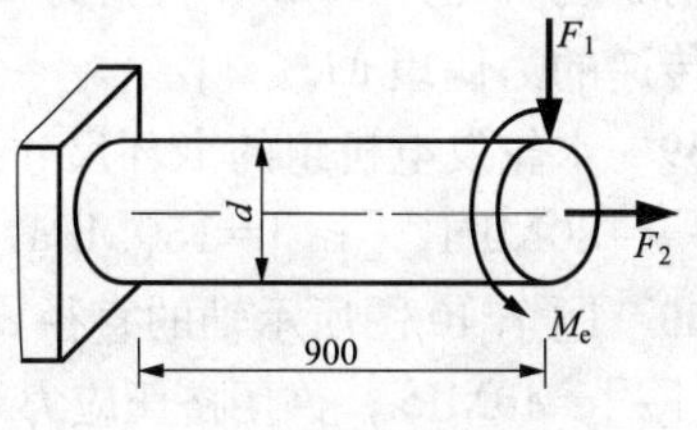

题 7.33 图

7.34 传动轴如题 7.34 图所示，轮 B 上皮带的张力沿铅垂方向，轮 C 上皮带的张力沿水平方向，该两轮直径均为 $D=600\text{mm}$，轴的许用应力 $[\sigma]=80\text{MPa}$。试按第三强度理论设计轴的直径。

7.35 水平直角折杆受铅垂力 F 作用，如题 7.35 图所示，已知圆形截面轴直径 $d=100\text{mm}$，$a=400\text{mm}$，$E=200\text{GPa}$，$\nu=0.25$，在截面 B 的顶点 K 测出轴向应变 $\varepsilon_{0°}=275\times10^{-6}$。试求该折杆危险点的相当应力 σ_{r3}。

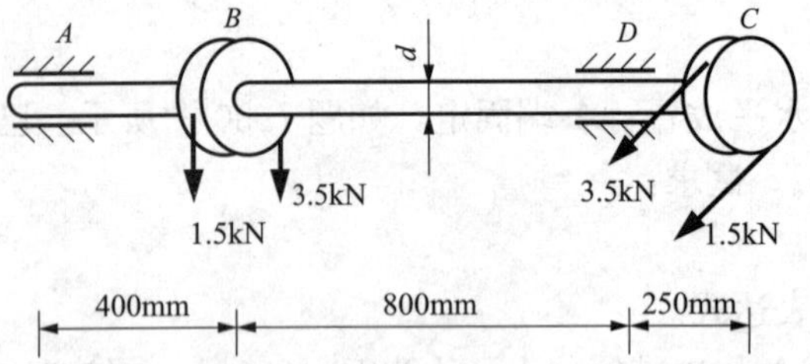

题 7.34 图

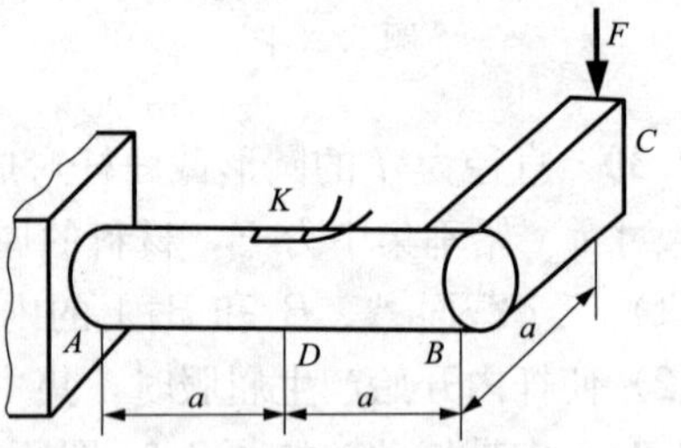

题 7.35 图

7.36 圆形截面轴 AB 如题 7.36 图所示，在其 A 和 D 两点焊有 z 方向的加力臂 AG 和 DE，在加力臂上作用有铅垂向下的集中力 F 和均布荷载 q。已知：$F=5\text{kN}$，$q=8\text{kN/m}$，$l=2\text{m}$，$[\sigma]=80\text{MPa}$。试按第三强度理论设计轴 AB 的直径。

7.37 水平面内曲拐 ABC 如题 7.37 图所示，在自由端截面 C 处作用铅垂集中力 F。在圆形截面轴上表面 B 处，沿与母线成 45°角方向贴一枚应变片，测得线应变 $\varepsilon_{45°}$，已知尺寸 a、l、d 及材料常数 E、ν。试求集中力 F 的表达式。

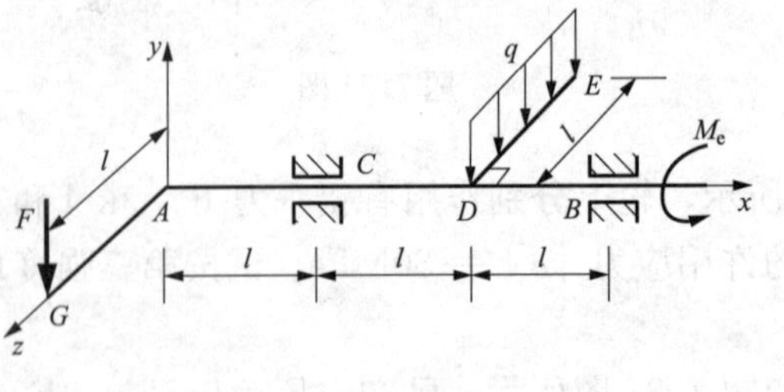

题 7.36 图

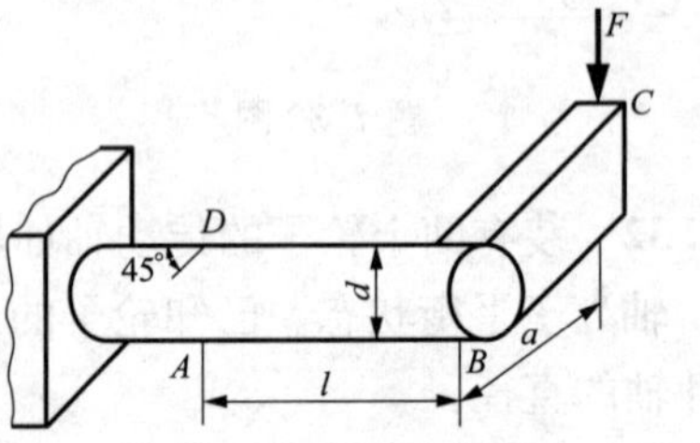

题 7.37 图

7.38 题 7.38 图所示车床的传动光杆装有安全联轴器，超载时安全销即被剪断。已知安全销的平均直径为 5mm，材料为 45 号钢，其剪切极限应力 $\tau_u=370\text{MPa}$。试求安全联轴器所能传递的力偶矩 M_e。

7.39 水轮发电机组的卡环尺寸如题 7.39 图所示。已知轴向荷载 $F=1450\text{kN}$，卡环材料的 $[\tau]=80\text{MPa}$，$[\sigma_{bs}]=150\text{MPa}$。试对卡环进行强度校核。

7.40 题 7.40 图所示轴的直径 $d=80\text{mm}$，键的尺寸 $b=24\text{mm}$、$h=14\text{mm}$，键的许用切应力 $[\tau]=40\text{MPa}$，许用挤压应力 $[\sigma_{bs}]=90\text{MPa}$。若通过键所传递的扭矩 $T=3.2\text{kN}\cdot\text{m}$。试求键的长度 l。

7.41　如题 7.41 图所示，冲床的最大冲压力 $F=400\text{kN}$，冲头材料的许用应力 $[\sigma]=440\text{MPa}$，被冲剪钢板的剪切强度极限 $\tau_b=360\text{MPa}$。试求此冲床所能冲剪钢板圆孔的最小直径和钢板的最大厚度。

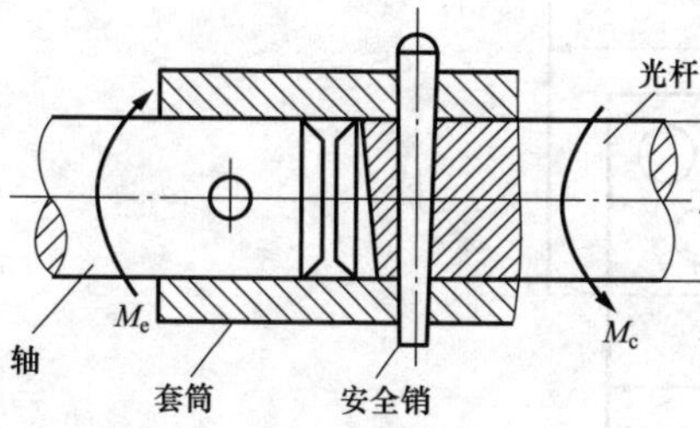

题 7.38 图

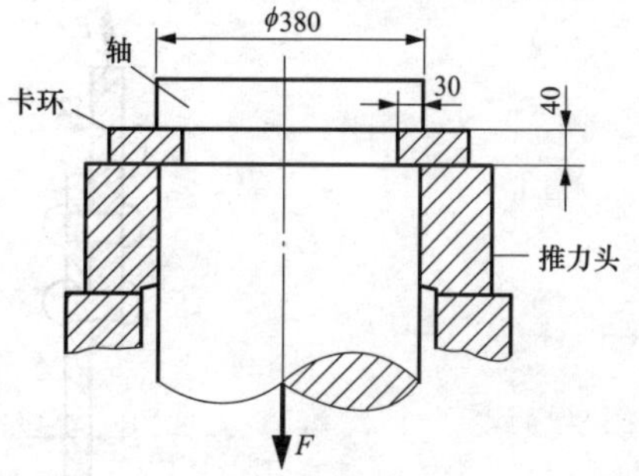

题 7.39 图

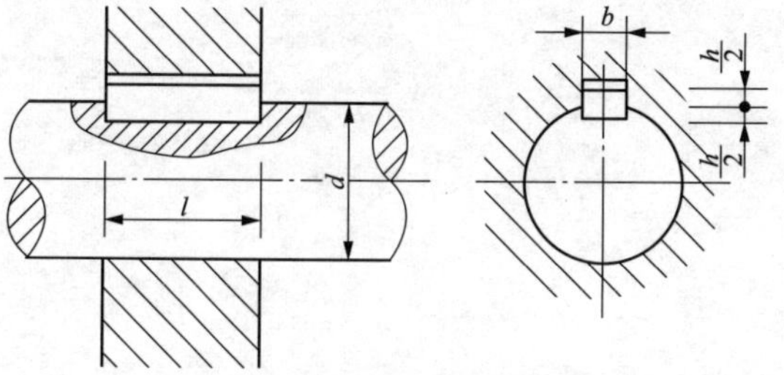

题 7.40 图

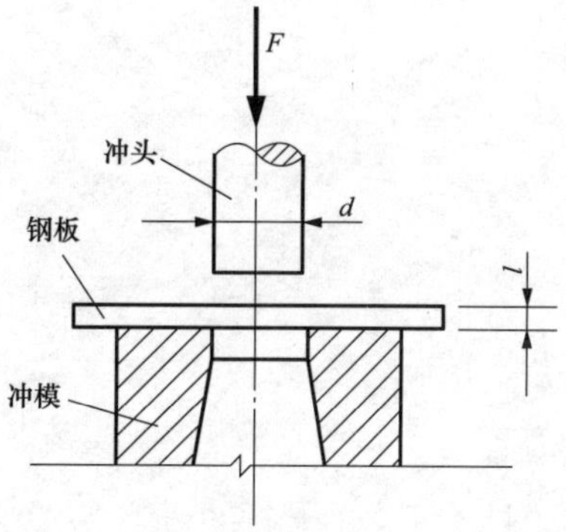

题 7.41 图

7.42　两块厚度为 10mm 的钢板，用直径为 20mm 的铆钉对接在一起，如题 7.42 图所示。钢板受拉力 $F=80\text{kN}$ 的作用。已知 $[\tau]=140\text{MPa}$，$[\sigma_{bs}]=280\text{MPa}$，$[\sigma]=160\text{MPa}$。试求所需的铆钉数目并校核板的宽度是否足够。

7.43　两块厚度为 5mm 的钢板与一块厚度为 12mm 的钢板连接，受拉力 $F=180\text{kN}$ 的作用，如题 7.43 图所示。已知 $[\tau]=100\text{MPa}$，$[\sigma_{bs}]=280\text{MPa}$。试求所需直径为 20mm 铆钉的数目。

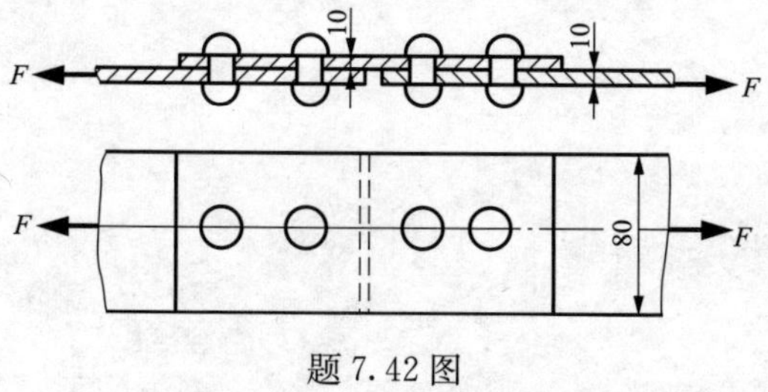

题 7.42 图

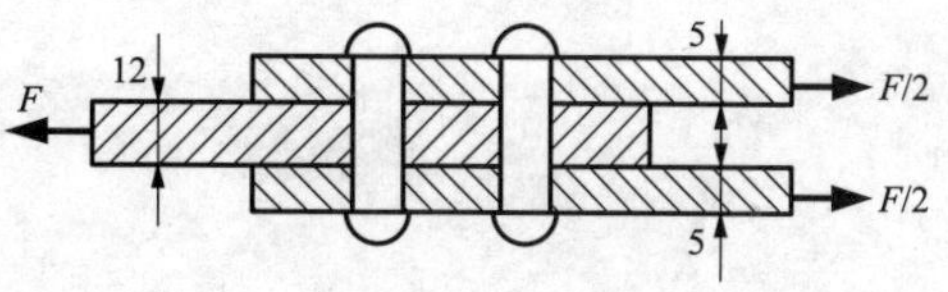

题 7.43 图

7.44 两板搭接，铆钉直径为 25mm，排列如题 7.44 图所示。已知 $[\tau]=100\text{MPa}$，$[\sigma_{bs}]=280\text{MPa}$。板 1 的$[\sigma]_1=160\text{MPa}$，板 2 的$[\sigma]_2=140\text{MPa}$。试求拉力 F 的许可值。如果铆钉排列次序相反，即自下而上，第一行是 3 个铆钉，第二行是 2 个铆钉，则 F 值如何改变?

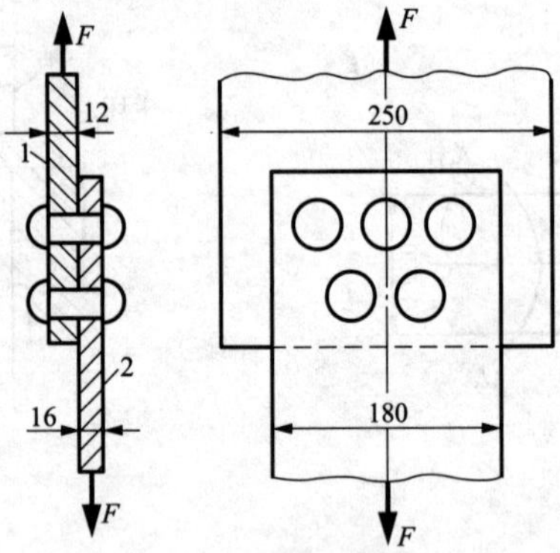

题 7.44 图

第 8 章　压　杆　稳　定

教学要求：

1. 正确建立压杆稳定及临界荷载的基本概念。

2. 明确长度因数的力学意义，熟练掌握四种常见约束条件下细长压杆临界荷载的分析计算方法。

3. 正确建立压杆的柔度和临界应力及临界应力总图的概念，掌握不同类型压杆的判别方法，以及大柔度、中柔度和小柔度压杆临界应力的计算方法。

4. 理解压杆的稳定条件，熟练掌握压杆稳定计算的三类问题。

5. 了解提高压杆稳定性的主要措施。

本章首先阐述压杆稳定的基本概念，然后主要讨论压杆的临界荷载、临界应力的求解方法，工程上稳定性设计的方法及提高压杆稳定性的措施。

§8.1　压杆稳定的概念及工程实例

前面几章，已经讨论了构件在静力平衡状态下的应力、应变及强度和刚度的设计问题。构件除了强度和刚度不足而引起失效外，有时由于不能保持其原有的平衡状态而失效，这种失效形式称为丧失稳定性。因此，对某些构件必须进行稳定性设计。

构件在外力作用下，由于材料的弹性而产生变形，整个构件保持平衡，构件的任一部分在弹性内力作用下也保持平衡，这种状态称为弹性平衡。弹性平衡的形式有时是稳定的，有时是不稳定的。

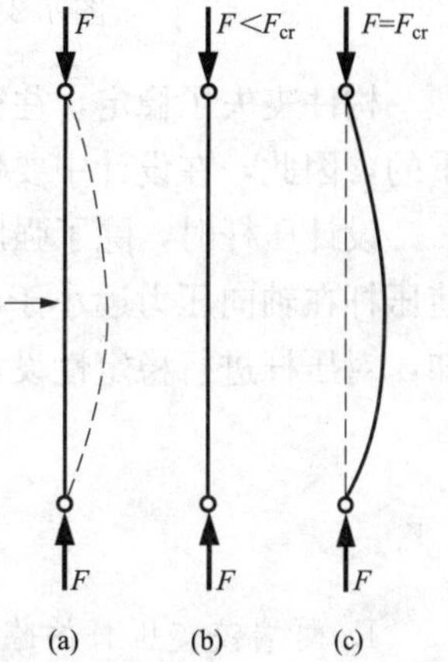

图 8.1

现在来研究图 8.1 所示的两端铰支的细长压杆受轴向压力作用时，弹性平衡的稳定性问题。在杆两端加轴向压力，当压力逐渐增加，但小于某一临界值时，杆的轴线仍为直线。为检查这种弹性平衡是否稳定，可在杆的中间截面处，施加一微小的横向干扰力，使杆产生轻微弯曲［见图 8.1（a）］，当干扰力除去后，杆经过若干次振动后恢复原直线形状，如图 8.1（b）所示，这表明在数值较小的压力作用下，压杆直线形式的弹性平衡是稳定的。当压力增加到某一临界值时，当横向扰力除去后，杆将保持微弯曲形态的平衡，而不能恢复原直线形状的平衡，如图 8.1（c）所示。此时，压杆直线形状的平衡是不稳定的，将转变为曲线形状的平衡，这种现象也称为**屈曲**。

压杆的弹性平衡是否稳定，与所受轴向压力的大小有关。这可以用一个简单的试验来说明。例如，取一根直径为 4mm、长为 1m 的钢杆，下端固定、上端自由，在自由端装有一个重 3N 的铁块。在 3N 压力的作用下，杆处于直线平衡状态，如果轻轻推动铁块，杆会左右摆动产生弯曲变形，但最后能恢复其原有的直线平衡位形，如图 8.2（a）所示。但是，若将铁块换为重 8N 的，则钢杆不仅不能恢复原有的直线位形，而且会被压弯倒下去［见图 8.2（b)］。这表明：在 3N 压力的作用下，杆的直线位形是弹性稳定的；而在 8N 压力的作用下，杆的直线位形是不稳定的，发生了失稳现象。可以推断，在 3N 和 8N 之间一定存在一个压力 F_{cr}， 在该压力作用下，压杆的直线位形处于由稳定过渡到不稳定的临界状态。这个压力 F_{cr} 称为压杆的**临界力或临界荷载**，是决定压杆直线位形是否稳定的关键。

除上述压杆的失稳形式外，一些细长或薄壁的构件也存在静力平衡的稳定性问题。例如，细长圆形截面杆的纯扭转、薄壁矩形截面梁的横力弯曲及承受均布压力的薄壁圆环等，都有可能丧失原有的平衡状态而失效，如图 8.3 所示，虚线分别表示屈曲状态。本章只讨论压杆的稳定问题。

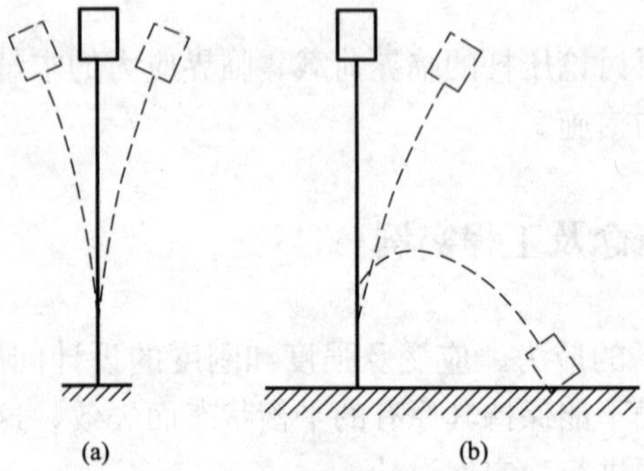

图 8.2

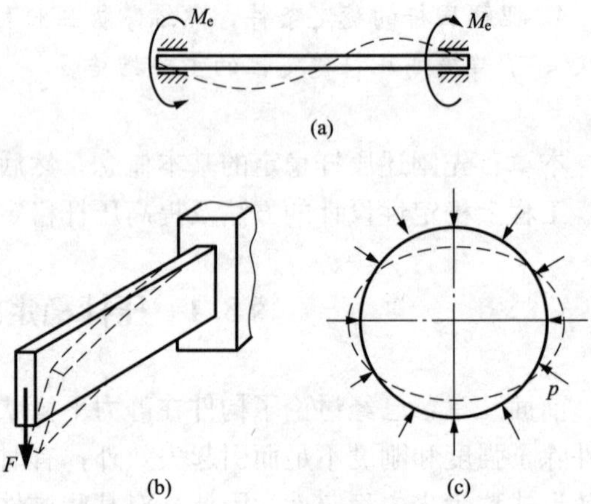

图 8.3

构件丧失了稳定，往往会造成突然破坏，甚至引起整个工程结构的崩溃，危害性是很严重的，因此，在设计中要像强度和刚度问题一样，给予重视，防止意外事故的发生。

设计压杆时，除了强度以外，还必须考虑平衡的稳定性。若能计算出压杆的临界力，而使压杆在轴向压力远小于临界力的情况下工作，就可以避免发生丧失稳定的现象。由此可知，对压杆进行稳定性设计，首先需要确定临界力。

§8.2　细长压杆的临界力

1. 两端铰支压杆的临界力

设长度为 l 的等截面直杆，两端由球形铰支承，承受轴向压力 F 的作用。若压力 F 达到临界力 F_{cr} 时，压杆将处于临界状态，即杆在微弯形态下保持平衡，如图 8.4（a）所示。应用截面法，由图 8.4（b）可得截面 x 上的弯矩和轴力。若略去轴力影响，其弯矩为

$$M(x)=-F_{cr}w$$

由于压杆的临界状态是微弯的平衡状态，可以用挠曲线近似微分方程进行分析。由式（5.6）可得

$$EI\frac{d^2w}{dx^2}=M(x)=-F_{cr}w \tag{8.1}$$

式中：EI 为杆的弯曲刚度。引入记号 k，并令

$$k^2=\frac{F_{cr}}{EI} \tag{8.2}$$

于是，式（8.1）可改写为

$$\frac{d^2w}{dx^2}+k^2w=0$$

方程的通解是

$$w=C_1\sin kx+C_2\cos kx \tag{8.3}$$

式（8.3）是杆挠曲线的方程，其中 C_1、C_2 是待定常数，k 为不定值。由图 8.4（a）的边界条件：

在 $x=0$ 处　　$w=0$，得 $C_2=0$

在 $x=l$ 处　　$w=0$，得 $C_1=0$ 或 $\sin kl=0$

显然 $C_1=0$ 不符合临界状态下杆微弯的特征。由 $\sin kl=0$，可得

$$kl=n\pi,\ k=\frac{n\pi}{l}\quad (n=0,\ 1,\ 2,\ \cdots) \tag{8.4}$$

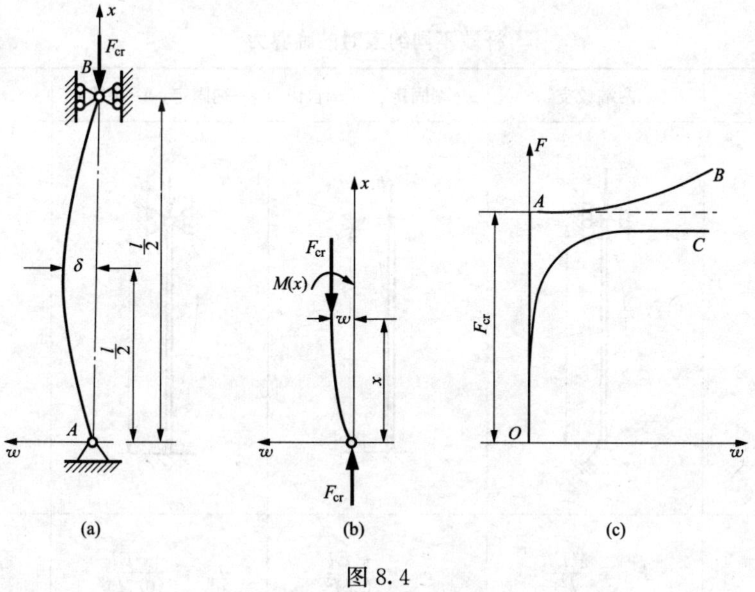

图 8.4

将 $C_2=0$ 和式（8.4）代入式（8.3），挠曲线方程可写成为

$$w=C_1\sin\frac{n\pi}{l}x\qquad (n=0,\ 1,\ 2,\ \cdots)$$

临界力由式（8.2）得

$$F_{cr}=\frac{n^2\pi^2EI}{l^2}\qquad (n=0,\ 1,\ 2,\ \cdots)$$

可见，杆的挠曲线和临界力在理论上是多值的。但是，按照静力平衡稳定性的物理概

念，当 $n=1$ 压杆开始处于微弯的临界状态时，已经丧失了原有的平衡状态，即丧失了稳定性。因此，压杆在没有其他支承的情况下，应取 $n=1$， 即取一切理论上求出的临界力的最小值，作为实际的临界力和分析其挠曲线形态。据此

$$w=C_1\sin\frac{\pi}{l}x \tag{8.5}$$

$$F_{cr}=\frac{\pi^2 EI}{l^2} \tag{8.6}$$

由式（8.5）可知，两端铰支压杆的挠曲线为半个正弦波，挠曲线幅值 $w_{max}=\delta=C_1$ 是不确定值（仅要求微小），这是因为采用的是挠曲线近似微分方程分析的缘故。若采用精确的微分方程，可求得挠曲线幅值 w 与轴向压力 F 确定的对应关系，结果如图 8.4（c）所示曲线 OAB。应该指出，在工程中的实际压杆，上述理想的轴向受压模型是很难遇到的，总是存在诸如轴向压力的偏心、压杆轴线的初曲率及材料的不均匀等因素，实际压杆轴向压力与幅值的曲线（F-w 曲线）如图 8.4（c）所示曲线 OC，临界力 F_{cr} 是其上极限值。

2. 不同杆端约束下压杆的临界力

对于其他支承情况的压杆，由于杆端的约束不同，其约束力、临界状态下挠曲线的形态就不同，临界力也将不同，但分析方法和求解过程是相似的，表 8.1 给出了四种理想约束下压杆临界力的计算结果。

表 8.1 杆端不同约束时的临界力

杆端约束情况	两端铰支	一端固定、一端自由	一端固定、一端铰支	两端固定
挠曲线形状	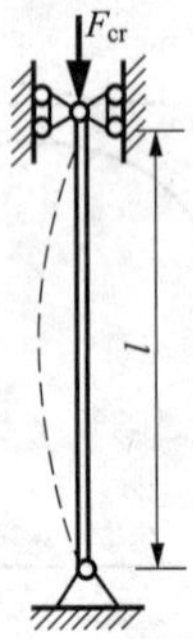			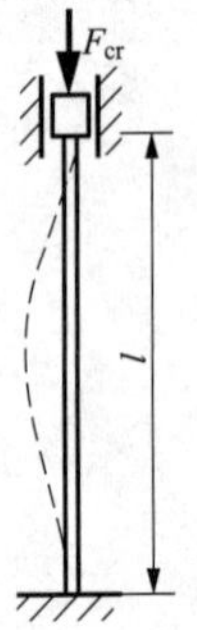
临界力	$F_{cr}=\frac{\pi^2 EI}{l^2}$	$F_{cr}=\frac{\pi^2 EI}{(2l)^2}$	$F_{cr}=\frac{\pi^2 EI}{(0.7l)^2}$	$F_{cr}=\frac{\pi^2 EI}{(0.5l)^2}$
长度系数	$\mu=1$	$\mu=2$	$\mu=0.7$	$\mu=0.5$

比较四种理想约束情况下压杆的临界力，其表达式基本相似，仅在分母中长度 l 前的系数不同，因此可将不同杆端约束的临界力表达成统一的形式

$$F_{cr}=\frac{\pi^2 EI}{(\mu l)^2} \tag{8.7}$$

式中：μ 为与杆端约束条件有关的系数，称为长度因数；μl 为相当长度。式（8.7）称为细长

压杆临界力的**欧拉公式**。

应当注意，表8.1中所列的各种约束，均为理想约束，而工程中的实际约束，除某些典型支承可以简化为理想约束外，一般很难归结为某一种理想约束。此时需要根据实际情况，选取适当的长度因数μ值。

【例8.1】 在§8.1中进行细长压杆稳定试验时所用的钢杆，如图8.2所示，长$l=1\text{m}$，直径$d=4\text{mm}$，材料的弹性模量$E=200\text{GPa}$。试计算该钢杆的临界力。

解　钢杆横截面的惯性矩为

$$I=\frac{\pi d^4}{64}=\frac{\pi}{64}(4\times10^{-3}\text{m})^4=1.257\times10^{-11}\ \text{m}^4$$

根据压杆下端固定、上端自由的约束条件，由表8.1中的相应公式，可得其临界力为

$$F_{\text{cr}}=\frac{\pi^2EI}{(2l)^2}=\frac{\pi^2(200\times10^9\text{Pa})(1.257\times10^{-11}\ \text{m}^4)}{4\text{m}^2}=6.2\text{N}$$

计算结果表明，试验压杆的临界力6.2N的确是介于3N和8N之间的一个压力。

【例8.2】 试利用欧拉公式研究：对于长度相同、横截面面积相同的细长压杆，在同样的荷载和约束条件下，什么样的实心截面形状的稳定性最好？

解　可取圆形截面和矩形截面进行研究，如图8.5所示。假设：两细长压杆两端均铰支，受轴向压力作用，长度皆为$l=1.5\text{m}$，横截面面积皆为$A=20\text{mm}^2$，材料的弹性模量皆为$E=200\text{GPa}$。对于矩形截面，假设$h=2b$。通过分别计算两杆的临界力，来研究其压杆截面形状的抗失稳能力。

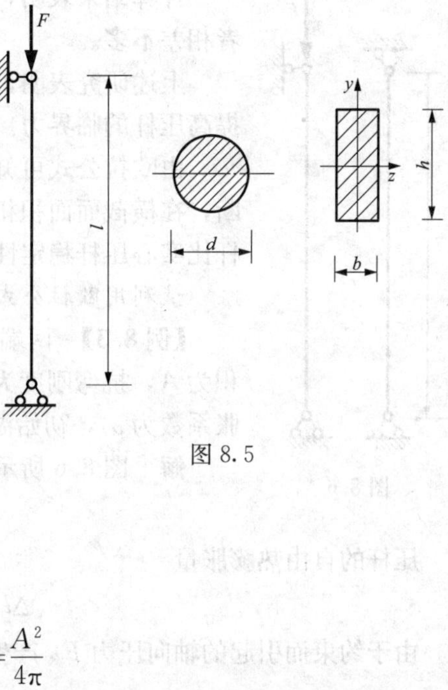

图8.5

(1) 圆形截面。假设：圆形截面的直径为d，其横截面面积

$$A=\frac{\pi d^2}{4}$$

因此有

$$\pi d^4=\frac{16A^2}{\pi}$$

惯性矩为

$$I=\frac{\pi d^4}{64}=\frac{16A^2}{64\pi}=\frac{A^2}{4\pi}$$

压杆两端均铰支，长度因数$\mu=1$。由欧拉公式，可得圆形截面压杆的临界力为

$$F_{\text{cr}}=\frac{\pi^2EI}{l^2}=\frac{\pi^2(200\times10^9\text{Pa})(20\times10^{-4}\ \text{m}^2)^2}{4\pi(1.5\text{m})^2}=279\text{kN}$$

(2) 矩形截面。由图8.5可知，$I_z>I_y$，所以截面绕轴y旋转而屈曲。截面绕轴y的惯性矩为

$$I_y=\frac{hb^3}{12}=\frac{b^4}{6}=\frac{A^2}{24}$$

压杆两端铰支，长度因数 $\mu=1$。由欧拉公式，可得矩形截面压杆的临界力为

$$F_{cr}=\frac{\pi^2 EI_y}{l^2}=\frac{\pi^2(200\times10^9\text{Pa})(20\times10^{-4}\ \text{m}^2)^2}{24\,(1.5\text{m})^2}=146\text{kN}$$

计算结果表明，圆形截面压杆的稳定性远好于假设的矩形截面压杆。

分析假设的矩形截面压杆稳定性差的原因可知，由于 $I_z>I_y$，横截面绕轴 y 旋转而使压杆屈曲失稳。因此可以推断，在横截面面积相同的情况下，若使 $I_z=I_y$，可显著提高压杆的临界力。下面计算正方形截面压杆的临界力。

(3) 正方形截面。正方形截面的轴惯性矩为

$$I=\frac{hb^3}{12}=\frac{b^4}{12}=\frac{A^2}{12}$$

压杆两端铰支，长度因数 $\mu=1$。由欧拉公式，可得正方形截面压杆的临界力为

$$F_{cr}=\frac{\pi^2 EI}{l^2}=\frac{\pi^2(200\times10^9\text{Pa})(20\times10^{-4}\ \text{m}^2)^2}{12\,(1.5\text{m})^2}=292\text{kN}$$

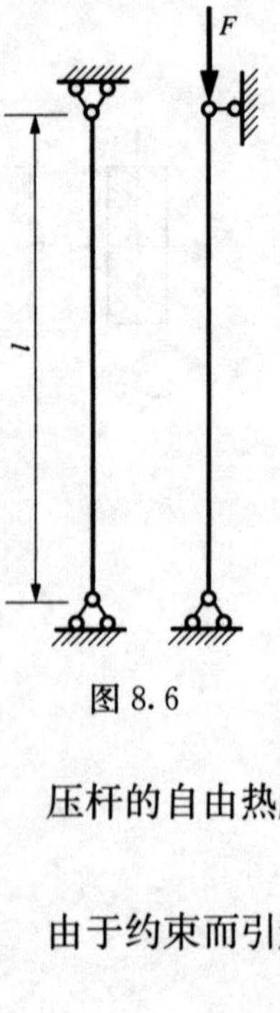

图 8.6

计算结果表明，正方形截面压杆的稳定性好于圆形截面压杆，但两者相差不多。

上述研究表明，使压杆横截面对两根正交对称轴的惯性矩相等，可提高压杆的临界力。

由欧拉公式可知，截面的惯性矩越大，临界力越大。因此可以推断，在横截面面积相同且不产生压瘪失稳的情况下，同样形状的空心压杆比实心压杆稳定性要好得多。

试利用欧拉公式研究：什么样的空心截面形状的稳定性最好？

【例 8.3】 两端铰支的细长压杆如图 8.6 所示，长度为 l，横截面面积为 A，抗弯刚度为 EI。设杆处于变化的均匀温度场中，若材料的线膨胀系数为 α_l，初始温度为 t_0，试求压杆失稳时的临界温度值 t_{cr}。

解 图 8.6 所示结构为一次超静定问题。其变形几何条件是

$$\Delta l=\Delta l_T-\Delta l_F=0$$

压杆的自由热膨胀量

$$\Delta l_T=\alpha_l(t-t_0)l$$

由于约束而引起的轴向压力 F_R 产生的变形为

$$\Delta l_F=\frac{Fl}{EA}$$

故

$$F=EA\alpha_l(t-t_0)$$

显然，当轴向压力 F 等于压杆的临界荷载 F_{cr} 时，杆将丧失稳定性。此时对应的温度称为临界温度 t_{cr}。由式 (8.6) 得

$$F_{cr}=\frac{\pi^2 EI}{l^2}=EA\alpha_l(t_{cr}-t_0)$$

$$t_{cr} = t_0 + \frac{\pi^2 I}{\alpha_l A l^2}$$

在超静定结构中，由于温度变化而引起的失稳问题称为**热屈曲**。对于轴向压力和热屈曲同时存在的问题，可以采用叠加方法求解。

在静定结构中，会产生热屈曲吗？为什么？

§8.3 非细长压杆的临界应力

1. 临界应力与欧拉公式的适用范围

由于计算和工程设计的需要，定义压杆临界力除以横截面面积的量为临界应力，用 σ_{cr} 表示，即

$$\sigma_{cr} = \frac{F_{cr}}{A} = \frac{\pi^2 EI}{A(\mu l)^2} \tag{8.8}$$

引入惯性半径 $i = \sqrt{\frac{I}{A}}$ 和 λ，且令

$$\lambda = \frac{\mu l}{i} \tag{8.9}$$

将 i 和 λ 代入临界应力表达式（8.8）得

$$\sigma_{cr} = \frac{\pi^2 E}{\lambda^2} \tag{8.10}$$

式（8.10）是欧拉公式的另一种表达形式。式中：λ 为压杆的**柔度**或**长细比**。柔度仅与压杆的杆端约束情况和几何特征有关，是压杆抵抗失稳能力的特征量。

由于欧拉公式是应用杆挠曲线近似微分方程而导出的，因此，仅适用于线弹性范畴。于是，式（8.10）的适用范围可表示为

$$\sigma_{cr} = \frac{\pi^2 E}{\lambda^2} \leqslant \sigma_p \tag{8.11}$$

令

$$\lambda_p = \sqrt{\frac{\pi^2 E}{\sigma_p}} \tag{8.12}$$

则式（8.11）可改写为

$$\lambda \geqslant \lambda_p \tag{8.13}$$

满足式（8.11）或式（8.13）的压杆，方可用欧拉公式计算临界荷载或临界应力。这样的压杆称为**大柔度杆**或**细长压杆**。

由式（8.11）可知，λ_p 与材料的力学性质有关，材料不同，λ_p 也就不同，需要具体计算。例如 Q235 钢，$E \approx 200\text{GPa}$，$\sigma_p \approx 200\text{MPa}$，由式（8.12）可得，$\lambda_p \approx 100$。因此，对 Q235 钢，只有当 $\lambda \geqslant 100$ 时，才能使用欧拉公式。

2. 非细长压杆的临界应力

在工程实际中，许多压杆的柔度往往低于 λ_p，在这种情况下，压杆横截面上的应力将超过材料的比例极限，欧拉公式已不再适用。对于 $\lambda < \lambda_p$ 的压杆稳定性问题，人们在进行大量失稳试验的同时，做了弹塑性理论分析。由于试验结果具有明显的分散度和理论分析的复杂性，这里将不作进一步的讨论。工程上一般采用以试验结果为依据的经验公式，比较常

用的直线公式将临界应力与柔度表示成直线关系，即

$$\sigma_{cr}=a-b\lambda \tag{8.14}$$

式中：a、b 为与材料性质有关的常数。表 8.2 中列出了一些材料的 a、b 值。

表 8.2　　直线公式适用范围及常用材料 a、b 值

材　料		a/MPa	b/MPa	λ_p
Q235 钢	$\sigma_s=235$MPa	304	1.12	100
	$\sigma_b\geqslant372$MPa			
优质碳钢	$\sigma_s=306$MPa	460	2.57	90
	$\sigma_b\geqslant471$MPa			
硅钢	$\sigma_s=353$MPa	578	3.74	86
	$\sigma_b\geqslant510$MPa			
铸铁		332	1.45	80
硬铝		373	2.14	50
松木		28.7	0.19	100

对于柔度很小的短柱，例如，压缩试验用的金属短柱试件或水泥试块，在受压时不会像大柔度杆那样产生弯曲变形，而会因应力达到屈服极限（塑性材料）或强度极限（脆性材料）而失效，这属于强度问题。

因此，对于塑性材料，按式（8.14）计算出的应力最大只能等于 σ_s，若相应的柔度为 λ_s，则有

$$\lambda_s=\frac{a-\sigma_s}{b} \tag{8.15}$$

这是使用式（8.14）时的最小柔度。若 $\lambda<\lambda_s$，就应按压缩强度进行计算，要求

$$\sigma_{cr}=\frac{F}{A}\leqslant\sigma_s$$

对于脆性材料，只需要将以上各式中的 σ_s 换成 σ_b 即可。

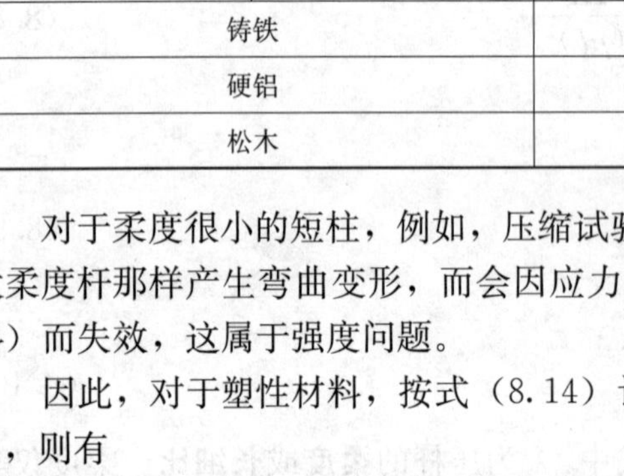

图 8.7

3. 临界应力总图

由上面讨论可知，对于 $\lambda<\lambda_s$ 的小柔度压杆，应按压缩强度问题计算，在图 8.7 中表示为水平线 AB。对于 $\lambda\geqslant\lambda_p$ 的大柔度压杆，用式（8.10）计算临界应力，在图 8.7 中表示为曲线 CD。对于柔度 λ 介于 λ_s 和 λ_p 之间（$\lambda_s\leqslant\lambda\leqslant\lambda_p$）的压杆，称为**中柔度压杆**，用式（8.14）计算临界应力，在图 8.7 中表示为斜直线 BC。图 8.7 表示临界应力 σ_{cr} 随压杆柔度 λ 变化的情况，称为临界应力总图。临界应力总图形象明确地显示出三类压杆所处的柔度范围及所适用的临界应力计算公式。

由图 8.7 中曲线 CD 的延长虚线可知，中柔度压杆的临界应力远低于用欧拉公式计算出

来的数值。因此，如果错误地依据欧拉公式来判断中柔度压杆的承载能力，就会估计过高，这是十分危险的。

【例 8.4】 材料为优质碳钢的三根轴向受压圆形截面杆，长度 l 分别为 0.28、0.75m 和 1m，直径分别为 20、40mm 和 50mm，各杆支承情况如图 8.8 所示。试求各杆的临界力。

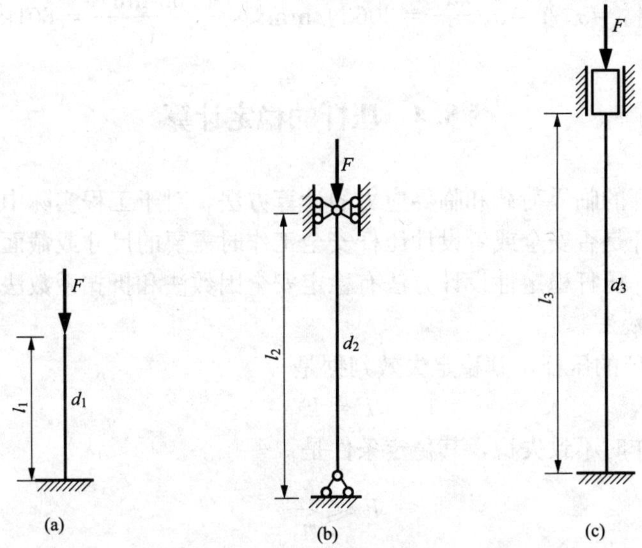

图 8.8

解 (1) 计算各杆的柔度。杆 1：$\mu_1=2$，$l_1=0.28\text{m}$，$d_1=20\text{mm}$，则

$$i_1=\sqrt{\frac{I}{A}}=\frac{d_1}{4}=5\text{mm}$$

$$\lambda_1=\frac{\mu_1 l_1}{i_1}=\frac{2\times 280\text{mm}}{5\text{mm}}=112$$

杆 2：$\mu_2=1$，$l_2=0.75\text{m}$，$d_2=40\text{mm}$，则

$$i_2=\frac{d_2}{4}=10\text{mm}$$

$$\lambda_2=\frac{\mu_2 l_2}{i_2}=\frac{1\times 750\text{mm}}{10\text{mm}}=75$$

杆 3：$\mu_3=0.5$，$l_3=1\text{m}$，$d_3=50\text{mm}$，则

$$i_3=\frac{d_3}{4}=12.5\text{mm}$$

$$\lambda_3=\frac{\mu_3 l_3}{i_3}=\frac{0.5\times 1000\text{mm}}{12.5\text{mm}}=40$$

(2) 计算各杆的临界力。查表 8.2 得，$\lambda_p=90$。材料对应于屈服极限的柔度为

$$\lambda_s=\frac{a-\sigma_s}{b}=\frac{(460-306)\text{MPa}}{2.57\text{MPa}}=60$$

杆 1：$\lambda_1>\lambda_p$，为大柔度压杆，应选用式 (8.7) 计算临界力，可得

$$F_{cr,1}=\frac{\pi^2 EI}{(\mu_1 l_1)^2}=\frac{\pi^3(200\times 10^9\ \text{N/m}^2)(0.02\text{m})^4}{64(2\times 0.28\text{m})^2}=49.4\text{kN}$$

杆 2：$\lambda_s < \lambda_2 < \lambda_p$，为中柔度压杆，应选用式 (8.14) 计算临界力，可得

$$F_{cr,2} = \sigma_{cr} A = \frac{\pi d_2^2}{4}(a - b\lambda_2) = \frac{\pi (40\text{mm})^2 (460 - 2.57 \times 75)\ \text{N/mm}^2}{4} = 336\text{kN}$$

杆 3：$\lambda_3 < \lambda_s$，为小柔度压杆，属于强度问题，应由屈服极限计算临界力，可得

$$F_{cr,3} = \sigma_{cr} A = \sigma_s \frac{\pi d_2^2}{4} = 306\ \text{N/mm}^2 \times \frac{\pi (50\text{mm})^2}{4} = 601\text{kN}$$

§8.4　压杆的稳定计算

上面讨论了压杆的临界荷载和临界应力的计算方法，对于工程实际中的压杆往往需要根据稳定条件校核压杆是否安全或者设计压杆安全工作时需要的尺寸或截面形状。这一类问题统称为**稳定性设计**。压杆稳定性设计方法有稳定安全因数法和折扣系数法。

1. 稳定安全因数法

承受轴向荷载 F 的压杆，其稳定失效判据是

$$F = F_{cr}$$

若要确保其工作时不致失稳，其稳定条件是

$$F \leqslant \frac{F_{cr}}{n_{st}} \tag{8.16}$$

式中：n_{st} 为**稳定安全因数**。若令 F_{cr}/F 的比值为 n，称为**工作安全因数**，则稳定条件式 (8.16) 可改写为

$$n \geqslant n_{st} \tag{8.17}$$

用稳定条件式 (8.17) 进行压杆稳定性设计的方法称为**稳定安全因数法**。

稳定安全因数的取值一般要比强度安全因数高。这是因为实际压杆总是存在诸如初曲率、材质的不均匀等缺陷，荷载也存在一定的偏心度，使临界荷载的理论值总是比实际值高。此外，n_{st} 类似于 n，与压杆选用的材料，在结构中的重要程度、工况及简化成力学模型时的近似性等因素有关。一般对于钢材，取 $n_{st} = 1.8 \sim 3.0$；对于铸铁，取 $n_{st} = 5.0 \sim 5.5$；对于木材，取 $n_{st} = 2.8 \sim 3.2$。具体取值，读者可查询有关工程手册或设计规范。

2. 实际压杆的折扣系数

工程实际中压杆的轴线不可能是理想的直线，压力的轴线也不可能与压杆的轴线完全重合，由于压杆在制造过程中需进行轧制、切割、焊接等，在截面上会产生残余应力。这些不利因素的存在，都会降低压杆的临界力。因此，必须综合考虑实际压杆的初曲率、压力的偏心度及截面上的残余应力，来计算压杆的临界承载力，进而得到符合实际制造工艺水平和实际受力情况的极限应力。由于实际情况复杂，考虑的因素又多，这就使计算十分繁复。

为简化计算，便于设计者使用，在压杆的设计中，将材料的许用应力 $[\sigma]$ 乘以一个大于 0 且小于 1 的折扣系数 φ，作为压杆的稳定许用应力 $[\sigma]_{st}$，这样就将所有复杂因素集中在折扣系数 φ 内来考虑，在设计中只须通过简单的查表方法得到其数值。由于压杆的柔度越大，其极限应力值就越小，因此可知，折扣系数 φ 是随柔度 λ 而变化的，是柔度 λ 的函数，即有 $\varphi = \varphi(\lambda)$。综上所述，压杆的稳定许用应力可表示为

$$[\sigma]_{st} = \frac{\sigma_{cr}}{n_{st}} = \frac{\sigma_{cr}}{n_{st}[\sigma]}[\sigma] = \varphi[\sigma] \tag{8.18}$$

式中：$[\sigma]$ 为压杆材料的许用应力；n_{st}为压杆的稳定安全因数，随压杆柔度而改变。

折扣系数 φ 与压杆所使用的材料及杆件的截面类型有关。GB 50017—2017《钢结构设计标准》根据国内常用构件的截面形式、尺寸和加工条件，规定了相应的残余应力变化规律，并考虑了初曲率，计算了 96 根压杆的折扣系数 φ 与柔度 λ 之间的关系数值，然后将承载能力相近的截面归并为 a、b、c 三类，根据不同材料的屈服强度分别给出 a、b、c 三类截面在不同柔度 λ 下的 φ 值，以供压杆设计时参考和使用。

在表 8.3 中，根据折扣系数 φ 与柔度 λ 之间的关系，给出了钢制圆管、工字形截面和 T 形截面的分类，其他分类见钢结构设计规范及木结构设计规范。

表 8.3　　轴心受压构件的截面分类（板厚 t <40mm）

截 面 形 式	对轴 z	对轴 y
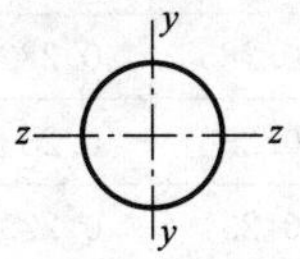 轧制	a类	a类
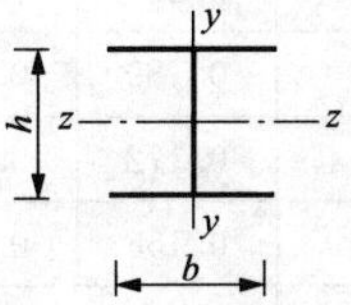 轧制，$b/h \leqslant 0.8$	a类	b类
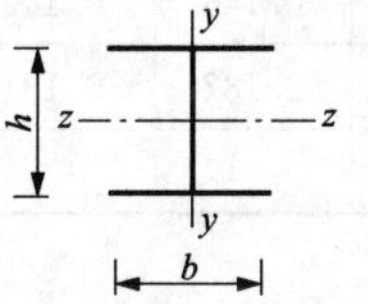 轧制，$b/h > 0.8$；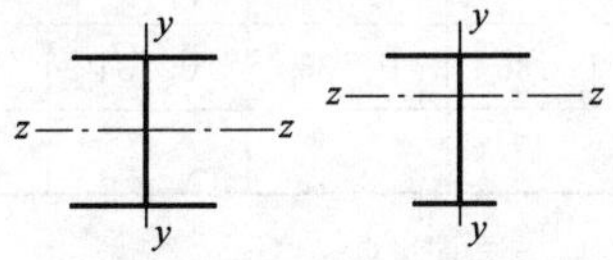 焊接，翼缘为火焰切边；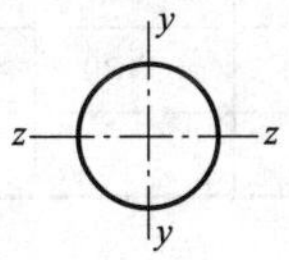 焊接	b类	b类
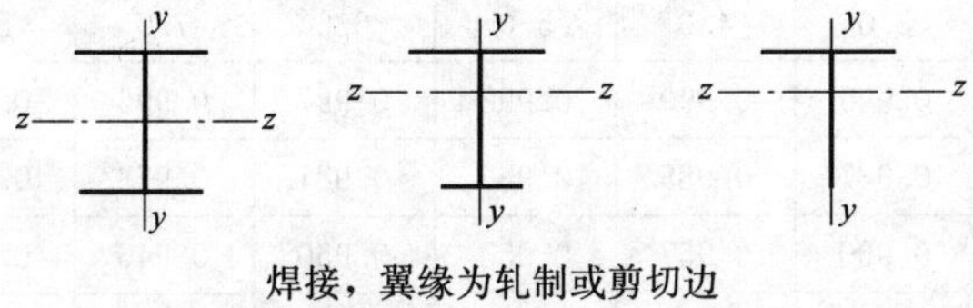 焊接，翼缘为轧制或剪切边	b类	c类

在表 8.4 和表 8.5 中，分别给出了 Q235 钢 a、b 类截面的折扣系数 φ 值。

表 8.4　　Q235 钢 a 类截面轴心受压构件的折扣系数 φ

λ	0	1.0	2.0	3.0	4.0	5.0	6.0	7.0	8.0	9.0
0	1.000	1.000	1.000	1.000	0.999	0.999	0.998	0.998	0.997	0.996
10	0.995	0.994	0.993	0.992	0.991	0.989	0.988	0.986	0.985	0.983
20	0.981	0.979	0.977	0.976	0.974	0.972	0.970	0.968	0.966	0.964
30	0.963	0.981	0.959	0.957	0.955	0.952	0.950	0.948	0.946	0.944
40	0.941	0.939	0.937	0.934	0.932	0.929	0.927	0.924	0.921	0.919
50	0.916	0.913	0.910	0.907	0.904	0.900	0.897	0.894	0.890	0.886
60	0.883	0.879	0.875	0.871	0.867	0.863	0.858	0.851	0.849	0.844

续表

λ	0	1.0	2.0	3.0	4.0	5.0	6.0	7.0	8.0	9.0
70	0.830	0.834	0.829	0.824	0.818	0.813	0.807	0.801	0.795	0.789
80	0.788	0.776	0.770	0.763	0.757	0.750	0.743	0.735	0.728	0.721
90	0.714	0.706	0.699	0.691	0.684	0.676	0.668	0.661	0.653	0.645
100	0.638	0.630	0.622	0.615	0.607	0.600	0.592	0.585	0.577	0.570
110	0.563	0.555	0.548	0.541	0.534	0.527	0.520	0.514	0.507	0.500
120	0.494	0.488	0.481	0.475	0.469	0.463	0.457	0.451	0.445	0.440
130	0.434	0.429	0.423	0.418	0.412	0.407	0.402	0.397	0.392	0.387
140	0.383	0.378	0.373	0.369	0.364	0.360	0.356	0.351	0.347	0.343
150	0.339	0.335	0.331	0.327	0.323	0.320	0.316	0.312	0.309	0.305
160	0.302	0.298	0.295	0.292	0.289	0.285	0.282	0.279	0.276	0.273
170	0.270	0.267	0.264	0.262	0.259	0.256	0.253	0.251	0.248	0.246
180	0.243	0.241	0.238	0.236	0.233	0.231	0.229	0.226	0.224	0.222
190	0.220	0.218	0.215	0.213	0.211	0.209	0.207	0.205	0.203	0.201
200	0.199	0.198	0.196	0.194	0.192	0.190	0.189	0.187	0.185	0.183
210	0.182	0.180	0.179	0.177	0.175	0.174	0.172	0.171	0.169	0.168
220	0.166	0.165	0.164	1.162	0.161	0.159	0.158	0.157	0.155	0.154
230	0.150	0.152	0.150	0.149	0.148	0.147	0.146	0.144	0.143	0.142
240	0.141	0.140	0.139	0.138	0.136	0.135	0.134	0.133	0.132	0.131
250	0.130									

表 8.5　Q235 钢 b 类截面轴心受压构件的折扣系数 φ

λ	0	1.0	2.0	3.0	4.0	5.0	6.0	7.0	8.0	9.0
0	1.000	1.000	1.000	0.999	0.999	0.998	0.997	0.996	0.995	0.994
10	0.992	0.991	0.989	0.987	0.985	0.983	0.981	0.978	0.976	0.973
20	0.970	0.967	0.963	0.960	0.957	0.953	0.950	0.946	0.943	0.939
30	0.936	0.932	0.929	0.925	0.922	0.918	0.914	0.910	0.906	0.903
40	0.899	0.895	0.891	0.887	0.882	0.878	0.874	0.870	0.865	0.861
50	0.856	0.852	0.847	0.842	0.838	0.833	0.828	0.823	0.818	0.813
60	0.807	0.802	0.797	0.791	0.786	0.780	0.774	0.769	0.763	0.757
70	0.751	0.745	0.739	0.732	0.726	0.720	0.714	0.707	0.701	0.694
80	0.688	0.681	0.675	0.668	0.661	0.655	0.648	0.641	0.635	0.628
90	0.621	0.614	0.608	0.601	0.594	0.588	0.581	0.575	0.568	0.561
100	0.555	0.549	0.542	0.536	0.529	0.523	0.517	0.511	0.505	0.499
110	0.493	0.487	0.481	0.475	0.470	0.464	0.458	0.453	0.447	0.442
120	0.437	0.432	0.426	0.421	0.416	0.411	0.406	0.402	0.397	0.392
130	0.387	0.383	0.378	0.374	0.370	0.365	0.361	0.357	0.353	0.349

续表

λ	0	1.0	2.0	3.0	4.0	5.0	6.0	7.0	8.0	9.0
140	0.345	0.341	0.337	0.333	0.329	0.326	0.322	0.318	0.315	0.311
150	0.308	0.304	0.301	0.298	0.265	0.291	0.288	0.285	0.282	0.279
160	0.276	0.273	0.270	0.267	0.265	0.262	0.259	0.256	0.254	0.251
170	0.249	0.246	0.244	0.241	0.239	0.236	0.234	0.232	0.229	0.227
180	0.225	0.223	0.220	0.218	0.216	0.214	0.212	0.210	0.208	0.206
190	0.204	0.202	0.200	0.198	0.197	0.195	0.193	0.191	0.190	0.188
200	0.186	0.184	0.183	0.181	0.180	0.178	0.176	0.175	0.173	0.172
210	0.170	0.169	0.167	0.166	0.165	0.163	0.162	0.160	0.159	0.158
220	0.156	0.155	0.154	0.153	0.151	0.150	0.149	0.148	0.146	0.145
230	0.144	0.143	0.142	0.141	0.140	0.138	0.137	0.136	0.135	0.134
240	0.133	0.132	0.131	0.130	0.129	0.128	0.127	0.126	0.125	0.124
250	0.123									

GB 50005—2017《木结构设计标准》按照树种的强度等级给出了由木制压杆的柔度 λ 计算其折扣系数 φ 的两组公式，例如，树种等级为 TC15、TC17 及 TB20 时：

$$\lambda \leqslant 75 \qquad \varphi = \frac{1}{1+\left(\frac{\lambda}{80}\right)^2} \tag{8.19a}$$

$$\lambda > 75 \qquad \varphi = \frac{3000}{\lambda^2} \tag{8.19b}$$

树种等级后的数字为树种的弯曲强度（单位为 MPa），在树种强度等级中，TC15 有红杉、云杉等；TC17 有柏木、东北落叶松；TB20 有栎木、桐木等。

3. 折扣系数法

与构件的强度计算不同，压杆的稳定计算不是从某一危险点，而是从压杆整体抗失稳的承载能力出发来考虑问题的。因此，不必寻找危险截面和危险点，只须将压杆最大工作荷载与稳定许可荷载相比较，即可完成稳定校核工作。

综上所述，压杆的稳定条件可表示为

$$\sigma = \frac{F}{A} < [\sigma]_{st} \tag{8.20}$$

将式（8.18）代入式（8.20），有

$$\sigma = \frac{F}{A} < \varphi[\sigma] \tag{8.21a}$$

通常改写为

$$\frac{F}{\varphi A} < [\sigma] \tag{8.21b}$$

式中：F 为压杆承受的轴向压力；A 为压杆的横截面面积，因为稳定计算是从压杆整体抗失稳的承载能力出发来考虑问题的，所以不必考虑由于钉孔等原因使局部截面削弱所产生的影响，而是以毛面积进行计算，但在强度计算中，应按局部被削弱的净面积进行计算；$[\sigma]$

为压杆材料的许用应力，按材料的抗压强度设计值取值。

用折扣系数法进行三类稳定问题的计算方法分别为：

(1) 稳定校核。已知压杆的材料、杆长、截面尺寸、杆端的约束条件及其承受的轴向压力。首先计算压杆柔度 λ，再根据截面的分类，由表 8.4 或表 8.5 查得 φ 值，代入式 (8.21) 进行稳定性校核。

(2) 设计截面。已知压杆的材料、杆长、杆端的约束条件及其承受的轴向压力，利用式 (8.21) 进行压杆截面尺寸的设计计算。由于柔度 λ 及折扣系数 φ 均与截面尺寸有关，所以通常采用试算法。

(3) 确定许可荷载。已知压杆材料的 $[\sigma]$、杆长、截面尺寸及杆端的约束条件，计算 A 和 λ，再查取 φ，代入式 (8.21) 求出压杆所能承受的最大轴向压力。

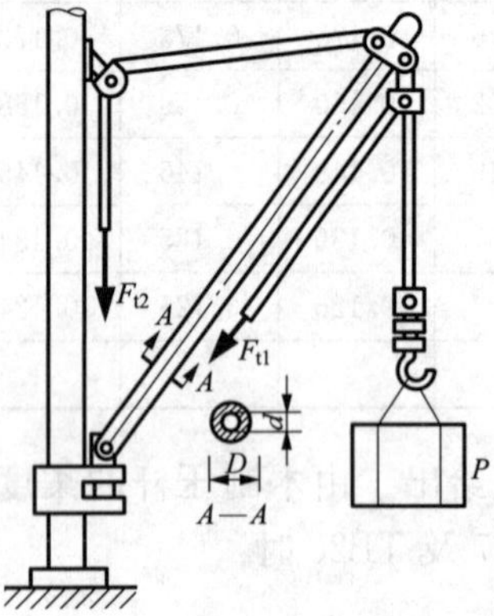

图 8.9

【例 8.5】 一根热轧普通钢管，长度 $l=5\text{m}$，外径 $D=160\text{mm}$，内径 $d=140\text{mm}$，其强度许用应力 $[\sigma]=120\text{MPa}$。现将该钢管用作起重机的扒杆，如图 8.9 所示。试计算钢管所能承受的许可压力。

解 (1) 压杆截面的几何量。钢管内径与外径之比为

$$\alpha=\frac{d}{D}=\frac{140\text{mm}}{160\text{mm}}=0.875$$

钢管截面的惯性半径为

$$i=\sqrt{\frac{I}{A}}=\sqrt{\frac{4\pi D^4(1-\alpha^4)}{64\pi D^2(1-\alpha^2)}}=\frac{D}{4}\sqrt{\frac{1-\alpha^4}{1-\alpha^2}}=\frac{160\text{mm}}{4}\sqrt{\frac{1-0.875^4}{1-0.875^2}}=53.15\text{mm}$$

(2) 压杆在纸平面内失稳的许用压力。若在图 8.9 所示纸平面内，扒杆在轴向压力作用下失稳，则杆的轴线将弯成半个正弦波，长度因数可取为 $\mu_1=1$。因此，其柔度为

$$\lambda_1=\frac{\mu_1 l}{i}=\frac{1\times5000\text{mm}}{53.15\text{mm}}=94$$

由表 8.3 可知，热轧普通钢管截面为 a 类，根据 $\lambda_1=94$，查表 8.4 可得折扣系数为

$$\varphi=0.684$$

可求得钢管能承受的许可压力为

$$[F]=\varphi[\sigma]A=0.684\times(120\text{N/mm}^2)\times\frac{\pi(160\text{mm})^2}{4}(1-0.875^2)=387\text{kN}$$

(3) 压杆在垂直纸面的平面内失稳的许可压力。扒杆的上端在垂直纸面的方向并无约束，则压杆在垂直纸面的平面内失稳时，可视为下端固定、上端自由，长度因数可取为 $\mu_2=2$。因此，其柔度为

$$\lambda_2=\frac{\mu_2 l}{i}=\frac{2\times5000\text{mm}}{53.15\text{mm}}=188$$

由表 8.3 可知，热轧普通钢管截面为 a 类，根据 $\lambda_2=188$，查表 8.4 可得折扣系数为

$$\varphi=0.224$$

可求得钢管能承受的许可压力为

$$[F]=\varphi[\sigma]A=0.224\times(120\text{N/mm}^2)\times\frac{\pi(160\text{mm})^2}{4}(1-0.875^2)=127\text{kN}$$

试通过扒杆屈曲受力分析说明，上述两个许可压力中哪一个更接近实际情况？

【例 8.6】 一机器连杆，材料为 Q235 钢，两端为柱形铰支承，力学简图如图 8.10（a）所示，承受最大轴向压力 $F_{max}=60kN$。若规定的稳定安全因数 $n_{st}=3.3$，试校核连杆的稳定性。

解 （1）计算压杆的柔度。由于柱形铰支承的特性，由图 8.10（b）、（c）可知，在 xOy 和 xOz 两正交平面内，计算长度和约束情况均不同，因此需要分别计算相应的柔度，以确定连杆失稳的平面。

在 xOy 平面［见图 8.10（b）］，两端视为铰支座，取 $\mu=1$，惯性半径 i_z 为

$$i_z=\sqrt{\frac{I_z}{A}}=\frac{h}{2\sqrt{3}}=\frac{45\text{mm}}{2\sqrt{3}}=12.99\text{mm}$$

柔度 λ_z 为

$$\lambda_z=\frac{\mu l_1}{i_z}=\frac{1\times 800\text{mm}}{12.99\text{mm}}=61.9$$

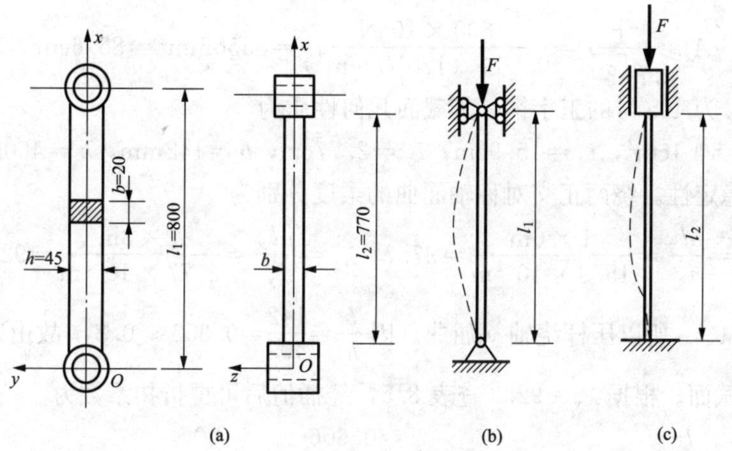

图 8.10

在 xOz 平面［见图 8.10（c）］，两端视为固定端，取 $\mu=0.5$，惯性半径 i_y 为

$$i_y=\sqrt{\frac{I_y}{A}}=\frac{h}{2\sqrt{3}}=\frac{20\text{mm}}{2\sqrt{3}}=5.77\text{mm}$$

柔度 λ_y 为

$$\lambda_y=\frac{\mu l_2}{i_y}=\frac{0.5\times 770\text{mm}}{5.77\text{mm}}=66.7$$

比较可得 $\lambda_y>\lambda_z$，连杆将在 xOz 平面内失稳（即绕轴 y 屈曲）。

（2）计算连杆的临界应力。对于 Q235 钢，$\lambda_p=100$，由于 $\lambda_y<\lambda_p$，连杆的临界应力可由式（8.14）和表 8.2 得到，即

$$\sigma_{cr}=304\text{MPa}-(1.12\text{MPa})(66.7)=229\text{MPa}$$

（3）校核连杆的稳定性

$$F_{cr}=\sigma_{cr}A=(229\times 10^6\text{Pa})(20\times 45\times 10^{-6}\text{m}^2)=206\times 10^3\text{N}=206\text{kN}$$

由式（8.17）得

$$n=\frac{F_{cr}}{F_{max}}=\frac{206kN}{60kN}=3.43>n_{st}=3.3$$

连杆的工作安全因数大于规定的稳定安全因数，故具有足够的稳定性。

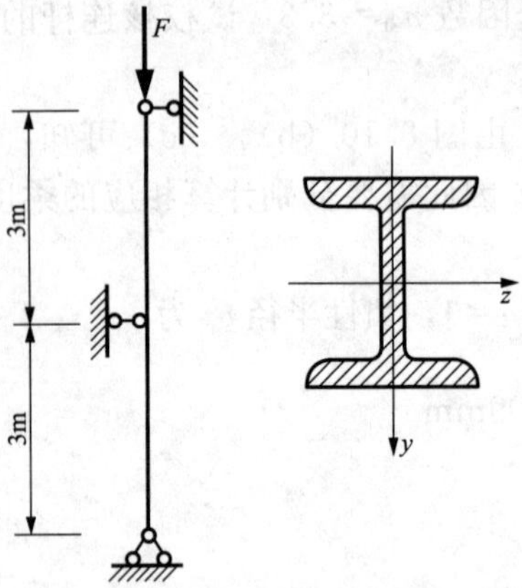

图 8.11

【例 8.7】 工字形截面的型钢压杆，其力学计算简图如图 8.11 所示，在压杆长度的中间截面处沿轴 z 方向有一横向支承。压杆材料为 Q235 钢，许用应力 $[\sigma]=170MPa$，轴向压力 $F=800kN$，试选择型钢的型号。

解 该例为截面设计问题，应采用试算法。

(1) 试选型钢的型号。先按稳定条件选择型钢的型号。在选择截面时，由于 $\lambda=\frac{\mu l}{i}$ 无法计算，相应的折扣系数 φ 无法确定，故只能先假设一个 φ 值进行计算。

先假设 $\varphi=0.55$，则由式（8.21a）可得

$$A\geqslant\frac{F}{\varphi[\sigma]}=\frac{800\times10^3N}{0.55\times(170N/mm^2)}=8556mm^2=85.6cm^2$$

由附录选择型号为 40a 号的工字钢，其截面几何性质为

$$A=86.1cm^2,\ i_z=15.9cm,\ i_y=2.77cm,\ b=142mm,\ h=400mm$$

(2) 校核稳定性。绕两正交对称轴屈曲的柔度分别为

$$\lambda_z=\frac{\mu l_z}{i_z}=\frac{1\times6m}{15.9\times10^{-2}m}=37.7,\ \lambda_y=\frac{\mu l_y}{i_y}=\frac{1\times3m}{2.77\times10^{-2}m}=92.3$$

由于 $\lambda_z<\lambda_y$，所以压杆绕轴 y 屈曲。因 $\frac{b}{h}=\frac{142}{400}=0.355<0.8$，故由表 8.3 可知，对于轴 y 属 b 类截面。根据 $\lambda_y=92.3$ 查表 8.5，经插值后可得折扣系数为

$$\varphi=0.606$$

由式（8.21b）校核压杆的稳定性

$$\frac{F}{\varphi A}=\frac{800\times10^3N}{0.606\times(86.1\times10^2mm^2)}=153MPa<[\sigma]=170MPa$$

虽然满足压杆稳定性条件，但显得过于富裕。

(3) 重选型钢，再校核稳定性。再假设 $\varphi=0.487$，则由式（8.21a）可得

$$A\geqslant\frac{F}{\varphi[\sigma]}=\frac{800\times10^3N}{0.487\times(170N/mm^2)}=9663mm^2=96.6cm^2$$

由附录选择型号为 40c 号的工字钢，其截面几何性质为

$$A=102.1cm^2,\ i_z=15.2cm,\ i_y=2.65cm,\ b=146mm,\ h=400mm$$

绕两正交对称轴屈曲的柔度分别为

$$\lambda_z=\frac{\mu l_z}{i_z}=\frac{1\times6m}{15.2\times10^{-2}m}=39.5,\ \lambda_y=\frac{\mu l_y}{i_y}=\frac{1\times3m}{2.65\times10^{-2}m}=113$$

由于 $\lambda_z<\lambda_y$，所以压杆绕轴 y 屈曲。因 $\frac{b}{h}=\frac{146}{400}=0.365<0.8$，故由表 8.3 可知，对于轴 y 属 b 类截面。根据 $\lambda_y=113$ 查表 8.5，可得折扣系数为

$$\varphi = 0.475$$

由式（8.21b）校核压杆的稳定性

$$\frac{F}{\varphi A} = \frac{800 \times 10^3 \mathrm{N}}{0.475 \times (102.1 \times 10^2 \mathrm{mm}^2)} = 165\mathrm{MPa} < [\sigma] = 170\mathrm{MPa}$$

满足压杆稳定性条件。显然，采用型号为 40c 号的工字钢比用 40a 号的工字钢更经济、更合理。

§8.5 提高压杆稳定性的措施

由以上各节的讨论可知，压杆的临界荷载与压杆的长度、支承情况、截面的形状及选用的材料等因素有关。因此，通过对上述诸方面的综合考虑，进行合理设计，就可以提高压杆的稳定性。

1. 减小柔度

对于一定材料制成的压杆，临界应力随柔度的减小而增加，柔度越小，稳定性越好。为了减小柔度，在可能的条件下可以从下列几方面考虑：

（1）改善支承情况。支承越接近固定端，μ 值就越小，压杆的临界荷载就越大，故采用 μ 值较小的支座形式，可以提高压杆的稳定性。

（2）减小压杆的长度。杆长 l 与柔度成正比，杆长越小，柔度越小，临界荷载就越高。对于图 8.12（a）所示两端铰支的杆，若在杆的中点增加一铰支座，以减小压杆的计算长度，如图 8.12（b）所示，则其挠曲线将由半个正弦波［见图 8.12（b）中虚线］变为一个正弦波，临界荷载将提高为原来的 4 倍。

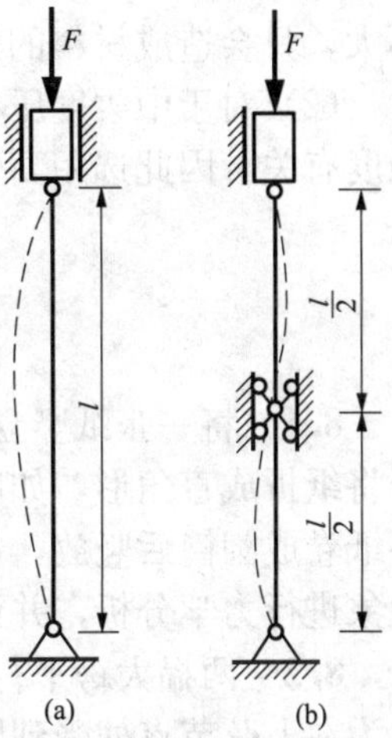

图 8.12

（3）选择合理的截面形状。当压杆两端在各弯曲平面内约束相同时，失稳总是发生在最小刚度平面内。因此当截面面积一定时，使 $I_y = I_z$，并且在可能的条件下，把材料放在离截面形心较远处，以获得较大的 I 值，从而提高压杆的临界荷载。例如，由四根角钢组成的起重臂，如图 8.13 所示，应将四根角钢分散安置在正方形截面的四角［见图 8.13（b）］，而不是集中地放置在截面形心的附近［见图 8.13（c）］。同理，由型钢组成的大型桁架中的压杆及建筑物中的钢结构柱，也都是将型钢分开安放，形成空心的正方形截面，如图 8.14 所示。当然，也不能无限制地增加环形截面的直径并减小其壁厚，这将引起局部失稳而发生局部皱褶。对于由型钢组成的组合压杆，也要用足够多和强的缀条或缀板把分开设置的型钢连接成一个整体，形成格构柱，如图 8.13 和

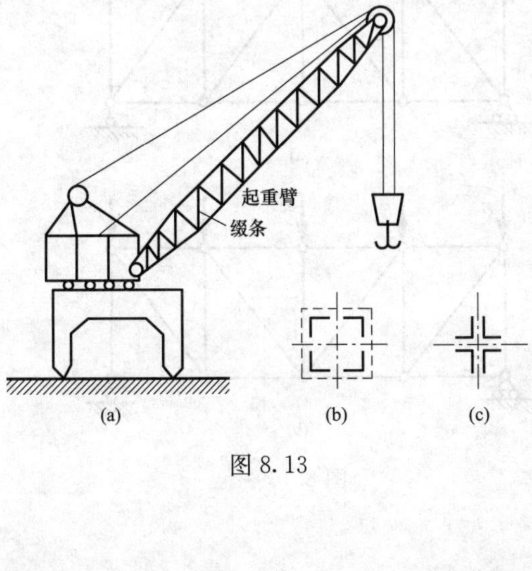

图 8.13

图 8.14 所示。否则，各型钢将变为单独的受压杆件，达不到预期的稳定性。

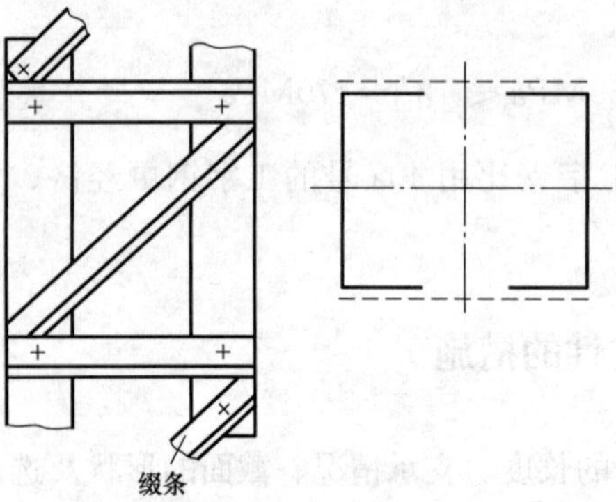

图 8.14

当压杆两端在两个正交弯曲平面内约束不同时，应使 $\lambda_y=\lambda_z$，这是压杆合理截面设计的原则。例如，［例 8.6］中机器的连杆，应使连杆截面在两个正交平面内的柔度接近相等，这样，连杆在两个正交的对称平面内可以有接近相等的稳定性。

2. 合理选择材料

(1) 对于大柔度压杆（$\lambda \geqslant \lambda_p$），临界应力 $\sigma_{cr}=\dfrac{\pi^2 E}{\lambda^2}$，可见临界应力与压杆材料的弹性模量 E 成正比，而与材料的强度指标（屈服极限和强度极限）无关。因此选择 E 值大的材料可以提高压杆抗失稳的能力。对于 E 值大致相同的合金钢和普通碳钢，若选用合金钢作细长压杆，意义不大，只会造成材料的浪费。

(2) 对于中柔度压杆（$\lambda_s < \lambda \leqslant \lambda_p$），由式（8.14）和表 8.2 可知，临界应力与材料的强度有关，因此选用高强度钢可以提高中柔度压杆的稳定性。

§8.6 工程应用实训

8.1 将一张纸竖立在桌上，如图 8.15（a）所示，其自重就足以使其弯曲而无法竖立。若将纸折成直角形，如图 8.15（b）所示，则自重就不能使其弯曲，而可以竖立在桌上。若将纸卷成圆筒后竖放，如图 8.15（c）所示，甚至在顶端加上小砝码也不会弯曲。试对上述现象进行力学分析，并说明原因。

8.2 两榀大跨平行弦桁架的计算简图，如图 8.16 所示。两桁架承受相同的荷载，可简化为在上弦节点处受到同样大小的铅垂集中荷载作用。已知这两榀桁架除了斜杆的布置不同以外，其他条件完全相同。试通过力学分析说明哪种桁架的设计比较合理。

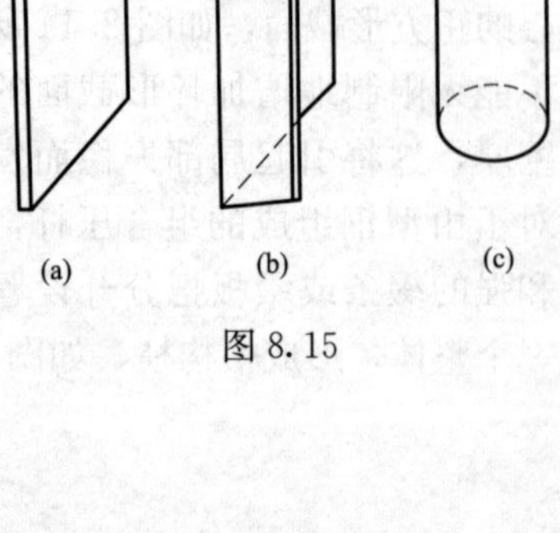

图 8.15

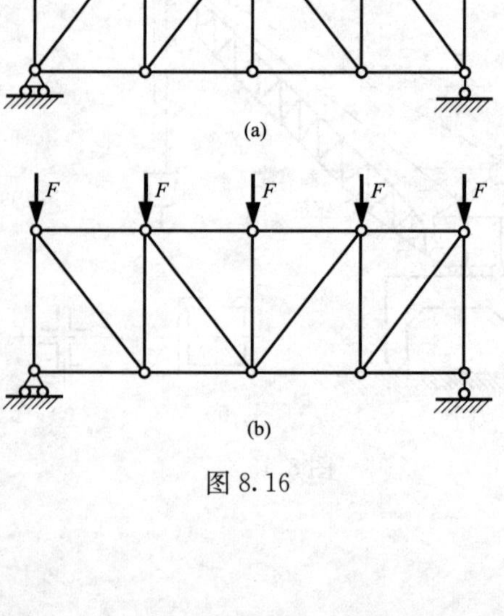

图 8.16

8.3 散料皮带运输机如图 8.17 所示，运输机桁架由单根等边角钢在节点焊接而成，可运输黄沙、碎石子等散料。在使用过程中发现，满载运行时，运输机悬臂末端鼓轮上下跳动，造成物料抛洒，影响正常运行。试：

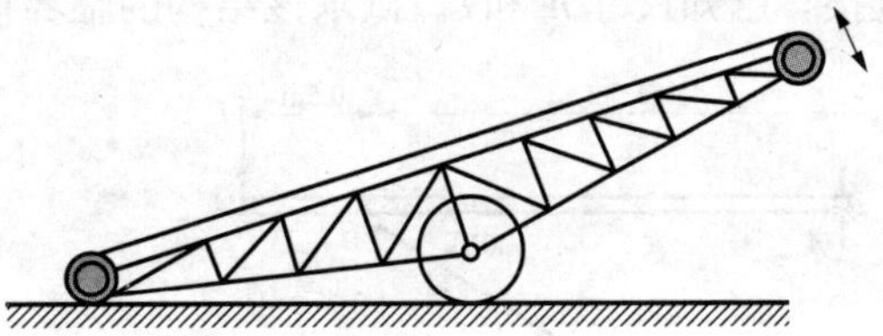

图 8.17

(1) 建立运输机钢桁架力学模型，画出计算简图，对荷载及尺寸进行符号标注。

(2) 通过力学分析，根据压杆稳定性的力学概念，找出运输机悬臂末端鼓轮上下跳动的主要原因。

(3) 运用压杆稳定性理论，设计改进加固方案，画出改进加固结构简图，并说明理由。

习 题

8.1 三根细长压杆如题 8.1 图所示，材料均为 Q235 钢，横截面均为圆形，且面积相同。试问哪一根杆能承受的压力最大？哪一根最小？

8.2 两材料均为铝合金的等截面直细长杆铰接，如题 8.2 图所示，承受集中荷载 F。已知铝合金的弹性模量 $E=70\text{GPa}$，两杆的横截面均为 50mm×50mm 的正方形。试求结构在本身平面内失稳时的临界荷载。

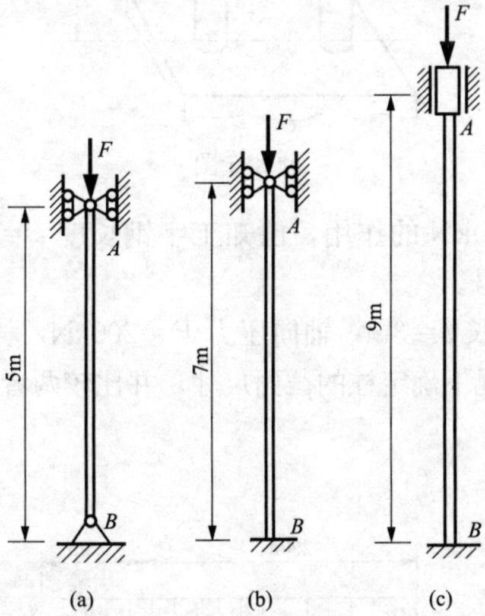

题 8.1 图

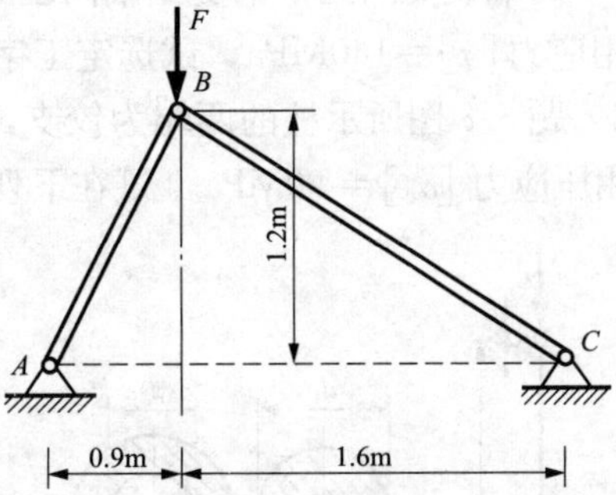

题 8.2 图

8.3 简易起重架如题 8.3 图所示，压杆 BD 为 20 号槽钢，材料为 Q235 钢，最大起重量 $F=40\text{kN}$。若材料的许用应力 $[\sigma]=160\text{MPa}$，试校核压杆的稳定性。

8.4 在题 8.4 图所示结构中，AB 为圆形截面杆，直径 $d=80\text{mm}$，一端固定，一端铰支；BC 为正方形截面杆，边长 $a=70\text{mm}$，两端均为球形铰接。已知两杆材料均为 Q235 钢，材料的许用应力 $[\sigma]=160\text{MPa}$，$l=3\text{m}$。试求结构所能承受的最大荷载 F。

8.5 题 8.5 图所示一刚性杆 AB，A 端铰支，C、D 处与两根抗弯刚度为 EI 的细长杆铰接，已知尺寸 h 和 l。试求该结构的临界荷载。

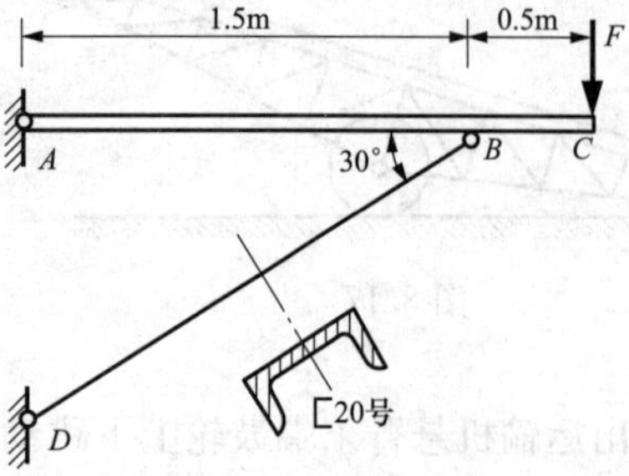

题 8.3 图

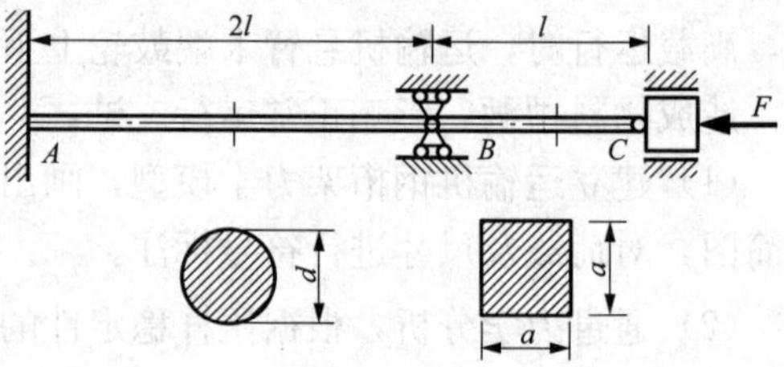

题 8.4 图

8.6 题 8.6 图所示由两根钢质圆形截面杆支承的水平平台。已知杆长度 l、直径 d，且两端均为刚性连接。在平台中点 C 处承受集中荷载 F，若可应用欧拉公式，试求其临界值。

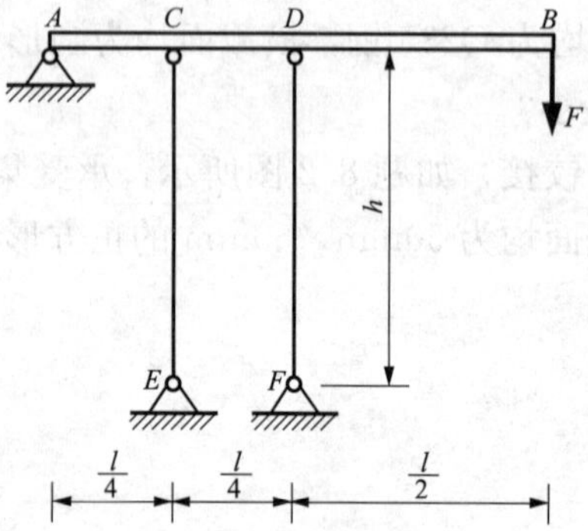

题 8.5 图

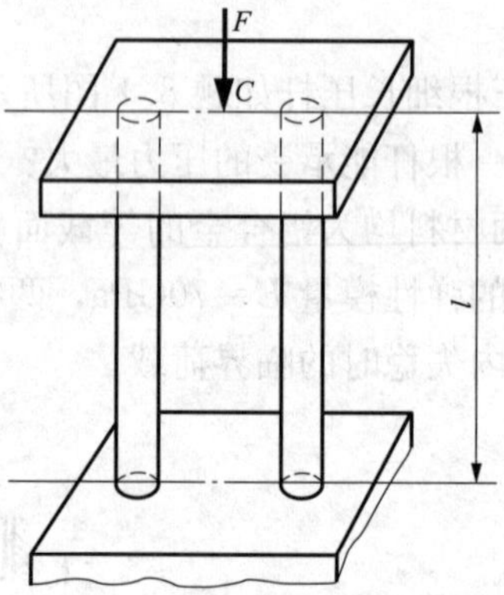

题 8.6 图

8.7 两端铰支的工字钢受到轴向压力 $F=400\text{kN}$ 的作用，已知工字钢长度 $l=3\text{m}$，材料的许用应力 $[\sigma]=160\text{MPa}$。试选定工字钢的型号。

8.8 题 8.8 图所示柱的两端为铰支，已知柱长 $l=3\text{m}$，轴向压力 $F=200\text{kN}$，材料为铸铁，许用压应力 $[\sigma_c]=90\text{MPa}$。试在下列两种情况下确定柱的截面尺寸，并比较两者的重量：

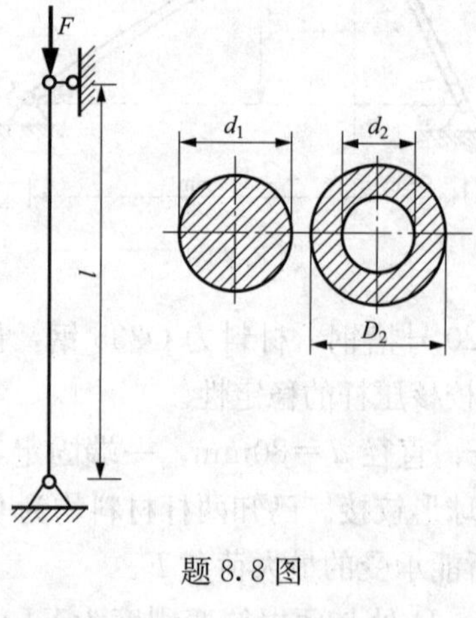

题 8.8 图

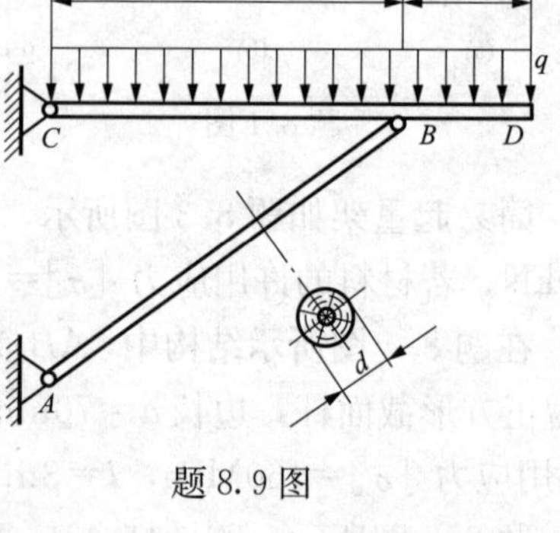

题 8.9 图

（1）截面为圆形，直径为 d_1。

（2）截面为圆环形，内外直径之比为 $\alpha=\dfrac{d_2}{D_2}=0.6$。

8.9　题 8.9 图所示支架结构的水平梁 CD 上作用有均布荷载 $q=50\text{kN/m}$，圆木柱 AB 的两端为铰支，材料是强度等级为 TC17 的东北落叶松，许用压应力 $[\sigma_c]=11\text{MPa}$。试求木柱 AB 的直径 d。

8.10　钢桁架如题 8.10 图所示，上部各节点处荷载 $F=30\text{kN}$，杆 CD 由两个等边角钢组成，并连接为一个整体，截面上有铆钉孔，直径 $d=23\text{mm}$，许用应力 $[\sigma]=160\text{MPa}$。试选择杆 CD 等边角钢的型号。

8.11　梁柱结构如题 8.11 图所示，其材料均为 Q235 钢，屈服极限 $\sigma_s=240\text{MPa}$，工字钢梁上均布载荷 $q=50\text{kN/m}$，立柱由两根 63mm×63mm×5mm 的等边角钢连接为一整体。试确定梁及柱的工作安全因数。

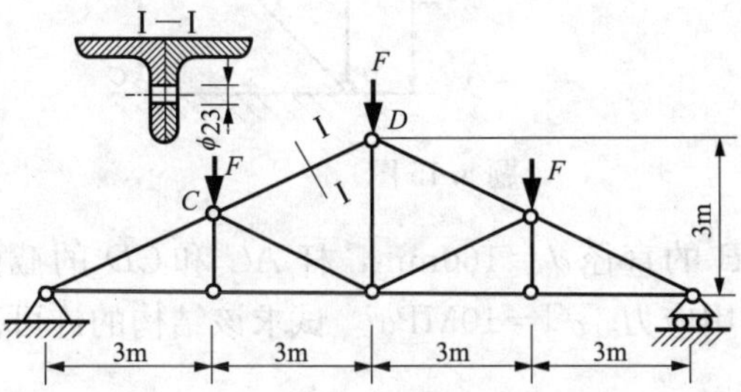

题 8.10 图

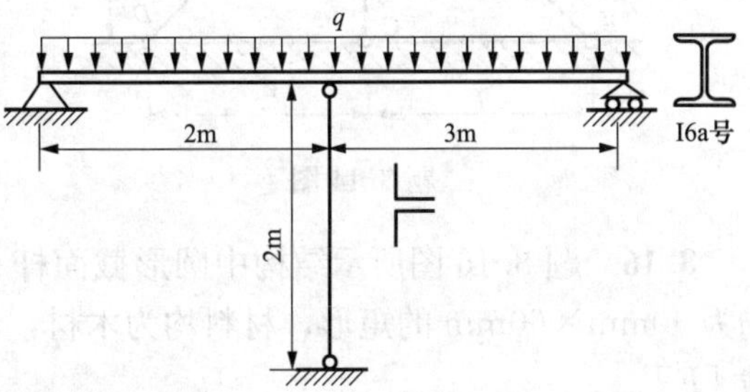

题 8.11 图

8.12　题 8.12 图所示正方形结构由六根圆形截面钢杆铰接而成，E 处两杆相互间无约束，每根杆的直径 $d=40\text{mm}$，尺寸 $a=1\text{m}$，材料为 Q235 钢，许用应力 $[\sigma]=160\text{MPa}$。试求该结构的许可荷载 $[F]$。

8.13　题 8.13 图所示结构中杆 CE 为铸铁圆形截面杆，直径 $d_1=100\text{mm}$，许用压应力 $[\sigma_c]=120\text{MPa}$，弹性模量 $E_1=120\text{GPa}$；杆 BG 为 Q235 钢圆形截面杆，直径 $d_2=50\text{mm}$，许用应力 $[\sigma]=160\text{MPa}$，弹性模量 $E_2=200\text{GPa}$。横梁 $ABCD$ 变形很小，可视为刚体。试求该结构的许可荷载 $[F]$。

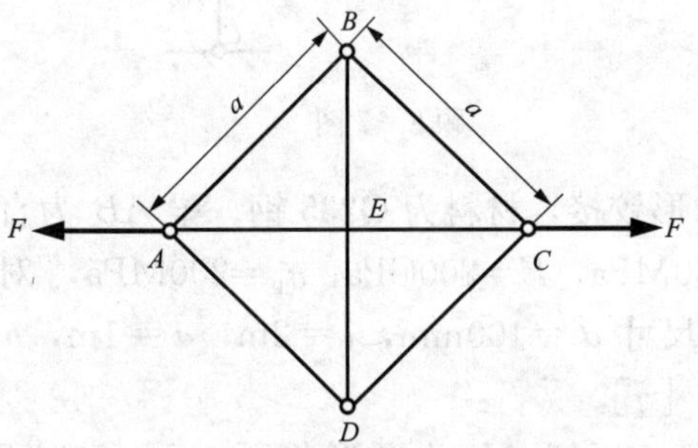

题 8.12 图

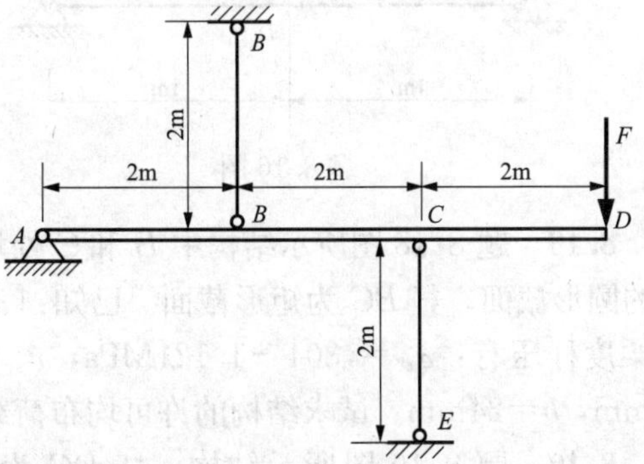

题 8.13 图

8.14　题 8.14 图所示平面结构为三杆铰接而成，其中三杆均为 16Mn 钢圆形截面杆，

直径均为 d，弹性模量为 E，尺寸 $l=26d$。对于细长压杆，可认为压杆的轴向压力达到临界值后，其承载能力在小变形情况下不能再提高。假设结构在自身平面内失稳。试求结构的临界荷载。

8.15 题 8.15 图所示结构中杆 AD 为铸铁圆形截面杆，直径 $d_1=60\text{mm}$，许用压应力 $[\sigma_c]=120\text{MPa}$；杆 BC 为 Q235 钢圆形截面杆，直径 $d_2=10\text{mm}$，许用应力 $[\sigma]=160\text{MPa}$，弹性模量 $E_2=200\text{GPa}$。横梁为 18 号工字钢，许用应力 $[\sigma]=160\text{MPa}$。试求该结构的许用均布荷载集度 $[q]$。

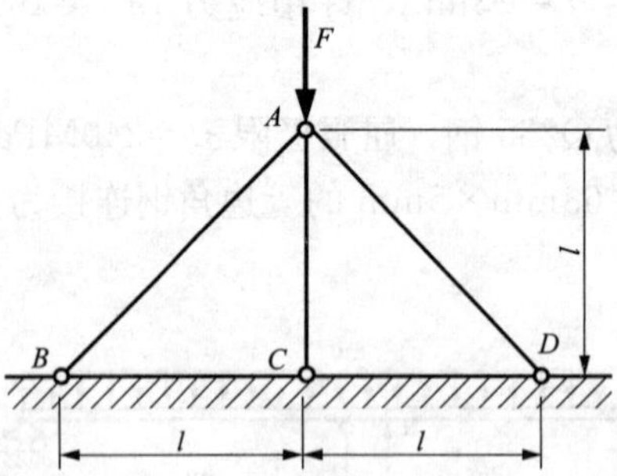

题 8.14 图

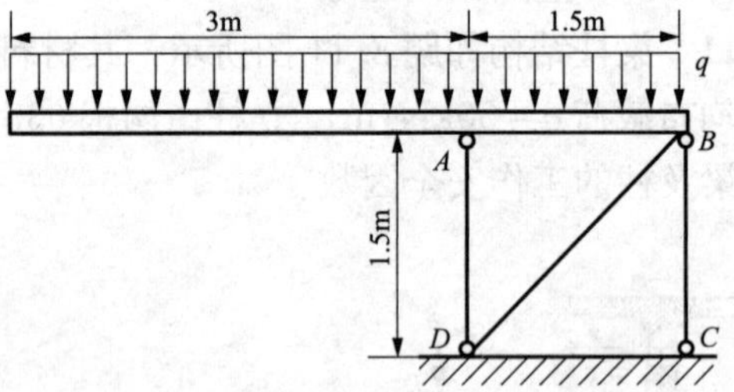

题 8.15 图

8.16 题 8.16 图所示结构中圆形截面杆 AB 的直径 $d=160\text{mm}$，杆 AC 和 CD 的截面均为 $40\text{mm}\times60\text{mm}$ 的矩形，材料均为木材，许用应力 $[\sigma]=10\text{MPa}$。试求该结构的许可荷载 $[F]$。

8.17 题 8.17 图所示梁 1 和细长杆 2 的抗弯刚度分别为 E_1I_1 和 E_2I_2，杆 2 的截面面积为 A_2，线膨胀系数为 α，梁的温度不变。若使杆 2 处于临界平衡状态，试求杆 2 需升高的温差。

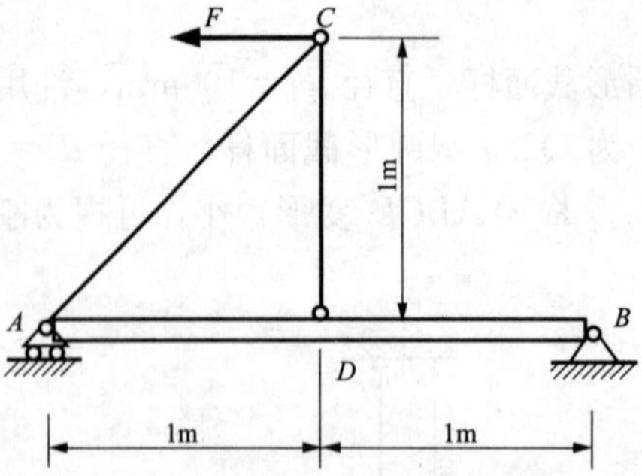

题 8.16 图

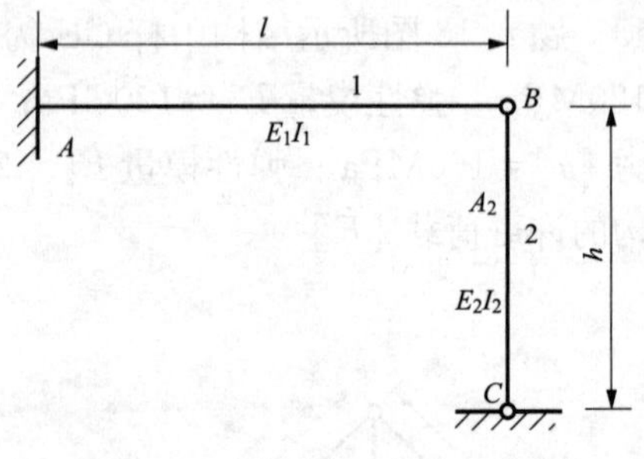

题 8.17 图

8.18 题 8.18 图所示结构中 B 和 C 处均为球形铰接，材料为 Q235 钢。梁 AB 为直径 d 的圆形截面，杆 BC 为矩形截面。已知：$[\sigma]=160\text{MPa}$，$E=200\text{GPa}$，$\sigma_p=200\text{MPa}$，对于中柔度杆压有：$\sigma_{cr}=304-1.12\lambda\text{MPa}$，$n_{st}=3$，尺寸 $d=100\text{mm}$，$l=2\text{m}$，$a=1\text{m}$，$h=48\text{mm}$，$b=24\text{mm}$。试求结构的许可均布荷载集度 $[q]$。

8.19 题 8.19 图所示结构，杆 DC 为刚性杆，压杆 AB 为圆形截面，$E=200\text{GPa}$，$\sigma_p=200\text{MPa}$。试求杆 AB 的临界应力，并根据杆 AB 的临界荷载的 1/5 确定起吊重量 P 的许可值。

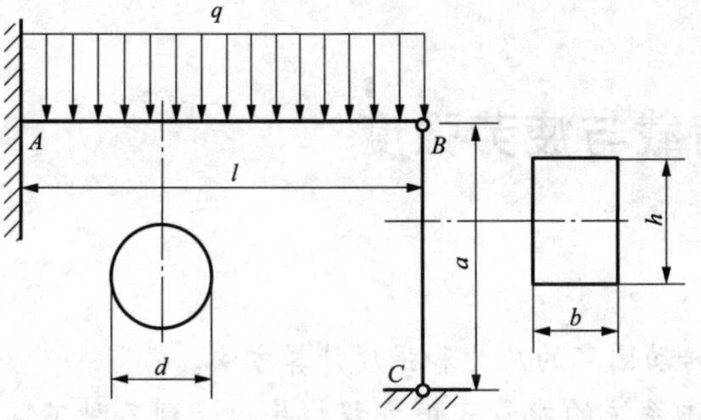

题 8.18 图

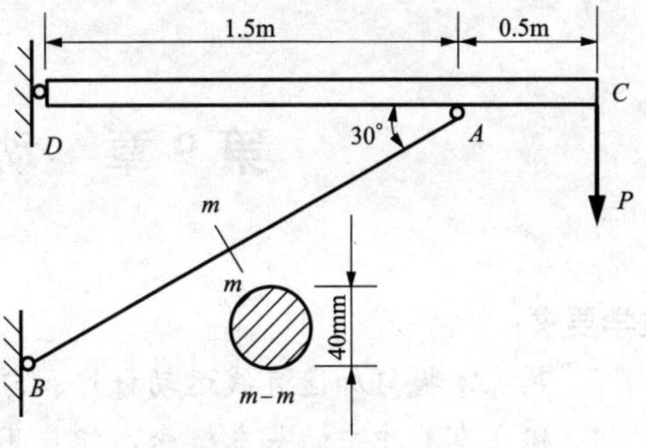

题 8.19 图

8.20 如题 8.20 图所示杆 1 和杆 2 的弹性模量 $E=200\text{GPa}$，临界应力直线公式 $\sigma_{cr}=304-1.12\lambda\text{MPa}$，$\lambda_p=99.3$，$\lambda_s=57$。杆 1 为边长等于 40mm 的正方形，杆 2 为直径等于 40mm 的圆形截面。杆 AB 为刚性杆，试求结构失稳时的最小外荷载 F 值。

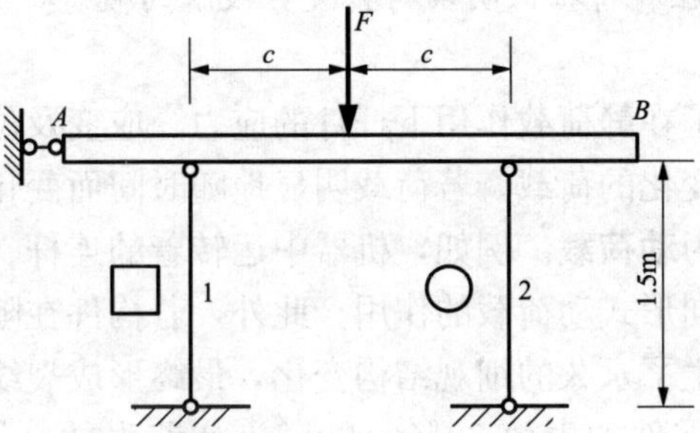

题 8.20 图

第 9 章 动荷载与疲劳强度

教学要求：

1. 熟练掌握匀加速直线运动杆件和匀速转动圆环的应力和强度计算方法。
2. 建立有关冲击的基本概念，能应用冲击系统的能量守恒方程推导出受到各种不同形式冲击时，杆件的动应力和动变形的计算公式。
3. 理解自由落体冲击应力和变形公式的推导过程，熟练掌握受自由落体冲击时，简单结构的动应力和动变形的计算方法。
4. 了解提高工程构件抗冲击能力的主要措施。
5. 了解疲劳失效的机理和特征，明确材料疲劳极限的概念，了解其测试原理及方法。

在前面各章中，讨论了在静荷载作用下杆件的应力、应变及位移的计算。**静荷载**是指缓慢加载至最终数值且不再变化的荷载。若荷载明显地随时间而变化，或者构件速度发生显著变化而产生的荷载，则称为**动荷载**。例如，机器中运转着的连杆、高速旋转的飞轮、锻压汽锤的锤杆，各自都受到不同形式动荷载的作用。此外，若构件在随时间而交替变化的交变应力作用下，在局部逐渐产生了永久的细观结构变化，最终形成裂纹或发生断裂而失效，称为**疲劳失效**。据统计，机械零件的失效 70%～90%为疲劳失效。例如，转轴、连杆、齿轮、弹簧、压力容器、海洋平台和汽轮机叶片等，主要失效方式都是疲劳。因此，疲劳强度计算无论在尖端工业部门，还是在一般工业部门均具有十分重要的意义。

本章首先讨论惯性力作用下构件的应力计算，然后介绍冲击荷载作用下构件的应力和变形的计算，最后简单介绍疲劳强度问题。

§9.1 匀加速直线运动构件的动应力

当构件做匀加速直线运动时，构件内各点将产生惯性力，根据达朗贝尔原理，在作用于构件的外力系上虚加上惯性力系，从而构成形式上的平衡力系，可采用平衡的方法计算构件的内力，然后进行应力分析和强度计算。

设等截面直杆以匀加速度 $\boldsymbol{a}$ 向上运动，如图 9.1（a）所示，杆长为 l，横截面面积为 A，密度为 ρ。用截面法求内力，研究截面 $m-m$ 以下部分［见图 9.1（b）］，轴力为 F_{Nd}。作用于这部分杆件上的重力和惯性力沿轴线均匀分布，其集度分别为 $q_{\mathrm{st}}=A\rho g$ 和 $q_{\mathrm{d}}=A\rho a$，方向均铅垂向下。由达朗贝尔原理可知，外力与惯性力构成形式上的平衡力系。由 $\sum F_x=0$，得

$$F_{\mathrm{Nd}}-(q_{\mathrm{st}}+q_{\mathrm{d}})x=0$$

$$F_{\mathrm{Nd}}=A\rho gx(1+a/g)$$

杆件截面上的动应力 σ_{d} 均匀分布，其值为

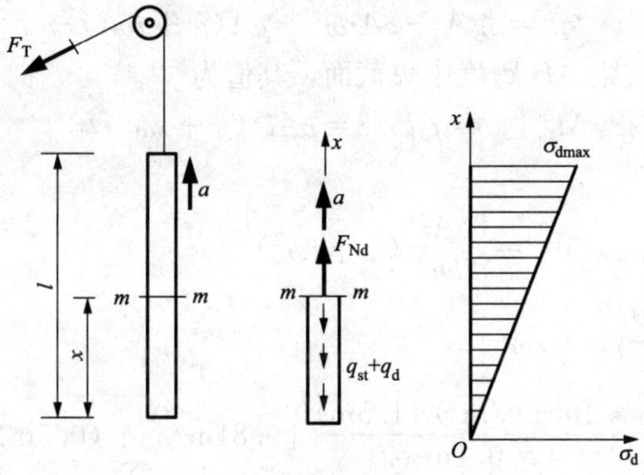

图 9.1

$$\sigma_d = F_{Nd}/A = \rho g x(1 + a/g) \tag{9.1}$$

当 $a=0$ 时，得到由重力产生的静应力 $\sigma_{st}=\rho g x$。令 $\sigma_d/\sigma_{st}=K_d$，称为**动荷载因数**，则有 $K_d = 1 + a/g$，可将式（9.1）写成

$$\sigma_d = K_d \sigma_{st} \tag{9.2}$$

即动应力等于静应力乘以动荷载因数。

由式（9.1）可知，σ_d 沿轴线按线性规律分布［见图 9.1（c)］，当 $x=l$ 时，最大拉应力 $\sigma_{d,\max}=\rho g l(1+a/g)=K_d\sigma_{st,\max}$。强度条件为

$$\sigma_{d,\max} = K_d \sigma_{st,\max} \leqslant [\sigma] \tag{9.3}$$

式中：$[\sigma]$ 是材料在静荷载作用下的许用应力。

为什么材料在静荷载下的许用应力 $[\sigma]$ 可用于做匀加速直线运动构件的动强度计算？

【例 9.1】 图 9.2 所示机车平行杆 AB，两端分别铰接于机车的两个车轮上，杆长 $l=1.5$m，车轮半径 $r=0.5$m，杆截面为矩形，宽 $b=45$mm，高 $h=100$mm，杆密度 $\rho=8000\text{kg/m}^3$，许用应力 $[\sigma]=160$MPa。机车匀速前进，车轮角速度 $\omega=40$rad/s。试校核杆 AB 的强度。

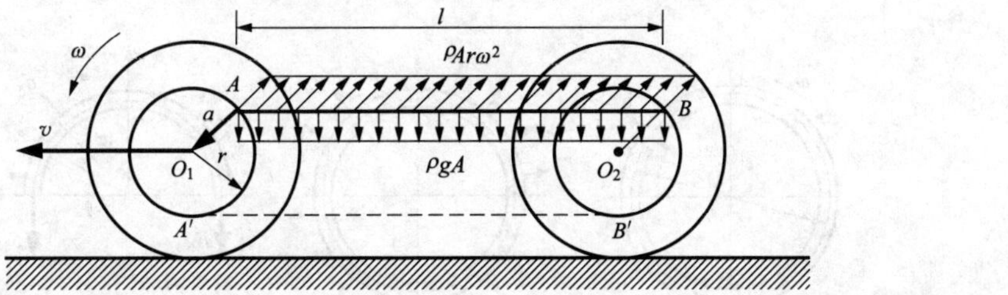

图 9.2

解　杆 AB 做平移，同一瞬时杆上各点加速度均等于点 A 的加速度。车轮匀速前进，点 O_1 加速度为零，且车轮角加速度为零。以 O_1 为基点，由平面运动刚体的加速度合成定理可知，点 A 的绝对加速度大小 $a_A=r\omega^2$，方向恒指向轮心 O_1。在杆上加集度为 $\rho A r\omega^2$ 的均布惯性力，方向与加速度相反。杆自重为方向向下的均布力，集度为 $\rho g A$。当杆在最低位置 $A'B'$ 时，得到最大的均布动荷载，集度为

$$q_d = \rho g A + \rho A r\omega^2 = \rho A(g + r\omega^2)$$

最大弯矩发生在简支梁 AB 跨度中央截面，其值为

$$M_{d,\ max} = q_d l^2/8 = \rho A l^2(g + r\omega^2)/8 \qquad (a)$$

此截面的最大正应力为

$$\begin{aligned}\sigma_{d,\ max} &= M_{d,\ max}/W_z = \frac{6\rho A l^2}{8bh^2}(g + r\omega^2) \\ &= \frac{3\rho l^2}{4h}(g + r\omega^2) \\ &= \frac{3(8\times10^3\ \mathrm{kg/m^3})(1.5\mathrm{m})^2}{4\times0.1\mathrm{m}}[9.81\mathrm{m/s^2} + (0.5\mathrm{m})(40\mathrm{s^{-1}})^2] \\ &= 109.3\mathrm{MPa} < [\sigma] = 160\mathrm{MPa}\end{aligned}$$

杆 AB 的强度足够。

在该例中，由于 $r\omega^2 \gg g$，强度计算时可忽略静荷载（杆自重）的影响。

在［例 9.1］中，能将杆 AB 上均布惯性力系简化为作用于杆中点的惯性力合力吗？为什么？

§9.2　匀速转动构件的动应力

匀速转动构件由于存在法向加速度，也会产生惯性力。以高速旋转圆环为例，设圆环以匀角速度 ω 绕过圆心并垂直于圆环平面的轴旋转［见图 9.3（a)］，由于是匀角速度转动，圆环内各点只有法向加速度。若圆环的平均直径 D 远大于厚度 δ，可近似认为圆环内各点加速度相等，均为 $D\omega^2/2$，若圆环径向截面面积为 A，密度为 ρ，则沿直径为 D 的圆周线均布的惯性力集度 $q_d = A\rho a_n = A\rho D\omega^2/2$，其方向与法向加速度方向相反，如图 9.3（b）所示。沿直径将圆环一分为二，研究上半部分，如图 9.3（c）所示，由 $\sum F_y = 0$ 得

$$-2F_{Nd} + \int_0^{\pi} q_d \sin\varphi \frac{D}{2}\mathrm{d}\varphi = 0$$

$$F_{Nd} = q_d D/2 = A\rho D^2\omega^2/4$$

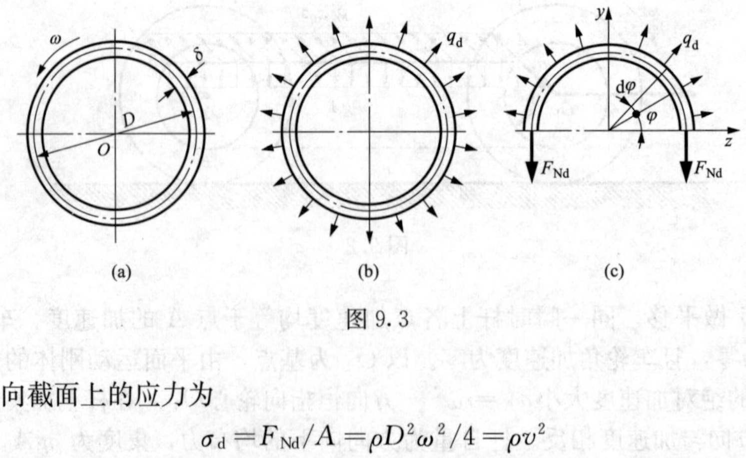

图 9.3

可求得圆环径向截面上的应力为

$$\sigma_d = F_{Nd}/A = \rho D^2\omega^2/4 = \rho v^2 \qquad (9.4)$$

式中：$v = D\omega/2$ 为圆环上各点的切向速度。

匀速旋转圆环的强度条件为

$$\sigma_d = \rho v^2 \leqslant [\sigma] \tag{9.5}$$

以上结果表明，圆环内动应力仅与 ρ 和 v 有关，而与径向截面面积 A 无关。因此，要保证高速旋转圆环有足够的动强度，应限制圆环的转速。增加径向截面面积 A，并不能提高圆环的动强度。

在转速不变的情况下，欲降低洗衣机甩干筒的筒壁动应力，在设计中可采取哪些措施，并与受内压薄壁圆筒的静强度问题作比较。

【例 9.2】 图 9.4 所示飞轮的转动惯量 $I_x = 0.5\text{kN}\cdot\text{m}\cdot\text{s}^2$，转速 $n = 100\text{r/min}$，轴的直径 $d = 100\text{mm}$，许用切应力 $[\tau] = 40\text{MPa}$。在轴另一端刹车后，使轴在 5s 内以匀减速停止转动，试校核该轴的强度。由于飞轮质量很大，轴的质量可略去不计。

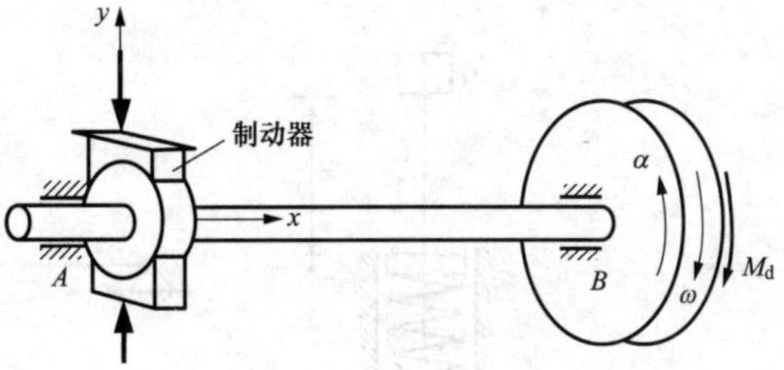

图 9.4

解　飞轮做匀减速运动，角加速度为

$$\alpha = -\frac{\omega}{t} = -\frac{2\pi \times 100\text{r/min}}{60 \times 50\text{s}} = -\frac{2\pi}{3}\text{rad/s}^2$$

负号表示 α 与 ω 转向相反，惯性力偶矩 M_d 与 α 转向相反，大小为

$$M_d = I_x \alpha = (0.5\text{kN}\cdot\text{m}\cdot\text{s}^2)(2\pi/3\text{rad/s}^2) = \pi/3\text{kN}\cdot\text{m}$$

由达朗贝尔原理可知，加上 M_d 后构成平衡力系。由截面法可求得转轴横截面上内力扭矩 $T_d = M_d$，最大扭转动应力为

$$\tau_{d,\max} = \frac{T_d}{W_p} = \frac{16M_d}{\pi d^3} = \frac{16(\pi \times 10^3\text{N}\cdot\text{m})}{3\pi\ (0.1\text{m})^3} = 5.3\text{MPa} < [\tau] = 40\text{MPa}$$

§9.3　受冲击构件的应力与变形

当物体以一定速度与构件发生碰撞时，构件在很短时间内使物体的速度变为零，使物体具有很大的负值加速度，这就是**冲击**现象。由于冲击荷载要比相关的静荷载大很多，因此工程设计应使构件避免或减轻冲击。而工程中的打桩和锤锻等却是利用了冲击的作用。

冲击时，受冲击构件在冲击处产生塑性变形，从而产生局部硬化，由于冲击力是在很短瞬时加在构件上的，因此并非整个构件都同时达到同一应力值，而是形成应力波，高速向构件内传播，并引起构件的暂时振动。此外，材料的力学性能也因冲击而有所改变，这使冲击问题的精确计算变得十分复杂。本节采用简化方法，先计算构件被冲击时的变形，再由变形求冲击应力。

假设冲击物的变形很小，可视为刚体；碰撞后冲击物附着于被冲物体上不反弹；被冲击物的质量较小可忽略不计，且冲击应力瞬间传播到受冲击物体各部分；同时不考虑冲击过程中其他次要能量损失。

由机械能守恒定律可知：在冲击过程中，冲击物所减小的动能 T 和势能 V 应等于被冲击物体所增加的应变能 $V_{\varepsilon d}$，即

$$T + V = V_{\varepsilon d} \tag{9.6}$$

式（9.6）为用能量法求解冲击问题的基本方程。由该方程可导出求解杆件各种形式的冲击问题的计算公式。

现以自由落体的冲击问题为例，说明求解冲击问题的思路和方法。

以弹簧代表一受冲击构件［见图 9.5（a)］，例如，受冲击的梁［见图 9.5（b)］或杆［见图 9.5（c)］或其他弹性构件均可简化为这样的力学模型，只不过其弹簧刚度系数不同而已。设重量为 G 的重物从距弹簧顶端为 h 的高度自由落下，两物体接触后附着为一体，经过位移 δ_d 后速度变为零。

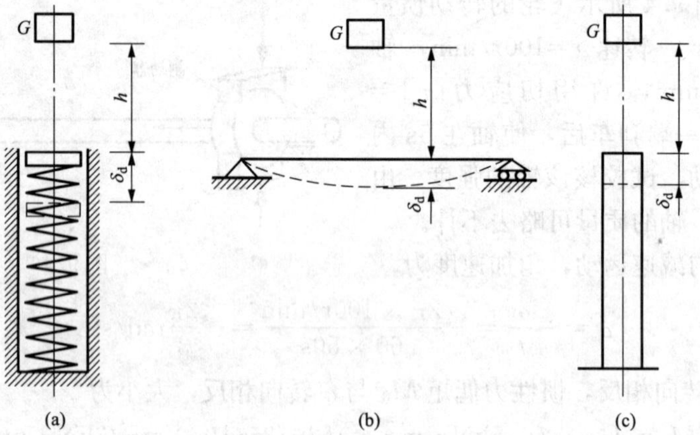

图 9.5

若取初状态为重物在高度 h 处，末状态为受冲击构件产生最大变形 δ_d 处，则重物减小的势能为

$$V=G(h+\delta_d) \tag{9.7}$$

冲击物的初速度和末速度均为零，所以其减小的动能为

$$T=0 \tag{9.8}$$

冲击过程中，弹簧受到的冲击荷载 F_d 和最大变形 δ_d 都是从零增加到最大值，在材料服从胡克定律的条件下，可得受冲击构件增加的变形能为

$$V_{\varepsilon d}=\frac{1}{2}F_d\delta_d \tag{9.9}$$

设重物 G 按静荷载方式作用于构件上，构件的静变形为 δ_{st}，静应力为 σ_{st}。在冲击荷载 F_d 的作用下，构件相应的变形和应力分别为 δ_d 和 σ_d。在线弹性范围内，荷载、变形和应力成正比，可得

$$\frac{F_d}{G}=\frac{\delta_d}{\delta_{st}}=\frac{\sigma_d}{\sigma_{st}}$$

所以

$$F_d=G\delta_d/\delta_{st} \tag{9.10}$$

$$\sigma_d=\sigma_{st}\delta_d/\delta_{st} \tag{9.11}$$

将式（9.10）代入式（9.9）后，与式（9.7）一起代入基本方程（9.6），得到

$$G(h+\delta_d)=\frac{1}{2}G\frac{\delta_d^2}{\delta_{st}}$$

化简后得

$$\delta_d^2-2\delta_{st}\delta_d-2h\delta_{st}=0 \tag{9.12}$$

为求 δ_d 的最大值，由式（9.12）求出的解中根号前应为正号，故有

$$\delta_d=\delta_{st}\left(1+\sqrt{1+\frac{2h}{\delta_{st}}}\right) \tag{9.13}$$

则**冲击动荷载因数** K_d 的表达式为

$$K_d=\frac{\delta_d}{\delta_{st}}=1+\sqrt{1+\frac{2h}{\delta_{st}}} \tag{9.14}$$

由式（9.10）、式（9.11）和式（9.13）可得

$$\left.\begin{aligned}\delta_d&=K_d\delta_{st}\\F_d&=K_dG\\\sigma_d&=K_d\sigma_{st}\end{aligned}\right\} \tag{9.15}$$

可见只要求出动荷载因数 K_d，然后乘以系统静荷载、静变形和静应力，即可求得冲击时的荷载、变形和应力。

$h=0$ 时的冲击荷载，称为**突加荷载**，这时 $K_d=2$，即在突加荷载情况下，应力与变形均为静荷载作用下的2倍。

必须指出，上述公式都是针对自由落体冲击情况导出的，不适用于其他冲击情况，但上述分析方法是适用于各种冲击形式的。在工程实际中，应根据具体问题，采用上述方法导出具体的计算公式。

试导出一端固定、一端自由水平放置的等截面弹性直杆，受到一重量为 G、速度为 v 的刚体水平冲击其自由端面时，直杆的最大变形 δ_d、冲击荷载 F_d 和冲击应力 σ_d 的计算公式。

构件受冲击作用时的强度条件为

$$\sigma_{d,\max}\leqslant[\sigma] \tag{9.16}$$

式中：$[\sigma]$ 为静荷载时的许用应力。可见，若采取措施降低最大动应力 $\sigma_{d,\max}$，就可以提高构件抗冲击的能力。

试讨论冲击强度条件式（9.16）的合理性。

【例9.3】 同样的两根钢梁受重量为 P 的重物的冲击，其中一根梁支承于刚性支座上，另一根梁支承于刚度系数 $k=10^5$N/m 的弹簧支座上，如图9.6所示。已知 $l=3$m，$h=0.05$m，$P=1$kN，$I=3.4\times10^{-5}$m^4，$W_z=3.09\times10^{-4}$m^3，$E=200$GPa，试比较两者的冲击应力。

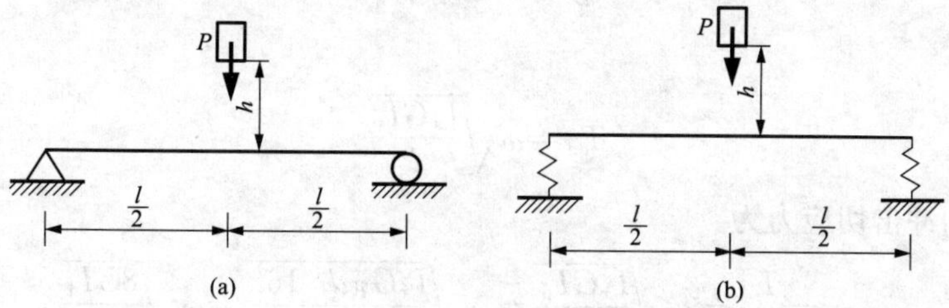

图9.6

解 对于刚性支承的梁

$$\delta_{st}=\frac{Pl^3}{48EI}=\frac{(1000\text{N})\ (3\text{m})^3}{48(200\times10^9\text{N/m}^2)(3.4\times10^{-5}\text{m}^4)}$$
$$=8.27\times10^{-5}\text{m}$$

$$K_d=1+\sqrt{1+\frac{2h}{\delta_{st}}}=1+\sqrt{1+\frac{2(0.05\text{m})}{8.27\times10^{-5}\text{m}}}=35.8$$

$$\sigma_{st}=\frac{Pl}{4W_z}=\frac{(1000\text{N})(3\text{m})}{4(3.09\times10^{-4}\text{m}^3)}=2.43\text{MPa}$$

$$\sigma_d=K_d\sigma_{st}=35.8(2.43\text{MPa})=87\text{MPa}$$

对于弹簧支承的梁

$$\delta_{st}=\frac{Pl^3}{48EI}+\frac{P}{2k}=8.27\times10^{-5}\text{m}+\frac{1000\text{N}}{2(10^5\text{N/m})}=5.08\times10^{-3}\text{m}$$

$$K_d=1+\sqrt{1+\frac{2(0.05\text{m})}{5.08\times10^{-3}\text{m}}}=5.55$$

$$\sigma_d=5.55(2.43\text{MPa})=13.5\text{MPa}$$

比较两根梁的计算结果可知，增加受冲击构件的静变形 δ_{st}，使其缓冲能力提高，降低了动荷载因数，从而使冲击应力降低了 84.5%。对于其他冲击问题，也可采用加缓冲弹簧的办法来提高构件抗冲击的能力。但应注意，增加 δ_{st} 时，应尽量避免增加静应力 σ_{st}，以达到降低动应力 $\sigma_d=K_d\sigma_{st}$ 的目的。

【例 9.4】 若［例 9.2］中轴上的制动器突然刹车，使轴的 A 端立即停止转动，试求轴内的最大动应力。已知制动器与飞轮的距离 $l=2\text{m}$，轴材料的切变模量 $G=80\text{GPa}$。

解 在刹车前，飞轮具有动能。当 A 端突然刹车停止转动后，轴受到飞轮的冲击，产生扭转变形，飞轮角速度很快降为零，其减少的动能为

$$T=\frac{1}{2}I_x\omega^2$$

在扭转冲击的过程中，轴所增加的扭转应变能为

$$V_{\varepsilon d}=\frac{1}{2}T_d\varphi_d=\frac{1}{2}T_d\frac{T_dl}{GI_p}=\frac{T_d^2l}{2GI_p}$$

式中：T_d 为冲击动扭矩。忽略其他能量损失可以认为，飞轮减少的动能全部转换为轴的扭转应变能，由式（9.6）有

$$\frac{1}{2}I_x\omega^2=\frac{T_d^2l}{2GI_p}$$

可求得

$$T_d=\omega\sqrt{\frac{I_xGI_p}{l}}$$

轴内最大的冲击切应力为

$$\tau_{d,\max}=\frac{T_d}{W_p}=\omega\sqrt{\frac{I_xGI_p}{lW_p^2}}=\omega\sqrt{\frac{I_xG\pi d^4\ 16^2}{32l\ (\pi d^3)^2}}=\omega\sqrt{\frac{8GI_x}{\pi ld^2}} \tag{a}$$

将已知数据代入式（a），可得

$$\tau_{\mathrm{d,\ max}}=\left(\frac{10\pi}{3}\mathrm{rad/s}\right)\sqrt{\frac{8(80\times10^{9}\mathrm{Pa})(0.5\times10^{3}\mathrm{N\cdot m\cdot s^{2}})}{\pi(2\mathrm{m})(100\times10^{-3}\mathrm{m})^{2}}}=747\times10^{6}\mathrm{Pa}=747\mathrm{MPa}$$

比较可知，该例中的动应力是［例 9.2］中动应力的 141 倍。这表明，对于安装有大飞轮的转轴，不能采取急刹车，否则会引起巨大的冲击应力，导致转轴产生动强度失效。当然，无缓冲的突然刹住实际是很难实现的，且应力在达到如此高的数值前早已屈服，以上计算只是为了说明冲击的危害性。

【例 9.5】 两根完全相同的悬臂梁，抗弯刚度均为 EI，两根梁在自由端有间隙 δ，如图 9.7 所示。重量为 P 的重物从高度 h 处自由落下冲击在梁的自由端，若两梁的变形均在弹性范围内，冲击物可视为刚体，在冲击过程中，两梁共同运动，其质量可忽略不计。试求重物对梁的最大冲击力。

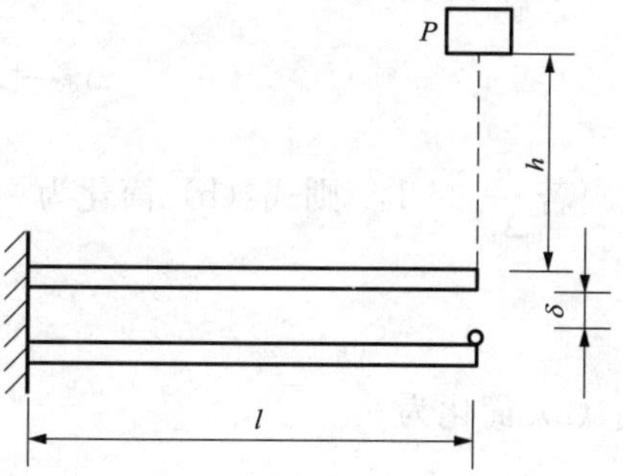

图 9.7

解 最大冲击力出现在梁端产生最大挠度 Δ_{d} 的瞬时，因为两梁共同运动，所以有 $\Delta_{\mathrm{d}}>\delta$。

取重物在高度 h 处为状态 1，系统的机械能为

$$T+V=P(h+\Delta_{\mathrm{d}})$$

取上梁自由端产生最大挠度 Δ_{d} 的瞬时为状态 2，此时下梁的最大挠度为 $\Delta_{\mathrm{d}}-\delta$，若以自由端挠度表示悬臂梁的应变能，则在状态 2 时，系统的机械能为

$$V_{\varepsilon}=\frac{1}{2}k\Delta_{\mathrm{d}}^{2}+\frac{1}{2}k\,(\Delta_{\mathrm{d}}-\delta)^{2}$$

式中：$k=\dfrac{3EI}{l^{3}}$ 为将梁看作弹簧时梁的弹簧刚度。

由冲击能量守恒方程，有

$$P(h+\Delta_{\mathrm{d}})=\frac{1}{2}k\Delta_{\mathrm{d}}^{2}+\frac{1}{2}k\,(\Delta_{\mathrm{d}}-\delta)^{2}$$

即

$$k\Delta_{\mathrm{d}}^{2}-(k\delta+P)\Delta_{\mathrm{d}}+\left(\frac{k\delta^{2}}{2}-Ph\right)=0$$

可解得

$$\Delta_{\mathrm{d}}=\frac{(k\delta+P)+\sqrt{(k\delta+P)^{2}-2k(k\delta^{2}-2Ph)}}{2k}$$

$$=\frac{1}{2}\left[\left(\delta+\frac{P}{k}\right)+\sqrt{\left(\delta+\frac{P}{k}\right)^{2}-2\left(\delta^{2}-2\frac{P}{k}h\right)}\right]\qquad\text{(a)}$$

当上梁出现最大挠度 Δ_{d} 时，上梁冲击点作用有最大冲击力 F_{d}。设此时两梁之间的相互作用力为 F，可写出下列物理关系式

$$F_{\mathrm{d}}-F=k\Delta_{\mathrm{d}},\ F=k(\Delta_{\mathrm{d}}-\delta)$$

由上述两式消去作用力 F，可得重物对梁的最大冲击力为

$$F_{\mathrm{d}}=k(2\Delta_{\mathrm{d}}-\delta)=P+\sqrt{(k\delta+P)^{2}-2k(k\delta^{2}-2Ph)}$$

在该例中，若 $\Delta_{\mathrm{d}}<\delta$，则只有上梁受到冲击，上梁冲击点承受静力 P 时的静挠度为

$\Delta_{st}=\dfrac{P}{k}$，根据自由落体冲击动挠度的计算公式，可得单梁冲击动挠度为

$$\Delta_{d1}=\Delta_{st}\left(1+\sqrt{1+\frac{2h}{\Delta_{st}}}\right) \tag{b}$$

当 $\delta\to 0$ 时，上、下梁的端部几乎接触。将式（a）中的 $\dfrac{P}{k}$ 换成 Δ_{st}，可得无限靠近两悬臂梁的冲击动挠度为

$$\Delta_{d2}=\Delta_{st}\cdot\frac{1}{2}\left(1+\sqrt{1+\frac{4h}{\Delta_{st}}}\right) \tag{c}$$

若 $\dfrac{h}{\Delta_{st}}\gg 1$，则式（b）简化为

$$\Delta_{d1}\approx\Delta_{st}\sqrt{\frac{2h}{\Delta_{st}}}$$

式（c）简化为

$$\Delta_{d2}\approx\Delta_{st}\sqrt{\frac{h}{\Delta_{st}}}$$

两者的比值为

$$\frac{\Delta_{d2}}{\Delta_{d1}}=\sqrt{\frac{h}{\Delta_{st}}\cdot\frac{\Delta_{st}}{2h}}=\frac{1}{\sqrt{2}}=0.707$$

上述结果表明，两梁同时承受冲击时的动变形，约为单梁承受冲击时的 70%。在实际中，有些大型卡车后轴的板弹簧就做成类似图 9.7 所示的形式，上梁为主弹簧，下梁为副弹簧。当卡车荷载增大时，副弹簧和主弹簧一起工作，可降低主弹簧的动应力。

§9.4 疲 劳 强 度

1. *疲劳失效过程及 σ-N 曲线*

一简支梁上安装了重量为 G 的电动机，电动机转动时产生的干扰力为 $F\sin\omega t$，梁产生受迫振动，如图 9.8（a）所示。梁跨度中央截面下边缘危险点处的拉应力在最大应力 σ_{max} 与最小应力 σ_{min} 之间随时间做周期性变化［见图 9.8（b）］称为循环应力。这种应力随时间变化的曲线，称为**应力谱**。应力每重复变化一次，称为一个**应力循环**，最小应力与最大应力之比称为**应力比或循环特征**，用 r 表示，即

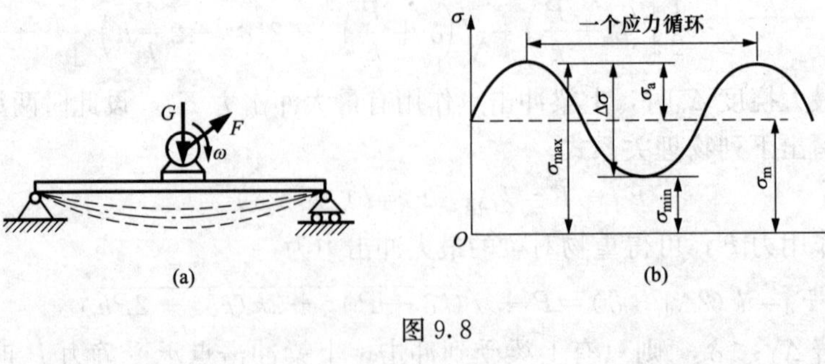

图 9.8

$$r=\frac{\sigma_{min}}{\sigma_{max}}(当|\sigma_{min}|\leqslant|\sigma_{max}|时)\quad 或\quad r=\frac{\sigma_{max}}{\sigma_{min}}(当|\sigma_{min}|\geqslant|\sigma_{max}|时)\tag{9.17}$$

在图 9.8（b）中，σ_m 称为应力循环中的平均应力，即

$$\sigma_m=(\sigma_{max}+\sigma_{min})/2\tag{9.18}$$

σ_a 称为应力循环中的**应力幅**，即

$$\sigma_a=(\sigma_{max}-\sigma_{min})/2\tag{9.19}$$

$\Delta\sigma$ 称为**应力范围**，即

$$\Delta\sigma=\sigma_{max}-\sigma_{min}\tag{9.20}$$

若有 $\sigma_{max}=-\sigma_{min}$，由上述各式可求得

$$r=-1,\quad \sigma_m=0,\quad \sigma_a=\sigma_{max},\quad \Delta\sigma=2\sigma_{max}$$

这种应力循环称为**对称循环**，其他则统称为**非对称循环**。非对称循环的平均应力不为零，且任一非对称循环都可看成静应力 σ_m 和应力幅 σ_a 的对称循环叠加的结果。$r=0$ 时，称为**脉动循环**，$r=1$ 时，为静应力情形。

金属疲劳失效通常可分为疲劳裂纹萌生、疲劳裂纹扩展和瞬时断裂三个阶段。

（1）疲劳裂纹萌生。疲劳裂纹常在金属构件表面开始形成，这是因为构件表面处应力通常最大，在交变应力的作用下，构件表面的应力集中区或冶金缺陷处，有可能产生微观的疲劳裂纹。

由于晶粒的取向不同及存在各种宏观或微观缺陷，每个晶粒的强度在相同的受力方向上是各不相同的。当构件应力水平较低时，整体金属还处于弹性状态，而个别薄弱晶粒已进入塑性应变状态。这些首先屈服的晶粒，可以看成是应力集中区。在循环荷载的作用下，该弱晶粒出现应变硬化，形成微观裂纹。

（2）疲劳裂纹扩展。在循环荷载的作用下，裂纹继续扩展，到达一定深度后，裂纹扩展速度和深度逐渐增大。

（3）瞬时断裂。经过一定数量的应力循环后，承受荷载的横截面面积不断减小，最终导致瞬时脆性断裂。

构件的疲劳断口可分成三个区域，与疲劳裂纹的形成、扩展和瞬时断裂三个阶段相对应，分别称为疲劳源区、疲劳扩展区和瞬时断裂区，如图 9.9 所示。在裂纹形成后，裂纹的两侧面在循环应力下时而分开、时而压紧，不断反复，形成表面平滑而呈现出贝壳似光泽的扩展区。而突然脆性断裂则形成了粗糙颗粒状的瞬时断裂区。

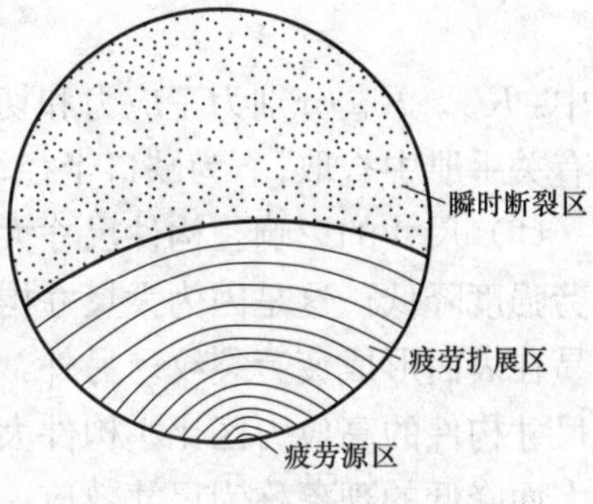

图 9.9

简述疲劳失效的主要特征。

材料在循环应力下的疲劳强度可用疲劳试验来测定，例如，材料在对称弯曲循环时的疲劳强度可按 GB/T 4337—2015《金属材料　疲劳试验　旋转弯曲方法》测定。光滑小试样疲劳破坏时所经历的应力循环次数 N，称为材料的**疲劳寿命**。通过测定一组承受不同应力的试样寿命，以应力 σ 为纵坐标，以疲劳寿命 N 为横坐标，可绘出材料在循环应力下的 σ-N 曲线。绘于双对数坐标系中的 σ-N 曲线，可近似看作由一条斜直线和一条水平线组成（见图 9.10），两直线交点的横坐标值称为**循环基数**，用 N_0 表示无限寿命的最小循环数。两直线交点的纵坐标就是对称循环下材料的**疲劳极限**，记作 σ_{-1}，即材料可经历无限次对称

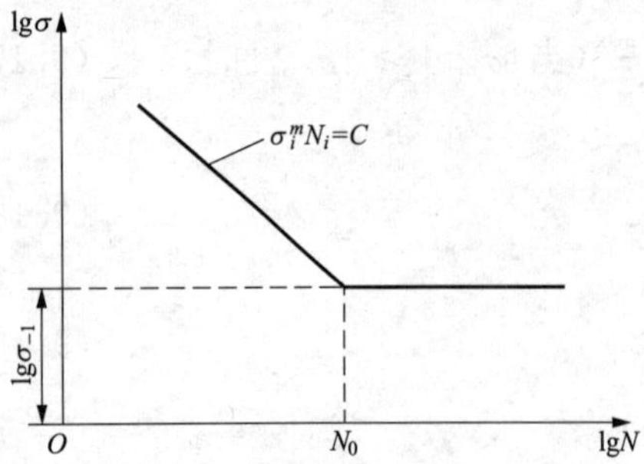

图 9.10

循环而不发生疲劳破坏的最大应力，又称为**持久极限**。按 σ_{-1} 进行疲劳强度设计，称为无限寿命设计。σ-N 曲线上的斜直线方程 $\sigma_i^m N_i = C$，其中 C 和 m 为材料常数。给定一个 N_i，在斜直线上就有对应的一个最大应力 σ_i，称为疲劳寿命为 N_i 时材料的条件疲劳极限。按条件疲劳极限进行疲劳强度设计，称为有限寿命设计。

2. 影响构件疲劳强度的因素

实际构件的疲劳极限不但与材料有关，而且还受构件形状、尺寸大小、表面质量等因素的影响。因此，用光滑小试样测定的材料的疲劳极限 σ_{-1} 并不能代表实际构件的疲劳极限。下面讨论影响构件疲劳极限的几个主要因素。

（1）应力集中的影响。构件截面的突然变化，例如，构件上有槽、孔、缺口、轴肩等，将引起应力集中。在应力集中的局部区域更易形成疲劳裂纹，使构件的疲劳强度显著降低，可用**有效应力集中因数** K_σ 来表征，为无应力集中光滑试样疲劳极限 σ_{-1} 与有应力集中试样的疲劳极限 $(\sigma_{-1})_K$ 之比，即

$$K_\sigma = \frac{\sigma_{-1}}{(\sigma_{-1})_K} \tag{9.21}$$

有效应力集中系数不仅与构件形状有关，而且与材料的性质有关，即与强度极限 σ_b 有关，可由式（9.22）计算

$$K_\sigma = 1 + \frac{K_{t\sigma} - 1}{1 + a/r} \tag{9.22a}$$

$$K_\tau = 1 + \frac{K_{t\tau} - 1}{1 + 0.6a/r} \tag{9.22b}$$

$$\{a\}_{\text{mm}} = 0.0254\left(\frac{2068}{\{\sigma_b\}_{\text{MPa}}}\right)^{1.8}$$

式中：$K_{t\sigma}$、$K_{t\tau}$ 分别为正应力和切应力的**理论应力集中因数**，可由构件形状尺寸和受力方式从有关手册中查取；r 为缺口半径；a 为材料常数；σ_b 为强度极限。

（2）尺寸的影响。构件尺寸大小对其疲劳强度影响很大。一般来说，构件尺寸增大时其疲劳强度降低。这是因为大尺寸构件的表面积和体积较大，所包含的缺陷比小尺寸构件多，更易在表面形成疲劳裂纹。另外，若构件截面上应力为线性分布，且表面最大应力相同，则大尺寸构件的高应力区比小构件大，形成疲劳裂纹的可能性更大。这种疲劳强度随构件尺寸增大而降低的现象称为尺寸效应，可用**尺寸因数** ε 来表征，是尺寸为 d 的构件的疲劳极限 $(\sigma_{-1})_d$ 与几何相似的标准尺寸试样的疲劳极限 σ_{-1} 之比，即

$$\varepsilon = (\sigma_{-1})_d / \sigma_{-1} \tag{9.23}$$

通常用式（9.24）计算

$$\varepsilon = (d/d_0)^{-0.102} \tag{9.24}$$

式中：d 为构件的直径或截面尺寸；d_0 为与构件几何相似的标准试样的直径。对于中低强度钢，标准试样的直径 d_0 为 9.5mm；对于高强度钢，d_0 为 7.5mm 或 6mm。

（3）表面质量的影响。标准试样的表面一般经过磨削加工，而实际构件的表面质量因加工方法的不同多种多样，所以在构件设计中需考虑表面质量或加工方法对疲劳极限的影响，

通常用**表面质量因数** β 来表示，是具有某种加工表面的试样的疲劳极限 $(\sigma_{-1})_\beta$ 与表面磨光标准试样的疲劳极限 σ_{-1} 的比值，即

$$\beta=\frac{(\sigma_{-1})_\beta}{\sigma_{-1}} \tag{9.25}$$

综合考虑上述三种因素，在对称循环下，构件的持久极限应为

$$\sigma_{-1}^{0}=\frac{\varepsilon\beta}{K_\sigma}\sigma_{-1} \tag{9.26}$$

3. 提高构件疲劳强度的措施

在不改变构件的基本尺寸和材料的前提下，可采用减缓应力集中程度和改善表面质量的方法，提高构件的疲劳强度。

(1) 减缓应力集中。应力集中是疲劳破坏的重要原因，应避免在构件表面设计带尖角的孔或槽，应适当加大截面突变处的过渡圆角，以减缓应力集中，从而显著提高构件的疲劳强度。

(2) 改善表面质量。由于最大应力常发生于构件表面，所以疲劳裂纹通常从构件表面开始形成和扩展。因此，通过机械或化学的方法改善构件表面质量，可大大提高构件的疲劳强度。

为了强化构件的表面层，可采用热处理和化学处理的方法，如表面高频淬火、渗碳、渗氮和氰化等；也可采用机械的方法，如表面滚压和喷丸等。这些表面处理方法一方面可使构件表层的材料强度提高；另一方面可以在构件表层中产生残余压应力，减小易产生裂纹的表面拉应力，抑制疲劳裂纹的形成和扩展，从而提高构件的疲劳强度。

§9.5　工程应用实训

9.1　蹦极运动吸引了许多敢于冒险、想体验刺激的年轻人前来挑战。从几十米高空纵身跳下，伴随着刺耳的尖叫声，的确惊险刺激！从力学角度来看，蹦极运动是典型的自由落体冲击问题。蹦极者可视为冲击物，弹性绳索为被冲击物，蹦极过程中，蹦极者初始重力势能转换为绳索最大弹性变形能。由于弹性绳索变形量很大，起到了很好的缓冲作用。

(1) 试建立蹦极运动的力学模型，画出计算简图，标注尺寸及荷载符号，导出绳索最大动伸长量的表达式。

(2) 若跳台至水面的高度为 50m，弹性绳索垂直悬挂的原长为 20m，蹦极者下落最低点至水面的最小安全距离为 3m，试分别计算 60kg 重的成人、30kg 重的小孩、120kg 重的胖子进行蹦极时，满足最小安全距离条件下，绳索所需的弹性常数。

(3) 从力学角度来看，要确保蹦极运动的安全，需要注意哪些问题？

习　题

9.1　题 9.1 图所示一根 20a 号槽钢用绳子吊着，并以 1.8m/s 的等速度下降。如下降的速度在 0.2s 的时间内均匀地减为 0.6m/s，试求槽钢内由于弯曲而产生的最大正应力。

9.2　题 9.2 图所示起重机 A 的重量为 20kN，装在由两根 32a 号工字钢组成的梁上。今用绳索吊起重物 60kN，并在第 1s 内以等加速上升 2.5m，若需要考虑梁的自重，试求绳内所受拉力及梁内最大正应力。

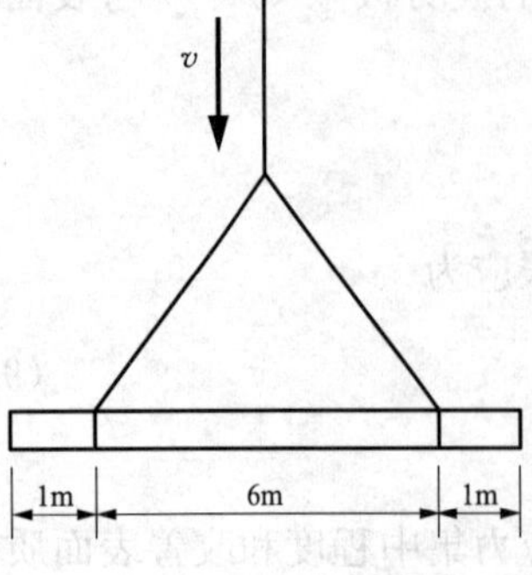

题 9.1 图

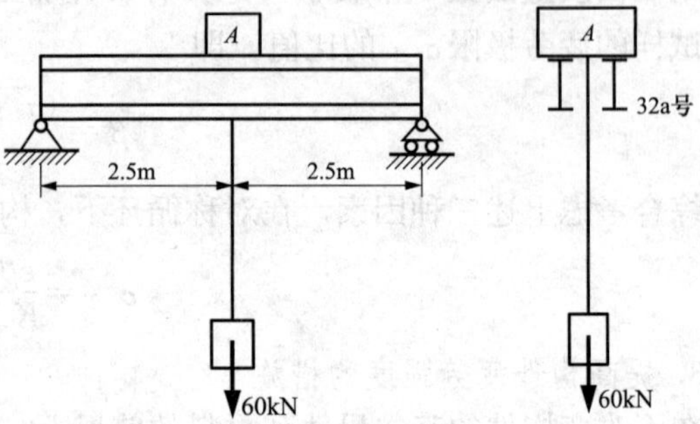

题 9.2 图

9.3 题 9.3 图所示钢轴 AB，其直径为 80mm，轴上连有一直径为 80mm 的钢质圆形截面杆 CD。若轴 AB 以匀角速度 $\omega=40\text{rad/s}$ 旋转，材料的许用应力 $[\sigma]=70\text{MPa}$，密度 $\rho=7960\text{kg/m}^3$，试校核轴 AB 及杆 CD 的强度。

9.4 有一重量为 W 的钢球装在长 l 的转臂 OB 的端部，以匀角速度 ω 在光滑水平面上绕 O 旋转，如题 9.4 图所示。若已知转臂横截面面积 A、自重 W_1、弹性模量 E，试求转臂的伸长量 Δl。

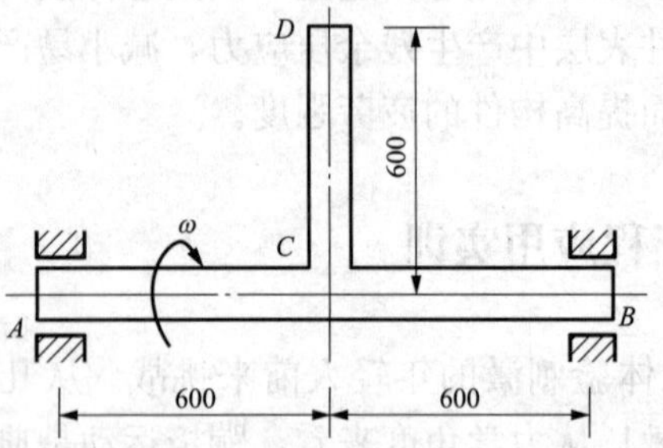

题 9.3 图

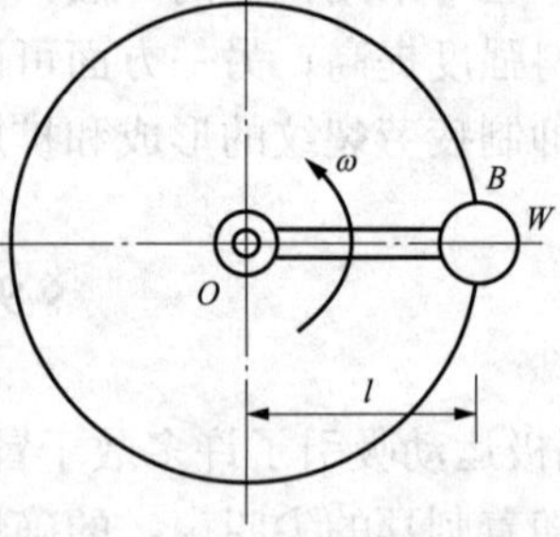

题 9.4 图

9.5 题 9.5 图所示钢轴上装有一钢质圆盘，盘上有一圆孔，若盘和轴一起以 40rad/s 的匀角速度旋转，试求轴内由于圆孔引起的最大正应力。

9.6 题 9.6 图所示重量为 W 的重物以水平速度 v 冲在直杆上，已知材料的弹性模量 E。试求点 A 的最大水平位移和杆内的最大正应力。

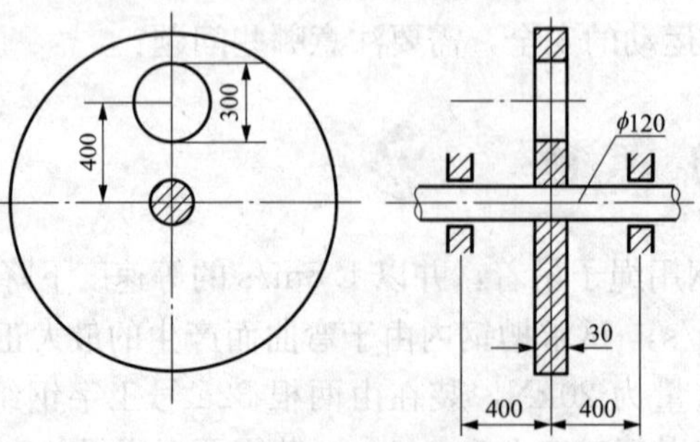

题 9.5 图

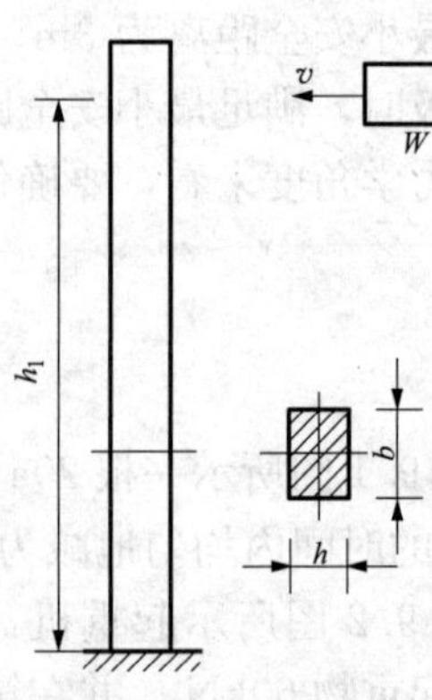

题 9.6 图

9.7　重量为 W 的重物自高度 h 下落在题 9.7 图所示的梁上，设梁的弹性模量 E、惯性矩 I 及抗弯截面系数 W_z 为已知，试求冲击时梁内的最大正应力及梁中间截面的挠度。

9.8　重量为 W 的重物自由下落在题 9.8 图所示的刚架上，设刚架的弹性模量 E、惯性矩 I 及抗弯截面系数 W_z 为已知，若不计轴力的影响，试求冲击时刚架内的最大正应力。

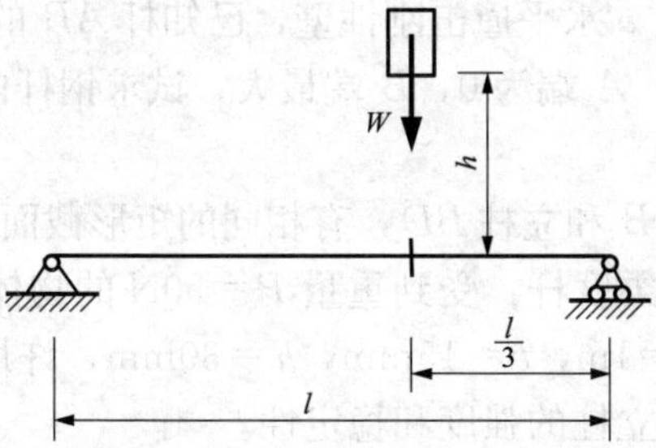

题 9.7 图

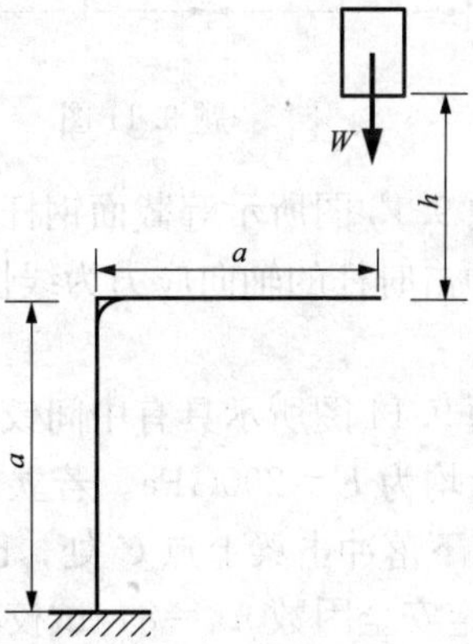

题 9.8 图

9.9　题 9.9 图所示重物 W 从高度 h_1 处自由下落到钢质曲拐上，试按第三强度理论写出危险点处的相当应力。

9.10　题 9.10 图所示钢索的一端挂有重量 $W=50\text{kN}$ 的重物，另一端绕在绞车的鼓轮上，重物以匀速 $v=1.6\text{m/s}$ 下降。在绞车突然刹住的瞬时，钢索在重物与铰车之间的长度 $l=240\text{mm}$，钢索的横截面面积 $A=1000\text{mm}^2$，试计算钢索内的最大正应力，不计钢索的自重。

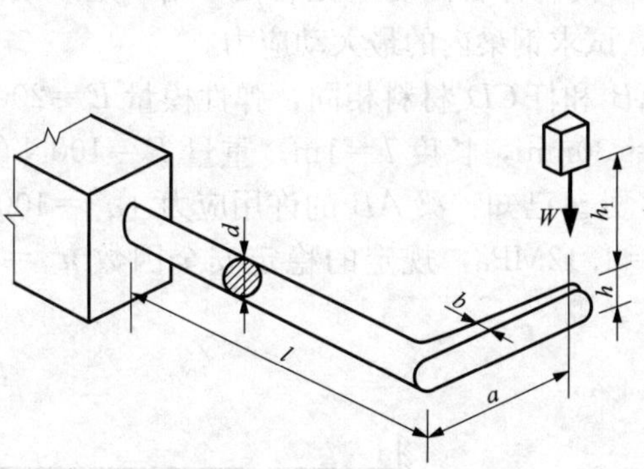

题 9.9 图

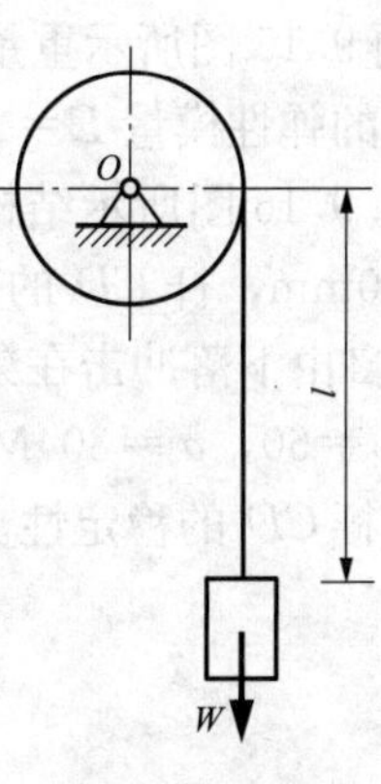

题 9.10 图

9.11　题 9.11 图所示宽为 b、高为 h 的矩形截面组合梁 ABC 在梁 BC 的中点受到重量为 P 的物体自由落体冲击，已知材料的弹性模量 E，试求梁内最大动应力。

9.12　已知题 9.12 图所示等截面刚架的横截面面积 A，抗弯刚度 EI，抗弯截面系数为 W_z，若只计弯矩对变形的影响，但考虑轴力对应力的影响，试求重量为 P 的物体自高度 h 自由下落冲击在刚架截面 C 处时，刚架内最大的冲击压应力。

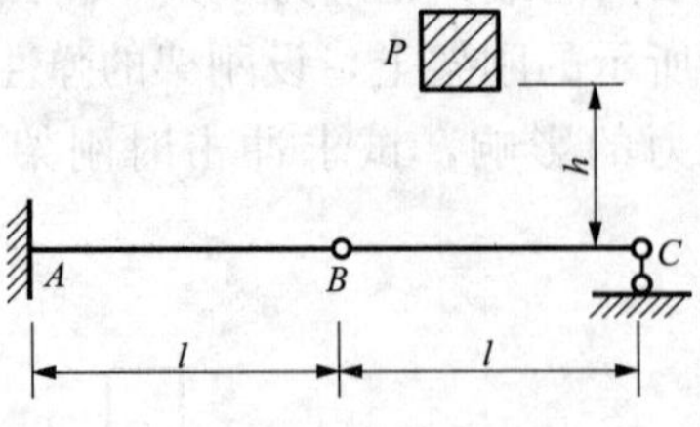

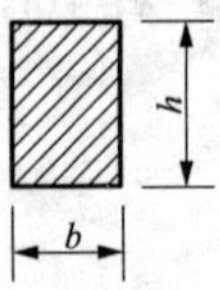

题 9.11 图

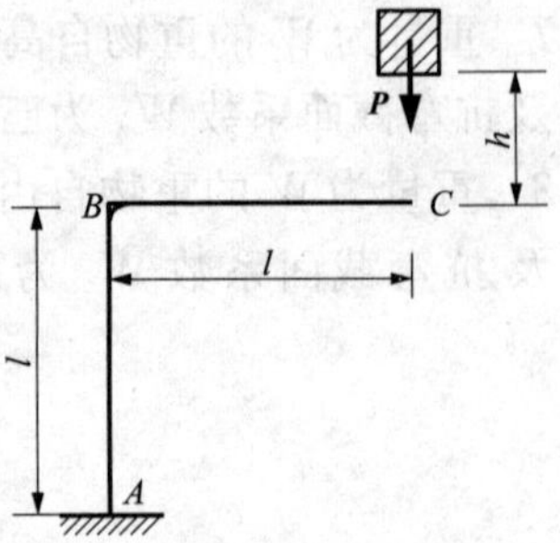

题 9.12 图

9.13　题 9.13 图所示等截面钢杆以速度 v 水平撞击刚性壁，已知杆 AB 的弹性模量 E、密度 ρ 。若冲击时杆的轴向应力为线性变化，A 端为 0，B 端最大，试求钢杆内最大轴向动应力。

9.14　题 9.14 图所示具有中间铰的梁 AB 和立柱 BD，有相同的矩形截面 ($b\times h$)，材料的弹性模量均为 $E=200\text{GPa}$。若立柱为大柔度杆，受到重量 $P=50\text{N}$ 的物体自高度 $H=10\text{mm}$ 处自由下落冲击梁上点 C 处，已知 $l=1\text{m}$，$b=15\text{mm}$，$h=30\text{mm}$，许用应力 $[\sigma]=160\text{MPa}$，稳定安全因数 $n_{st}=8$，试校核梁和立柱的强度和稳定性。

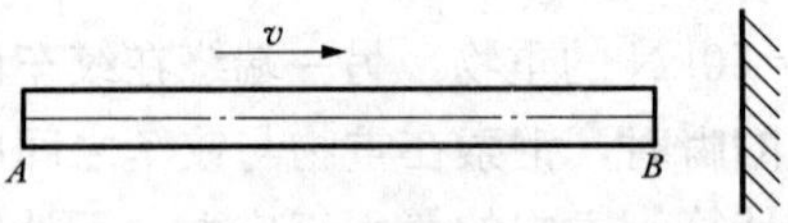

题 9.13 图

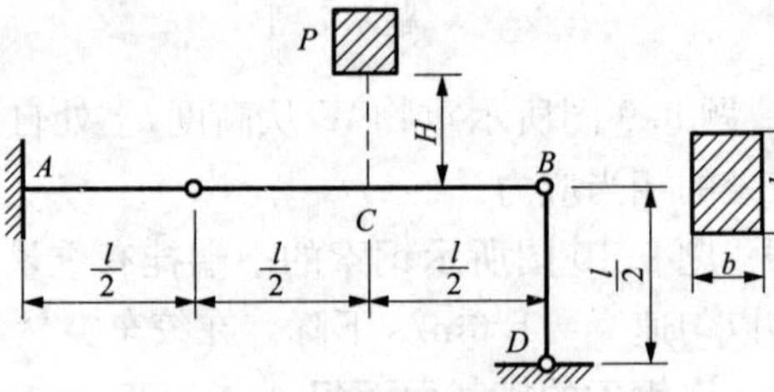

题 9.14 图

9.15　题 9.15 图所示重量 $P=1\text{kN}$ 的物体自高度 h 处自由下落，矩形截面钢梁的长度 $l=5\text{m}$，材料的弹性模量 $E=208\text{GPa}$，试求钢梁内的最大动应力。

9.16　题 9.16 图所示结构，梁 AB 和杆 CD 材料相同，弹性模量 $E=200\text{GPa}$，梁 AB 的直径 $d_1=60\text{mm}$，杆 CD 的直径 $d_2=30\text{mm}$，长度 $l=1\text{m}$。重量 $P=100\text{N}$ 的重物自高度 $h=20\text{mm}$ 处自由下落冲击在梁截面 B 处。已知：梁 AB 的许用应力 $[\sigma]=100\text{MPa}$；杆 CD 的 $\lambda_1=99$，$\lambda_2=60$，$a=304\text{MPa}$，$b=1.12\text{MPa}$，规定的稳定安全因数 $n_{st}=5$。试校核梁 AB 的强度和杆 CD 的稳定性。

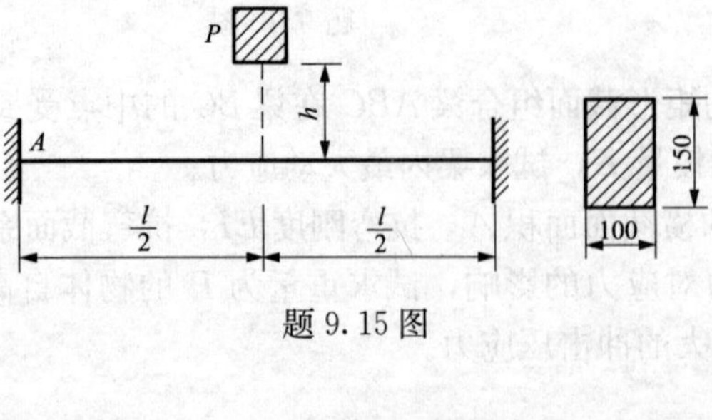

题 9.15 图

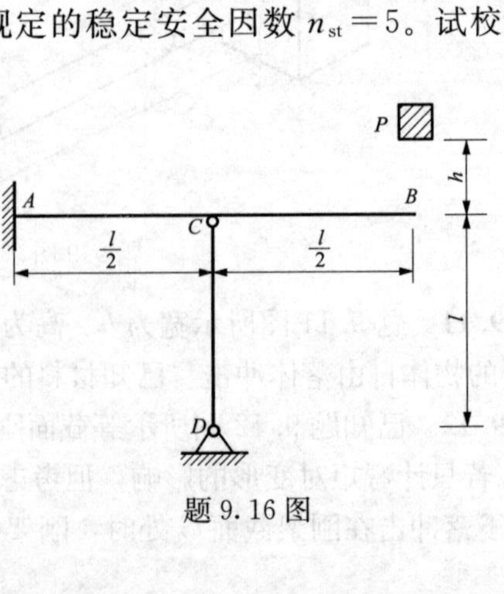

题 9.16 图

9.17　题 9.17 图所示矩形截面尺寸为 $b \times h$ 的铝合金简支梁，跨度中央增加一弹簧刚度为 k 的弹簧支座，重量为 P 的重物自高度 H 处自由下落，冲击在梁中部截面 C 处，已知铝合金的弹性模量 E。试求冲击时梁内最大的动应力。

9.18　题 9.18 图所示重量为 P 的物体，以速度 v 水平冲击到直角刚架的截面 C 处。已知等截面刚架为圆形截面杆，直径均为 d，材料的弹性模量为 E，其余尺寸如题 9.18 图所示。试求刚架的最大动应力。

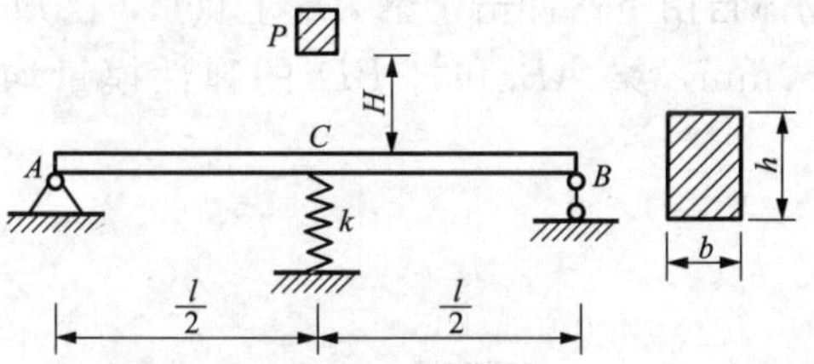

题 9.17 图

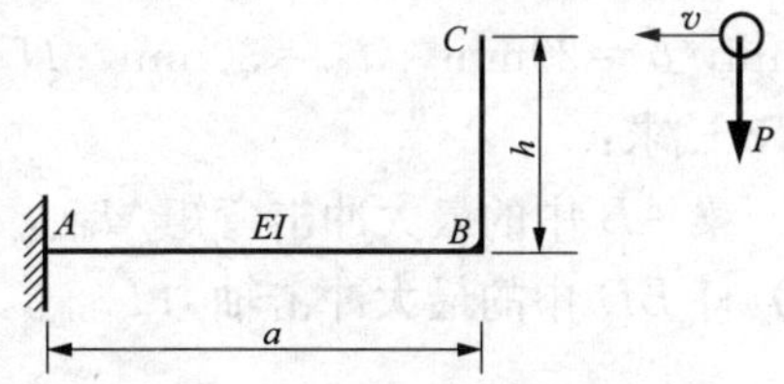

题 9.18 图

9.19　题 9.19 图所示等截面折杆在点 B 受到重量 $P=1.5\text{kN}$ 的自由落体的冲击，已知折杆的尺寸，抗弯刚度 $EI=5\times10^4\text{N}\cdot\text{m}^2$，试求点 D 在冲击荷载作用下的位移。

9.20　题 9.20 图所示重量为 P 的物体自高度 H 处自由下落，冲击在外伸梁跨度 AB 的中点上，已知梁的长度尺寸 l，矩形截面尺寸 $b \times h$，材料的弹性模量 E，试求梁截面 C 的最大动挠度。

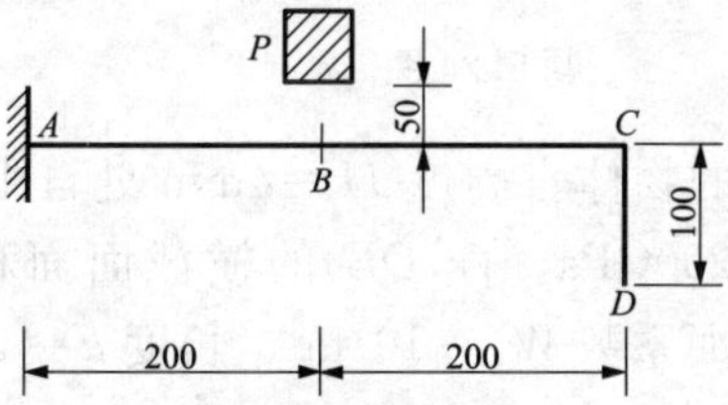

题 9.19 图

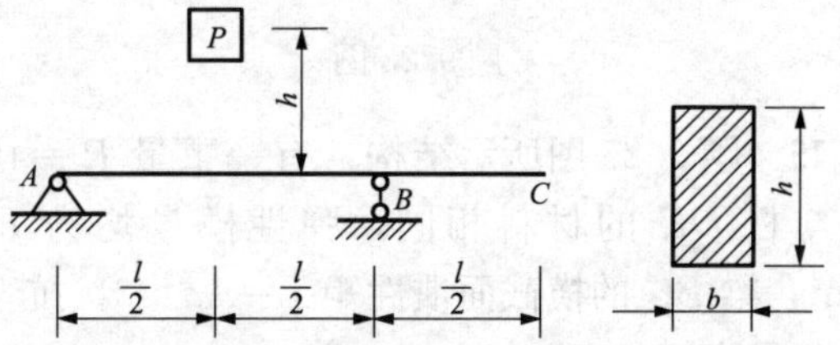

题 9.20 图

9.21　题 9.21 图所示杆端 B 与支座 C 之间的间隙为 Δ，杆的抗弯刚度 EI 为常量，质量为 m 的物体沿水平方向冲击杆上点 D，欲使杆端 B 刚好与支座 C 接触，试求冲击物的速度 v_0。

9.22　题 9.22 图所示重量为 P 的物体自由下落冲击于简支梁上点 C，已知梁的跨度 l，抗弯刚度 EI，冲击高度 h，试求：

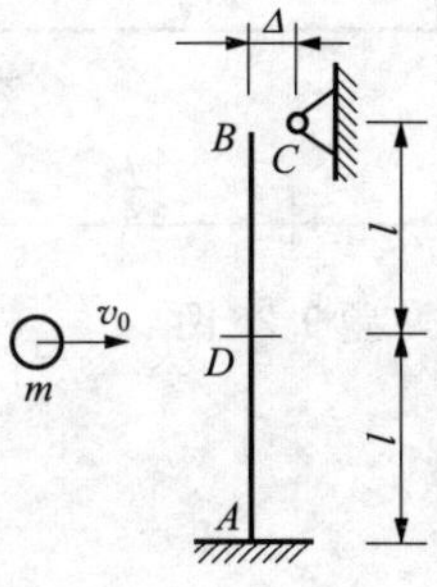

题 9.21 图

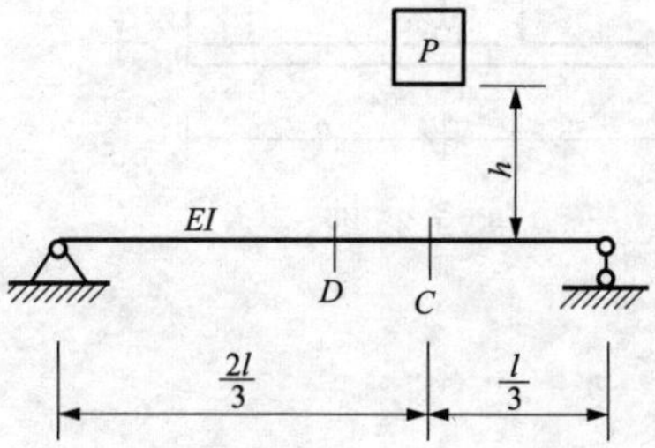

题 9.22 图

（1）冲击动荷载因数 K_d。

（2）冲击点 C 处的挠度 w_C。

（3）梁跨度中央截面 D 处的挠度 w_D。

9.23 题 9.23 图所示直径为 d、长为 l 的圆形截面杆 AB，在水平面内绕铅垂轴以角速度 ω 匀速转动，杆端 B 处有一重量为 P 的物体，已知杆的许用应力 $[\sigma]$，若不计杆的自重，试求杆所允许的最大角速度。

9.24 题 9.24 图所示重量 $P=2\text{kN}$ 的物体自由下落冲击于梁 AB 上点 C，已知 $l=1\text{m}$，$h=30\text{mm}$，$b=20\text{mm}$，$d_0=30\text{mm}$，$H=50\text{mm}$，梁 AB 和杆 BD 的弹性模量均为 $E=200\text{GPa}$，试求：

（1）梁 AB 中的最大冲击弯矩 $M_{d,max}$。

（2）杆 BD 中的最大冲击轴力 $F_{d,max}$。

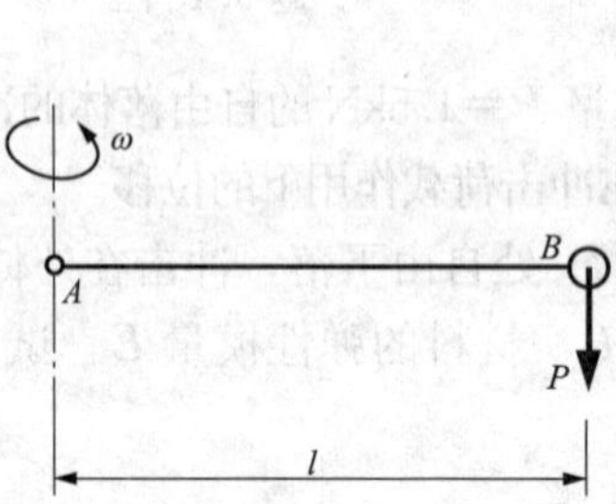

题 9.23 图

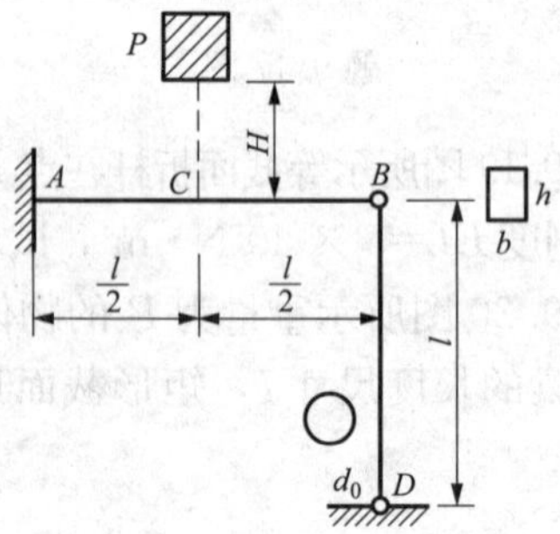

题 9.24 图

9.25 题 9.25 图所示结构，有一重量 $P=4\text{kN}$ 的物体自高度 $H=4\text{mm}$ 处自由下落，梁 BC 与杆 DE 的材料相同，弹性模量均为 $E=200\text{GPa}$，杆 DE 的横截面面积 $A=100\text{mm}^2$，梁 BC 的横截面惯性矩 $I=Aa^2/3$，抗弯截面系数 $W_z=10^6\text{m}^3$，长度 $a=1\text{m}$。试求结构的最大正应力。

9.26 题 9.26 图所示 A 端固定、B 端铰支的静不定梁，受 $h=0.01l$ 处重量为 P 的物体的自由落体冲击。试求冲击动荷载因数 K_d。若 A 端改为铰支，其他情况不变，冲击动荷载因数是变大还是变小？

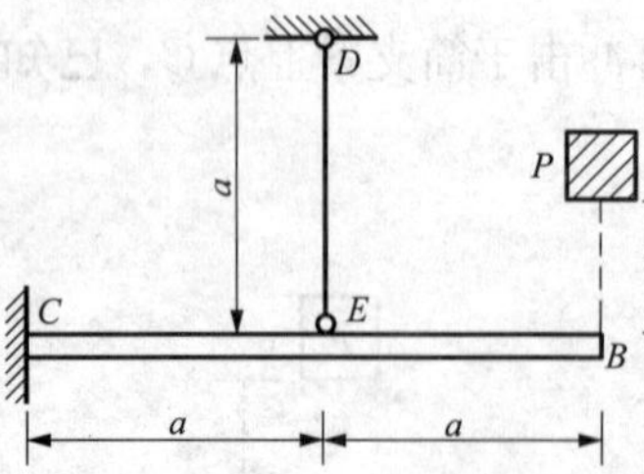

题 9.25 图

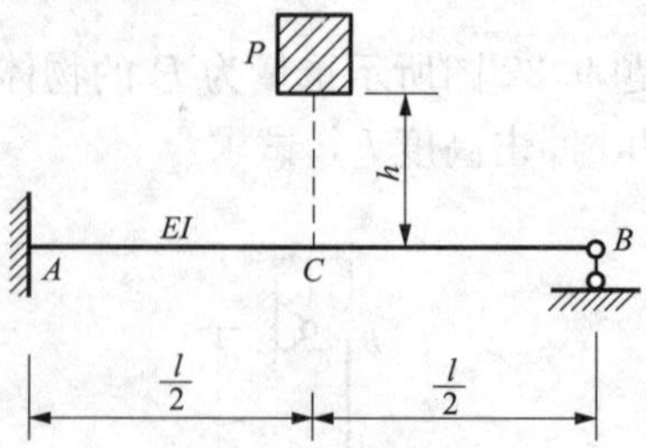

题 9.26 图

第10章 能量方法

教学要求：

1. 明确外力功和应变能等基本概念，熟练掌握杆件应变能的计算方法。
2. 掌握应用卡氏第二定理计算线弹性结构位移的方法。
3. 理解单位荷载法与莫尔法之间的关系，熟练掌握计算简单线弹性结构位移的莫尔积分法。
4. 熟练掌握计算莫尔积分法的图乘法。

构件在外力作用下产生变形时，外力和内力均将做功。对于弹性体，在产生和恢复变形的过程中，能量损耗一般很小，可忽略不计，外力在相应位移上所做的功，在数值上就等于积蓄在物体内产生变形的能量。在固体力学中，把与功和能有关的一些定理统称为**能量原理**。利用能量原理求解变形固体的位移、变形和内力等的方法，称为**能量方法**。能量原理的应用很广，不仅可用于分析构件和结构的位移与应力，还可用于分析与变形有关的其他问题，也是计算力学中有限单元法的理论基础。

本章将讨论能量法的基本原理和基本分析方法，内容包括杆件的应变能、卡氏第二定理、单位荷载法、莫尔积分法和图乘法。

§10.1 杆件的应变能

弹性体在外力作用下，因弹性变形使其所储存能量的改变称为**弹性应变能**，简称**应变能**。例如，钟表的发条为弹性体，被拧紧后弹性变形增加，发条储存的应变能有一增量，由能量守恒原理可知，发条储存的应变能的增量就等于外力对发条所做的功。发条在放松过程中，推动齿轮系统，使指针转动，发条又将所储存的应变能以对指针做功的方式释放出来。

弹性体在静荷载作用下产生变形时，所储存在弹性体内的应变能 V_ε 在数值上等于外力所做的功 W，即有

$$V_\varepsilon = W \tag{10.1}$$

称为弹性体的**功能原理**。应变能 V_ε 的单位是J。

1. 杆件拉压应变能

考察图10.1（a）所示的拉杆，在缓慢增加的外力 F 的作用下，杆伸长了 Δl，由于在线弹性范围内，力 F 与伸长量 Δl 呈线性关系［见图10.1（b）］。因此，力在位移上所做的功等于 F 与 Δl 的关系直线下三角形的面积，可求得力 F 所做的功 W 为

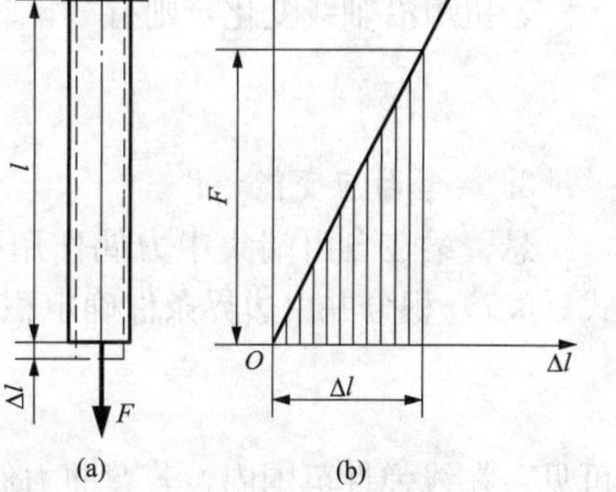

图10.1

$$W=\frac{1}{2}F\Delta l$$

由式(10.1),并注意到 $F=F_N$,可得杆内增加的应变能为

$$V_\varepsilon=W=\frac{1}{2}F\Delta l=\frac{1}{2}F_N\Delta l \tag{10.2}$$

由 $\Delta l=\frac{F_N l}{EA}$,式(10.2)又可写成

$$V_\varepsilon=\frac{F^2 l}{2EA}=\frac{F_N^2 l}{2EA}$$

若轴力沿杆轴线变化,则有

$$V_\varepsilon=\int_l \frac{F_N^2(x)\,dx}{2EA} \tag{10.3}$$

2. 圆形截面轴扭转应变能

等截面圆形截面轴的两端受外力偶作用,如图 10.2 所示。在线弹性范围内,由 $\varphi=\frac{Tl}{GI_p}$,$T=M_e$,可得圆形截面轴扭转应变能为

$$V_\varepsilon=W=\frac{1}{2}M_e\varphi=\frac{T^2 l}{2GI_p}$$

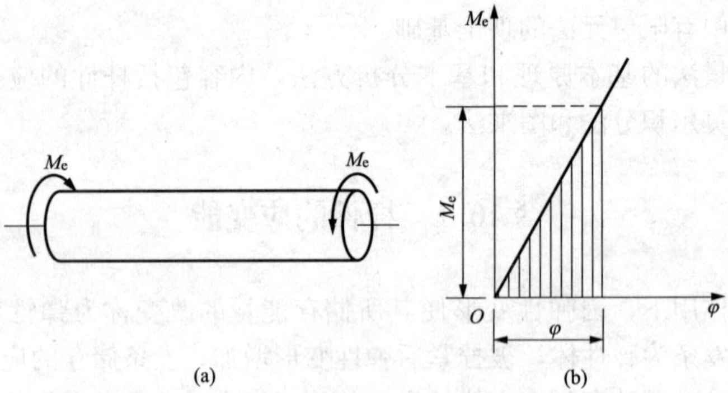

图 10.2

若扭矩沿轴线变化,则有

$$V_\varepsilon=\int_l \frac{T^2(x)\,dx}{2GI_p} \tag{10.4}$$

3. 梁弯曲应变能

悬臂梁在自由端集中力偶作用下产生纯弯曲变形,如图 10.3(a)所示,由转角方程式(5.7)积分并由边界条件确定积分常数后,可求得截面 B 的转角为

$$\theta_B=\frac{M_e l}{EI}$$

可见,在线弹性范围内,若弯曲力偶矩 M_e 由零缓慢增加到最终值,则 M_e 与 θ 的关系为斜直线[见图 10.3(b)]。因此,弯曲力偶矩所做的功为斜直线下的面积,即

$$W=\frac{1}{2}M_e\theta$$

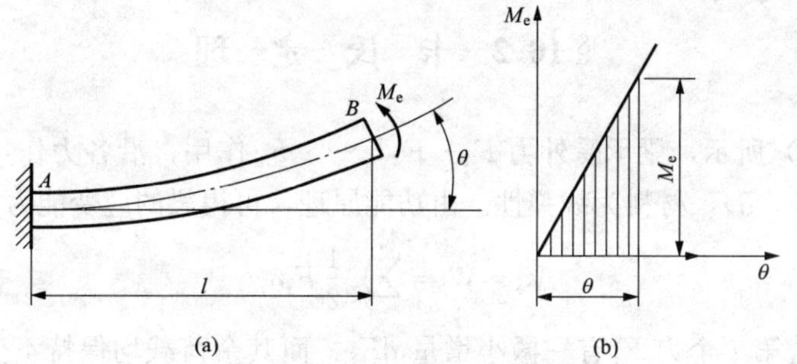

图 10.3

由功能原理，纯弯曲梁的应变能为

$$V_\varepsilon = W = \frac{1}{2}M_e\theta = \frac{M_e^2 l}{2EI} = \frac{M^2 l}{2EI}$$

横力弯曲时，梁横截面上同时有弯矩和剪力，且弯矩和剪力均随截面位置而变化，是梁轴线坐标 x 的函数。对于细长梁，剪切应变能与弯曲应变能相比一般很小，可忽略不计，而只需计算弯曲应变能，因此有

$$V_\varepsilon = \int_l \frac{M^2(x)\,dx}{2EI} \tag{10.5}$$

4. 杆件组合变形应变能

综上所述，在线弹性和小变形条件下，内力有轴力、扭矩、剪力和弯矩的杆件，在忽略剪力影响的情况下，总应变能为

$$V_\varepsilon = \int_l \frac{F_N^2(x)}{2EA}dx + \int_l \frac{T^2(x)}{2GI_p}dx + \int_l \frac{M^2(x)}{2EI}dx \tag{10.6}$$

式（10.6）只适用于圆形截面杆。

【例 10.1】 图 10.4 所示悬臂梁，受集中力 F 和外力偶矩 M_e 的集中力偶作用。已知弯曲刚度 EI 为常数，试计算外荷载所做的总功。

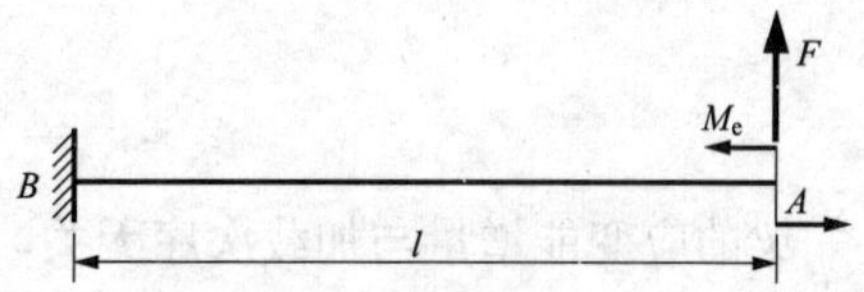

图 10.4

解 由叠加原理可知，在集中力和集中力偶的共同作用下，在截面 A 处产生的总挠度和总转角分别为

$$w_A = w_{A,F} + w_{A,M} = \frac{Fl^3}{3EI} + \frac{M_e l^2}{2EI}$$

$$\theta_A = \theta_{A,F} + \theta_{A,M} = \frac{Fl^2}{2EI} + \frac{M_e l}{EI}$$

外荷载所做的总功，应为集中力 F 在总挠度 w_A 上所做的功与集中力偶 M_e 在总转角 θ_A 上所做的功之和，因此有

$$W = \frac{Fw_A}{2} + \frac{M_e\theta_A}{2} = \frac{F^2 l^3}{6EI} + \frac{FM_e l^2}{2EI} + \frac{M_e^2 l}{2EI}$$

若应用叠加原理，先将外荷载分解为集中力和集中力偶单独作用，分别计算集中力及集中力偶所做的功，然后再叠加，所得外荷载总功的结果对吗？为什么？

§10.2 卡 氏 定 理

如图 10.5（a）所示，梁承受外力 F_1，F_2，…，F_n 作用，沿各力作用方向的最终位移分别为 δ_1，δ_2，…，δ_n，材料为线弹性。由功能原理，可得梁的应变能为

$$V_\varepsilon = W = \sum_{i=1}^{n} \frac{1}{2} F_i \delta_i$$

是外力的函数。若第 i 个力 F_i 有一微小增量 $\mathrm{d}F_i$，而其余荷载均保持不变，则应变能的增量为

$$\mathrm{d}V_\varepsilon = \frac{\partial V_\varepsilon}{\partial F_i} \mathrm{d}F_i \tag{10.7}$$

若先加载 $\mathrm{d}F_i$，再作用 F_1，F_2，…，F_n，应变能增量为

$$\mathrm{d}V_\varepsilon = \frac{1}{2} \mathrm{d}F_i \mathrm{d}\delta_i + \delta_i \mathrm{d}F_i \tag{10.8}$$

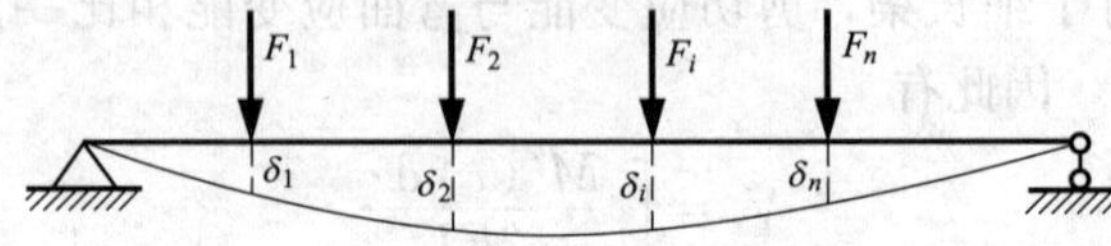

(a)

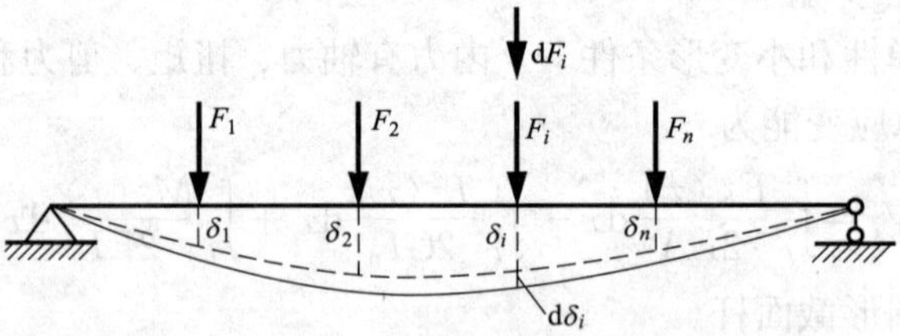

(b)

图 10.5

梁的应变能增量与加载次序无关，略去高阶微量，由式（10.7）和式（10.8）可得

$$\delta_i = \frac{\partial V_\varepsilon}{\partial F_i} \tag{10.9}$$

即线弹性体的应变能 V_ε 对某一荷载 F_i 的偏导数，等于与该荷载相应的位移 δ_i。式（10.9）称为**卡氏第二定理**，通常称为**卡氏定理**。

将卡氏定理应用于以下几种常见情况：

对于平面弯曲的梁，将式（10.5）代入式（10.9），可得

$$\delta_i = \frac{\partial V_\varepsilon}{\partial F_i} = \frac{\partial}{\partial F_i}\left(\int_l \frac{M^2(x)}{2EI} \mathrm{d}x\right) = \int_l \frac{M(x)}{EI} \frac{\partial M(x)}{\partial F_i} \mathrm{d}x \tag{10.10}$$

对于扭转圆形截面轴，将扭式（10.4）代入式（10.9），可得

$$\delta_i = \frac{\partial V_\varepsilon}{\partial F_i} = \frac{\partial}{\partial F_i}\left(\int_l \frac{T^2(x)}{2GI_p} \mathrm{d}x\right) = \int_l \frac{T(x)}{GI_p} \frac{\partial T(x)}{\partial F_i} \mathrm{d}x \tag{10.11}$$

对于拉压杆，将式（10.3）代入式（10.9），可得

$$\delta_i=\frac{\partial V_\varepsilon}{\partial F_i}=\frac{\partial}{\partial F_i}\left(\int_l \frac{F_N^2(x)}{2EA}dx\right)=\int_l \frac{F_N(x)}{EA}\frac{\partial F_N(x)}{\partial F_i}dx \tag{10.12}$$

对于由 n 根直杆铰接而成的桁架，由于每根杆件都是受拉或受压，轴力沿杆长不变，因此由式（10.12）可得

$$\delta_i=\sum_{j=1}^{n}\frac{F_{Nj}l_j}{EA_j}\frac{\partial F_{Nj}}{\partial F_i} \tag{10.13}$$

【例 10.2】 外伸梁承受荷载情况和尺寸如图 10.6 所示，已知梁的弯曲刚度 EI，试求外伸端 C 的挠度 w_C 和左端截面的转角 θ_A。

解 （1）求梁的支座反力。取梁 ABC 为研究对象，则

$$\sum M_B=0,\quad M_e-F_Al-Fa=0$$

可得

$$F_A=\frac{M_e}{l}-\frac{Fa}{l}$$

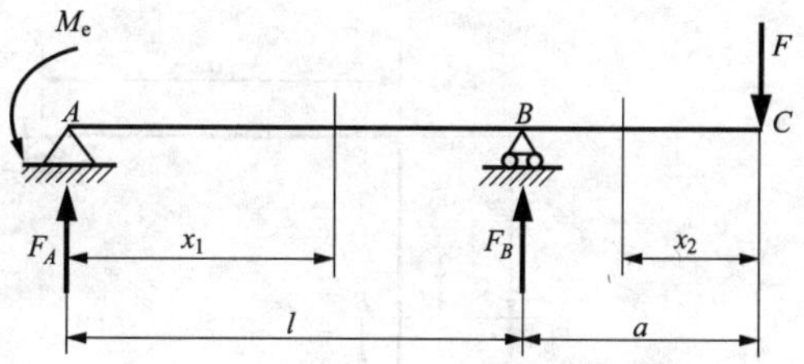

图 10.6

（2）分段列出弯矩方程并计算相应的偏导数。建立坐标 x_1 和 x_2，如图 10.6 所示，由一看一定法可得 AB 段的弯矩方程为

$$M(x_1)=F_Ax_1-M_e=\left(\frac{M_e}{l}-\frac{Fa}{l}\right)x_1-M_e$$

其偏导数分别为

$$\frac{\partial M(x_1)}{\partial F}=-\frac{a}{l}x_1,\quad \frac{\partial M(x_1)}{\partial M_e}=\frac{x_1}{l}-1$$

在 BC 段内

$$M(x_2)=-Fx_2$$

其偏导数分别为

$$\frac{\partial M(x_2)}{\partial F}=-x_2,\quad \frac{\partial M(x_2)}{\partial M_e}=0$$

（3）求挠度 w_C 和转角 θ_A。由式（10.10），外伸端 C 的挠度 w_C 为

$$\begin{aligned}w_C&=\frac{\partial V_\varepsilon}{\partial F}=\int_0^l \frac{M(x_1)}{EI}\frac{\partial M(x_1)}{\partial F}dx_1+\int_0^a \frac{M(x_2)}{EI}\frac{\partial M(x_2)}{\partial F}dx_2\\&=\frac{1}{EI}\int_0^l\left[\left(\frac{M_e}{l}-\frac{Fa}{l}\right)x_1-M_e\right]\left(-\frac{a}{l}x_1\right)dx_1+\frac{1}{EI}\int_0^a(-Fx_2)(-x_2)dx_2\\&=\frac{Fa^2(l+a)}{3EI}+\frac{M_eal}{6EI}\end{aligned}$$

由式（10.10），左端截面的转角 θ_A 为

$$\begin{aligned}\theta_A&=\frac{\partial V_\varepsilon}{\partial M_e}=\int_0^l \frac{M(x_1)}{EI}\frac{\partial M(x_1)}{\partial M_e}dx_1+\int_0^a \frac{M(x_2)}{EI}\frac{\partial M(x_2)}{\partial M_e}dx_2\\&=\frac{1}{EI}\int_0^l\left[\left(\frac{M_e}{l}-\frac{Fa}{l}\right)x_1-M_e\right]\left(\frac{x_1}{l}-1\right)dx_1+\frac{1}{EI}\int_0^a(-Fx_2)(0)dx_2\\&=\frac{Fal}{6EI}+\frac{M_el}{3EI}\end{aligned}$$

式中：w_C和θ_A的结果均为正号，说明挠度w_C和转角θ_A分别与集中力F和力偶矩M_e同向。

用卡氏定理求结构某处位移时，该处需要有与所求位移相应的荷载。例如，在［例10.2］中，需求w_C和θ_A，而在外伸端C处和左端截面A上，恰好有与w_C和θ_A相对应的荷载F和M_e。如果需求某处的位移，而该处并无与位移相应的荷载，则可采用虚加荷载的方法。下面用例题来说明。

【例 10.3】 刚架承受荷载情况和尺寸如图 10.7（a）所示，已知刚架的弯曲刚度EI为常数，在截面B处受力偶矩M_e作用，若忽略轴力和剪力对变形的影响，试求截面C的转角θ_C。

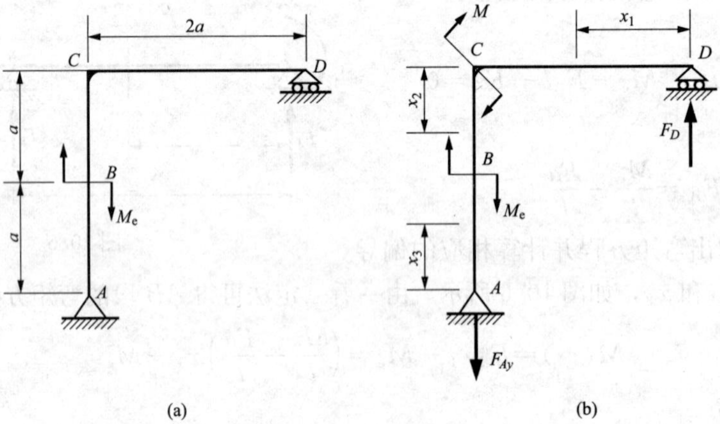

图 10.7

解 由于在截面C处无力偶，因此不能直接使用卡氏定理。为此，可在截面C处虚加一个力偶矩M，如图 10.7（b）所示。

（1）求刚架在M_e和M共同作用下的支座反力。由于力偶只能由力偶来平衡，故支座反力F_{Ay}和F_D组成反力偶，因此F_{Ay}和F_D的方向如图 10.7（b）所示，且大小相等。由力矩平衡方程可得其大小为

$$F_{Ay}=F_D=\frac{M_e+M}{2a}$$

（2）求刚架各段的弯矩方程及对M的偏导数。

DC段 $$M(x_1)=F_Dx_1=\left(\frac{M_e+M}{2a}\right)x_1,\quad \frac{\partial M(x_1)}{\partial M}=\frac{x_1}{2a}$$

CB段 $$M(x_2)=F_D\cdot 2a-M=M_e,\quad \frac{\partial M(x_2)}{\partial M}=0$$

AB段 $$M(x_3)=0,\quad \frac{\partial M(x_3)}{\partial M}=0$$

（3）求截面C的转角θ_C。由式（10.10），截面C的转角θ_C为

$$\theta_C=\frac{\partial V_\varepsilon}{\partial M}\bigg|_{M=0}=\int_0^{2a}\left[\frac{M(x_1)}{EI}\frac{\partial M(x_1)}{\partial M}\right]_{M=0}\mathrm{d}x_1+\int_0^{a}\left[\frac{M(x_2)}{EI}\frac{\partial M(x_2)}{\partial M}\right]_{M=0}\mathrm{d}x_2+\int_0^{a}\left[\frac{M(x_3)}{EI}\frac{\partial M(x_3)}{\partial M}\right]_{M=0}\mathrm{d}x_3$$

$$=\frac{1}{EI}\int_{0}^{2a}\left[\left(\frac{M_{e}}{2a}\right)x_{1}\right]\left(\frac{x_{1}}{2a}\right)dx_{1}$$

$$=\frac{2M_{e}a}{3EI}$$

结果为正，表示转角 θ_C 与虚加力偶矩 M 的转向相同，为顺时针转向。

在［例 10.3］中，若欲求截面 D 的水平位移，请读者先虚加荷载，然后进行求解计算。

§10.3 单位荷载法与莫尔积分

满足变形体约束条件的无限小位移为**虚位移**，将作用于结构上的外力在虚位移上所做的总虚功称为**外虚功**，用 W_e 表示。与外力平衡的内力在由虚位移引起的虚变形上所做的总虚功，称为**内虚功**，用 W_i 表示。由能量守恒定律可知：处于平衡状态的变形体，其外力在虚位移上所做的外虚功 W_e，等于内力在虚变形上所做的内虚功 W_i，即有

$$W_e = W_i \tag{10.14}$$

这就是**变形体虚功原理**。利用变形体虚功原理可以导出计算结构位移的一般方法——单位荷载法。

研究如图 10.8（a）所示的刚架，已知在外力作用下，刚架上点 A 沿任意方向 a-a 的位移为 Δ。下面利用变形体虚功原理导出计算位移 Δ 的单位荷载法公式。

为了利用变形体虚功原理计算位移 Δ，必须明确外力和虚位移。

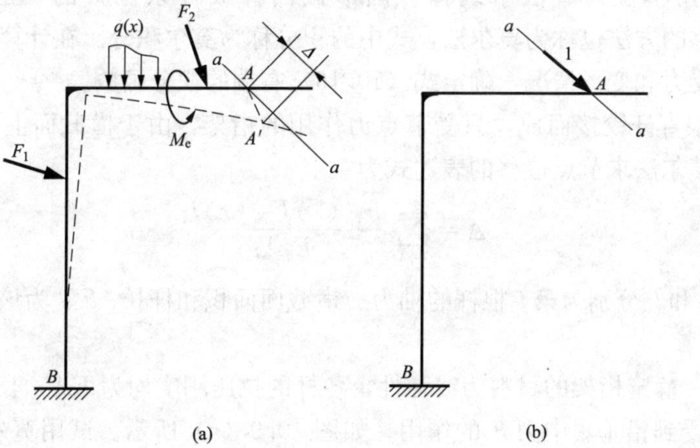

图 10.8

（1）在同一刚架点 A 上沿方向 a-a 施加一个大小等于 1 的**单位力**，如图 10.8（b）所示，作为外力。单位力与支座反力组成平衡的外力系，由该外力系引起的内力，即刚架横截面上的轴力、扭矩和弯矩分别用符号 $\overline{F}_N(x)$、$\overline{T}(x)$ 和 $\overline{M}(x)$ 表示，以特别说明是由单位力引起的内力。

（2）将刚架在原有外荷载作用下产生的真实位移作为虚位移，如图 10.8（a）所示。实际外荷载作用下产生的真实位移是满足位移边界条件和几何变形协调条件的微小位移，可以作为虚位移。由虚位移引起的虚变形就是由原实际荷载产生的微段的轴向变形 $d\delta$、扭转角

$d\varphi$ 和相对转角 $d\theta$。因此，单位力在虚位移 Δ 上所做的外虚功为

$$W_e = 1 \cdot \Delta$$

与单位力平衡的内力在虚变形上所做的内虚功为

$$W_i = \int_l \overline{F}_N(x)\,d\delta + \int_l \overline{T}(x)\,d\varphi + \int_l \overline{M}(x)\,d\theta$$

由变形体虚功原理，可得

$$\Delta = \int_l \overline{F}_N(x)\,d\delta + \int_l \overline{T}(x)\,d\varphi + \int_l \overline{M}(x)\,d\theta \tag{10.15}$$

式（10.15）中的单位力应理解为广义力，可以是力，也可以是力偶；位移 Δ 则是与其对应的广义位移，可以是线位移，也可以是角位移。由于假设外力为单位力，因此上述计算位移的方法称为**单位荷载法**。在推导过程中没有涉及材料的物理性质，因此，式（10.15）不仅适用于线弹性杆或杆系，而且适用于非线弹性和非弹性杆或杆系。

若材料是线弹性的，则由实际荷载引起圆形截面杆件微段的拉伸、扭转和弯曲变形分别为

$$d\delta = \frac{F_N(x)\,dx}{EA}, \quad d\varphi = \frac{T(x)\,dx}{GI_p}, \quad d\theta = \frac{M(x)\,dx}{EI}$$

将上述各式代入式（10.15）可得

$$\Delta = \int_l \frac{\overline{F}_N(x)F_N(x)\,dx}{EA} + \int_l \frac{\overline{T}(x)T(x)\,dx}{GI_p} + \int_l \frac{\overline{M}(x)M(x)\,dx}{EI} \tag{10.16}$$

式（10.16）为用单位荷载法求线弹性圆形截面杆或杆系位移的一般计算公式。用式（10.16）求位移的方法也称为**莫尔法**，式中的积分称为**莫尔积分**。在计算位移时，应根据具体研究对象的受力和变形情况，确定式（10.16）右端的积分函数。

对于由 n 根直杆铰接而成，只受节点力作用的桁架，由于横截面上只有轴力，且沿杆长为常数，用莫尔法求节点位移的表达式为

$$\Delta = \sum_{i=1}^{n} \frac{\overline{F}_{Ni}(x)F_{Ni}(x)l_i}{E_iA_i} \tag{10.17}$$

式中：F_{Ni}、A_i 和 l_i 分别为第 i 根杆的轴力、横截面面积和杆长；$\overline{F}_{Ni}$ 为该杆由单位荷载引起的轴力。

【例 10.4】 静定桁架的材料为线弹性，各杆的拉压刚度均为 EA，长度均为 a，在节点 A 和 B 处分别受到铅垂集中力 F 的作用，如图 10.9（a）所示。试用莫尔法求节点 D 的铅垂位移，以及杆 1 和杆 2 的相对转角。

解 （1）求节点 D 的铅垂位移。由静力平衡方程或对称性，可得桁架的支座反力为

$$F_C = F_E = F$$

由节点法可求得各杆内力，为方便起见，将求得的各杆轴力标注在图 10.9（a）中，轴力为零的杆则不标注，正号表示拉力，负号表示压力。

为求节点 D 的铅垂位移，在节点 D 处加铅垂方向的单位力，如图 10.9（b）所示。由节点法可求得单位力作用下各杆的轴力，其结果标注在图 10.9（b）中，轴力为零的杆则不标注。

由式（10.17），可得节点 D 的铅垂位移为

$$w_D=\sum_{i=1}^{7}\frac{F_{Ni}\overline{F}_{Ni}l_i}{EA}=\frac{a}{EA}\sum_{i=1}^{7}(F_{Ni}\overline{F}_{Ni})$$

$$=\frac{a}{EA}\left[2\times\left(-\frac{2F}{\sqrt{3}}\right)\left(-\frac{1}{\sqrt{3}}\right)+2\times\left(\frac{F}{\sqrt{3}}\right)\left(\frac{1}{2\sqrt{3}}\right)+\left(-\frac{F}{\sqrt{3}}\right)\left(-\frac{1}{\sqrt{3}}\right)\right]=\frac{2Fa}{EA}\ (\downarrow)$$

结果为正，表明节点 D 的铅垂位移与单位力方向相同，为铅垂向下。

（2）求杆 1 和杆 2 的相对转角。为求杆 1 和杆 2 的相对转角，需在杆 1 和杆 2 上加一对单位力偶，由于单位力偶只能加在节点上，因此，将单位力偶分解为一对等值反向的力 $1/a$ 加在节点上，如图 10.9（c）所示。由节点法可求得单位力偶作用下各杆的轴力，其结果标注在图 10.9（c）中，轴力为零的杆则不标注。

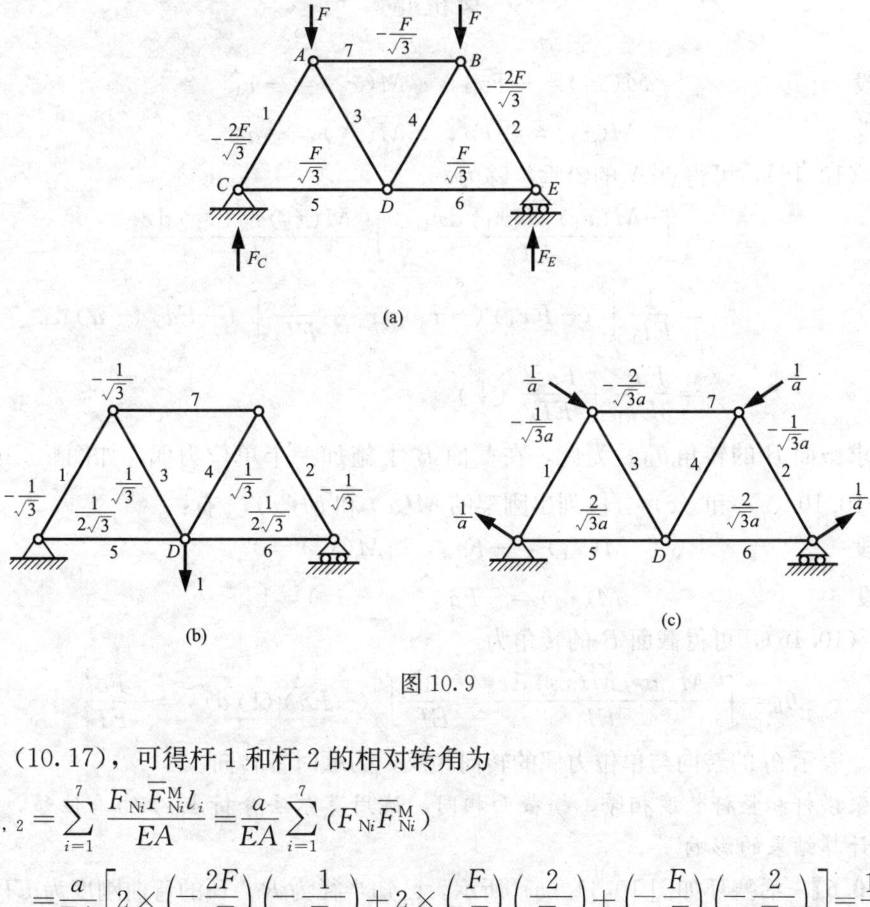

图 10.9

由式（10.17），可得杆 1 和杆 2 的相对转角为

$$\theta_{1,2}=\sum_{i=1}^{7}\frac{F_{Ni}\overline{F}_{Ni}^{M}l_i}{EA}=\frac{a}{EA}\sum_{i=1}^{7}(F_{Ni}\overline{F}_{Ni}^{M})$$

$$=\frac{a}{EA}\left[2\times\left(-\frac{2F}{\sqrt{3}}\right)\left(-\frac{1}{\sqrt{3}a}\right)+2\times\left(\frac{F}{\sqrt{3}}\right)\left(\frac{2}{\sqrt{3}a}\right)+\left(-\frac{F}{\sqrt{3}}\right)\left(-\frac{2}{\sqrt{3}a}\right)\right]=\frac{10F}{3EA}$$

结果为正，表明相对转角的转向与单位力偶的转向相同，即杆 1 顺时针旋转，杆 2 逆时针旋转。

【例 10.5】 如图 10.10（a）所示刚架的自由端 A 受到集中力 F 的作用。已知刚架各段的弯曲刚度。若不计轴力和剪力对位移的影响，试用莫尔法求点 A 的铅垂位移 w_A 及截面 B 的转角 θ_B。

解 （1）求点 A 的铅垂位移 w_A。为此，在点 A 处施加铅垂向下的单位力，分段建立坐标轴，如图 10.10（a）和（b）所示。分段列出刚架的 $M(x)$ 和 $\overline{M}(x)$，有：

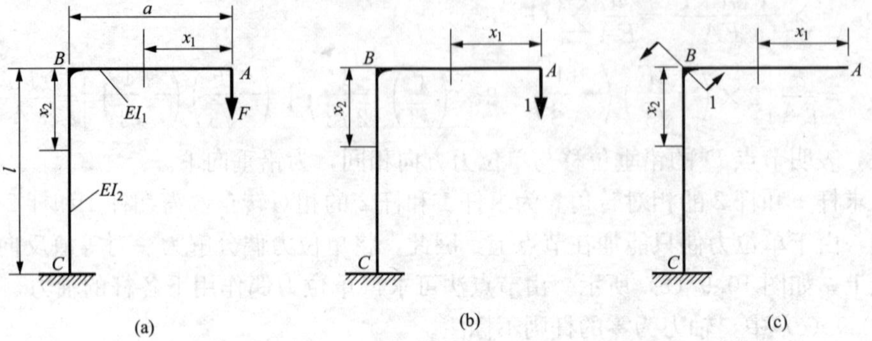

图 10.10

AB 段 $\qquad M(x_1)=-Fx_1,\quad \overline{M}(x_1)=-x_1$

BC 段 $\qquad M(x_2)=-Fa,\quad \overline{M}(x_2)=-a$

由式(10.16),可得点 A 的铅垂位移为

$$w_A=\int_0^a \frac{M(x_1)\overline{M}(x_1)\,dx_1}{EI_1}+\int_0^l \frac{M(x_2)\overline{M}(x_2)\,dx_2}{EI_2}$$
$$=\frac{1}{EI_1}\int_0^a(-Fx_1)(-x_1)\,dx_1+\frac{1}{EI_2}\int_0^l(-Fa)(-a)\,dx_2$$
$$=\frac{Fa^3}{3EI_1}+\frac{Fa^2l}{EI_2}\ (\downarrow)$$

(2) 求截面 B 的转角 θ_B。为此,在截面 B 上施加一个单位力偶,如图 10.10(c)所示。由图 10.10(a)和(c)分段列出刚架的 $M(x)$ 和 $\overline{M}(x)$,有:

AB 段 $\qquad M(x_1)=-Fx_1,\quad \overline{M}(x_1)=0$

BC 段 $\qquad M(x_2)=-Fa,\quad \overline{M}(x_2)=1$

由式(10.16),可得截面 B 的转角为

$$\theta_B=\int_0^l \frac{M(x_2)\overline{M}(x_2)\,dx_2}{EI_2}=\frac{1}{EI_2}\int_0^l(-Fa)(1)\,dx_2=-\frac{Fal}{EI_2}$$

结果为负,表示 θ_B 的转向与单位力偶的转向相反,为顺时针转向。

若刚架横杆和竖杆长度相等,横截面相同,试用莫尔法分析点 A 铅垂位移,忽略轴力和剪力对计算结果的影响。

【例 10.6】 活塞环如图 10.11(a)所示。已知半径为 R,环的弯曲刚度为 EI,试用莫尔法计算在力 F 作用下切口的张开位移 δ_{AB}。

解 活塞环横截面上的内力,一般有轴力、剪力和弯矩。因为轴力和剪力对变形的影响很小,可忽略不计,所以只计算弯矩产生的变形。此外,由于活塞环横截面的高度远小于环轴线的半径,可用直梁公式计算变形。

为了计算在力 F 作用下切口的张开位移,应在 A、B 两截面上沿力 F 方向施加一对方向相反的单位力。由于环的形状和荷载及单位力均对其水平直径对称,因此可取上半环进行计算,再将结果乘以 2。由于对称性,在变形过程中上半环左端截面转角保持为 0°,可将该截面简化为固定端,上半环在外力 F 和单位力作用下的计算简图,分别如图 10.11(b)

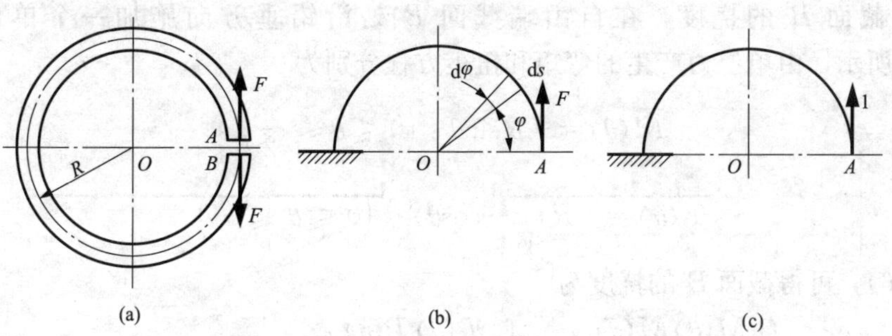

图 10.11

和（c）所示。建立角度坐标 φ，可求出环的 $M(x)$ 和 $\overline{M}(x)$ 分别为

$$M(\varphi)=-FR(1-\cos\varphi)\,,\quad \overline{M}(\varphi)=-R(1-\cos\varphi)$$

由式（10.16），可得切口的张开位移为

$$\begin{aligned}\delta_{AB}&=2\int_0^{\pi}\frac{M(\varphi)\overline{M}(\varphi)R\,\mathrm{d}\varphi}{EI}\\&=\frac{2}{EI}\int_0^{\pi}\left[-FR(1-\cos\varphi)\right]\left[-R(1-\cos\varphi)\right]\mathrm{d}\varphi\\&=\frac{3\pi FR^3}{EI}\end{aligned}$$

结果为正，表示切口相对位移与单位力同向，为张开位移。

【例 10.7】 曲率半径为 R，轴线为 1/4 圆周的曲杆，位于水平面内，在自由端受到铅垂荷载 F 的作用，如图 10.12（a）所示。已知材料为线弹性，抗弯刚度为 EI，抗扭刚度为 GI_{p}，若不计剪力的影响，试求自由端截面 B 的挠度和扭转角。

解　(1) 求曲杆的内力方程。建立角度坐标 θ［见图 10.12（b）］，曲杆在外荷载作用下的弯矩方程为

$$M(\theta)=-FR\sin\theta\quad\left(0\leqslant\theta\leqslant\frac{\pi}{2}\right)$$

扭矩方程为

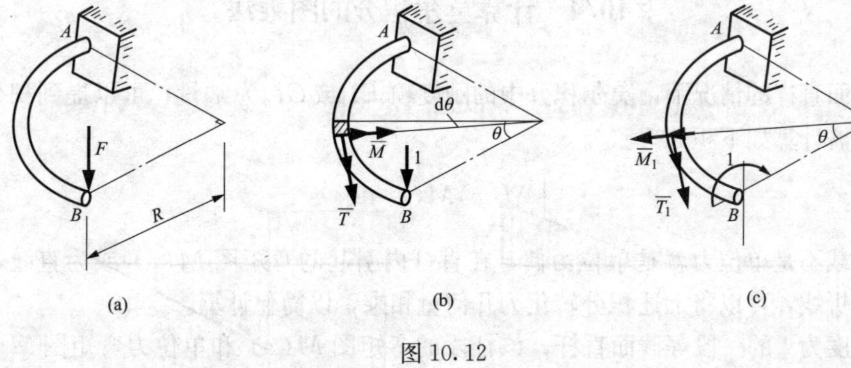

图 10.12

$$T(\theta)=-FR(1-\cos\theta)\quad\left(0\leqslant\theta\leqslant\frac{\pi}{2}\right)$$

(2) 求截面 B 的挠度。在自由端截面 B 处沿铅垂方向施加一个单位力，如图 10.12 (b) 所示，由单位力产生的弯矩和扭矩方程分别为

$$\overline{M}(\theta)=-R\sin\theta \quad \left(0\leqslant\theta\leqslant\frac{\pi}{2}\right)$$

$$\overline{T}(\theta)=-R(1-\cos\theta) \quad \left(0\leqslant\theta\leqslant\frac{\pi}{2}\right)$$

由式 (10.16)，可得截面 B 的挠度为

$$\begin{aligned} w_B &= \int_S \frac{M(\theta)\overline{M}(\theta)}{EI}\mathrm{d}s+\int_S \frac{T(\theta)\overline{T}(\theta)}{GI_\mathrm{p}}\mathrm{d}s \\ &= \int_0^{\pi/2} \frac{(FR\sin\theta)(R\sin\theta)}{EI}R\mathrm{d}\theta+\int_0^{\pi/2}\frac{FR(1-\cos\theta)R(1-\cos\theta)}{GI_\mathrm{p}}R\mathrm{d}\theta \\ &= \frac{\pi FR^3}{4EI}+\frac{FR^3}{4GI_\mathrm{p}}(3\pi-8)\ (\downarrow) \end{aligned}$$

(3) 求截面 B 的扭转角。在自由端截面 B 内绕曲杆轴线施加一个单位力偶，如图 10.12 (c) 所示，由单位力偶产生的弯矩和扭矩方程分别为

$$\overline{M}_1(\theta)=\sin\theta \quad \left(0\leqslant\theta\leqslant\frac{\pi}{2}\right)$$

$$\overline{T}_1(\theta)=-\cos\theta \quad \left(0\leqslant\theta\leqslant\frac{\pi}{2}\right)$$

由式 (10.16)，可得截面 B 的扭转角为

$$\begin{aligned} \varphi_B &= \int_S \frac{M(\theta)\overline{M}_1(\theta)}{EI}\mathrm{d}s+\int_S \frac{T(\theta)\overline{T}_1(\theta)}{GI_\mathrm{p}}\mathrm{d}s \\ &= \int_0^{\pi/2} \frac{(-FR\sin\theta)(\sin\theta)}{EI}R\mathrm{d}\theta+\int_0^{\pi/2}\frac{FR(1-\cos\theta)\cos\theta}{GI_\mathrm{p}}R\mathrm{d}\theta \\ &= -\frac{\pi FR^2}{4EI}+\frac{FR^2}{4GI_\mathrm{p}}(4-\pi) \end{aligned}$$

若结果为正，则截面 B 扭转角转向与单位力偶转向相同；反之，则与单位力偶转向相反。

§10.4 计算莫尔积分的图乘法

在等截面直杆的情况下，莫尔积分中的刚度项 EI 或 GI_p 为常量，可以提到积分符号之外。因此只需计算如下积分

$$\int_l \overline{M}(x)M(x)\mathrm{d}x \tag{10.18}$$

由于单位荷载不是单位力就是单位力偶，在直杆内引起的弯矩图 $\overline{M}(x)$ 或为直线，或为由直线组成的折线，可以将上述积分转化为几何量相乘，以简化计算。

考察长度为 l 的一段等截面直杆，该杆段的弯矩图 $M(x)$ 和单位力弯矩图 $\overline{M}(x)$，如图 10.13 (a) 和 (b) 所示，单位力弯矩图 $\overline{M}(x)$ 为直线，其方程可假设为

$$\overline{M}(x)=b+kx \tag{10.19}$$

式中：b 和 k 为常数。将式 (10.19) 代入式 (10.18)，有

$$\int_l M(x)\overline{M}(x)\,\mathrm{d}x = b\int_l M(x)\,\mathrm{d}x + k\int_l xM(x)\,\mathrm{d}x \tag{10.20}$$

由图 10.13（a）可知，式（10.20）等号右边第一项积分 $\int_l M(x)\,\mathrm{d}x$ 就是区间 l 内 $M(x)$ 图的面积，用 A 表示；而第二项积分中 $xM(x)\,\mathrm{d}x$ 是图 10.13（a）中画阴影线的微分面积对轴 M 的静矩，积分 $\int_l xM(x)\,\mathrm{d}x$ 就是 $M(x)$ 图的面积对轴 M 的静矩。以 x_C 表示 $M(x)$ 图形心的横坐标，则

$$\int_l M(x)\overline{M}(x)\,\mathrm{d}x = bA + kAx_C = A(b + kx_C)$$

由式（10.19）可知，$b + kx_C$ 就是 $x = x_C$ 处的 $\overline{M}$ 值，用 $\overline{M}_C$ 表示［见图 10.13（b）］。因此有

$$\int_l M(x)\overline{M}(x)\,\mathrm{d}x = A\overline{M}_C \tag{10.21}$$

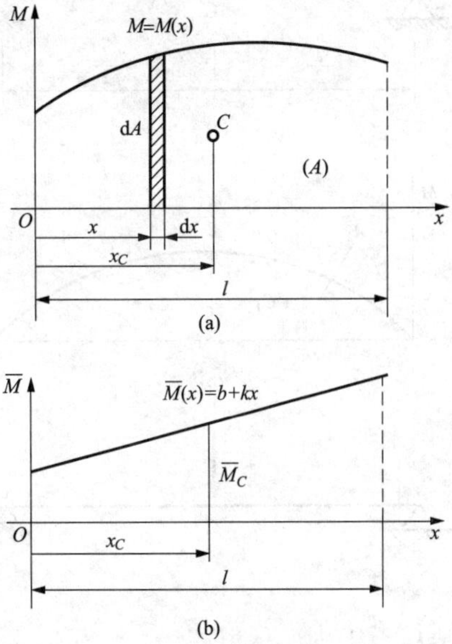

图 10.13

即 $M(x)$ 和 $\overline{M}(x)$ 的乘积在区间 l 上的积分值，等于区间 l 内 $M(x)$ 图的面积与该面积形心 C 处 $\overline{M}$ 值的乘积。这种将莫尔积分运算转化为函数图形几何量相乘的方法，称为**图乘法**。由于在单位荷载作用下，直杆的轴力图和扭矩图也是直线或折线，因此式（10.21）积分中的内力函数若为轴力或扭矩，也同样可用图乘法求解。

一般而言，梁或刚架的 $\overline{M}$ 图可能为折线，弯曲刚度也可能逐段变化，应根据具体情况正确分段，逐段使用图乘法，最后求和。因此，图乘法的一般公式为

$$\Delta = \sum_{i=1}^{n} \frac{A_i \overline{M}_{C_i}}{E_i I_i} \tag{10.22}$$

应用图乘法时，经常要计算某些图形的面积和形心位置。为便于查阅，将几种常见图形的面积和形心坐标的计算结果列于表 10.1 中。

表 10.1　　几种常见图形的面积与形心坐标

	三角形	二次凸抛物线	二次凹抛物线
图形	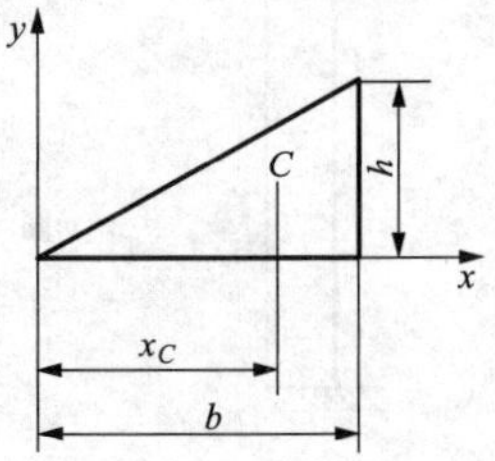	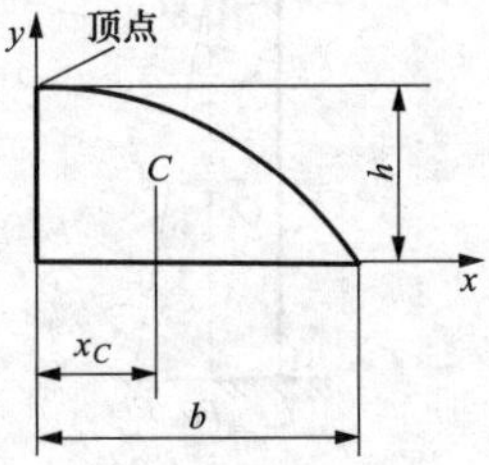	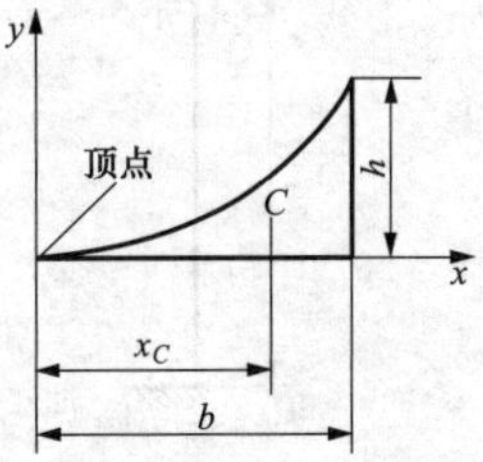
面积	$A=\frac{bh}{2}$	$A=\frac{2bh}{3}$	$A=\frac{bh}{3}$
形心坐标	$x_C=\frac{2b}{3}$	$x_C=\frac{3b}{8}$	$x_C=\frac{3b}{4}$

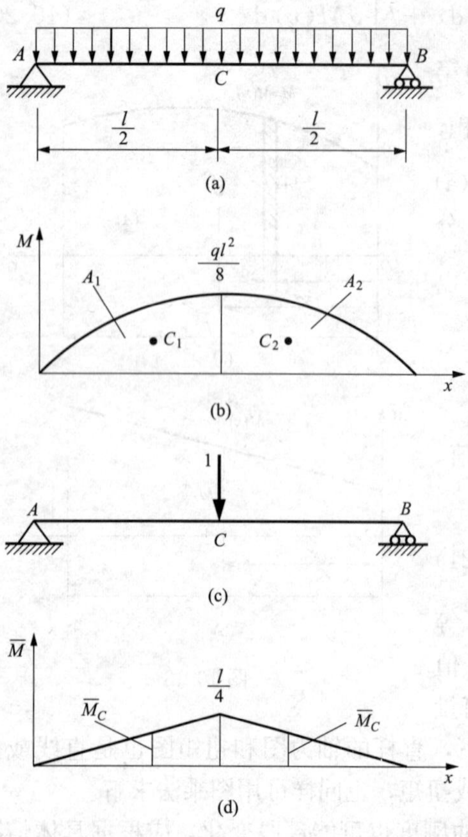

图 10.14

图乘法的适用范围是什么?

【例 10.8】 如图 10.14(a)所示的简支梁受集度为 q 的均布荷载作用,试用图乘法计算跨度中点 C 的挠度 w_C。已知 EI 为常数。

解 简支梁在均布荷载作用下的 $M(x)$ 图为对称凸抛物线,如图 10.14(b)所示。在跨度中点 C 施加一个铅垂向下的单位力[见图 10.14(c)],其 $M(x)$ 图为对称折线,如图 10.14(d)所示。应以折线转折点为界,分两段使用图乘法。根据表 10.1,可得 AC 和 CB 两段内弯矩图的面积为

$$A_1=A_2=\frac{2}{3}\times\frac{l}{2}\times\frac{ql^2}{8}=\frac{ql^3}{24}$$

面积 A_1 和 A_2 的形心在 $\overline{M}(x)$ 图中对应的纵坐标均为

$$\overline{M}_C=\frac{5}{8}\times\frac{l}{4}=\frac{5l}{32}$$

跨度中点 C 的挠度为

$$w_C=\frac{A_1\overline{M}_C}{EI}+\frac{A_2\overline{M}_C}{EI}=2\frac{A_1\overline{M}_C}{EI}$$

$$=\frac{2}{EI}\times\frac{ql^3}{24}\times\frac{5l}{32}=\frac{5ql^4}{384EI}(\downarrow)$$

计算结果为正,表明点 C 的挠度与单位力同向,即铅垂向下。

在[例 10.8]中,试用图乘法求简支梁截面 B 的转角 φ_B。

【例 10.9】 平面刚架在自由端受一水平力及一铅垂力的共同作用,如图 10.15(a)所示。已知尺寸 l 和 a,弯曲刚度 EI 为常数。试用图乘法求自由端 C 的铅垂位移 Δ_{Cy}。

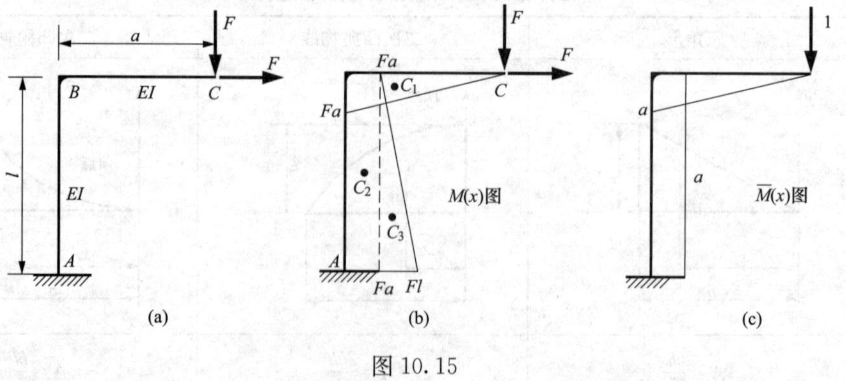

图 10.15

解 刚架在外荷载作用下的 $M(x)$ 图分为三部分,即水平段的三角形、垂直段的矩形和三角形,如图 10.15(b)所示。在自由段施加一个铅垂向下的单位力,其 $\overline{M}(x)$ 图为两

部分，即水平段的三角形、垂直段的矩形，如图 10.15（c）所示。根据表 10.1，分水平和垂直两段使用图乘法，可得三部分 $M(x)$ 图面积及形心在 $\overline{M}(x)$ 图中对应的纵坐标分别为

$$A_1=\frac{1}{2}\times a\times Fa=\frac{Fa^2}{2},\quad \overline{M}_{C1}=\frac{2a}{3}$$

$$A_2=l\times Fa=Fal,\quad \overline{M}_{C2}=a$$

$$A_3=\frac{1}{2}\times l\times Fl=\frac{Fl^2}{2},\quad \overline{M}_{C3}=a$$

刚架自由端 C 的铅垂位移为

$$\begin{aligned}\Delta_{Cy}&=\frac{1}{EI}(A_1\overline{M}_{C1}+A_2\overline{M}_{C2}+A_3\overline{M}_{C3})\\&=\frac{1}{EI}\left(\frac{Fa^2}{2}\frac{2a}{3}+Fal\cdot a+\frac{Fl^2}{2}a\right)\\&=\frac{Fa}{EI}\left(\frac{a^2}{3}+al+\frac{l^2}{2}\right)(\downarrow)\end{aligned}$$

§10.5 工程应用实训

10.1 单人骑旋转木马如图 10.16 所示。Γ形旋转支架为弹性体，材料密度为 ρ，弹性模量为 E，切变模量为 G。其中，铅垂杆 AB 长为 l，截面是直径为 d 的圆形；水平杆 BC 长为 R，截面为宽 b、高 h 的矩形。在水平杆右端 C 处，人与木马的总重量为 P。

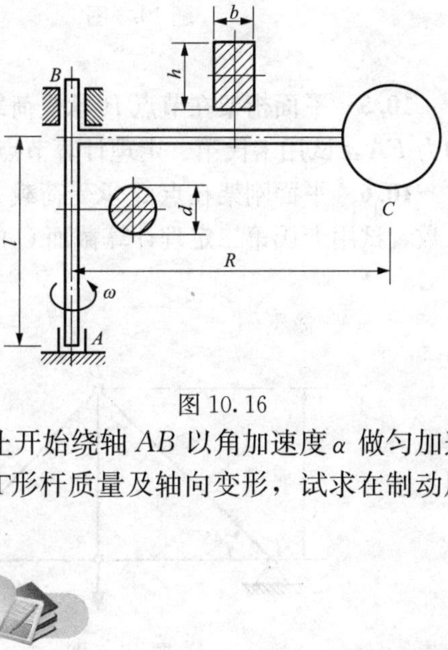

图 10.16

（1）试分析该问题与力学中什么内容有关系？

（2）当Γ形杆以匀角速度转动时，试写出杆中最大拉应力的表达式，并说明产生最大拉应力的截面位置。

（3）在Γ形杆底端 A 处用电动机驱动，使其从静止开始绕轴 AB 以角加速度 α 做匀加速转动。启动 t 时段后，在底端 A 处完全制动。若不计Γ形杆质量及轴向变形，试求在制动后的瞬时，水平杆端点 C 处位移的大小及方向。

习 题

10.1 曲杆承受荷载情况如题 10.1 图所示，其弹性应变能为 V_ε，试说明 $\frac{\partial V_\varepsilon}{\partial M}$ 数值的物理意义。

10.2 已知简支梁在均布荷载 q 的作用下，其中点的挠度为 $w=\frac{5ql^4}{384EI}$。试求题 10.2 图所示简支梁在中点集中力 F 的作用下，其挠曲线与梁变形前的轴线所围成的面积 A。

10.3 题 10.3 图所示梁的 B 端为弹簧支座，若在力偶 M 的作用下，梁的应变能为 $V_{\varepsilon1}$，弹簧的应变能为 $V_{\varepsilon2}$，试求截面 A 转角 θ_A 的表达式。

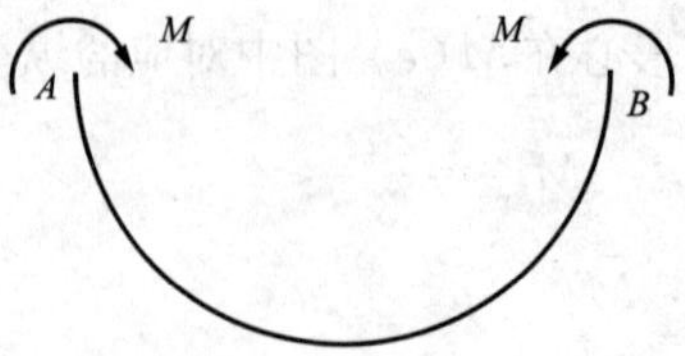

题 10.1 图

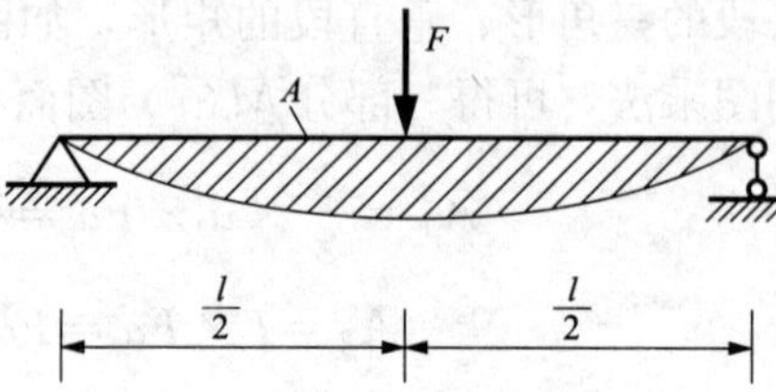

题 10.2 图

10.4 简支梁和外伸梁如题 10.4 图所示，已知弯曲刚度 EI 均为常数。试计算梁的应变能，并用卡氏第二定理计算所加荷载的相应位移。

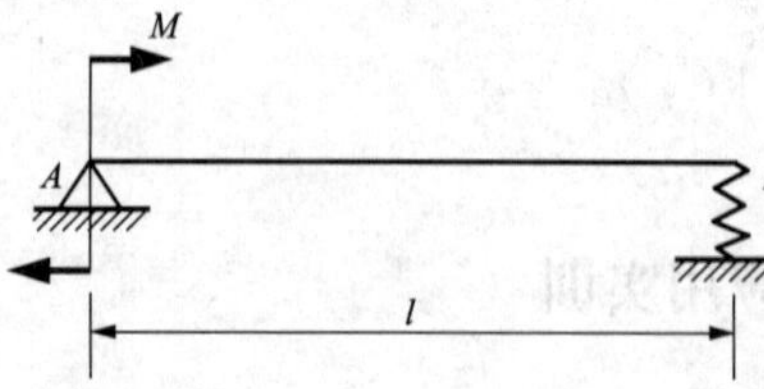

题 10.3 图

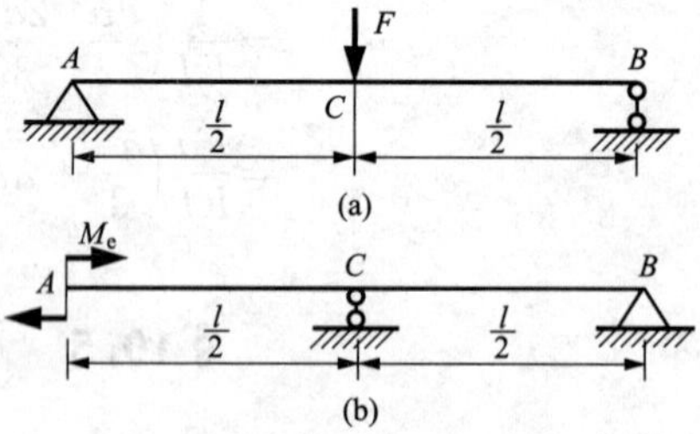

题 10.4 图

10.5 平面桁架在节点 B 承受荷载 F 的作用，如题 10.5 图所示。已知各杆的拉压刚度均为 EA，试用卡氏第二定理计算节点 B 的铅垂位移。

10.6 平面刚架在点 C 承受荷载 F 的作用，如题 10.6 图所示。已知弯曲刚度 EI 均为常数，试用卡氏第二定理计算截面 C 的转角。

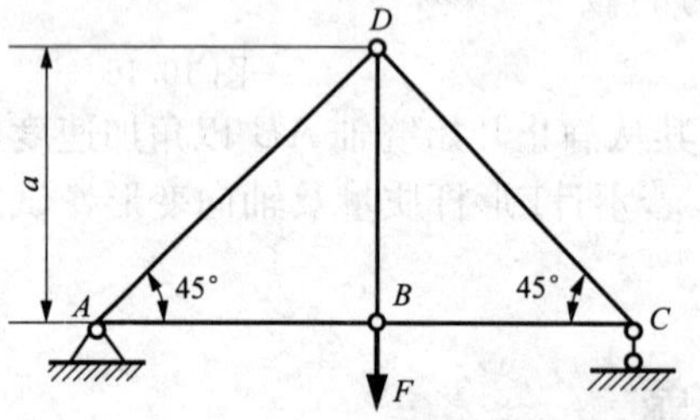

题 10.5 图

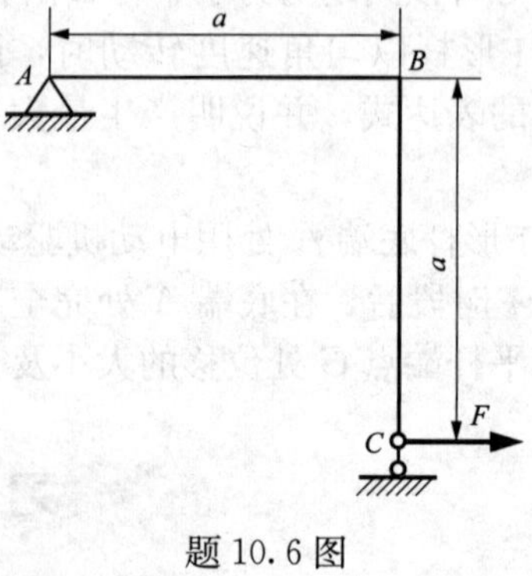

题 10.6 图

10.7 外伸梁和悬臂梁的尺寸及其承受荷载情况如题 10.7 图所示。已知弯曲刚度 EI 均为常数，试用卡氏第二定理计算各梁横截面 A 的挠度和转角。

10.8 等截面直杆承受轴向均布荷载 q 及集中力 F 的作用，如题 10.8 图所示。已知杆的拉压刚度 EA 为常数，试用卡氏第二定理计算杆端截面 A 的轴向位移。

10.9 圆形截面轴的右半段承受集度为 m 的均布扭力矩作用，如题 10.9 图所示。已知轴的扭转刚度 GI_p 为常数，试用卡氏第二定理计算轴端截面 A 的扭转角。

10.10 刚架各段杆的 EI 端相同，受力情况如题 10.10 图所示。

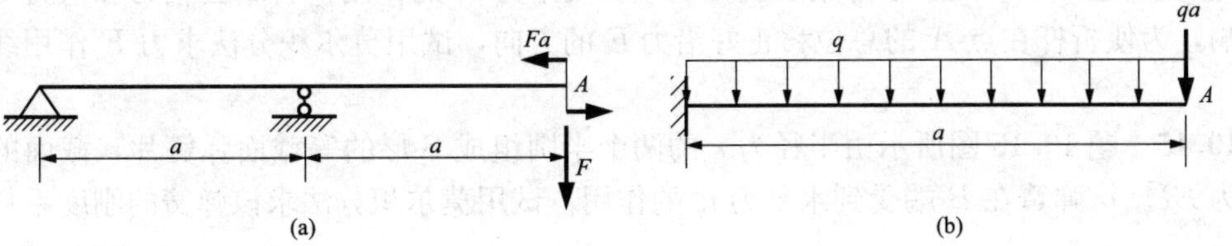

题 10.7 图

(1) 试用单位荷载法计算 A 和 E 两点之间的相对线位移。

(2) 欲使 A 和 E 两点之间无相对线位移，试求 F_2 与 F_1 的比值。

(3) 试大致绘出刚架在 A 和 E 两点间无相对线位移情况下的变形曲线。

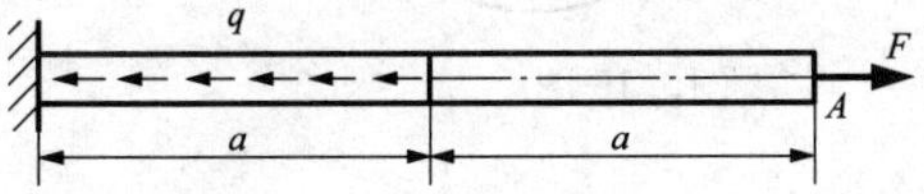

题 10.8 图

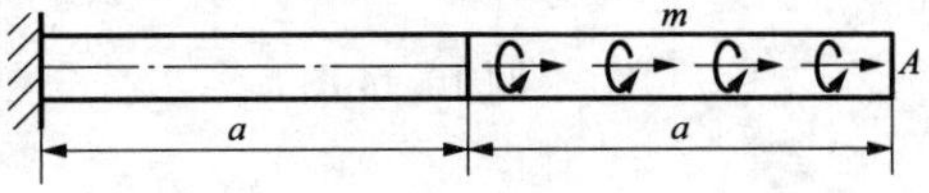

题 10.9 图

10.11 开口刚架各段的 EI 相等，且已知尺寸 a 和 h，受力情况如题 10.11 图所示。若不计轴力和剪力的影响，试用单位荷载法求开口两侧截面由于力 F 引起的相对铅垂位移。

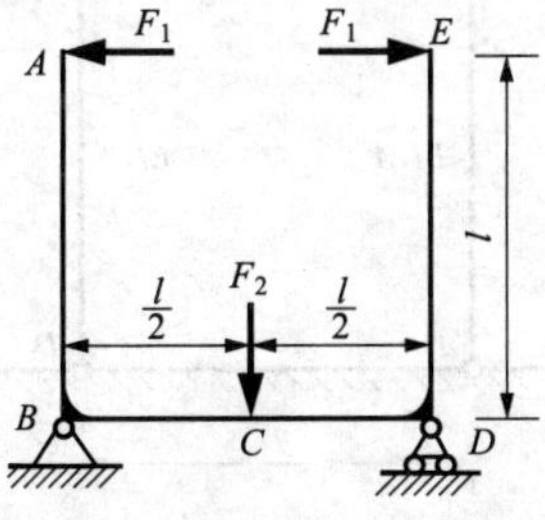

题 10.10 图

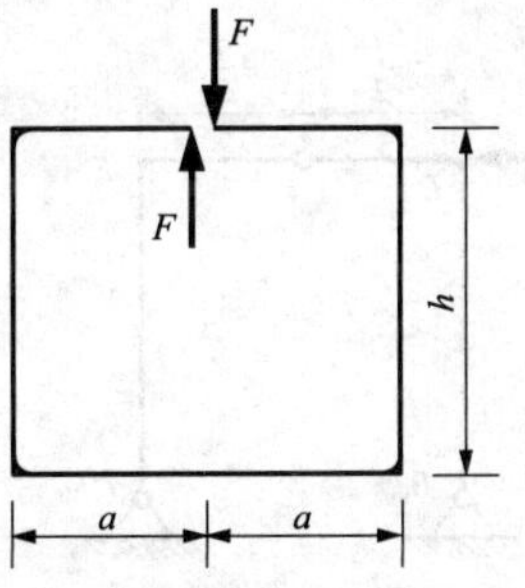

题 10.11 图

10.12 平面刚架如题 10.12 图所示，已知弯曲刚度 EI 为常数。若不计轴力和剪力的影响，试用单位荷载法求截面 C 的转角 θ_C 和支座 D 处的水平位移 δ_D。

10.13 平面刚架的尺寸和承受荷载情况如题 10.13 图所示。已知刚架各段的弯曲刚度 EI 为常数，且有 $a/l=4/5$，试用单位荷载法求点 D 的水平位移。

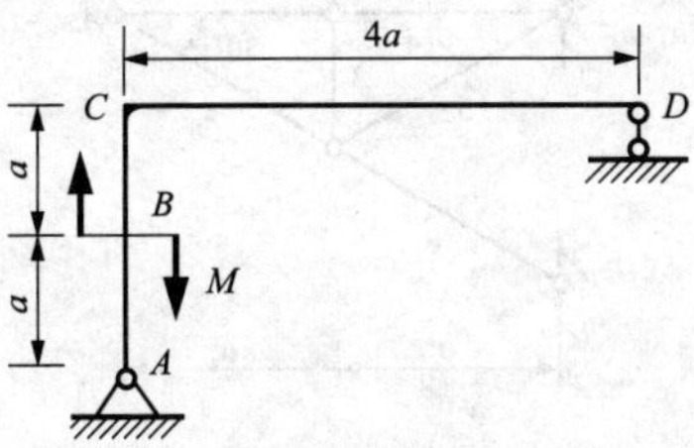

题 10.12 图

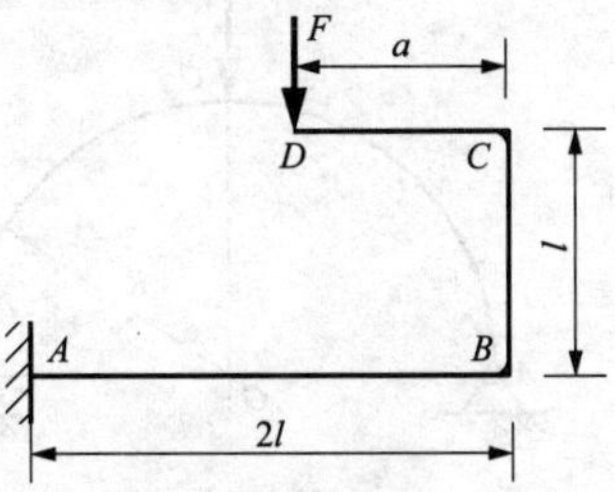

题 10.13 图

10.14 题 10.14 图所示等刚度折杆受倾斜集中力 F 的作用，若略去轴力和剪力对变形的影响，为使折杆在点 A 的总位移正好沿力 F 的方向，试用莫尔积分法求力 F 作用线的倾角 θ。

10.15 题 10.15 图所示由半径为 r 的两个半圆组成 S 形的等截面弹簧片，截面的抗弯刚度为 EI。该弹簧在 B 端受到水平力 F 的作用，试用莫尔积分法求该弹簧的刚度系数。

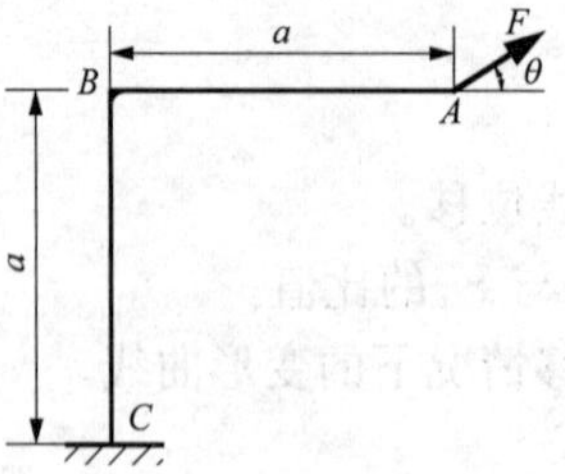

题 10.14 图

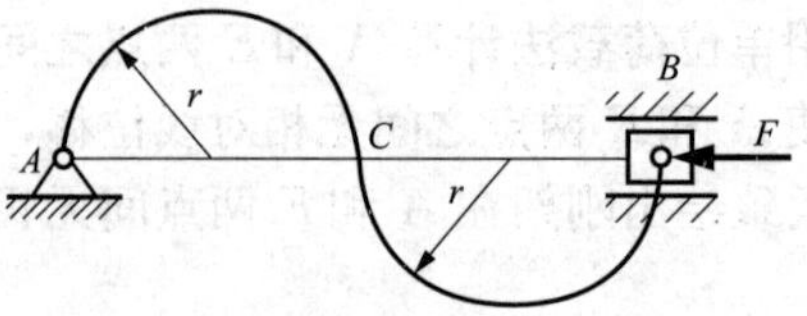

题 10.15 图

10.16 已知题 10.16 图所示结构各段杆的抗弯刚度 EI、尺寸 a 和 l、集中力 F。试用莫尔积分法求该结构在铰链 A 处左右两截面的相对转角。

10.17 已知题 10.17 图所示结构各段杆的抗弯刚度 EI、横截面面积 A、尺寸 h 和 l，在点 B 作用一水平力 F。试用莫尔积分法求点 B 的位移。

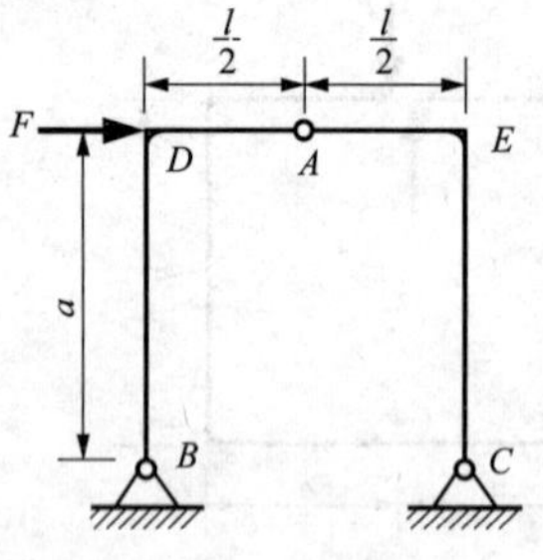

题 10.16 图

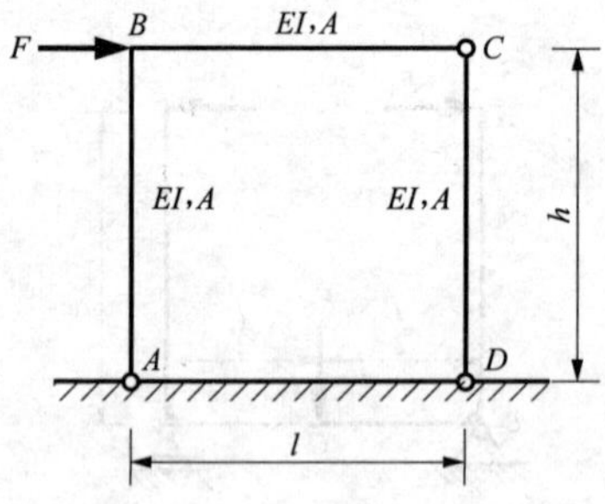

题 10.17 图

10.18 双铰半圆拱如题 10.18 图所示，已知拱的半径 R、抗弯刚度 EI、集中力 F。试求拱的支座反力及沿力 F 方向的位移。

10.19 平面桁架如题 10.19 图所示，已知作用力 F、尺寸 a，各杆拉压刚度均为 EA。试用单位荷载法求桁架节点 A 处的水平位移。

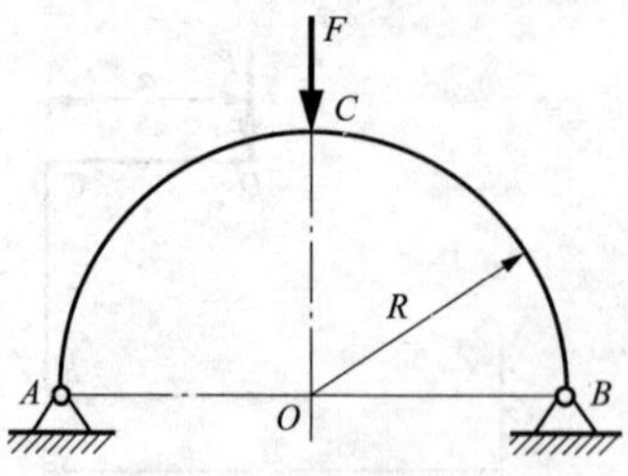

题 10.18 图

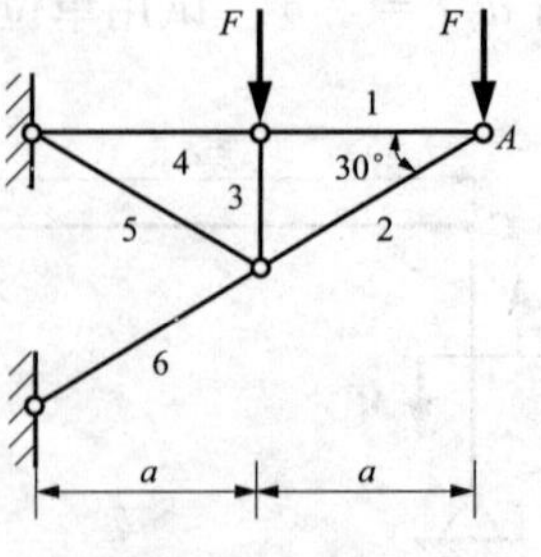

题 10.19 图

10.20 平面桁架如题 10.20 图所示，已知作用力 F，各杆拉压刚度均为 EA。试用单位荷载法求桁架中杆 AB 的转角。

10.21 一缺口圆环如题 10.21 图所示，$\Delta\theta$ 为很小的角度。已知 $\Delta\theta$ 、EI 和 R，为使缺口处两截面恰好密合，试用莫尔积分法求在缺口处的两截面上应加力偶 M 的表达式。

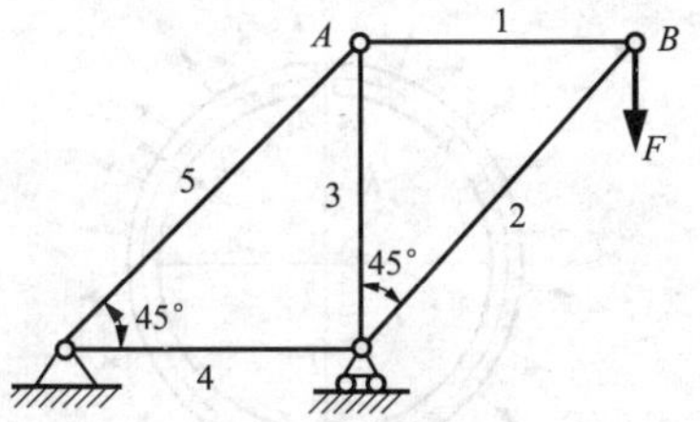

题 10.20 图

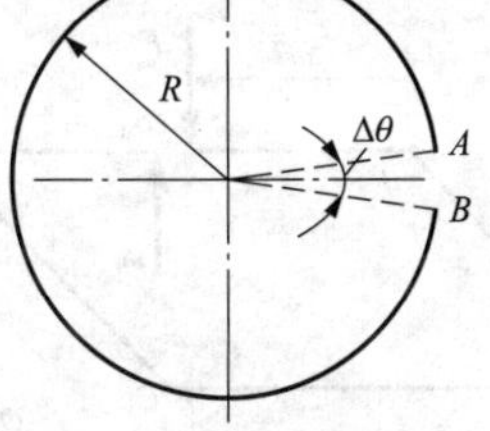

题 10.21 图

10.22 题 10.22 图所示位于水平面内的半圆形构件，其平均半径为 R，C 端固定，A 端自由并作用一铅垂力 F。曲杆的 EI 和 GI_p 均为常数。试用莫尔积分法求 A 端铅垂位移和水平位移的表达式。

10.23 半径为 R 的开口圆环受力情况如题 10.23 图所示，点 A 处力 F 垂直于纸面向里，点 B 处力 F 垂直于纸面向外。EI 和 GI_p 均为常数。试用莫尔积分法求开口处 A 和 B 两点间的相对铅垂位移。

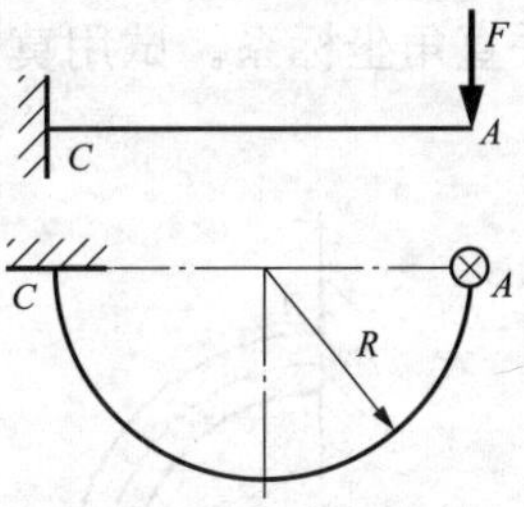

题 10.22 图

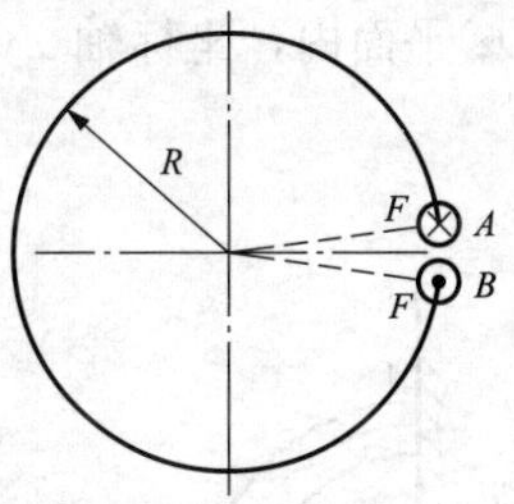

题 10.23 图

10.24 由拉杆 AB、AC 和小曲率杆 BDC 组成的结构及其受力情况如题 10.24 图所示。已知各杆的截面面积均为 A，弯曲刚度均为 EI。试用莫尔积分法求 B 和 C 两点间的相对位移。

10.25 薄壁圆环的受力情况如题 10.25 图所示。已知该环的半径 R、宽度 b、厚度 h、弹性模量 E。试用莫尔积分法求缺口两侧面的相对线位移和相对角位移。

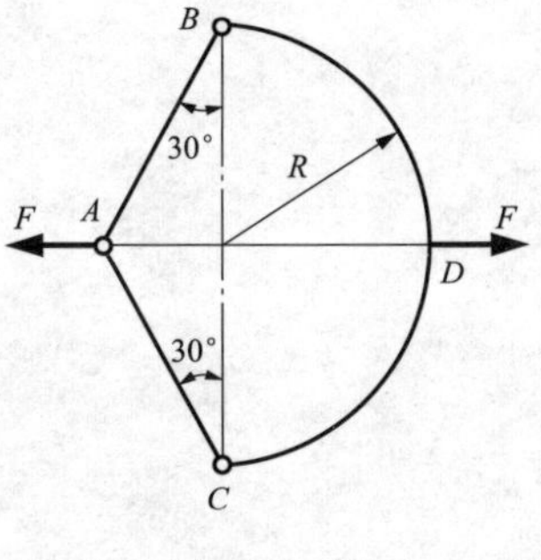

题 10.24 图

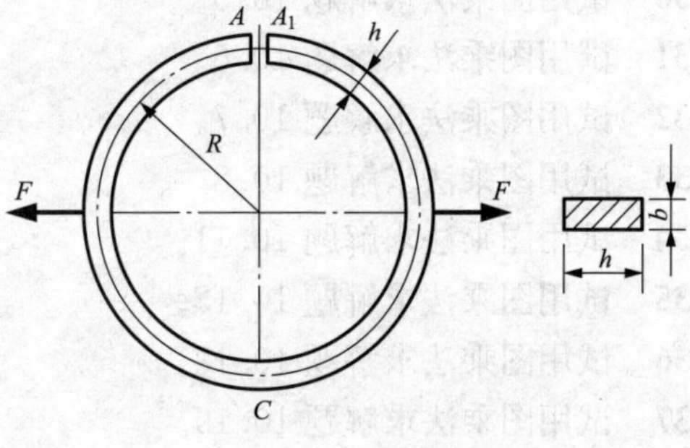

题 10.25 图

10.26 已知题10.26图所示刚架各段杆的弯曲刚度均为EI，扭转刚度均为GI_p。试用莫尔积分法求由于力F的作用使缺口两侧上下错开的距离。

10.27 承受径向均布荷载q、半径为R的开口薄壁圆环如题10.27图所示。已知该环的宽度b、厚度h、弹性模量为E。试求缺口两侧面的张开位移。

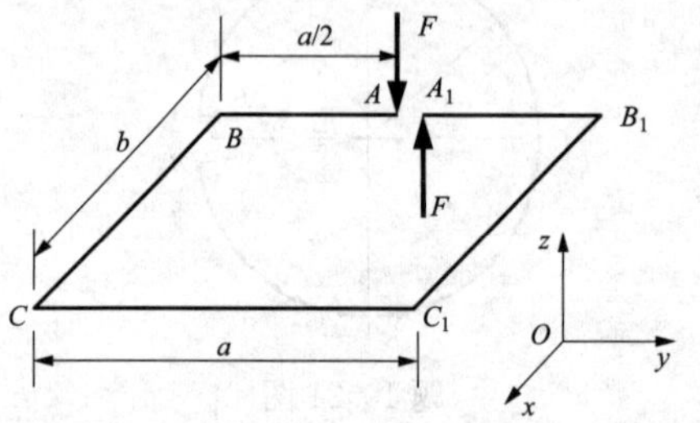

题10.26图

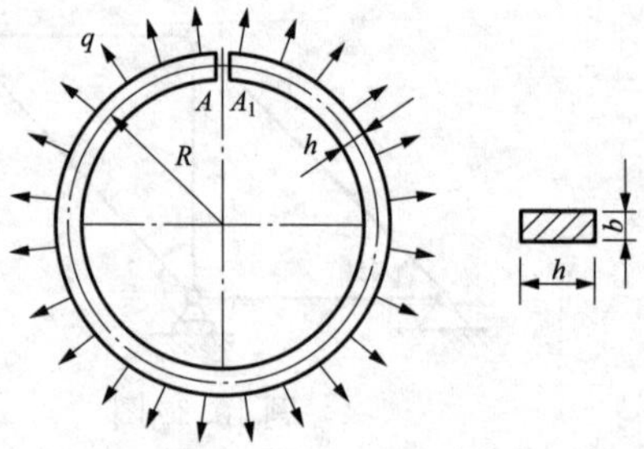

题10.27图

10.28 半径为R的半圆形曲杆如题10.28图所示。杆截面的直径为d，且有$d \ll R$，其弯曲刚度为EI，扭转刚度为GI_p。曲杆的A端固定，在自由端B处作用一力偶M_e，该力偶的作用面平行于xOz平面，轴z垂直于曲杆所在平面。试用莫尔积分法求截面B的z向位移。

10.29 半径为R的半圆形曲杆如题10.29图所示。杆截面的直径为d，且有$d \ll R$，其弯曲刚度为EI，扭转刚度为GI_p。曲杆的A端固定，在自由端B处作用一力偶M，该力偶的作用面位于yOz平面内，坐标轴xyz构成右手直角坐标系。试用莫尔积分法求截面B的z向位移。

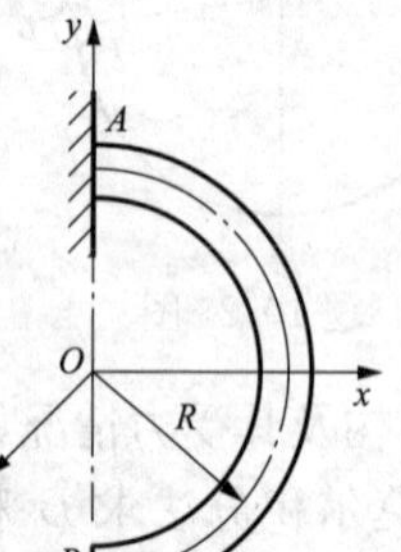

题10.28图

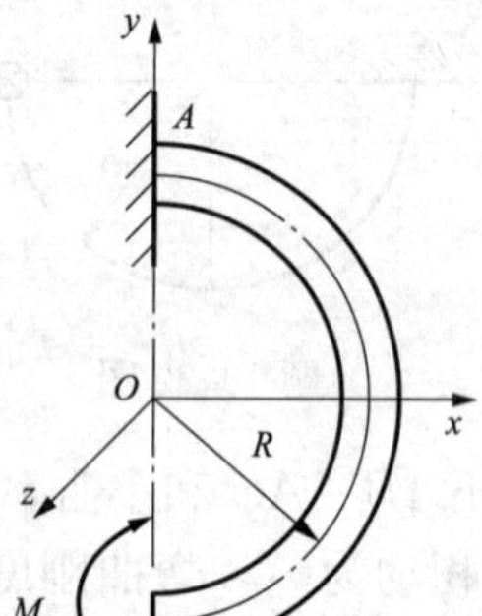

题10.29图

10.30 试用图乘法求解题10.5。

10.31 试用图乘法求解题10.6。

10.32 试用图乘法求解题10.7。

10.33 试用图乘法求解题10.8。

10.34 试用图乘法求解题10.11。

10.35 试用图乘法求解题10.12。

10.36 试用图乘法求解题10.13。

10.37 试用图乘法求解题10.19。

10.38 试用图乘法求解题10.20。

附录　热轧普通型钢规格

附表 1　　热轧普通工字钢（GB/T 706—2016）

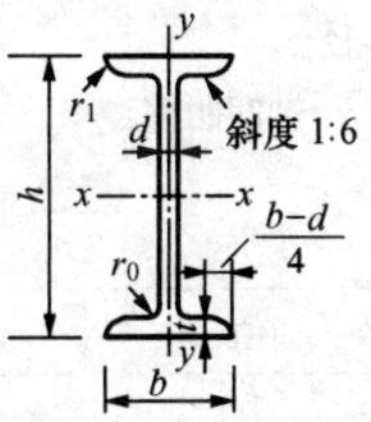

h—高度
b—翼缘宽
d—腹板厚
t—平均翼缘厚
r_0—内圆弧半径
r_1—翼缘端圆弧半径
I—惯性矩
W—抵抗矩
i—回转半径
S—半截面的面积矩

型号	尺寸（mm）						截面面积	理论重量	参考数值						
									x-x				y-y		
	h	b	d	t	r_0	r_1	(cm^2)	10N/m (kg/m)	I_x (cm^4)	W_x (cm^3)	i_x (cm)	$I_x : S_x$ (cm)	I_y (cm^4)	W_y (cm^3)	i_y (cm)
10	100	68	4.5	7.6	6.5	3.3	14.3	11.2	245	49.0	4.14	8.59	33.0	9.72	1.52
12.6	126	74	5	8.4	7	3.5	18.1	14.2	488	77.5	5.20	10.85	46.9	12.68	1.61
14	140	80	5.5	9.1	7.5	3.8	21.5	16.9	712	102	5.76	12.0	64.4	16.1	1.73
16	160	88	6.0	9.9	8.0	4.0	26.1	20.5	1130	141	6.58	13.8	93.1	21.2	1.89
18	180	94	6.5	10.7	8.5	4.3	30.6	24.1	1660	185	7.36	15.4	122	26.0	2.00
20a	200	100	7.0	11.4	9.0	4.5	35.5	27.9	2370	237	8.15	17.2	158	31.5	2.12
20b	200	102	9.0	11.4	9.0	4.5	39.5	31.1	2500	250	7.96	16.9	169	33.1	2.06
22a	220	110	7.5	12.3	9.5	4.8	42.0	33.0	3400	309	8.99	18.9	225	40.9	2.31
22b	220	112	9.5	12.3	9.5	4.8	46.4	36.4	3570	325	8.78	18.7	239	42.7	2.27
25a	250	116	8	13	10	5	48.5	38.1	5024	402	10.18	21.6	280	48.3	2.40
25b	250	118	10.2	13	10	5	53.5	42.0	5284	423	9.94	21.3	309	52.4	2.40
28a	280	122	8.5	13.7	10.5	5.3	55.5	43.4	7114	508	11.32	24.6	345	56.6	2.50
28b	280	124	10.5	13.7	10.5	5.3	61.1	47.9	7480	534	11.08	24.2	379	61.2	2.50
32a	320	130	9.5	15	11.5	5.8	67.1	52.7	11 076	692	12.84	27.5	460	70.8	2.62
32b	320	132	11.5	15	11.5	5.8	73.5	57.7	11 621	726	12.58	27.1	502	76	2.61
32c	320	134	13.5	15	11.5	5.8	80.0	62.8	12 168	760	12.34	26.8	544	81.2	2.61
36a	360	136	10.0	15.8	12.0	6.0	76.3	59.9	15 760	875	14.4	30.7	552	81.2	2.69
36b	360	138	12.0	15.8	12.0	6.0	83.5	65.6	16 530	919	14.1	30.3	582	84.3	2.64
36c	360	140	14.0	15.8	12.0	6.0	90.7	71.2	17 310	962	13.8	29.9	612	87.4	2.60
40a	400	142	10.5	16.5	12.5	6.3	86.1	67.0	21 720	1090	15.9	34.1	660	93.2	2.77
40b	400	144	12.5	16.5	12.5	6.3	94.1	73.8	22 780	1140	15.6	33.6	692	96.2	2.71
40c	400	146	14.5	16.5	12.5	6.3	102	80.1	23 850	1190	15.2	33.2	727	99.6	2.65
45a	450	150	11.5	18.0	13.5	6.8	102	80.4	32 240	1430	17.7	38.6	855	114	2.89
45b	450	152	13.5	18.0	13.5	6.8	111	87.4	33 760	1500	17.4	38.0	894	118	2.84
45c	450	154	15.5	18.0	13.5	6.8	120	94.5	35 280	1570	17.1	37.6	938	122	2.79
50a	500	158	12.0	20.0	14.0	7.0	119	93.6	46 470	1860	19.7	42.8	1120	142	3.07
50b	500	160	14.0	20.0	14.0	7.0	129	101	48 560	1940	19.4	42.4	1170	146	3.01
50c	500	162	16.0	20.0	14.0	7.0	139	109	50 640	2080	19.0	41.8	1220	151	2.96
56a	560	166	12.5	21	14.5	7.3	135.3	106.2	65 586	2342	22.02	47.7	1370	165.1	3.18
56b	560	168	14.5	21	14.5	7.3	146.5	115.0	68 513	2447	21.63	47.2	1487	174.3	3.16
56c	560	170	16.5	21	14.5	7.3	157.9	123.9	71 439	2551	21.27	46.7	1558	183.3	3.16
63a	630	176	13.0	22	15	7.5	154.9	121.6	93 916	2981	24.62	54.2	1701	193.2	3.31
63b	630	178	15.0	22	15	7.5	167.5	131.5	98 084	3164	24.20	53.5	1812	203.6	3.29
63c	630	180	17.0	22	15	7.5	180.1	141.0	102 251	3298	23.82	52.9	1925	213.9	3.27

注　工字钢长度：10～18 号，长 5～19m；20～63 号，长 6～19m。

附表 2 **热轧普通槽钢（GB/T 706—2016）**

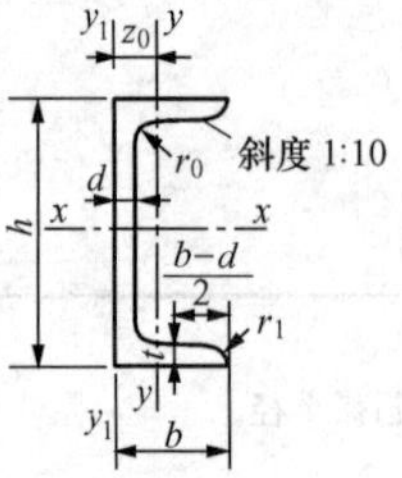

h—高度
b—翼缘宽
d—腹板厚
t—平均翼缘厚
r_0—内圆弧半径
r_1—翼缘端圆弧半径
I—惯性矩
W—抵抗矩
i—回转半径
z_0—y 轴与 y_1 轴间距离

型号	尺寸（mm）						截面面积	理论重量	参考数值							z_0
									x-x			y-y			y_1-y_1	
	h	b	d	t	r_0	r_1	（cm^2）	10N/m（kg/m）	W_x （cm^3）	I_x （cm^4）	i_x （cm）	W_y （cm^3）	I_y （cm^4）	i_y （cm）	I_{y1} （cm^4）	（cm）
5	50	37	4.5	7.0	7.0	3.50	6.93	5.44	10.4	26.0	1.94	3.55	8.3	1.10	20.9	1.35
6.3	63	40	4.8	7.5	7.5	3.75	8.44	6.63	16.1	50.8	2.45	4.50	11.9	1.19	28.4	1.36
8	80	43	5.0	8.0	8.0	4.0	10.24	8.04	25.3	101.3	3.15	5.79	16.6	1.27	37.4	1.43
10	100	48	5.3	8.5	8.5	4.25	12.74	10.00	39.7	198.3	3.95	7.80	25.6	1.41	54.9	1.52
12.6	126	53	5.5	9.0	9.0	4.5	15.69	12.37	62.1	391.5	4.95	10.24	38.0	1.57	77.1	1.59
14*a*	140	58	6.0	9.5	9.5	4.75	18.51	14.53	80.5	563.7	5.52	13.01	53.2	1.70	107.1	1.71
14*b*	140	60	8.0	9.5	9.5	4.75	21.31	16.73	87.1	609.4	5.35	14.12	61.1	1.69	120.6	1.67
16*a*	160	63	6.5	10.0	10.0	5.0	21.95	17.23	108.3	866.2	6.28	16.30	73.3	1.83	144.1	1.80
16*b*	160	65	8.5	10.0	10.0	5.0	25.15	19.74	116.8	934.5	6.10	17.55	83.4	1.82	160.8	1.75
18*a*	180	68	7.0	10.5	10.5	5.25	25.69	20.17	141.4	1273	7.04	20.03	98.6	1.96	189.7	1.88
18*b*	180	70	9.0	10.5	10.5	5.25	29.29	22.99	152.2	1370	6.84	21.52	111.0	1.95	210.1	1.84
20*a*	200	73	7.0	11.0	11.0	5.5	28.83	22.63	178.0	1780	7.86	24.20	128.0	2.11	244.0	2.01
20*b*	200	75	9.0	11.0	11.0	5.5	32.83	25.77	191.4	1914	7.64	25.88	143.6	2.09	268.4	1.95
22*a*	220	77	7.0	11.5	11.5	5.75	31.84	24.99	217.6	2394	8.67	28.17	157.8	2.23	298.2	2.10
22*b*	220	79	9.0	11.5	11.5	5.75	36.24	28.45	233.8	2571	8.42	30.05	176.4	2.21	326.3	2.03
25*a*	250	78	7	12	12	6	34.91	27.47	269.6	3370	9.82	30.61	175.5	2.24	322.3	2.07
25*b*	250	80	9	12	12	6	39.91	31.39	282.4	3530	9.41	32.66	196.4	2.22	353.2	1.98
25*c*	250	82	11	12	12	6	44.91	35.32	295.2	3690	9.07	35.93	218.4	2.21	384.1	1.92
28*a*	280	82	7.5	12.5	12.5	6.25	40.02	31.42	340.3	4765	10.91	35.72	218.0	2.33	387.6	2.10
28*b*	280	84	9.5	12.5	12.5	6.25	45.62	35.81	366.5	5130	10.60	37.93	242.1	2.30	427.6	2.02
28*c*	280	86	11.5	12.5	12.5	6.25	51.22	40.21	392.6	5496	10.35	40.30	267.6	2.29	462.6	1.95
32*a*	320	88	8	14	14	7	48.70	38.22	474.9	7598	12.49	46.47	304.8	2.50	552.3	2.24
32*b*	320	90	10	14	14	7	55.10	43.25	509.0	8144	12.15	49.16	336.3	2.47	592.9	2.16
32*c*	320	92	12	14	14	7	61.50	48.28	543.1	8690	11.88	52.64	374.2	2.47	643.3	2.09
36*a*	360	96	9.0	16.0	16.0	8.0	60.89	47.80	659.7	11 874	13.97	63.54	455.0	2.73	818.4	2.44
36*b*	360	98	11.0	16.0	16.0	8.0	68.09	53.45	702.9	12 652	13.63	66.85	496.7	2.70	880.4	2.37
36*c*	360	100	13.0	16.0	16.0	8.0	75.29	59.10	746.1	13 429	13.36	70.02	536.4	2.67	947.9	2.34
40*a*	400	100	10.5	18.0	18.0	9.0	75.05	58.91	878.9	17 578	15.30	78.83	592.0	2.81	1068	2.49
40*b*	400	102	12.5	18.0	18.0	9.0	83.05	65.19	932.2	18 645	14.98	82.52	640.0	2.78	1136	2.44
40*c*	400	104	14.5	18.0	18.0	9.0	91.05	71.47	985.6	19 711	14.71	86.19	687.8	2.75	1221	2.42

注 槽钢长度：5～8 号，长 5～12m；10～18 号，长 5～19m；20～40 号，长 6～19m。

附表 3　　**热轧等边角钢（GB/T 706—2016）**

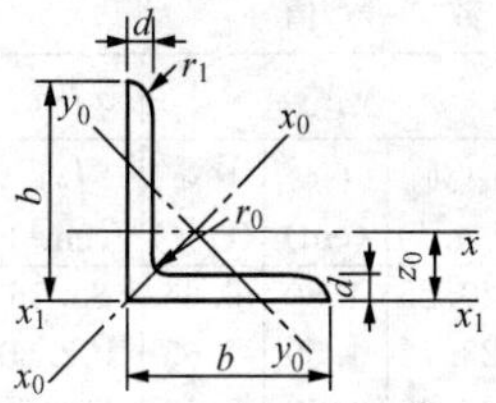

b—边宽　　I—惯性矩

d—边厚　　W—抵抗矩

r—内圆弧半径　　i—回转半径

r_1—I 边端外弧半径　　z_0—重心距离

角钢号数	尺寸（mm）			截面面积	理论重量	参考数值										
						x-x			x_0-x_0			y_0-y_0			x_1-x_1	z_0
	b	d	r_0	(cm²)	10N/m (kg/m)	I_x (cm⁴)	i_x (cm)	W_x (cm³)	I_{x0} (cm⁴)	i_{x0} (cm)	W_{x0} (cm³)	I_{y0} (cm⁴)	i_{y0} (cm)	W_{y0} (cm³)	I_{x1} (cm⁴)	(cm)
2	20	3		1.13	0.889	0.40	0.59	0.29	0.53	0.75	0.45	0.17	0.39	0.20	0.81	0.60
		4	3.5	1.46	1.145	0.50	0.58	0.36	0.78	0.73	0.55	0.22	0.38	0.24	1.09	0.64
2.5	25	3		1.43	1.124	0.82	0.76	0.46	1.29	0.95	0.73	0.34	0.49	0.33	1.57	0.73
		4		1.86	1.459	1.03	0.74	0.59	1.62	0.93	0.92	0.43	0.48	0.40	2.11	0.76
3.0	30	3		1.75	1.373	1.46	0.91	0.68	2.31	1.15	1.09	0.61	0.59	0.51	2.71	0.85
		4		2.28	1.786	1.84	0.90	0.87	2.92	1.13	1.37	0.77	0.58	0.62	3.63	0.89
3.6	36	3	4.5	2.11	1.656	2.58	1.11	0.99	4.09	1.39	1.61	1.07	0.71	0.76	4.68	1.00
		4		2.76	2.163	3.29	1.09	1.28	5.22	1.38	2.05	1.37	0.70	0.93	6.25	1.04
		5		3.38	2.654	3.95	1.08	1.56	6.24	1.36	2.45	1.65	0.70	1.09	7.84	1.07
4.0	40	3		2.36	1.852	3.59	1.23	1.23	5.69	1.55	2.01	1.49	0.79	0.96	6.41	1.09
		4		3.09	2.422	4.60	1.22	1.60	7.29	1.54	2.58	1.91	0.79	1.19	8.56	1.13
		5		3.79	2.976	5.53	1.21	1.96	8.76	1.52	3.10	2.30	0.78	1.39	10.74	1.17
4.5	45	3	5	2.66	2.088	5.17	1.40	1.58	8.20	1.76	2.58	2.14	0.90	1.24	9.12	1.22
		4		3.49	2.736	6.65	1.38	2.05	10.56	1.74	3.32	2.75	0.89	1.54	12.18	1.26
		5		4.29	3.369	8.04	1.37	2.51	12.74	1.72	4.00	3.33	0.88	1.81	15.25	1.30
		6		5.08	3.985	9.33	1.36	2.95	14.76	1.70	4.64	3.89	0.88	2.06	18.36	1.33
5	50	3		2.97	2.332	7.18	1.55	1.96	11.37	1.96	3.22	2.98	1.00	1.57	12.50	1.34
		4	5.5	3.90	3.059	9.26	1.54	2.56	14.70	1.94	4.16	3.82	0.99	1.96	16.69	1.38
		5		4.80	3.770	11.21	1.53	3.13	17.79	1.82	5.03	4.64	0.98	2.31	20.90	1.42
		6		5.69	4.465	13.05	1.52	3.68	20.68	1.91	5.85	5.42	0.98	2.63	25.14	1.46
5.6	56	3		3.34	2.624	10.19	1.75	2.48	16.14	2.20	4.08	4.24	1.13	2.02	17.56	1.48
		4		4.39	3.446	13.18	1.73	3.24	20.92	2.18	5.28	5.46	1.11	2.52	23.43	1.53
		5	6	5.42	4.251	16.02	1.72	3.97	25.42	2.17	6.42	6.61	1.10	2.98	29.33	1.57
		6		8.37	6.568	23.63	1.68	6.03	37.37	2.11	9.44	9.89	1.09	4.16	47.24	1.68
6.3	63	4		4.98	3.907	19.03	1.96	4.13	30.17	2.46	6.78	7.89	1.26	3.29	33.35	1.70
		5		6.14	4.822	23.17	1.94	5.08	36.77	2.45	8.25	9.57	1.25	3.90	41.73	1.74
		6	7	7.29	5.721	27.12	1.93	6.00	43.03	2.43	9.66	11.20	1.24	4.46	50.14	1.78
		8		9.52	7.469	34.46	1.90	7.75	54.56	2.40	12.25	14.33	1.23	5.47	67.11	1.85
		10		11.66	9.151	41.08	1.88	9.39	64.85	2.36	14.56	17.33	1.22	6.36	84.31	1.93
7	70	4		5.57	4.372	26.39	2.18	5.14	41.80	2.74	8.44	10.99	1.40	4.17	45.74	1.86
		5		6.88	5.397	32.21	2.16	6.32	51.08	2.73	10.32	13.34	1.39	4.95	57.21	1.91
		6	8	8.16	6.406	37.77	2.15	7.48	59.93	2.71	12.11	15.61	1.38	5.67	68.73	1.95
		7		9.42	7.398	43.09	2.14	8.59	68.35	2.69	13.81	17.82	1.38	6.34	80.29	1.99
		8		10.67	8.373	48.17	2.12	9.68	76.37	2.68	15.43	19.98	1.37	6.98	91.92	2.03
7.5	75	5		7.37	5.818	39.97	2.33	7.32	63.30	2.92	1.94	16.63	1.50	5.77	70.56	2.04
		6		8.80	6.905	46.95	2.31	8.64	74.38	2.90	14.02	19.51	1.49	6.67	84.55	2.07
		7	9	10.16	7.976	53.57	2.30	9.93	84.96	2.89	16.02	22.18	1.48	7.44	98.71	2.11
		8		11.50	9.030	59.96	2.28	11.20	95.07	2.88	17.93	24.86	1.47	8.19	112.97	2.15
		10		14.13	11.089	71.98	2.26	13.64	113.92	2.84	21.48	30.05	1.46	9.56	141.71	2.22

续表

角钢号数	尺寸（mm） b	d	r_0	截面面积 (cm^2)	理论重量 10N/m (kg/m)	参考数值 x-x I_x (cm^4)	i_x (cm)	W_x (cm^3)	x_0-x_0 I_{x0} (cm^4)	i_{x0} (cm)	W_{y0} (cm^3)	y_0-y_0 I_{y0} (cm^4)	i_{y0} (cm)	W_{y0} (cm^3)	x_1-x_1 I_{x1} (cm^4)	z_0 (cm)
8	80	5	9	7.91	6.211	48.8	2.48	8.34	77.33	3.13	13.67	20.25	1.60	6.66	85.36	2.15
		6		9.40	7.376	57.4	2.47	9.87	90.98	3.11	16.08	23.72	1.59	7.65	102.50	2.19
		7		10.86	8.525	65.58	2.46	11.37	104.07	3.10	18.40	27.09	1.58	8.58	119.70	2.23
		8		12.30	9.658	73.5	2.44	12.83	116.60	3.08	20.61	30.39	1.57	9.46	136.97	2.27
		10		15.13	11.874	88.4	2.42	15.64	140.09	3.04	24.76	36.77	1.56	11.08	171.74	2.35
9	90	6	10	10.64	8.350	82.8	2.79	12.61	131.26	3.51	20.63	34.28	1.80	9.95	145.87	2.44
		7		12.30	9.656	94.8	2.78	14.54	150.46	3.50	23.64	39.18	1.78	11.19	170.30	2.48
		8		13.94	10.946	106.5	2.76	16.42	168.97	3.48	26.55	43.97	1.78	12.35	194.80	2.52
		10		17.17	13.476	128.6	2.74	20.07	203.90	3.45	32.04	53.26	1.76	14.52	244.07	2.59
		12		20.31	15.940	149.2	2.71	23.57	236.21	3.41	37.12	62.22	1.75	16.49	293.76	2.67
10	100	6	12	11.93	9.366	115.0	3.10	15.68	181.98	3.90	25.74	47.92	2.00	12.69	200.07	2.67
		7		13.80	10.830	131.9	3.09	18.10	208.97	3.89	29.55	54.74	1.99	14.26	233.54	2.71
		8		15.64	12.276	148.2	3.08	20.47	235.07	3.88	33.24	61.41	1.98	15.75	267.09	2.76
		10		19.26	15.120	179.5	3.05	25.06	284.68	3.84	40.26	74.35	1.96	18.54	334.48	2.84
		12		22.80	17.898	208.9	3.03	29.48	330.95	3.81	46.80	86.84	1.95	21.08	402.34	2.91
		14		26.26	20.611	236.5	3.00	33.73	347.06	3.77	52.90	99.00	1.94	23.44	470.75	2.99
		16		29.63	23.257	262.5	2.98	37.82	414.16	3.74	58.57	100.89	1.94	25.63	539.80	3.06
11	110	7		15.20	11.928	177.2	3.41	22.05	280.94	4.30	36.12	73.38	2.20	17.51	310.64	2.96
		8		17.24	13.532	199.5	3.40	24.95	316.49	4.28	40.69	82.42	2.19	19.39	355.20	3.01
		10		21.26	16.690	242.2	3.38	30.60	384.39	4.25	49.42	99.98	2.17	22.91	444.65	3.09
		12		25.20	19.782	282.6	3.35	36.05	448.17	4.22	57.62	116.93	2.15	26.15	534.60	3.16
		14		29.06	22.809	320.7	3.32	41.31	508.01	4.18	65.31	133.40	2.14	29.14	625.16	3.24
12.5	125	8	14	19.75	15.504	297.0	3.88	32.52	470.89	4.88	53.28	123.16	2.50	25.86	521.01	3.37
		10		24.37	19.133	361.7	3.85	39.97	573.89	4.85	64.93	149.46	2.48	30.62	651.93	3.45
		12		28.91	22.696	423.2	3.83	41.17	671.44	4.82	75.96	174.88	2.46	35.03	783.42	3.53
		14		33.37	26.193	481.7	3.80	54.16	763.73	4.78	86.41	199.57	2.45	39.13	915.61	3.61
14	140	10		27.37	21.488	541.7	4.34	50.58	817.3	5.46	82.56	212.0	2.78	39.20	915.1	3.82
		12		32.51	25.522	603.7	4.31	59.80	958.8	5.43	96.85	248.6	2.76	45.02	1099	3.90
		14		37.57	29.490	688.8	4.28	68.75	1094	5.40	110.47	284.1	2.75	50.45	1284	3.98
		16		42.54	33.393	770.2	4.26	77.46	1222	5.36	123.42	318.7	2.74	55.55	1470	4.06
16	160	10	16	31.50	24.729	779.5	4.98	66.70	1237	6.27	109.36	321.8	3.20	52.76	1365	4.31
		12		37.44	29.391	916.6	4.95	78.98	1456	6.24	128.67	377.5	3.18	60.74	1640	4.39
		14		43.30	33.987	1048.4	4.92	90.95	1665	6.20	147.17	431.7	3.16	68.24	1915	4.47
		16		49.07	38.518	1175.1	4.89	102.63	1866	6.17	164.89	484.6	3.14	75.31	2191	4.55
18	180	12		42.24	33.159	1321	5.59	100.82	2100	7.05	165.00	542.6	3.58	78.41	2333	4.89
		14		48.90	38.383	1514	5.56	116.25	2407	7.02	189.14	621.5	3.56	88.38	2723	4.97
		16		55.47	43.542	1701	5.54	131.13	2703	6.98	212.40	698.6	3.55	97.83	3115	5.05
		18		61.96	48.634	1875	5.50	145.64	2988	6.94	234.78	762.0	3.51	105.14	3502	5.13
20	200	14	18	54.64	42.894	2104	6.20	144.70	3343	7.82	236.40	863.8	3.98	111.82	3734	5.46
		16		62.01	48.680	2366	6.18	163.65	3761	7.79	265.93	971.4	3.96	123.96	4270	5.54
		18		69.30	54.401	2621	6.15	182.22	4165	7.75	294.48	1077	3.94	135.52	4808	5.62
		20		76.51	60.056	2867	6.12	200.42	4555	7.72	322.06	1180	3.93	146.55	5348	5.69
		24		90.66	71.168	3338	6.07	236.17	5295	7.64	374.41	1382	3.90	166.55	6457	5.87

热轧等边角钢长度表

角钢号数	长度（m）	角钢号数	长度（m）
2～4	3～9	9～14	4～19
4.5～8	4～12	16～20	6～19

热轧不等边角钢长度表

角钢号数	长度（m）	角钢号数	长度（m）
2.5/1.6～5.6/3.6	3～9	10/6.3～14/9	4～19
6.3/4～9/5.6	4～12	16/10～20/12.5	6～19

附表 4 热轧不等边角钢（GB/T 706—2016）

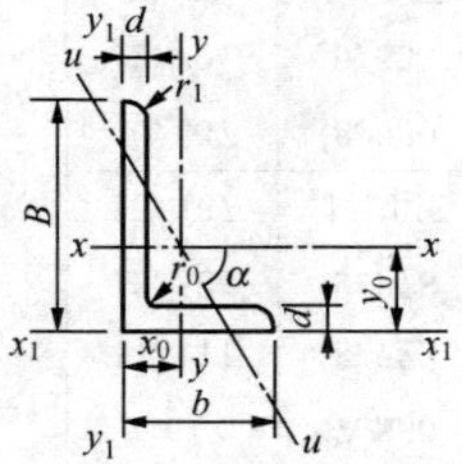

B—长边宽度　　W—抵抗矩
b—短边宽度　　I—惯性矩
d—边厚　　i—回转半径
r_0—内圆弧半径　　x_0、y_0—重心距离

角钢号数	尺寸（mm）				截面面积（cm²）	理论重量 10N/m（kg/m）	参考数值													
							x-x			y-y			x_1-x_1		y-y		u-u			
	B	b	d	r_0			I_x (cm⁴)	i_x (cm)	W_x (cm³)	I_y (cm⁴)	i_y (cm)	W_y (cm³)	I_{x1} (cm⁴)	y_0 (cm)	I_{y1} (cm⁴)	x_0 (cm)	I_u (cm⁴)	i_u (cm)	W_u (cm³)	tanα
2.5/1.6	25	16	3	3.5	1.16	0.912	0.70	0.78	0.43	0.22	0.44	0.19	1.56	0.86	0.43	0.42	0.14	0.34	0.16	0.392
			4		1.50	1.176	0.88	0.77	0.55	0.27	0.43	0.24	2.09	0.90	0.59	0.46	0.17	0.34	0.20	0.381
3.2/2	32	20	3		1.49	1.171	1.53	1.01	0.72	0.46	0.55	0.30	3.27	1.08	0.82	0.49	0.28	0.43	0.25	0.382
			4		1.94	1.522	1.93	1.00	0.93	0.57	0.54	0.39	4.37	1.12	1.12	0.53	0.35	0.42	0.32	0.374
4/2.5	40	25	3	4	1.89	1.484	3.08	1.28	1.15	0.93	0.70	0.49	6.39	1.32	1.59	0.59	0.56	0.54	0.40	0.386
			4		2.47	1.936	3.93	1.26	1.49	1.18	0.69	0.63	8.53	1.37	2.14	0.63	0.71	0.54	0.52	0.381
4.5/2.8	45	28	3	5	2.15	1.687	4.45	1.44	1.47	1.34	0.79	0.62	9.10	1.47	2.23	0.64	0.80	0.61	0.51	0.383
			4		2.81	2.203	5.69	1.42	1.91	1.70	0.78	0.80	12.13	1.51	3.00	0.68	1.02	0.60	0.66	0.380
5/3.2	50	32	3	5.5	2.43	1.908	6.24	1.60	1.84	2.02	0.91	0.82	12.49	1.60	3.31	0.73	1.20	0.70	0.68	0.404
			4		3.18	2.494	8.02	1.59	2.39	2.58	0.90	1.06	16.65	1.65	4.45	0.77	1.53	0.69	0.87	0.402
5.6/3.6	56	36	3	6	2.74	2.153	8.88	1.80	2.32	2.92	1.03	1.05	17.54	1.78	4.70	0.80	1.73	0.79	0.87	0.408
			4		3.59	2.818	11.45	1.79	3.03	3.76	1.02	1.37	23.39	1.82	6.33	0.85	2.23	0.79	1.13	0.408
			5		4.42	3.466	13.86	1.77	3.71	4.49	1.01	1.65	29.25	1.87	7.94	0.88	2.67	0.78	1.36	0.404
6.3/4	63	40	4	7	4.06	3.185	16.5	2.02	3.87	5.23	1.14	1.70	33.30	2.04	8.63	0.92	3.12	0.88	1.40	0.398
			5		5.00	3.920	20.0	2.00	4.74	6.31	1.12	2.71	41.63	2.08	10.86	0.95	3.76	0.87	1.71	0.396
			6		5.91	4.638	23.4	1.96	5.59	7.29	1.11	2.43	49.92	2.12	13.12	0.99	4.34	0.86	1.99	0.393
			7		6.80	5.339	26.5	1.98	6.40	8.24	1.10	2.78	58.07	2.15	15.47	1.03	4.97	0.86	2.29	0.389

续表

角钢号数	尺寸（mm）				截面面积	理论重量	参考数值													
							x-x			y-y			x_1-x_1		y-y		u-u			
	B	b	d	r_0	（cm^2）	10N/m（kg/m）	I_x（cm^4）	i_x（cm）	W_x（cm^3）	I_y（cm^4）	i_y（cm）	W_y（cm^3）	I_{x1}（cm^4）	y_0（cm）	I_{y1}（cm^4）	x_0（cm）	I_u（cm^4）	i_u（cm）	W_u（cm^3）	$\tan\alpha$
7/4.5	70	45	4	7.5	4.547	3.570	23.2	2.26	4.86	7.55	1.29	2.17	45.92	2.24	12.26	1.02	4.40	0.98	1.77	0.410
			5		5.609	4.403	28.0	2.23	5.92	9.13	1.28	2.65	57.10	2.28	15.39	1.06	5.40	0.98	2.19	0.407
			6		6.647	5.218	32.5	2.21	6.95	10.62	1.26	3.12	68.35	2.32	18.58	1.09	6.35	0.98	2.59	0.404
			7		7.657	6.011	37.2	2.20	8.03	12.01	1.25	3.57	79.99	2.36	21.84	1.13	7.16	0.97	2.94	0.402
（7.5/5）	75	50	5	8	6.125	4.808	34.9	2.39	6.83	12.61	1.44	3.30	70.00	2.40	21.04	1.17	7.41	1.10	2.74	0.435
			6		7.260	5.699	41.1	2.38	8.12	14.70	1.42	3.88	84.30	2.44	25.37	1.21	8.54	1.08	3.19	0.435
			8		9.467	7.431	52.4	2.35	10.52	18.53	1.40	4.99	112.50	2.52	34.23	1.29	10.87	1.07	4.10	0.429
			10		11.590	9.098	62.7	2.33	12.79	21.96	1.38	6.04	140.80	2.50	43.43	1.36	13.10	1.06	4.99	0.423
8/5	80	50	5		6.375	5.005	42.0	2.56	7.78	12.82	1.42	3.32	85.21	2.60	21.06	1.14	7.66	1.10	2.74	0.388
			6		7.560	5.935	49.5	2.56	9.25	14.95	1.41	3.91	102.53	2.65	25.41	1.18	8.85	1.08	3.20	0.387
			7		8.724	6.848	56.2	2.54	10.58	16.96	1.39	4.48	119.33	2.69	29.82	1.21	10.18	1.08	3.70	0.384
			8		9.867	7.745	62.8	2.52	11.92	18.85	1.38	5.03	136.41	2.73	34.32	1.25	11.38	1.07	4.16	0.381
9/5.6	90	56	5	9	7.212	5.661	60.5	2.90	9.92	18.32	1.59	4.21	121.32	2.91	29.53	1.25	10.98	1.23	3.49	0.385
			6		8.557	6.717	71.0	2.88	11.74	21.42	1.58	4.96	145.59	2.95	35.58	1.29	12.90	1.23	4.13	0.384
			7		9.880	7.756	81.0	2.86	13.49	24.36	1.57	5.70	169.66	3.00	41.71	1.33	14.67	1.22	4.72	0.382
			8		11.183	8.779	91.0	2.85	15.27	27.15	1.56	6.41	194.17	3.04	47.93	1.36	16.34	1.21	5.29	0.380
10/6.3	100	63	6	10	9.617	7.550	99.1	3.21	14.64	30.94	1.79	6.35	199.71	3.24	50.50	1.43	18.42	1.38	5.25	0.394
			7		11.111	8.722	113.5	3.20	16.88	35.26	1.78	7.29	233.00	3.28	59.14	1.47	21.00	1.38	6.02	0.393
			8		12.584	9.878	127.4	3.18	19.08	39.39	1.77	8.21	266.32	3.32	67.88	1.50	23.50	1.37	6.78	0.391
			10		15.467	12.142	153.8	3.15	23.32	47.12	1.74	9.98	333.06	3.40	85.73	1.58	28.33	1.35	8.24	0.387
10/8	100	80	6		10.637	8.350	107.0	3.17	15.19	61.24	2.40	10.16	199.83	2.95	102.68	1.97	31.65	1.72	8.37	0.627
			7		12.301	9.656	122.7	3.16	17.52	70.08	2.39	11.71	233.20	3.00	119.98	2.01	36.17	1.72	9.60	0.626
			8		13.94	10.946	138	3.14	19.81	78.6	2.37	13.21	266.6	3.04	137.4	2.05	40.6	1.71	10.80	0.625
			10		17.17	13.476	167	3.12	24.24	94.7	2.35	16.12	333.6	3.02	172.5	2.13	49.1	1.69	13.12	0.622

续表

角钢号数	尺寸（mm）				截面面积 (cm²)	理论重量 10N/m (kg/m)	参考数值													
							x-x			y-y			x_1-x_1		y-y		u-u			
	B	b	d	r_0			I_x (cm⁴)	i_x (cm)	W_x (cm³)	I_y (cm⁴)	i_y (cm)	W_y (cm³)	I_{x1} (cm⁴)	y_0 (cm)	I_{y1} (cm⁴)	x_0 (cm)	I_u (cm⁴)	i_u (cm)	W_u (cm³)	tanα
11/7	110	70	6	10	10.64	8.350	133	3.54	17.85	42.9	2.01	7.90	265.8	3.53	69.1	1.57	25.4	1.54	6.53	0.403
			7		12.30	9.656	153	3.53	20.60	49.0	2.00	9.09	310.1	3.57	80.8	1.61	29.0	1.53	7.50	0.402
			8		13.94	10.946	172	3.51	23.30	54.9	1.98	10.25	354.4	3.62	92.7	1.65	32.5	1.53	8.45	0.401
			10		17.17	13.476	208	3.48	28.54	65.9	1.96	12.48	443.1	3.70	116.8	1.72	39.2	1.51	10.29	0.397
12.5/8	125	80	7	11	14.10	11.066	228	4.02	26.86	74.4	2.30	12.01	455.0	4.01	120.3	1.80	43.8	1.76	9.92	0.408
			8		16.00	12.551	258	4.01	30.41	83.5	2.28	13.56	520.0	4.06	137.9	1.84	49.1	1.75	11.18	0.407
			10		19.71	15.474	312	3.98	37.33	100.7	2.26	16.56	650.1	4.14	173.4	1.92	59.5	1.74	13.64	0.404
			12		23.35	18.330	364	3.95	44.01	116.7	2.24	19.43	780.4	4.22	209.7	2.00	69.4	1.72	16.01	0.400
14/9	140	90	8	12	18.04	14.160	366	4.50	38.48	120.7	2.59	17.34	730.5	4.50	195.8	2.04	70.8	1.98	14.31	0.411
			10		22.26	17.475	446	4.47	47.31	146.0	2.56	21.22	913.2	4.58	245.9	2.12	85.8	1.96	17.48	0.409
			12		26.40	20.724	522	4.44	55.87	169.8	2.54	24.95	1096	4.66	296.9	2.19	100.2	1.95	30.54	0.406
			14		30.46	23.908	594	4.42	64.18	192.1	2.51	28.54	1279	4.74	348.8	2.27	114.1	1.94	23.52	0.403
16/10	160	100	10	13	25.32	19.872	669	5.14	62.13	205.0	2.85	26.56	1363	5.24	336.6	2.28	121.7	2.19	21.92	0.390
			12		30.05	23.592	785	5.11	73.49	239.1	2.82	31.28	1636	5.32	405.9	2.36	142.3	2.17	25.79	0.388
			14		34.71	27.247	896	5.08	84.56	271.2	2.80	35.83	1909	5.40	476.4	2.43	162.2	2.16	29.56	0.385
			16		39.28	30.835	1003	5.05	95.33	301.6	2.77	40.24	2182	5.48	548.2	2.51	182.6	2.16	33.44	0.382
18/11	180	110	10		28.37	22.273	956	5.80	78.96	278.1	3.13	32.49	1940	5.89	447.2	2.44	166.5	2.42	26.88	0.376
			12		33.71	26.464	1125	5.78	93.53	325.0	3.10	38.32	2328	5.98	538.9	2.52	194.9	2.40	31.66	0.374
			14		38.97	30.589	1287	5.75	107.76	369.6	3.08	43.97	2717	6.06	632.0	2.59	222.3	2.39	36.32	0.372
			16	14	44.14	34.649	1443	5.72	121.64	411.9	3.06	49.44	3105	6.14	726.5	2.67	248.9	2.38	40.87	0.369
20/12.5	200	125	12		37.91	29.761	1571	6.42	116.73	438.2	3.57	49.99	3194	6.54	787.7	2.83	285.8	2.74	41.23	0.392
			14		43.87	34.436	1801	6.41	134.65	550.8	3.54	57.44	3726	6.62	922.5	2.91	326.6	2.73	47.34	0.390
			16		49.74	39.045	2033	6.38	152.18	615.4	3.52	64.69	4259	6.70	1059.0	2.99	366.2	2.71	53.32	0.388
			18		55.53	43.588	2238	6.35	169.33	677.2	3.49	71.74	4792	6.78	1197.1	3.06	404.8	2.70	59.18	0.385

参 考 文 献

[1] 郭应征，李兆霞．应用力学基础．北京：高等教育出版社，2004.
[2] 梁治明，邱侃，陆耀洪．材料力学（删订本）．2 版．北京：高等教育出版社，1984.
[3] 梁治明，邱侃．材料力学．北京：高等教育出版社，1985.
[4] 孙训方．材料力学（Ⅰ）．6 版．北京：高等教育出版社，2019.
[5] 孙训方．材料力学（Ⅱ）．6 版．北京：高等教育出版社，2019.
[6] 郭应征．材料力学．北京：中国电力出版社，2010.
[7] 郭应征，周志红．工程力学．北京：中国电力出版社，2008.
[8] 丁大钧，蒋永生，土木工程总论．北京：中国建筑工业出版社，1997.
[9] 马格努斯·K，缪勒·H. H. 工程力学基础．张维等译．北京：北京理工大学出版社，1997.